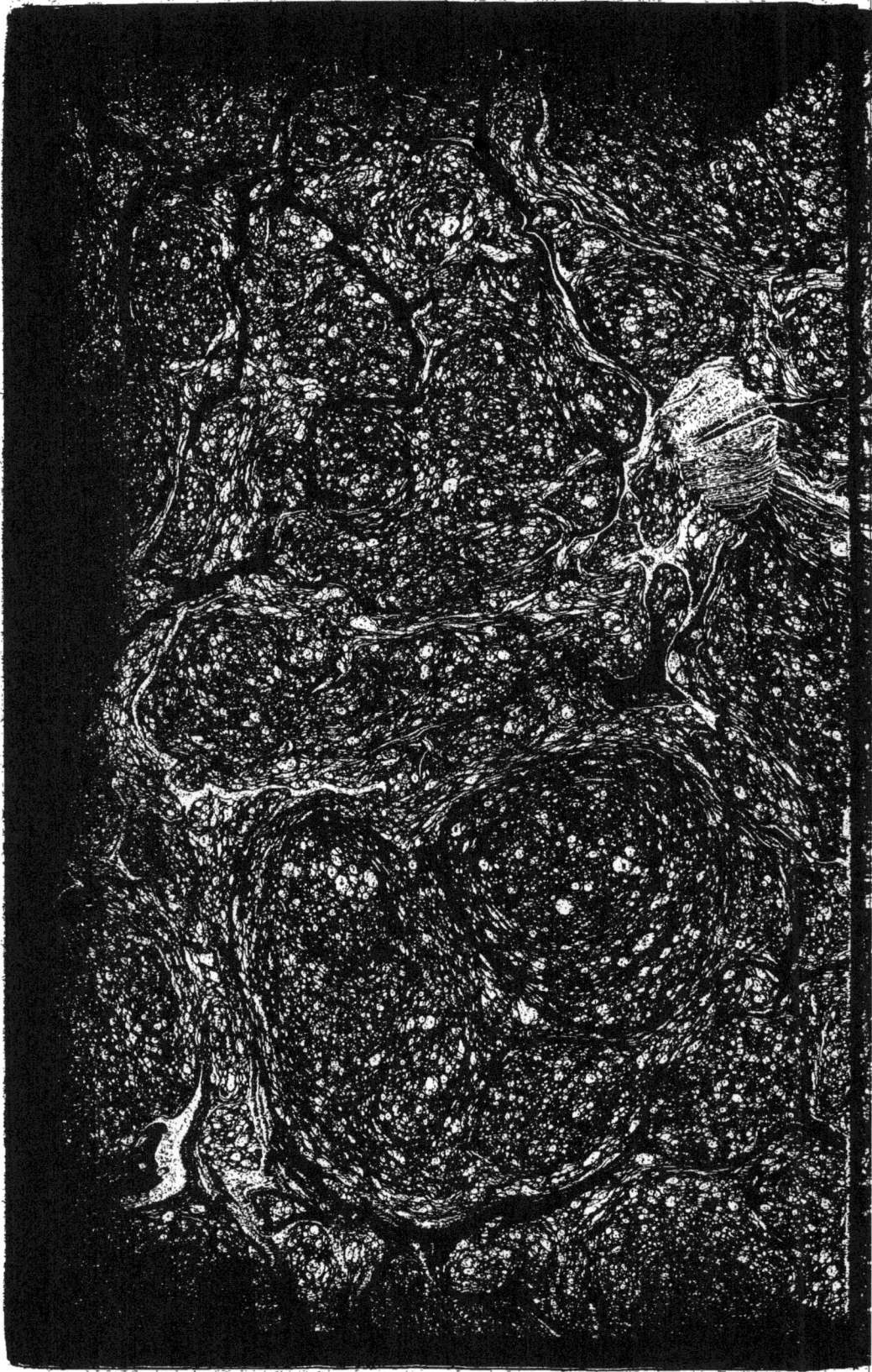

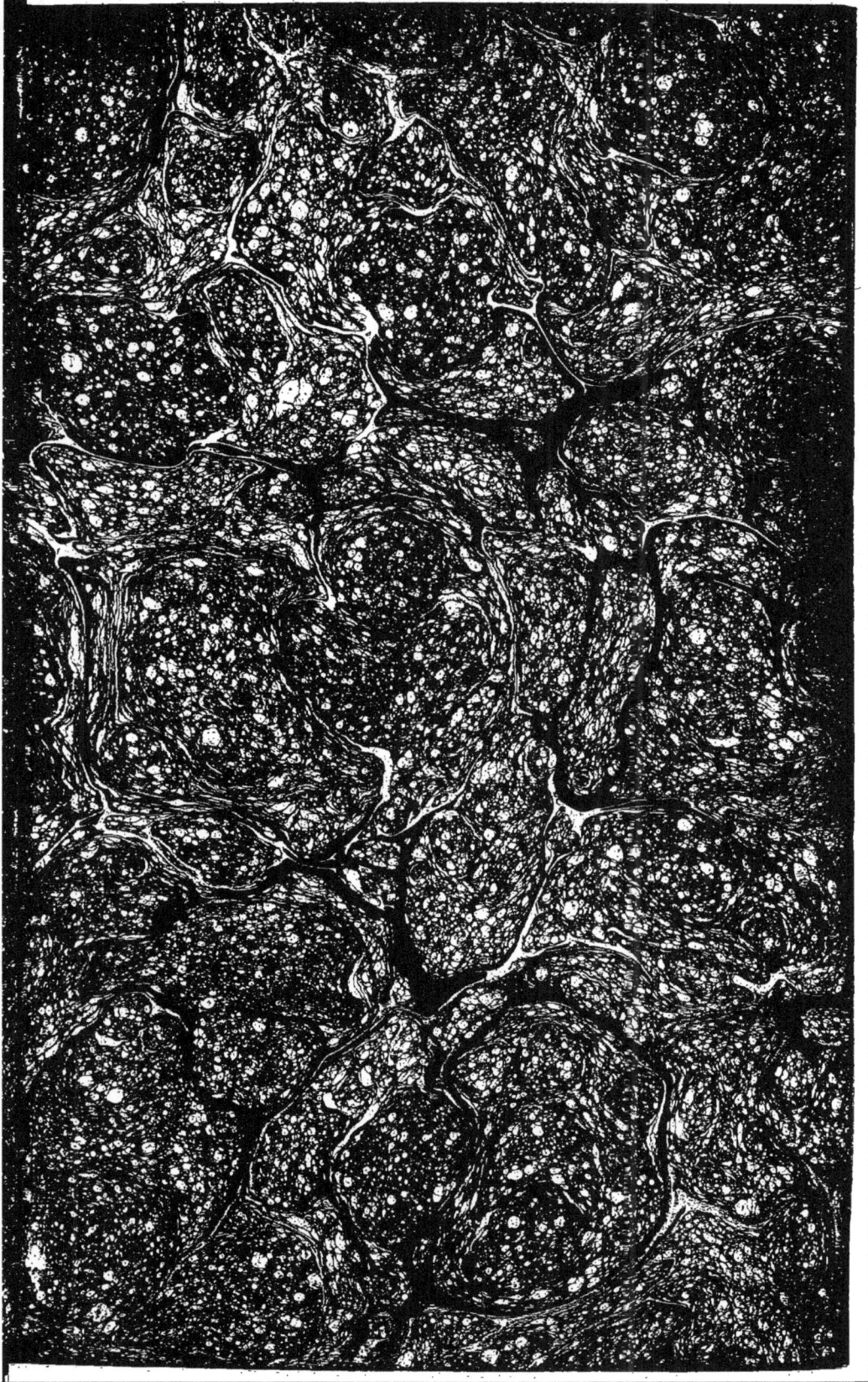

TRAITÉ

DE CHIMIE

ÉLÉMENTAIRE,

THÉORIQUE ET PRATIQUE.

TRAITÉ
DE CHIMIE
ÉLÉMENTAIRE,
THÉORIQUE ET PRATIQUE,

Par L. J. THENARD,

MEMBRE DE L'INSTITUT, etc.

TOME TROISIÈME.

A PARIS,

Chez CROCHARD, Libraire, Editeur des *Annales de Chimie*,
rue de l'Ecole de Médecine, n° 3, près celle Laharpe.

DE L'IMPRIMERIE DE LEBÉGUE.

1815.

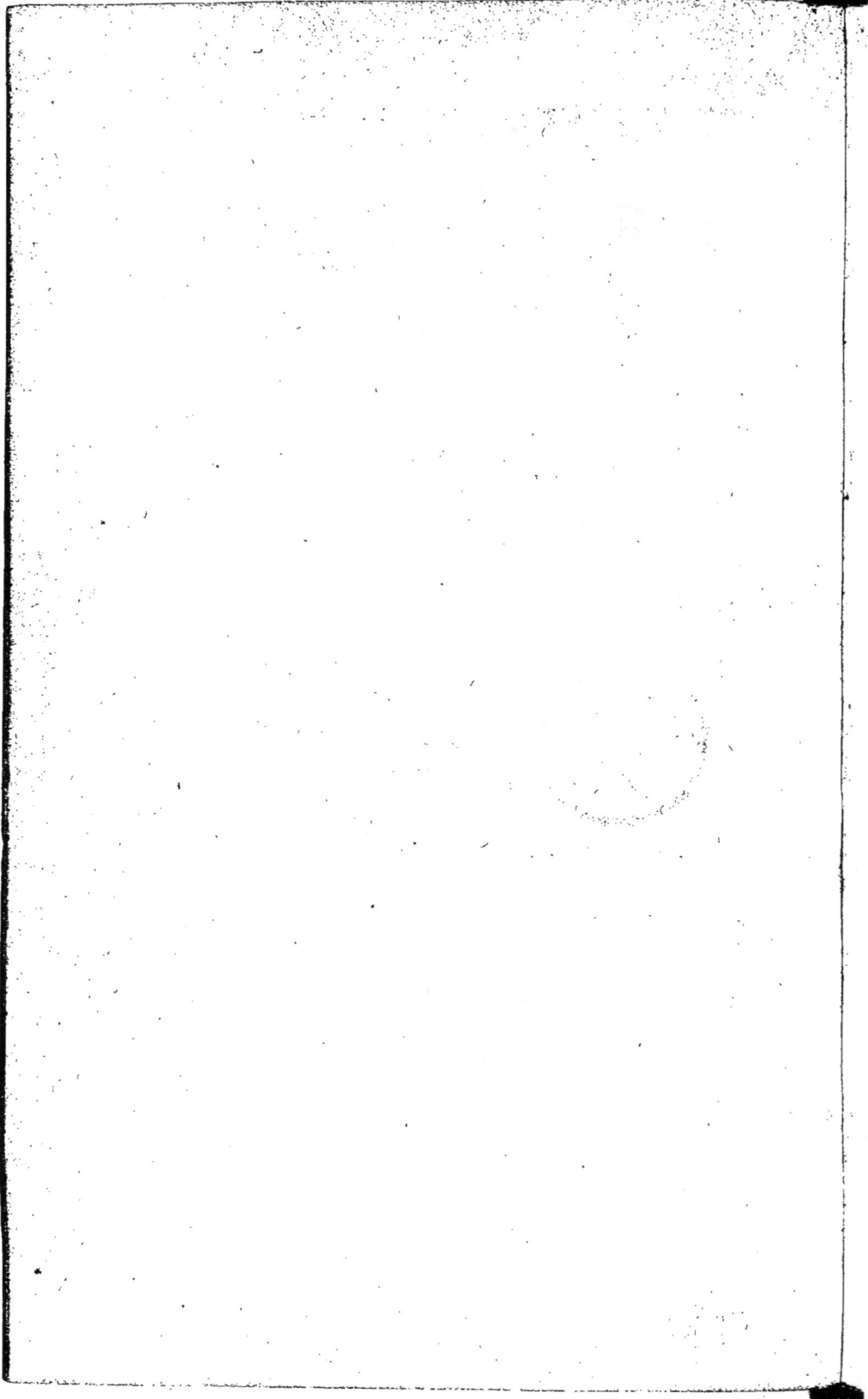

ERRATA.

Le Lecteur est prié de faire les corrections suivantes :

Fin de la page 5 ; (ajouter Elémens de Botanique par Decandolle, p. 399).

P. 7, l. 5 de la note, caliebasse; *lisez* callebasse.

P. 10 et 11, Inghenouz ; *lisez* Ingenhousz.

P. 48, l. 2, eurs autres ; *lisez* leurs autres.

P. 59, l. 18, *après* gallique; *ajoutez* morique, subérique.

P. 60, ligne 23, *après* subérique; *ajoutez* l'acide mellitique, et probablement les acides camphorique et succinique.

P. 62, l. 20 et 21, à la quantité de base qui entre dans leur composition ; *lisez* à la quantité d'oxigène qui entre dans la composition de leurs bases.

P. 66, l. 7 et 8, introproduit ; *lisez* introduit.

P. 69, l. 14, carbonc ; *lisez* ou de carbone.

P. 98, l. 10, (1288) ; *lisez* (1298).

P. 98, l. 23, 26566; *lisez* 26,566.

P. 113, l. 21, et 25; *lisez* et 253.

P. 135, l. 1 de la note, de 100 ; *lisez* de 1000.

P. 150, l. 23, pyro-tartrate, de potasse ; *lisez* pyro-tartrate de potasse.

P. 176, l. 7, les - ; *lisez* les $\frac{2}{3}$.

P. 177, l. 11, chacun ; *lisez* chacune.

P. 188, l. 3, de sucre; *lisez* de sucre, de ferment.

P. 192, l. 8, on n'y parvient même qu'en ; *lisez* on n'y parvient même facilement qu'en.

P. 204, l. 22, $\frac{1}{4}$; *lisez* $\frac{1}{400}$.

P. 206, l. 9 et 10, de la lessive faible de l'huile ; *lisez* de la lessive faible, de l'huile.

P. 247, l. 30, (tom. 73, p. 67); *lisez* tom. 73, p. 167).

P. 256, l. 16, 59gr.6,09: *lisez* 59gr.,609.

P. 256, l. 17, $\frac{1}{200}$; *lisez* $\frac{1}{200}$

P. 257, l. 1 de la note, st piquante ; *lisez* et piquante.

P. 296, l. 2, pag. 5 ; *lisez* pag. 128.

P. 319, l. 4, mitesque ; *lisez* mestèque.

P. 326, l. 32, iqueur; *lisez* liqueur.

P. 336, l. 7, de sucre ; *lisez* de sucre, etc.

P. 336, l. 21, que la pâte; *lisez* 2° que la pâte.

Page 348, ligne 1, et des écorces d'arbres du sumac ; *lisez* du sumac et des écorces.

P. 348, l. 1 de la note, d'encalyptus ; *lisez* d'Eucalyptus,

P. 350, l. 4 de la note, mêle ; *lisez* mêler.

P. 351, memnispernum ; *lisez* menispermum.

P. 387, l. 24, tomberont ; *lisez* et le ferment tombera.

P. 387, l. 26, retomberont ; *lisez* retombera.

P. 390, l. 32, empérature ; *lisez* température.

P. 392, l. 1 de la note, de foulé ; *lisez* de fouler.

P. 402, l. 7 et 8, t. 69, p. 59 ; *lisez* t. 77, p. 178.

P. 426, l. 8, un évaporant ; *lisez* en évaporant.

P. 465, l, 21, pervenu ; *lisez* parvenu.

P. 469, l. 2, les 0,8 à 0,9 ; *lisez* les 0,08 à 0,09.

P. 493, l. 11, à 190 ; *lisez* à 19°.

P. 511, l. 5, de sous-carbonates de soude ; de chaux ; *lisez* de sous-carbonates de soude, de chaux.

P. 519, l. 6 et 7, du ventricule gauche et de l'oreille droite ; *lisez* du ventricule droit et de l'oreillette gauche.

P. 524, l. 27, plus de carbone ; *lisez* moins de carbone.

P. 538, l. 9, du phosphate de chaux ; *lisez* de l'acide phosphorique.

P. 539, l. 4, on remplit ; *lisez* ou remplit.

P. 539, l. 27, synoviables ; *lisez* synoviales.

P. 552, l. 31, mateiaux ; *lisez* matériaux.

P. 556, l. 25, $\frac{1}{1}$; *lisez* $\frac{1}{8}$.

P. 561, l. 32, l'un de l'autre ; *lisez* l'une de l'autre.

TRAITÉ
DE CHIMIE
ÉLÉMENTAIRE,
THÉORIQUE ET PRATIQUE.

SECONDE PARTIE.

LIVRE PREMIER.

Corps organiques végétaux, ou Chimie végétale.

1239. Les végétaux sont composés de différentes parties que l'anatomie nous apprend à séparer : d'épiderme, de parenchyme, de couches corticales, de liber, de bois, etc. Ces parties sont formées de diverses substances, qu'on parvient à extraire par des procédés chimiques ; et ces substances le sont elles-mêmes de plusieurs principes dont les propriétés ont été étudiées précédemment.

Rechercher quels sont ces principes, examiner comment ils s'associent pour former les diverses substances végétales, faire l'histoire de chacune d'elles, déter-

Tome III. I

miner celles qui entrent dans la composition de toutes
les parties des plantes, et étudier successivement toutes
ces parties ; voilà ce qui constitue cette branche de la
chimie qu'on appelle *chimie végétale*, et dont nous
allons nous occuper.

CHAPITRE PREMIER.

Des Principes des Substances végétales.

1240. LORSQUE l'on dispose, sous un faible degré
d'inclinaison, un tube de porcelaine dans un fourneau
à réverbère ; que l'on fait communiquer, d'une part,
son extrémité supérieure avec une cornue de grès contenant de l'amidon, et placée dans un second fourneau
semblable au premier, et que l'on fait communiquer,
d'autre part, son extrémité inférieure avec un petit
flacon tubulé portant un tube recourbé qui s'engage sous
le mercure ; lorsqu'ensuite on fait rougir fortement le
tube de porcelaine, et qu'on chauffe peu à peu la cornue jusqu'au rouge, l'amidon se décompose et se transforme en charbon qui reste en partie dans la cornue et
en partie dans le tube, en eau que l'on peut condenser dans le flacon tubulé par le moyen d'un mélange de glace et de sel, et en gaz hydrogène carboné,
gaz oxide de carbone, gaz acide carbonique, qui
passent dans les vases qui terminent l'appareil : quelquefois il se forme encore un peu d'huile empyreumatique et d'acide acétique, qui, comme l'eau, se rassemblent dans le flacon tubulé ; mais, introduits de
nouveau dans le tube, ces deux corps subissent une

décomposition complète, d'où résulte une nouvelle quantité de charbon, de gaz hydrogène carboné, de gaz oxide de carbone. Or, dans tous ces produits, il n'entre que du carbone, de l'hydrogène et de l'oxigène : donc l'amidon est formé de ces trois principes. Mais en traitant toutes les autres substances végétales de la même manière, elles donnent toutes les mêmes produits, excepté un petit nombre, qui donne en outre de l'azote. Par conséquent, presque toutes les substances végétales sont formées d'oxigène, d'hydrogène et de carbone ; quelques-unes seulement en contiennent un quatrième, l'azote, qui les rapproche des substances animales : car nous verrons par la suite que celles-ci ne diffèrent, en général, que par ce principe, des substances végétales.

CHAPITRE II.

De la formation des Substances végétales.

1241. Il est certain que la plupart des substances végétales ne sont composées que d'hydrogène, de carbone et d'oxigène ; et cependant nous n'en pouvons former aucune de toutes pièces. Cette impuissance de la chimie en a souvent rendu les résultats plus que douteux aux yeux de personnes étrangères aux sciences, à la vérité, mais d'un esprit très-profond. Jean-Jacques Rousseau, en suivant un cours de chimie chez Rouelle, disait qu'il ne croirait à l'analyse de la farine que quand il verrait les chimistes en refaire. Ce philosophe tiendrait sans doute un autre langage aujourd'hui. On lui prouverait qu'il est des corps que l'on peut décomposer et que l'on ne saurait recomposer ; on lui en exposerait les causes, il ne manquerait pas de les comprendre. Ces causes résident principalement dans l'état qu'affectent les élémens.

Si le carbone, si l'hydrogène et l'oxigène étaient liquides, rien ne s'opposerait à leur combinaison ; leur nouvel état la favoriserait ; elle aurait lieu à la température ordinaire, et il est probable que l'on pourrait former alors un grand nombre de substances végétales. Au lieu d'être sous cet état, le carbone est toujours solide, l'hydrogène et l'oxigène toujours gazeux. Qu'en résulte-t-il ? que la cohésion de l'un, et l'élasticité des autres, sont des obstacles que l'affinité ne peut vaincre. De là, la nécessité de chauffer pour opérer la réaction ; mais cette réaction ne peut se faire de manière à produire une substance végétale, puisque si celle-ci existait, la chaleur la détruirait. Nous ne pouvons donc espérer de former ces sortes de substances de toutes pièces, du moins avec les moyens qui sont en notre puissance ; nous ne pouvons tout au plus que les transformer les unes dans les autres en faisant varier leurs principes.

C'est dans l'acte de la végétation que la Nature les crée, acte qui comprend la germination et l'accroissement de la plante.

SECTION Ire.

De la Germination.

1242. La germination est un acte par lequel les graines fécondes se développent et donnent naissance à de nouvelles plantes.

La graine est formée de plusieurs parties qu'il est essentiel de connaître. Elle présente d'abord une peau plus ou moins épaisse dans laquelle on distingue le *têt* ou pellicule extérieure, le *sarcoderme* ou parenchyme à travers lequel les vaisseaux qui partent de tous les points de la superficie passent pour se rendre sous l'ombilic; et l'*endoplèvre* ou tunique interne imperméable à l'humidité. Le têt et la tunique interne sont marqués d'un point : c'est ce point qui indique la petite cicatrice par laquelle la plante mère nourrissait l'embryon, et qui prend le nom d'ombilic ou de cicatricule.

Sous la peau se trouve l'amande, partie ordinairement blanchâtre qui forme la presque totalité de la graine, et qui est composée de l'embryon et souvent d'un autre corps appellé *albumen.*

L'embryon est la partie la plus essentielle de la graine; c'est une sorte de plante en miniature. On y remarque en effet, 1° la radicule, petit corps placé très-près de l'ombilic interne; 2° la plumule ou caulicule, autre petit corps tenant à la radicule et portant les cotylédons; 3° les cotylédons, organes foliacés ou charnus, destinés à préparer ou à transmettre l'aliment nécessaire à la jeune plante, et sans lesquels la germination ne saurait avoir lieu. On en compte depuis un jusqu'à six. Les cotylédons charnus sont remplis d'albumen ou d'une matière analogue; les foliacés en sont recouverts : ceux-ci, lorsqu'ils sont développés en feuilles par la germination, s'appellent *feuilles séminales.* On nomme *feuilles primordiales* celles qui, outre les cotylédons, sont déjà visibles dans l'embryon.

L'albumen qui est appliqué sur l'embryon varie par
sa consistance ; il n'adhère que très-rarement à cet
organe , et jamais il n'offre d'organisation vascu-
laire (*a*).

1243. Après cette courte description , suffisante
toutefois pour l'objet que nous nous proposons, recherchons quelles sont les conditions qu'il faut réunir
pour que la germination ait lieu : il est nécessaire que
la graine soit exposée à une certaine température,
qu'elle soit en contact avec l'eau et le gaz oxigène, et
soustraite à l'action d'une trop vive lumière : peu
importe d'ailleurs qu'elle soit enveloppée de terre ou
à découvert.

1244. La température la plus favorable paraît être
de 10 à 30° : au-dessous de zéro, il n'y a jamais de
signe de germination.

1245. Tout le monde sait que les graines ne germent pas sans eau : car on les conserve dans des lieux
secs sans que leur puissance végétative se développe ou
se détruise.

1246. En vain l'on met des graines humides, à la
température ordinaire , dans un vase vide , dans un
vase plein de gaz azote, de gaz hydrogène, de gaz
carbonique, et de tout autre gaz , en un mot, qui n'est
point de l'oxigène ou qui n'en contient pas à l'état de
mélange ; vainement aussi l'on en met dans de l'eau privée d'air : loin de germer dans ces diverses circonstances ,
elles pourrissent peu à peu, tandis qu'elles germent plus

(*a*) L'albumen paraît être de la même nature que la matière renfermée dans les cotylédons charnus ; car ces matières sont toutes
deux propres à la nourriture de la jeune plante.

ou moins promptement , au contraire , dans l'air atmosphérique, dans ie gaz oxigène, dans l'eau aérée ou chargée d'une petite quantité d'acide muriatique oxigéné :
aussi observe-t-on qu'elles ne lèvent bien qu'autant
qu'elles ne sont pas trop enfoncées en terre , et que
celles qui en sont recouvertes d'une couche trop
épaisse finissent même par se décomposer (a).

1247. La lumière ne nuit à la germination qu'en
échauffant trop la graine ; car celle-ci germe comme
à l'ordinaire , lorsqu'on fait tomber sur elle des
rayons solaires dont on a absorbé les rayons calori-
fiques par un verre (Th. de Saussure).

1248. Le sol n'agit que par la chaleur, l'eau et
l'air qu'il contient, puisque les graines lèvent aussi
bien sur une éponge humide que dans la terre.

(a) *Temps que certaines graines mettent à lever , d'après*
Adanson.

en jours.

Le millet, le froment......................	1.
Le bléton, l'épinard, la fève, le haricot, le navet, la rave, la moutarde, etc......................	3.
La laitue, l'anet, etc......................	4.
Le cresson, le melon, le concombre, la calebasse, etc.	5.
Le raifort, la poirée......................	6.
L'orge......................	7.
L'arroche......................	8.
Le pourpier......................	9.
Le chou......................	10.
L'hyssope......................	30.
Le persil......................	40 à 50

ans.

L'amandier, le melampyrum, le pêcher, la pivoine, le ranunculus falcatus, etc......................	1
Le cornouiller, le rosier, l'aubépine, le noisetier-ave-linier......................	2

Mais comment agissent ces trois corps?

La chaleur, comme stimulant, comme excitant les forces vitales; ce qui paraîtra probable du moins en considérant; 1° que la vie des plantes et de plusieurs animaux est pour ainsi dire suspendue pendant l'hiver; 2° que la plupart des graines conservent encore la faculté de germer, après avoir été exposées à zéro.

L'air enlève, par l'oxigène qu'il contient, une portion de carbone à la graine. Que l'on place des graines, à la température de 15 à 20°, dans une capsule contenant un peu d'eau; que l'on mette cette capsule sur un bain de mercure, et qu'on la couvre d'une cloche dont on retirera une partie de l'air, bientôt les graines germeront, et il se formera pendant le temps de la germination, autant de gaz carbonique qu'il disparaîtra de gaz oxigène, si la température et la pression restent les mêmes. Or, comme le gaz carbonique représente un volume d'oxigène égal au sien, il s'ensuit que tout l'oxigène nécessaire à la germination, est réellement destiné à priver la graine d'une portion de son carbone. C'est sur l'*albumen* que se porte l'action de l'oxigène, et c'est par les changemens qui surviennent dans la composition de ce corps, changemens auxquels les cotylédons semblent contribuer, qu'il devient sucré et capable de servir d'aliment à la jeune plante.

L'eau remplit plusieurs fonctions : pénétrant dans l'intérieur de la graine, d'abord par l'ombilic, elle ramollit les tégumens et les met ainsi dans le cas de pouvoir être rompus sans effort; elle délaie l'albumen, gonfle les cotylédons, facilite l'action de l'oxigène et la formation de la matière nutritive; enfin elle charrie cette matière par des conduits particuliers et la présente à la jeune plante dans un état de liquidité qui en rend l'assimilation plus facile.

Ces conduits ou vaisseaux vont, ainsi que le prouve l'anatomie végétale, des cotylédons à la radicule, et de la radicule à la plumule. Entre la plumule et les cotylédons, il n'existe point de communication directe : aussi la plumule ne commence-t-elle à végéter qu'à l'époque où la radicule a pris un certain accroissement. A cette époque, les cotylédons sont encore nécessaires ; si on les retranche, la jeune plante périt ; elle ne peut même en être séparée sans souffrir, lorsque, la racine étant parfaitement formée, la plumule a deux millimètres de diamètre ; ce n'est que quand celle-ci est couronnée de feuilles, que les cotylédons deviennent inutiles, et que bientôt alors ils tombent d'eux-mêmes, nouvelle preuve de leur importance dans l'acte de la germination.

En général, la radicule tend toujours à s'enfoncer dans la terre, et la plumule à prendre une direction opposée, quelle que soit la position de la graine : quand bien même on la placerait de manière que la radicule fût en haut et la plumule en bas, ces deux organes ne tarderaient point à se courber pour reprendre leur direction naturelle (*a*).

_____

(*a*) Duhamel fit à ce sujet une expérience curieuse. Après avoir mis tantôt une fève, tantôt un marron, tantôt un gland, au milieu d'un tube d'un diamètre convenable, il recouvrit la graine de terre, et suspendit le tube de manière que la jeune plante était renversée : alors la radicule et la caulicule ne trouvant point d'issue pour prendre leur direction naturelle, se roulèrent en spirale contre la graine.

SECTION II.

De la nutrition et de l'accroissement des Plantes.

1249. Lorsque, par l'effet de la germination, les cotylédons se sont desséchés et sont tombés, la jeune plante ne reçoit plus de matière nutritive de ces organes. Cependant elle continue de végéter ; son accroissement est souvent même très-rapide ; sa racine s'allonge et jette ordinairement des rejetons d'où naissent de petites fibres chevelues ; sa tige s'élève et se divise en rameaux qui se couvrent de feuilles : il faut donc qu'elle s'assimile de nouveaux alimens. Où les puiset-elle ? Ce ne peut être que dans l'air, dans l'eau, dans le terreau et le sol, puisqu'elle n'est en contact qu'avec ces corps. Examinons donc leur action sur la végétation ; et, pour apprécier plus facilement l'action de l'air, recherchons d'abord celle du gaz oxigène, du gaz azote, du gaz carbonique, qui, par leur mélange, constituent ce fluide. Presque tout ce que nous allons dire sera tiré de l'excellent ouvrage de M. Th. de Saussure.

1250. *Influence du gaz carbonique.* — Toutes les parties vertes des plantes décomposent l'acide carbonique, pourvu toutefois qu'elles soient frappées par les rayons solaires ; elles s'emparent de tout son carbone, absorbent une petite quantité de son oxigène et dégagent l'autre sous forme de gaz. C'est ce qui résulte des expériences de Pryestley, de Sennebier, d'Inghenouz, de Th. de Saussure, etc.

Pryestley observa le premier que les feuilles avaient la propriété d'améliorer l'air vicié par la combustion

des bougies et par la respiration des animaux. Sennebier remonta à la cause de ce phénomène : ayant exposé des feuilles fraîches à l'ombre et au soleil, dans
de l'eau légèrement imprégnée d'acide carbonique,
il trouva que les premières ne produisaient aucun
effet, et que les secondes donnaient lieu à un dégagement de gaz oxigène qui durait tant qu'il restait du gaz
acide dans l'eau ; d'où il conclut que des deux principes de l'acide carbonique, l'un était fixé et l'autre
rendu à son état de liberté par l'influence solaire. Inghenouz fit de semblables observations. M. Th. de Saussure alla plus loin ; il détermina avec exactitude tout
ce qui se passe dans la décomposition de l'acide carbonique. « J'ai composé, dit M. de Saussure, une atmos-
« phère artificielle qui occupait 290 centimètres cubes
« avec du gaz acide carbonique et de l'air commun,
« où l'eudiomètre à phosphore indiquait $\frac{21}{100}$ de gaz
« oxigène ; l'eau de chaux y dénonçait $7\frac{1}{2}$ centièmes
« de gaz acide carbonique. Le mélange aériforme
« était renfermé dans un récipient fermé par du mer-
« cure humecté ou recouvert d'une très-mince couche
« d'eau pour empêcher le contact de ce métal avec l'air
« qui environnait les plantes ; car j'ai bien constaté
« que ce contact, ainsi que l'ont annoncé les chimistes
« hollandais, est nuisible à la végétation dans des ex-
« périences prolongées.

« J'ai introduit sous ce récipient sept plantes de
« pervenche, hautes chacune de 2 décimètres ; elles
« déplaçaient en tout 10 centimètres cubes ; leurs ra-
« cines plongeaient dans un vase séparé, qui contenait
« 15 centimètres cubes d'eau ; la quantité de ce li-
« quide, sous le récipient, était insuffisante pour ab-

« sorber une quantité sensible de gaz acide, surtout à
« la température du lieu, qui n'était jamais moindre
« que + 17 degrés de Réaumur.

« Cet appareil a été exposé pendant six jours de
« suite, depuis cinq heures du matin jusqu'à onze
« heures, aux rayons directs du soleil, affaiblis toute-
« fois lorsqu'ils avaient trop d'intensité. Le septième
« jour, j'ai retiré les plantes qui n'avaient pas subi la
« moindre altération. Leur atmosphère, toute correc-
« tion faite, n'avait point changé de volume, du moins
« autant qu'on peut en juger dans un récipient de
« $0^{\text{mètre}}$13 de diamètre, où une différence de 20 cen-
« timètres cubes est presque inappréciable ; mais
« l'erreur ne peut aller au-delà.

« L'eau de chaux n'y a plus démontré de gaz acide
« carbonique ; l'eudiomètre y a indiqué $24\frac{1}{2}$ centièmes
« de gaz oxigène. J'ai établi un appareil semblable,
« avec de l'air atmosphérique pur, et le même nombre
« de plantes à la même exposition ; celui-ci n'a changé
« ni en pureté, ni en volume.

« Il résulte des observations eudiométriques énon-
« cées ci-dessus, que le mélange d'air commun et de
« gaz acide contenait avant l'expérience :

« 4199 centimètres cubes de gaz azote.
« 1116................de gaz oxigène.
« 431.............de gaz acide carbonique.

« 5746

« Le même air contenait, après l'expérience :

« 4338 centimètres cubes de gaz azote.

« 1408................. de gaz oxigène.

« 0................. de gaz acide carbonique.

« 5746

« Les pervenches ont donc élaboré ou fait dispa-
« raître 431 centimètres cubes de gaz acide carbo-
« nique ; si elles en eussent éliminé tout le gaz oxigène,
« elles en auraient produit un volume égal à celui
« du gaz acide qui a disparu ; mais elles n'ont dégagé
« que 292 centimètres cubes de gaz oxigène ; elles se
« sont donc assimilées 139 centimètres cubes de gaz
« oxigène dans la décomposition du gaz acide, et elles
« ont produit 139 centimètres cubes de gaz azote.

« Une expérience comparative m'a prouvé que les
« sept plantes de pervenche que j'avais employées
« pesaient sèches, avant la décomposition du gaz
« acide, 2,707 grammes, et qu'elles fournissaient par
« la carbonisation au feu, en vase clos, 528 milli-
« grammes de charbon. Les plantes qui avaient dé-
« composé le gaz acide, ont été séchées et carbonisées
« par le même procédé, et elles ont fourni 649 milli-
« grammes de charbon. La décomposition du gaz
« acide a donc fait obtenir 120 milligrammes de
« charbon.

« J'ai fait également carboniser les pervenches qui
« avaient végété dans l'air atmosphérique dépouillé de
« gaz acide, et j'ai trouvé que la proportion de leur
« carbone avait plutôt diminué qu'augmenté pendant
« leur séjour sous le récipient. » (Recherches sur la
végétation, page 40.)

La menthe aquatique (*mentha aquatica*), la salicaire (*lythrum salicaria*), le pin (*pinus genevensis*), la raquette (*cactus opuntia*), placés dans les mêmes circonstances que la pervenche, ont fourni des résultats analogues à M. de Saussure.

1251. Mais puisqu'il existe du gaz carbonique dans l'air, il est évident que les plantes doivent le décomposer, et s'en approprier le carbone et le gaz oxigène. M. de Saussure a encore fait à cet égard des expériences qui ne laissent rien à désirer.

Quatre graines de fèves, du poids de 6,368 grammes, furent placées par lui entre des cailloux de silex contenus dans des capsules de verre, et furent arrosées avec de l'eau distillée. Au bout de trois mois de végétation en rase campagne, au soleil, les plantes qui en provinrent pesaient, vertes, immédiatement après leur floraison, 87,149 grammes ; desséchées, elles se réduisirent à 10,721 gram., ce qui prouve qu'elles avaient presque doublé la quantité de leur matière végétale ; calcinées ensuite en vase clos, elles donnèrent 2,703 grammes de charbon. Or, de quatre graines de fèves de même poids que celles qui avaient été mises en expérience, on ne retira que 1,209 grammes de ce corps combustible : donc les fèves, en végétant à l'air libre, s'étaient appropriées plus de carbone qu'elles n'en contenaient d'abord ; elles l'avaient puisé sans doute dans le gaz acide carbonique de l'air, et c'est ce qui nous permet de comprendre pourquoi l'air ne contient qu'une très-petite quantité de ce gaz, quoiqu'il en reçoive à chaque instant qui provient, soit de la respiration, soit de la combustion du charbon, etc.

1252. Il ne faut pas croire toutefois, d'après ce que nous venons de dire, que les plantes seraient susceptibles de végéter au soleil dans une atmosphère d'acide carbonique pur. L'expérience prouve qu'elles y périraient, au contraire, très-promptement.

Pour que leur végétation ait lieu dans ce gaz, il est nécessaire qu'il contienne une certaine quantité d'oxigène ou d'air : Par exemple, de jeunes plantes de pois (*pisum sativum*), se sont flétries sur-le-champ non-seulement dans de l'acide carbonique pur, mais encore dans un mélange de deux parties d'acide et d'une partie d'air ; elles n'ont existé que sept jours dans parties égales d'air et d'acide ; elles ont vécu plus long-temps, dans le cas où la quantité d'acide ne formait que la cinquième partie de l'air ; leur accroissement a été presque le même que dans l'air, lorsque l'acide n'entrait que pour un huitième dans le mélange ; et il a été plus grand que dans l'air, dans le rapport de onze à huit, lorsque le mélange ne contenait qu'un douzième d'acide. (T. de Saussure.)

1253. Si l'acide carbonique , employé en quantité convenable, favorise la végétation des plantes au soleil, il la retarde toujours à l'ombre, et à plus forte raison à l'obscurité. Des pois sont morts en six jours dans un air qui contenait le quart de son volume de gaz acide. En un mot, jamais ce gaz , quelle que soit sa quantité , n'est sans action ; il en exerce une favorable ou nuisible : lorsque la plante peut le décomposer, elle prospère ; lorsqu'elle ne peut point en opérer la décomposition, elle dépérit : aussi est-il contraire à la germination, et a-t-on observé qu'une graine qui germait très-bien dans de l'air mêlé à une certaine quantité de gaz azote ou de gaz hydrogène, germait moins bien dans la même quantité d'air et d'acide carbonique.

1254. *Influence du gaz oxigène.* — Nous venons de voir que les plantes périssaient dans le gaz carbonique pur ; que, pour qu'elles pussent y vivre, il fallait qu'elles fussent exposées au soleil, et que ce gaz contînt une certaine quantité d'oxigène. Quelle peut donc être l'action de celui-ci sur les différentes parties des plantes et sur les plantes entières ?

Lorsqu'on place, pendant une seule nuit, des feuilles saines cueillies pendant un jour serein d'été, sous un récipient plein d'air atmosphérique, celles qui sont minces absorbent une certaine quantité de gaz oxigène et en convertissent une autre en gaz carbonique ; celles qui sont charnues, absorbent aussi de l'oxigène, mais sans produire du gaz acide. Ni les unes, ni les autres, n'absorbent d'azote ; et, dans tous les cas, si on les expose ensuite au soleil pendant quelques heures, le gaz acide carbonique qui aura pu se former sera décomposé, et tout le gaz oxigène qui aura disparu reparaîtra sensiblement.

Les mêmes feuilles seront susceptibles d'être soumises plusieurs fois à ce genre d'expériences, pourvu qu'elles aient une grande force de végétation ; de sorte qu'alors en les laissant passer plusieurs jours sous le même récipient, on verra qu'elles diminueront leur atmosphère pendant chaque nuit, et l'augmenteront pendant chaque jour à peu près en même raison. Telles sont toutes les feuilles grasses.

M. Th. de Saussure, qui a observé ces effets, leur donne le nom d'*inspiration* et d'*expiration*. Il s'est principalement servi, pour ses expériences, de feuilles de *cactus opuntia* qui végètent avec une force extrême ; il les mettait sans eau avec environ huit fois leur volume d'air privé d'acide carbonique, sous des récipiens dont les bords plongeaient dans le mercure ; quelquefois il les tenait ainsi dans l'obscurité pendant trente à quarante heures, afin de porter les inspirations au plus haut degré possible. Les plus grandes ont été d'une fois et un quart le volume des feuilles. M. de Saussure a vainement essayé d'extraire le gaz inspiré par la suppression du poids de l'atmosphère ou par une chaleur incapable de décomposer le tissu végétal ; il n'a jamais pu y parvenir. Il pense que ce gaz passe à l'état d'acide carbonique dans le parenchyme, et qu'il y est retenu, uni à l'eau, par la compression qu'exerce l'organisation végétale, compression qu'on sait être très-grande : aussi lorsqu'un *cactus*, placé dans l'obscurité, ne fait plus d'inspiration, il continue toujours à vicier son atmosphère ; il en change l'oxigène en gaz carbonique, et ce changement continue d'avoir lieu jusqu'à ce qu'il ne reste plus d'oxigène, ou que le *cactus* soit mort.

1255. Les phénomènes que nous offrent les feuilles dans leurs inspirations et leurs expirations, semblent être en contradiction avec ce que nous avons dit précédemment. En effet, on retire par l'expiration tout autant de gaz oxigène qu'il en disparaît dans l'inspiration ; et cependant nous avons prouvé que, dans la décomposition du gaz carbonique par les plantes, celles-ci absorbaient une portion de son oxigène ; mais il faut observer que les circonstances ne sont pas les mêmes. Dans un cas, le gaz carbonique décomposé est étranger à la plante ; il fait partie de son atmosphère : dans l'autre, il provient de la combinaison d'une partie de son carbone avec l'oxigène qui l'environne ; d'où il suit que, dans le premier, elle peut s'assimiler une nouvelle quantité de corps combustible, circonstance qui exige l'assimilation d'une certaine quantité d'oxigène; au lieu que, dans le second, elle ne peut point en prendre plus qu'elle n'en contient; elle ne peut rester, à cet égard, que dans l'état où elle se trouve.

1256. La propriété d'inspirer et d'expirer le gaz oxigène n'appartient absolument qu'aux parties vertes, de même que celle de décomposer le gaz carbonique. Ni les racines, ni le bois, ni l'aubier, ni les pétales ne la possèdent. Dans leur contact avec l'oxigène, ces substances ne font que lui céder peu à peu une portion de leur carbone; et de là résulte du gaz carbonique, dont une très-petite quantité se trouve retenue ou dissoute dans leurs sucs.

1257. Le contact du gaz oxigène avec les racines a une influence salutaire sur la végétation. M. Th. de Saussure, ayant arraché de jeunes marronniers pourvus de leurs feuilles, les disposa dans une cloche trouée à son sommet, de telle sorte que la tige plongeait dans l'atmosphère, presque toute la racine dans du gaz azote, ou du gaz hydrogène, ou du gaz carbonique, ou de l'air, et son extrémité seulement dans l'eau. Tous les marronniers pesaient environ chacun 23 grammes, et avaient des tiges et des racines dont la longueur, prise séparément, pouvait être de 25 décimètres. Ceux dont les racines étaient entourées de gaz carbonique, sont morts le septième ou le huitième jour; l'action du gaz azote et du gaz hydrogène a été moins nuisible; elle n'a produit la mort qu'au bout de treize ou de quatorze jours. Quant à ceux dont les racines plongeaient dans l'air, ils étaient encore vigoureux au bout de trois semaines, temps auquel on a mis fin à l'expérience.

Ces observations nous permettent de concevoir, 1° une partie des avantages qu'on trouve à remuer le sol qui doit servir à la végétation ; 2° pourquoi les racines ont d'autant plus de force, qu'elles sont plus près de la superficie de la terre ; 3° par quelle raison les racines pivotantes qui n'ont que peu de chevelu croissent mieux, toutes choses égales d'ailleurs, dans une terre sèche que dans une terre humide, et mieux encore dans une terre légère que dans une terre compacte ; 4° comment il se fait que les racines des arbres se divisent singulièrement lorsqu'elles pénètrent dans du fumier, dans de la vase ou des conduits d'eau : n'est-ce pas pour rechercher la très-petite quantité d'oxigène qui s'y trouve ? etc.

1258. Toutes les expériences précédentes nous prouvent que les plantes ne peuvent se développer qu'à l'aide du gaz oxigène ; cependant elles prospèrent moins à l'ombre dans l'oxigène pur, que dans son mélange avec l'azote ou l'hydrogène : ceux-ci qui, à l'état de gaz, n'ont aucune influence sensible sur la végétation, agissent sans doute en diminuant les points de contact entre les diverses parties de la plante et l'oxigène, et en empêchant ainsi qu'il ne se fasse beaucoup de gaz acide carbonique, gaz toujours nuisible lorsqu'il ne peut être élaboré. Il paraît que, dans le gaz oxigène, au soleil, elles végètent à peu près comme dans l'air.

1259. *Influence du gaz azote.* — L'azote, à l'état de gaz, n'est jamais absorbé par les plantes, soit pur, soit mêlé au gaz oxigène ou au gaz carbonique. Celui qui fait partie de leurs principes ne peut donc provenir que des engrais, ou de l'eau qui en tient toujours une certaine quantité en dissolution.

Plusieurs plantes alimentées par de l'eau, sont susceptibles toutefois de végéter dans ce gaz au soleil : ce sont, en général, celles dont les parties vertes sont très-abondantes, présentent beaucoup de surface, et consument le moins de gaz oxigène dans l'obscurité ; telles sont surtout le *lythrum salicaria*, l'*inula dysenterica*, l'*epilobium molle* et *montanum*, le *polygonum persicaria*, qui sont plus ou moins marécageuses. Alors il se forme, aux dépens de leur propre substance, une certaine quantité d'acide carbonique qu'elles décomposent et recomposent tour à tour. Les cinq plantes que nous venons de citer peuvent même soutenir pendant long-temps leur végétation dans du gaz azote exposé à une lumière faible ou à l'abri de l'action directe du soleil : il n'en est qu'un très-petit nombre d'autres qui puissent résister à cette épreuve. Toutes, d'ailleurs, périssent dans l'obscurité, ce qui tend à prouver que même à la lumière diffuse, les plantes ou du moins quelques plantes peuvent décomposer le gaz carbonique.

1260. Les plantes se comportent dans le gaz oxide de carbone et dans le gaz hydrogène de même que dans le gaz azote : on observe seulement que dans le gaz hydrogène il se forme un peu de gaz oxide de carbone provenant de l'action de l'hydrogène sur l'acide carbonique qui se forme lui-même.

1261. *Influence du gaz oxigène et du gaz azote mêlés.* —Voyons maintenant ce que deviendront les plantes dans un mélange de gaz oxigène et de gaz azote, ou bien dans de l'air atmosphérique privé d'acide carbonique. La nuit, ces plantes dont nous supposons les tiges herbacées, absorberont une certaine quantité de gaz oxigène et en convertiront une partie en gaz carbonique, à moins que leurs feuilles ne soient grasses (1254). Le jour, par le contact des rayons solaires, elles remettront sensiblement en liberté l'oxigène qu'elles auront fait disparaître, et pourront végéter ainsi pendant long-temps en faisant des inspirations et des expirations successives (1254). Si on les conservait toujours dans l'obscurité ou à l'ombre, elles languiraient bientôt et finiraient par périr, en raison du gaz carbonique qui se formerait et qui ne serait pas décomposé : aussi, pour entretenir leur végétation suffirait-il alors de placer, sous les récipiens, de la potasse ou de la chaux ? Le contraire aurait lieu si l'appareil restait exposé au soleil : là où il n'y aurait point d'alcali, la plante végéterait : là où il y en aurait, elle ne tarderait point à mourir ; l'alcali se carbonaterait, d'où il faut conclure que, dans ce cas-là même, il se formerait de l'acide carbonique par la combinaison de l'oxigène avec les parties de cette plante, et qu'elle ne pourrait vivre qu'autant qu'elle l'élaborerait.

Les plantes grasses font exception, parce que leur parenchyme très-épais et leur épiderme moins poreux retiennent plus obstinément le gaz carbonique qu'elles ont formé.

1262. *Influence de l'air.* — Il est facile de comprendre, d'après ce qui précède, combien doit être grande l'influence de l'air sur la végétation. Les végétaux y trouvent en abondance le gaz oxigène sans lequel ils ne pourraient exister, qu'ils inspirent la nuit, et que

par l'influence solaire ils expirent le jour : peut-être
s'en assimilent-ils ainsi une portion (a). En pénétrant
dans la terre jusqu'à leurs racines, ce gaz exerce sur
eux une nouvelle action, nécessaire à leur vie (1257) :
partout on le voit se combiner avec le carbone, dans nos
foyers, au sein des végétaux eux-mêmes et des animaux
morts et vivans, etc. ; partout il leur prépare du gaz
carbonique, aliment qu'exige leur accroissement. Ces
êtres décomposent cet acide ; ils s'en approprient tout
le carbone, rejettent une portion de son oxigène ; et
cette décomposition, source féconde de leur nutrition,
est en même temps le moyen dont la nature se sert
pour maintenir l'équilibre entre les élémens de l'atmosphère. Enfin, lorsque le sol dans lequel plongent leurs
racines n'est point assez humide, ils pompent au
moyen de leurs feuilles la vapeur d'eau que l'air contient toujours ; et cependant, dans des circonstances
contraires, lorsque le sol est trop humide, ces organes servent à exhaler l'excès d'humidité.

1263. *Influence de l'eau.* — On sait de temps immémorial que l'eau est nécessaire à la végétation : non-
seulement elle agit comme dissolvant, comme véhicule,
mais encore en cédant aux plantes les deux principes
qui la constituent. Cette dernière vérité, soupçonnée
par divers physiologistes, n'a été prouvée que par
M. Th. de Saussure. Si l'on fait végéter des plantes à
l'aide de l'eau pure dans de l'air atmosphérique privé
d'acide carbonique, elles n'altéreront leur atmosphère

(a) Comme les végétaux pompent dans le sein de la terre différens
sucs, il est possible qu'une partie de l'oxigène soit absorbée et solidifiée par eux.

ni en pureté ni en volume ; et cependant, elles contiendront plus de matière végétale qu'auparavant, ce
qui ne peut être attribué qu'aux principes de l'eau,
fixés. A la vérité, la différence de poids entre la matière végétale sèche après la végétation et cette matière
également sèche avant la végétation sera très-faible,
mais c'est parce que les quantités d'oxigène et d'hydrogène ne peuvent pas être augmentées au-delà de certaines limites dans les végétaux, sans que la proportion de leur carbone s'accroisse en même raison. En
effet, l'on a vu précédemment (1259), 1° que sept plantes
de pervenche se sont assimilé le carbone de 431 centimètres cubes de gaz carbonique, c'est-à-dire, 217 milligrammes ; 2° qu'elles ont laissé dégager autant d'azote
qu'elles ont absorbé d'oxigène. Or, elles pesaient sèches, avant l'opération, 2,707 grammes, et après l'opération, 3,237 : elles ont donc augmenté leur matière
végétale de 531 milligrammes ; mais de ces 531 milligrammes, 217 seulement ont été fournis par le gaz carbonique ; par conséquent 315 doivent être attribués à
l'eau fixée.

1264. *Influence des engrais.* — Les engrais ne contribuent pas seulement à la végétation par le gaz carbonique qu'ils laissent dégager et qui provient, soit de la
réaction de leurs élémens, soit de la combustion lente
de leur carbone par l'oxigène de l'air ; ils y contribuent
encore en fournissant aux plantes des sucs qu'elles
peuvent s'assimiler, car l'on sait que les récoltes ap-
pauvrissent plus ou moins le sol en raison de leur
nature.

Mais les plantes tirent-elles des engrais la majeure
partie de leurs alimens ? Voilà ce qu'il s'agit de savoir.
C'est encore M. Th. de Saussure qui va nous servir de

guide dans ce que nous allons dire à cet égard. Il observe : 1° qu'ayant laissé séjourner de l'eau pluviale pendant plusieurs jours sur le sol bien fumé d'un jardin, il en est résulté une infusion qui ne contenait que la millième partie de son poids d'extrait; 2° que, d'après des expériences qu'il a faites, un végétal qui absorberait l'eau de cette infusion, ne prendrait que le quart de son extrait solide; d'où il conclut que, dans le cas où ce végétal ne recevrait pas d'autre nourriture, il n'augmenterait son poids que d'un quart de livre dans l'état sec, en absorbant mille livres d'infusion. Or, une plante annuelle telle qu'un tournesol qui croissait dans ce jardin, pouvait acquérir, dans l'espace de quatre mois, à dater de sa germination, un poids de quatre kilogrammes dans l'état vert, et d'un demi-kilogramme dans l'état sec; et Hales nous apprend que la quantité d'eau aspirée et transpirée par un tournesol pendant vingt-quatre heures est égale à la moitié du poids de ce tournesol non desséché : si donc on le pèse dans les différentes époques de sa végétation, il sera possible de connaître l'absorption et la transpiration totales. C'est ce que M. Th. de Saussure a fait, et il a trouvé que ce végétal avait dû absorber et transpirer cent kilogrammes d'infusion, ce qui représente cent grammes d'extrait sec. Que l'on ajoute actuellement la quantité de matière que le gaz carbonique contenu dans l'infusion aura pu céder au tournesol, quantité que M. de Saussure évalue, d'après ses propres recherches, à 1, 85 grammes, et l'on sera conduit à ce résultat : savoir ; que le terreau n'aura fourni que 26, 85 grammes de matière nutritive, c'est-à-dire, environ la vingtième partie de ce que le tournesol s'en est assimilé.

M. de Saussure est loin de donner ces calculs comme

rigoureux; mais il n'en prouve pas moins que les végétaux tirent la majeure partie de leur matière nutritive
de l'eau et du gaz carbonique de l'air.

1265. *Influence du sol.* — L'influence du sol sur les
végétaux n'est pas due toute entière à sa température,
à l'eau et aux engrais qu'il contient; elle provient encore des sels qui entrent dans sa composition : aussi,
dans un grand nombre de lieux, fait-on usage des
cendres avec le plus grand succès. Nous ne savons pas
comment agissent ces sels; les uns prétendent qu'ils
n'agissent qu'en attirant l'humidité de l'air; d'autres,
qu'en favorisant la putréfaction des engrais, opinion
facile à réfuter; d'autres, qu'en se combinant avec les
parties des plantes. Ce qu'il y a de certain, c'est qu'ils
sont absorbés par les racines et portés dans le sein de
la plante même, en dissolution dans l'eau; que plusieurs plantes exigent pour leur accroissement des sels
d'une nature particulière et en quantités variables : les
plantes marines, par exemple, végètent mal dans un
sol où il n'y a point de sel marin; et ce sel est nuisible
au blé dans les proportions où il convient au dévelop-
pement des plantes marines. La pariétaire, la bourrache, les orties ne réussissent bien que dans les ter-
reins qui contiennent des nitrates de potasse ou de
chaux. Le plâtre favorise la végétation du trèfle, de la
luzerne, et il ne produit aucun effet sur un grand
nombre d'autres plantes.

M. de Saussure a fait, sur l'absorption des dissolutions de sels et de quelques autres corps par les plantes,
des expériences dont nous devons citer les résultats. Il
a pris 0, 637 gramme

De muriate de potasse;
De muriate de soude;

De nitrate de chaux ;

De sulfate de soude effleuri ;

De muriate d'ammoniaque ;

D'acétate de chaux ;

De sulfate de cuivre ;

De sucre cristallisé ;

De gomme arabique ;

Et 0,159 gramme d'extrait de terreau.

Il a fait dissoudre séparément ces diverses matières dans 793 centimètres cubes d'eau distillée, et a fait plonger dans chaque dissolution des plantes de *polygonum persicaria* ou de *bidens cannabina*, pourvues de leurs racines. Le *polygonum persicaria* a végété à l'ombre pendant cinq semaines dans les dissolutions de muriate de potasse, de muriate de soude, de nitrate de chaux, de sulfate de soude et d'extrait de terreau, et y a développé ses racines ; il a toujours été languissant dans le muriate d'ammoniaque ; il n'a pu se soutenir dans l'eau sucrée qu'en renouvellant la dissolution, qui se putréfiait très-promptement ; il est mort, au bout de huit à dix jours, dans l'eau gommée et la dissolution d'acétate de chaux ; il n'a pu vivre plus de deux à trois jours dans le sulfate de cuivre. Le *bidens* a suivi à peu près la même marche, mais en général il a moins résisté que le *polygonum.*

Répétant ensuite ces expériences pour savoir dans quelle proportion ces substances dissoutes étaient absorbées relativement à l'eau, et y mettant fin, lorsque les plantes avaient pompé la moitié du liquide, ce qui arrivait au bout de deux jours, en raison du nombre des plantes employées pour cela ; il trouva, en divisant en cent parties les 0,637 gramme contenu dans les dissolutions, que l'absorption avait été.

	Par le polygonum, de	Par le bidens, de
Muriate de potasse....	14,7	16
Muriate de soude......	13,0	15
Nitrate de chaux......	4,0	8
Sulfate de soude.......	14,4	10
Muriate d'ammoniaque.	12,0	17
Acétate de chaux......	8,0	8
Sulfate de cuivre......	47,0	48
Gomme	9,0	8
Sucre.............	29,0	32
Extrait de terreau......	5,0	6

On voit donc : 1° que les plantes ont absorbé toutes les matières salines et végétales qui leur ont été présentées ; 2° qu'elles ont toujours absorbé proportionnellement beaucoup plus d'eau que d'une quelconque de ces matières ; 3° que ce n'est point toujours la matière la plus favorable à la végétation qui a été absorbée en plus grande quantité. Ces effets dépendent, selon M. de Saussure, de la vigueur des racines, de l'altération que leur font éprouver certaines dissolutions et de la viscosité du liquide. Les deux premières causes favorisent l'absorption : la troisième la diminue. En effet, moins une substance communique de viscosité à l'eau, et plus la plante est susceptible d'en absorber. Cette dernière assertion semble du moins résulter des expériences suivantes qui ont toutes été faites comme les précédentes : seulement, au lieu de ne dissoudre qu'une seule matière dans l'eau dont la quantité était de 793 centimètres cubes, on y en a dissout deux ou trois, chacune du poids de 0, 637 gramme. (Th. de Saussure). L'absorption a été

		Par le polygonum.	Par le bidens.
		parties.	parties.
Première Expérience.	Sulfate de soude....	11,7....	7
	Muriate de soude...	22	20
Seconde Expérience.	Sulfate de soude....	12	10
	Muriate de potasse..	17	17
Troisième Expérience.	Acétate de chaux....	8,25...	5
	Muriate de potasse..	33	16
Quatrième Expérience.	Nitrate de chaux....	4	2
	Muriate d'ammonia-que.............	16,5....	15
Cinquième Expérience.	Acétate de chaux (a).	31	35
	Sulfate de cuivre....	34	39
Sixième Expérience.	Sulfate de soude....	6	13
	Muriate de soude...	10	16
	Acétate de chaux.	quantité inappréc.	quantité inappréc.
Septième Expérience.	Gomme..........	26	21
	Sucre...........	34	46

1266. Quelles que soient les diverses conséquences qu'on cherche à tirer des expériences que nous venons de rapporter, il en est que l'on sera forcé d'admettre d'abord : c'est que les plantes doivent puiser dans le sol les sels solubles qui s'y trouvent, et que les mêmes plantes, en raison du sol où elles se seront développées, pourront contenir des sels de diverse nature et en quantité très-différente : aussi, les plantes qui croissent sur les bords de la mer sont-elles très-riches en sels de soude, tandis que celles qui croissent dans l'intérieur

---

(a) La quantité d'acétate absorbée n'a été si grande qu'à raison du sulfate de cuivre qui a désorganisé la racine.

des terres contiennent beaucoup de sels à base de potasse.

En pénétrant dans les plantes, les sels ne sont point décomposés, leurs acides restent unis à leurs bases. Si l'on fait végéter des plantes de *polygonum* dans de l'eau chargée d'une petite quantité de muriate de potasse, on retrouvera dans la plante développée tout le muriate de potasse qui aura été absorbé. On n'y retrouvera d'ailleurs que les cendres qu'elle aurait données, si elle avait végété dans de l'eau pure. (Th. de Saussure).

1267. Les plantes ne renferment pas seulement des sels solubles ; elles renferment encore des sels insolubles, divers oxides, etc.

On y trouve, en un mot,

Parmi les corps combustibles non métalliques............................ { le soufre.

Parmi les oxides........ { La silice.
L'alumine.
L'oxide de fer.
L'oxide de manganèse.

Parmi les acides et les autres composés minéraux, les sels exceptés....... {   o.

Parmi les sels :

Les sous-carbonates de... { Potasse.
Soude.
Chaux.
Magnésie.

L'hydriodate de potasse (*a*).

(*a*) Nous supposons que l'iode est à l'état hydriodate de potasse dans le vareck, d'après M. Gaultier Claubry.

Les sous-phosphates de.... { Chaux.
Potasse.
Magnésie.

Les sulfates de........... { Potasse.
Soude.

Les nitrates de........... { Potasse.
Chaux.
Magnésie.

Les muriates de......... { Potasse.
Soude.
Chaux.
Magnésie.

1268. Il s'en faut de beaucoup que toutes ces substances se rencontrent dans le même végétal. Celles qu'on y trouve le plus souvent, sont : le sulfate, le muriate de potasse, les sous-carbonate et phosphate de la même base ; les sous-carbonate et phosphate de chaux, le sous-phosphate de magnésie, le sel marin, la silice, l'oxide de fer, l'oxide de manganèse.

Les sous-carbonates de soude et de magnésie n'existent guère que dans les plantes marines et surtout dans les *fucus*, dans le *salsola soda* ; c'est aussi dans les plantes qui croissent sur les bords de la mer que se trouve le sulfate de soude ; c'est également dans ces sortes de plantes qu'abonde le sel marin ; quelques plantes seulement, telles que la *bourrache*, l'*héliantus*, l'*ortie*, la *pariétaire*, renferment des nitrates de potasse et de chaux. Le soufre n'est pour ainsi dire connu que dans les crucifères ; l'hydriodate de potasse ne l'est que dans le vareck ; l'alumine est très-rare (*a*).

(*a*) Ce sont toujours les sels alcalins à base de potasse et de soude

Si nous ajoutons maintenant que les végétaux contiennent certains sels à base de potasse, de chaux, tels
que des oxalates, des acétates, dont les acides destruc-
tibles par la chaleur sont un produit de l'organisation
végétale, l'on se fera facilement une idée de la nature
du résidu qui provient de la combustion des plantes,
résidu que l'on connaît ordinairement sous le nom de
cendres, et qui équivaut au plus à quelques centièmes
de la plante dont il provient.

Les cendres devront renfermer les oxides, les sous-
carbonates, à moins que la calcination n'ait été assez
forte pour en chasser l'acide carbonique, les sous-
phosphates, les sulfates dont une portion pourra être
changée en sulfure, les muriates; mais le soufre, les
nitrates, les sels végétaux ne pourront point en faire
partie. Dans l'incinération, le soufre sera volatilisé
et brûlé, les nitrates et les sels végétaux seront décomposés de telle manière que leurs bases seront res-
tées unies à l'acide carbonique (a).

1269. Les diverses parties de la même plante, et à
plus forte raison, les différentes plantes ne fournissent
point la même quantité de cendres. Ce sont celles où

qui forment la majeure partie des cendres d'une plante verte herbacée; ils en font quelquefois les trois quarts: il en est de même
des feuilles sortant de leurs boutons (T. de Saussure).

(a) Quoiqu'on rencontre du sous-carbonate de potasse dans
la cendre de presque tous les végétaux, il n'est point certain que
ceux-ci en contiennent. On peut supposer qu'il provient de la décomposition de l'acétate de potasse, l'un des matériaux constans de
la sève; et cette opinion, qui est celle de M. Vauquelin, est d'autant plus probable, que la sève ne contient jamais de carbonate
alcalin.

la transpiration est la plus grande, qui en fournissent le plus (Th. de Saussure). On en retire moins des plantes ligneuses que des plantes herbacées, ainsi que s'en sont assurés plusieurs chimistes ; moins du tronc d'un arbre que de ses branches ; moins de ses branches et de ses fruits que de ses feuilles (Perthis , Ann. de Chimie , tom. 19) ; moins de ses parties intérieures que de l'écorce qui est le siége immédiat de la transpiration du tronc ; moins du bois que de l'aubier ; moins des feuilles des arbres toujours verts que de celles des arbres qui se dépouillent en hiver : c'est ce qu'on verra dans les tableaux suivans , tirés de l'ouvrage de M. de Saussure.

NOM DES PLANTES. Epoque de leur récolte.	CENDRES contenues dans 100 parties de plante verte.	CENDRES contenues dans 1000 parties de plante séche.	Eau de végétation dans 1000 parties de plante verte.	OBSERVATIONS.
Feuilles de chêne (*quercus robur*), du 10 mai.	13.	53.	745.	Dans un bois' sol graveleux et presque stérile.
Les mêmes, du 27 septembre.	24.	55.	549.	*Ibid.*
Tiges ou branches écorcées de jeune chêne, du 10 mai.		4.		*Ibid.* Ces tiges ou ces branches avaient environ 1 centimètre de diamètre.
Ecorces des branches précédentes.		60.		Dans cette écorce sont compris le liber et l'épiderme.
Bois de chêne séparé de l'aubier.		2.		Il faisait partie d'un tronc qui avait environ 2 décimètres de diamètre.
Aubier du bois de chêne précédent.		4.		

100 parties de cendres contiennent

Sels solubles dans l'eau (a).	Phosphates terreux.	Carbonates terreux.	Silice.	Alumine.	Oxides métalliques.	Déficit.	OBSERVATIONS.
47	24	0,12	3	Moins de 1 centième.	0,64	25,24	Dans cette analyse et dans les suivantes, le déficit appartient presqu'uniquement aux sels solubles dans l'eau (b).
17	18,25	23	14,5		1,75	25,5	
26	28,5	12,25	0,12		1	32,58	
7	4,5	63,25	0,25		1,75	22,75	
38,6	4,5	32	2		2,25	20,65	
32	24	11	7,5		2	3,5	La silice était peut-être accidentelle dans cet aubier, car je ne l'ai point trouvée dans de jeunes branches de chêne.

(*a*) Ces sels ne sont que des sels à base de potasse.

(*b*) Ce qui provient de ce que, dans la calcination, une portion de ces sels se combine avec les sels insolubles, et échappe à l'action de l'eau.

NOM DES PLANTES. Epoque de leur récolte.	CENDRES contenues dans 1000 parties de plante sèche.	OBSERVATIONS.
Ecorce des troncs de chêne précédens.	60.	Dans cette écorce sont compris le liber et l'épiderme.
Liber de l'écorce précédente.	73.	
Extrait du bois de chêne précédent.	61.	
Terreau de bois de chêne.	41.	
Extrait du précédent terreau de bois de chêne.	111.	

100 parties de cendres contiennent

Sels solubles dans l'eau.	Phosphates terreux.	Carbonates terreux.	Silice.	Alumine.	Oxides métalliques.	Déficit.	OBSERVATIONS.
7	3	66	1,5		2	21,5	
7	3,75	65	0,5		1	22,75	
51				moins de 1 centième.			Sciure de chêne bouillie pendant une demi-heure dans de l'eau distillée. La décoction filtrée a été évaporée à siccité à une douce chaleur.
24	10,5	10	32	1	14	8,5	Ce terreau, presque noir, a été pris à plusieurs pieds au-dessus du sol, dans le tronc d'un chêne en végétation ; il contenait de petits grumeaux blancs de silice.
66							Le terreau a été soumis à l'ébullition pendant une demi-heure dans de l'eau distillée : la décoction filtrée a été évaporée jusqu'à siccité à une douce chaleur.

NOM DES PLANTES. Epoque de leur récolte.	CENDRES conténues dans 1000 parties de plante verte.	CENDRES conténues dans 1000 parties de plante sèche.	Eau de végétation dans 1000 parties de plante verte.	OBSERVATIONS.
Bois de charme (*carpinus betulus*) séparé de l'aubier. Novembre.	4.	6.	346.	Dans un pré, sol argileux: tronc de 1,6 décimètre de diamètre.
Aubier du charme précédent.	4.	7.	390.	Dans cet arbre, l'aubier était très-peu distinct du bois.
Ecorce du charme précédent.	88.	134.	346.	Dans cette écorce sont compris le liber et l'épiderme.

100 parties de cendres contiennent

Sels solubles dans l'eau.	Phosphates terreux.	Carbonates terreux.	Silice.	Alumine.	Oxides métalliques.	Déficit.	OBSERVATIONS.
22	23	26	0,12		2,25	26,63	Dans cette analyse et dans les suivantes, le déficit appartient presque uniquement aux sels solubles dans l'eau.
18	36	15	1		1	29	
4,5	4,5	59			0,12	30,38	

NOM DES PLANTES. Epoque de leur récolte.	CENDRES contenues dans 1000 parties de plante sèche.	OBSERVATIONS.
Paille d'orge (*hordeum vulgare.*) séparée de ses graines en maturité.	42.	Dans un champ, sol calcaire.
Graine d'orge de la paille précédente.	18.	Cette graine était telle, qu'on l'emploie pour la semer, c'est-à-dire, pourvue de sa balle intérieure.
Graine d'orge.		

100 parties de cendres contiennent

Sels solubles dans l'eau.	Phosphates terreux.	Carbonates terreux.	Silice.	Alumine.	Oxides métalliques.	Déficit.	OBSERVATIONS.
14	7	12,5	57	Moins d'un centième.	0,5	9	*Analyse plus précise des mêmes cendres.* Potasse................ 16. Sulfate de potasse ... . 3, 5. Muriate de potasse..... 0, 5. Phosphates terreux..... 7,75. Carbonates terreux..... 12, 5. Silice................. 57. Oxides métalliques..... 0, 5. Perte.............. ...... 2,25. —————— 100.
7	31	0	36		0,25	25,75	*Analyse plus précise des mêmes cendres.* Potasse................ 18. Phosphate de potasse... 9, 2. Sulfate de potasse..... 1, 5. Muriate de potasse..... 0,25. Phosphates terreux..... 32, 5. Carbonates terreux..... 0. Silice................. 35, 5. Oxides métalliques..... 0,25. Perte............ .... 2, 8. —————— 100.
22	22	0	21		0,12	29,88	Ces graines, quoique susceptibles de germer, ont été cueillies quinze jours avant leur parfaite maturité. J'ai trouvé, en cherchant les sels restés dans la dissolution acide, qu'ils pesaient, réunis aux 22 ci-joints, 47 parties. On doit attribuer, soit dans cette analyse, soit dans la précédente, une grande partie de la silice à la balle, dont la graine n'a pas été dépouillée.

NOM DES PLANTES. Epoque de leur récolte.	CENDRES contenues dans 1000 parties de plante verte.	CENDRES contenues dans 1000 parties de plante sèche.	Eau de végétation dans 1000 parties de plante verte.	OBSERVATIONS.
Plantes de froment (*triticum sativum*) du 1er mai, un mois avant la floraison.		79		Dans un champ fertile, sol graveleux.
Les mêmes, en fleur, du 14 juin.	16	54	699	*Ibid.*
Les mêmes, du 28 juillet, portant leurs graines en maturité.		33		*Ibid.*
Paille du froment précédent séparé des graines.		43		
Graines choisies du froment précédent.		13		
Son.		52		

100 parties de cendres contiennent

Sels solubles dans l'eau.	Phosphates terreux.	Carbonates terreux.	Silice.	Alumine.	Oxides métalliques.	Déficit.	OBSERVATIONS.
60	11,5	0,25	12,5	Moins d'un centième.	0,25	15,5	
41	10,75	0,25	26		0,5	21,5	
10	11,75	0,25	51		0,75	23	Graine étranglée et peu abondante.
9	5	1	61,5		1	22,5	*Analyse plus précise des mêmes cendres.* Potasse............... 12,5. Phosphate de potasse.... 5. Muriate de potasse...... 3. Sulfate de potasse....... 2. Phosphates terreux...... 6,2. Carbonates terreux...... 1. Silice.................. 61,5. Oxides métalliques... 1. Perte.................. 7,8. ———— 100.
21	38	0	0,5	Moins d'un centième.	0,25	40,25	*Analyse plus précise des mêmes cendres.* Potasse............... 15. Phosphate de potasse... 32. Muriate de potasse..... 0,16. Sulfate de potasse, nuage impondérable. Phosphates terreux..... 44, 5. Carbonates terreux .... 0. Silice................. 0, 5. Oxides métalliques..... 0,25. Perte.................. 7,59. ———— 100.
							Potasse................ 14. Phosphate de potasse... 30. Muriate de potasse..... 0,16. Sulfate de potasse...... 0. Phosphates terreux..... 46, 5. Carbonates terreux..... 0. Silice................. 0, 5. Oxides métalliques...... 0,25. Perte.................. 8,59.

M. de Saussure a fait un grand nombre d'autres incinérations et d'autres analyses, dont les résultats sont conformes à ceux que nous venons de rapporter. (*Voyez* ses Recherches, page 328).

En les comparant, l'on voit que les sels alcalins à base de potasse et de soude forment la majeure partie des cendres d'une plante verte herbacée et des feuilles sortant de leurs boutons; qu'ils entrent quelquefois pour les trois quarts dans leur composition; que les phosphates terreux sont, après les sels alcalins, la partie prédominante dans ces sortes de cendres; que les écorces ne contiennent, au contraire, que très-peu de sels alcalins et de phosphates terreux, et sont très-riches en carbonate de chaux, etc.

1270. La majeure partie des matières qui composent la cendre des végétaux provient moins de la partie terreuse du sol que du terreau disséminé dans ce sol. En effet, le terreau, d'après l'analyse de Saussure, contient une grande quantité de ces matières, et son extrait est tellement combiné avec elles, qu'il rend solubles dans l'eau celles qui y sont insolubles.

Il serait difficile de concevoir autrement dans les plantes l'existence de la silice, du phosphate de chaux, de l'oxide de fer, qui ont tant de cohésion; car nous avons vu précédemment qu'elles n'absorbaient qu'avec beaucoup de peine, même les liquides qui avaient de la viscosité; d'où il est évident qu'elles ne pourraient point absorber de matière à l'état solide. Cette opinion n'est point généralement adoptée. Plusieurs savans pensent que les terres et les alcalis prennent naissance au sein des végétaux; ils s'appuient surtout des expériences qui valurent à M. Schrœder le prix proposé par l'Académie de Berlin, sur la question de savoir si les parties terreuses que contiennent les différentes espèces de blé ne se formaient point par l'acte de la végétation. Schrœder ayant fait germer du froment, du seigle, de l'orge et de l'avoine dans la fleur de soufre, et ayant arrosé les plantes qui en provinrent avec de l'eau distillée, trouva qu'elles contenaient plus de terre que leurs graines. A la vérité, il avait bien pris le soin de mettre la fleur de soufre dans une boîte et de l'abriter de la pluie; mais elle était exposée à l'air. Or, comme celui-ci peut tenir en suspension des corps très-atténués, il a dû en déposer sur les feuilles: ce sont ces corps qui, sans doute, ont fourni les substances terreuses qu'a retirées M. Schrœder. (Th. de Saussure).

1271. *Assimilation des parties nutritives.* — Après avoir déterminé quels sont les corps dont les végétaux tirent leurs principes, il serait naturel de rechercher comment ces principes s'associent dans le végétal, et comment ensuite ils s'y assimilent. Mais nos connaissances à cet égard sont très-bornées, et le seront toujours tant que les organes des plantes ne seront pas mieux connus qu'ils ne le sont. Nous ne dirons donc que très-peu de chose sur cette question, d'autant plus qu'elle est absolument du ressort de la physiologie végétale.

Les racines, par les suçoirs qui sont à l'extrémité de leurs petites fibres chevelues, pompent dans le sein de la terre les sucs nourriciers qu'elles y trouvent, sucs qui sont formés d'une grande quantité d'eau et d'une petite quantité d'acide carbonique, de matières végétales ou animales, de sels et de terres. Ces sucs,

introduits dans le végétal, prennent, après avoir subi
peut-être de légères modifications, le nom de *sève*,
de *lymphe*, et coulent dans de longs tubes poreux qu'on
appelle *vaisseaux séveux* ou *lymphatiques*; ils parviennent jusqu'aux feuilles, qui, de leur côté, agissent
sur l'oxigène et l'acide carbonique de l'air. Là ont lieu
les fonctions les plus importantes de la nutrition; de
l'eau est exhalée; il se forme de nouveaux corps; une
sève nouvelle prend naissance; elle pénètre dans le
tissu cellulaire de l'écorce, et gagne insensiblement les
parties inférieures du végétal: celui-ci puise dans ce
suc élaboré les matériaux dont il a besoin, se les assimile et se développe par une force occulte, inhérente à
tous les être organisés, cause de presque toutes leurs
fonctions, et qu'on est convenu d'appeler *force vitale*.

Voilà l'ensemble des phénomènes : c'est dans les ouvrages spécialement consacrés à la physiologie végétale
qu'on en trouvera les détails.

CHAPITRE III.

Des Substances végétales.

*Lois auxquelles leur composition est soumise; classifi-
cation, propriétés générales de ces substances.*

1272. Quoique nous connaissions un grand nombre
de substances végétales, il est probable que nous
sommes bien loin encore de les connaître toutes, et
cependant la plupart ne sont formées que d'hydrogène,
de carbone et d'oxigène ; quelques-unes seulement

contiennent de l'azote : la cause en est évidente ; c'est qu'il suffit de faire varier la proportion de leurs principes pour en obtenir de nouvelles.

1273. Toutes sont soumises dans leur composition à des lois remarquables. Nous ne ferons connaître maintenant que les lois qui sont relatives à la composition des substances formées d'oxigène, d'hydrogène et de carbone : nous exposerons les autres dans l'histoire de la chimie animale.

1° Lorsqu'une substance végétale ne contient point d'azote, et que sa quantité d'oxigène est à sa quantité d'hydrogène dans un rapport plus grand que dans l'eau, elle est acide, quelle que soit la quantité de carbone qui entre dans sa composition.

2° Lorsque le contraire a lieu, la substance est huileuse, résineuse, alcoolique ou éthérée : quelquefois, cependant, elle joue le rôle d'acide.

3° Enfin, lorsque la quantité d'oxigène est à la quantité d'hydrogène dans le même rapport que dans l'eau, la substance est analogue au sucre, à la gomme, à la fibre ligneuse, etc.

De là résultent trois sections dans lesquelles les substances végétales non azotées se partagent naturellement. Nous y en joindrons toutefois deux autres : l'une, qui comprendra les matières colorantes, parce que l'on n'est encore parvenu qu'à en isoler quelquesunes ; et l'autre, les substances dont l'existence est douteuse. Nous réunirons, dans une sixième et dernière, celles qui contiennent de l'azote : elles formeront le passage de la chimie végétale à la chimie animale.

1274. *Propriétés.* — Toutes les substances végétales

sont solides ou liquides, à la température ordinaire ;
eurs autres propriétés physiques varient.

1275. *Action du feu.* — Plusieurs sont volatiles
par elles-mêmes et susceptibles d'entrer en ébullition :
telles sont l'alcool, l'éther, les huiles essentielles.
D'autres se vaporisent facilement dans les différens
gaz : nous citerons pour exemple le camphre, l'acide
benzoïque, l'acide oxalique. D'autres sont fixes.

Soumises à la distillation, les premières n'éprouvent
aucune altération ; les deuxièmes se décomposent et
se volatilisent en partie ; les troisièmes se décomposent
complétement : de l'eau, du gaz carbonique, de l'a-
cide acétique, du gaz oxide de carbone, de l'huile
plus ou moins colorée et plus ou moins épaisse, du
gaz hydrogène carboné, du charbon ; tels sont tous les
produits que fournissent celles qui ne contiennent point
d'azote : celles qui en contiennent donnent en outre de
l'acide prussique, de l'ammoniaque, et du gaz azote
même.

Aucune ne résiste, qu'elle soit volatile ou non, à
une très-haute température ; toutes alors se transforment principalement en gaz oxide de carbone, en
gaz hydrogène carboné et en charbon. Nous avons dit
comment on devait faire cette dernière expérience
(1240) ; disons comment il faut procéder à la première :
On introduit la substance végétale dans une cornue de
grès ; cette cornue est placée dans un fourneau à réverbère ; son col pénètre dans une allonge qui se rend
dans un récipient tubulé, et de ce récipient part un
tube qui s'engage sous des flacons pleins d'eau. Les tubulures étant bien lutées, on met du feu dans le fourneau de manière à porter peu à peu la panse de la
cornue jusqu'au rouge : bientôt la décomposition se

produit ; elle commence à avoir lieu, même bien au-
dessous de la chaleur rouge ; elle s'annonce par des
vapeurs blanches et par un dégagement de gaz : l'on
juge qu'elle est achevée, lorsqu'il ne se dégage plus ni
gaz, ni vapeurs, malgré la violence du feu. Les gaz
se rassemblent dans les flacons ; l'eau, l'acide acétique
et l'huile se condensent dans le récipient ; le charbon
reste dans la cornue. L'huile est ordinairement épaisse
et d'un brun noirâtre ; elle ressemble à du goudron ;
une petite portion se dissout dans l'acide acétique, et
une autre passe avec les gaz dans les récipiens : c'est
à cette huile que les gaz doivent l'odeur empyreumatique qu'ils ont toujours.

1276. Toutes les substances ne donnent point ces
produits en quantités égales. De celles qui contiennent
beaucoup d'oxigène, on retire beaucoup d'eau, de gaz
carbonique, d'acide acétique ; et de celles qui sont
très-hydrogénées, beaucoup d'huile et de gaz hydrogène carboné. Dans tous les cas, on obtient pour résidu le charbon que n'ont pu dissoudre, soit isolément,
soit réunis, l'hydrogène et l'oxigène faisant partie de
la substance végétale soumise à la distillation. L'eau et
l'acide carbonique, qui sont très-oxigénés, se forment
les premiers ; le gaz oxide de carbone et l'acide acétique, qui le sont moins, ne se forment qu'en second
lieu ; l'huile, qui ne l'est que peu, et le gaz hydrogène
carboné qui ne l'est pas, ne se forment qu'en dernier
lieu. Il est évident, en effet, que tant que la substance végétale contient beaucoup d'oxigène, il ne peut
point se former de matière huileuse ; puisque l'oxigène convertit cette matière en eau et en gaz carbonique ; et si, dans le cours de l'expérience, tous ces

produits se dégagent à la fois, c'est parce que la substance qui est au centre de la cornue est moins chaude
que celle qui touche ses parois, et que, quand l'une
achève de se décomposer, la décomposition de l'autre
commence à s'opérer. Du reste, il est trop facile de
concevoir la formation de chacun de ces produits, pour
devoir nous y arrêter. Que si, lorsque la température
est très-élevée, l'on n'obtient point d'huile, point d'acide
acétique, etc., la raison en est simple : ces corps ne
peuvent exister à cette température ; donc ils ne peuvent point se former.

1277. *Décomposition spontanée.* — Il est des substances végétales qui, lorsqu'elles sont humides, sont
susceptibles de se décomposer spontanément, à la
température ordinaire ; un grand nombre même sont
dans ce cas ; leurs principes se dissocient, se combinent dans d'autres proportions, et donnent naissance
à des produits nouveaux : ces produits sont ou très-
oxigénés, ou très-hydrogénés, ou très-carbonés ; ils se
rapprochent donc beaucoup, par leur nature, de ceux
qu'on obtient par la distillation. L'air favorise singulièrement cette sorte de décomposition que nous ne
faisons pour ainsi dire qu'annoncer et que nous examinerons avec beaucoup de soin par la suite. (*Voyez
la fin de la chimie végétale*, article *Fermentation putride.*)

1278. *Action du gaz oxigène et de l'air.* — Tout le
monde sait qu'à l'aide de la chaleur, la plupart des
substances végétales prennent feu dans l'air. Les plus
combustibles sont les huiles, les résines, etc. ; où l'hydrogène prédomine ; et les moins combustibles sont
les acides, où l'oxigène est presque toujours au con-

traire prédominant : aussi plusieurs de ceux-ci brulent-
ils sans lumière ; tel est particulièrement l'acide oxalique.

L'air n'agit évidemment que par son oxigène ; il
tend donc à convertir la substance végétale en eau et
en acide carbonique : telle serait en effet le résultat
de son action, s'il était en assez grande quantité, et si
la température était assez élevée ; mais c'est ce qui
n'arrive jamais, même dans les meilleures cheminées et
les meilleurs poêles : aussi s'amasse-t-il toujours de
la suie dans leurs tuyaux.

1279. *Action des corps combustibles.* — L'hydrogène, l'azote, le bore, le carbone, sont sans action
sur les substances végétales.

Le soufre, le phosphore ne s'unissent qu'à la plupart de celles où l'hydrogène prédomine ; ils se dissolvent dans les huiles, dans l'alcool, et forment des composés solides avec les résines.

L'iode, à la température capable de décomposer les
substances végétales, forme avec toutes de l'acide hydriodique en s'emparant de leur hydrogène. Au-dessous de cette température, il est sans action sur celles
de la première section ; il s'unit à celles de la deuxième
et particulièrement à l'amidon ; mais il forme toujours
de l'acide hydriodique avec celles de la troisième,
même à froid, du moins par l'intermède de l'eau.

Le potassium et le sodium, à une température peu
élevée, décomposent toutes les substances végétales des
deux premières sections ; ils s'unissent à leur oxigène
et les charbonnent en donnant lieu à un dégagement
de lumière et probablement de gaz hydrogène carboné. Leur action sur celles de la troisième section où

l'hydrogène prédomine, est beaucoup moins marquée : aussi plonge-t-on ces métaux dans l'huile pour les conserver (*a*).

Le barium, le strontium et le calcium, en vertu de leur grande affinité pour l'oxigène, se comporteraient sans doute de même que le potassium et le sodium; mais, parmi les autres métaux connus jusqu'à présent, il n'en est aucun qui agisse d'une manière quelconque sur ces diverses substances.

1280. *Action de l'eau.* — L'eau n'agit jamais que comme dissolvant sur les substances végétales ; elle n'est décomposée par elles et ne les décompose dans aucune circonstance. On observe que toutes celles où l'oxigène prédomine sont solubles dans ce liquide, et que toutes celles où l'hydrogène est très-prédominant y sont, au contraire, insolubles ou très-peu solubles (*b*).

Quant à celles où l'hydrogène et l'oxigène sont dans les proportions nécessaires pour faire l'eau, il en est qui s'y dissolvent, et d'autres qui ne s'y dissolvent pas.

1281. *Action des bases salifiables.* — La plupart des bases salifiables s'unissent aux substances végétales acides, et forment des sels que nous examinerons par la suite. L'expérience prouve qu'elles tendent aussi à se combiner avec les huiles et les résines : on nomme *sa-*

(*a*) Cependant, aussitôt que l'on met du potassium ou du sodium dans l'alcool et l'éther, on aperçoit une vive effervescence ; mais comme le gaz qui se dégage n'est que de l'hydrogène, il est probable qu'il provient d'une certaine quantité d'eau restée dans ces substances, et qui se trouve décomposée.

(*b*) L'alcool, à la vérité, est soluble en toute proportion ; mais aussi contient-il une assez grande quantité d'oxigène, et très-peu d'hydrogène en excès.

vons les composés qui en résultent. Leur action sur les autres substances n'a point encore été bien étudiée ; on sait seulement en général que les dissolutions alcalines, concentrées et bouillantes, finissent par altérer celles de ces substances qui ne sont point volatiles.

1282. *Action des acides.* — Les acides nous présentent des phénomènes variés avec les substances végétales. Ceux qui sont faibles, tels que les acides carbonique, borique, molybdique, tungstique, colombique, sont sans action sur toutes. Ceux qui sont forts, à part quelques-uns, n'ont eux-mêmes aucune action sur les substances de la première section ; mais ils agissent sur presque toutes celles des deuxième et troisième sections. Tantôt ils s'y unissent, et tantôt ils les décomposent. Cette décomposition provient toujours ou de ce que l'acide ayant beaucoup d'affinité pour l'eau, détermine la formation d'une certaine quantité de ce liquide aux dépensde l'oxigène et de l'hydrogène de la substance végétale, ou de ce que cet acide est lui-même décomposé et de ce qu'il brûle par son oxigène une portion de l'hydrogène et du carbone de cette substance : entrons dans quelques détails à cet égard.

1283. L'acide nitrique attaque presque toutes les substances végétales, si ce n'est à froid, du moins à chaud. Son action sur celles de la seconde section et surtout sur celles de la troisième a même lieu avec violence. Jamais il ne détermine la formation d'eau aux dépens des principes de la substance végétale avec laquelle il est en contact ; rarement il s'unit à elle ; presque toujours il la décompose, et toujours il en opère la décomposition en brûlant par son oxigène une portion de l'hydrogène et du carbone qu'elle contient : il la rapproche ainsi de l'état acide, et finit même souvent par l'y faire passer, en donnant naissance à beaucoup de produits divers. Que l'on introduise 1 partie de sucre avec 4 parties d'acide nitrique à 25°, dans une cornue de verre d'une capacité double du volume du mélange qu'elle doit contenir; que cette cornue soit placée dans un fourneau muni de son laboratoire; que son col se rende dans un récipient tubulé, et que celui-ci porte un tube qui s'engage sous des flacons pleins d'eau : l'appareil étant ainsi disposé, que l'on mette quelques charbons incandescens sous la cornue, et qu'on soutienne le feu de manière à faire toujours bouillir légèrement la liqueur, voici ce que l'on observera. Bientôt la liqueur entrera en ébullition; l'acide et le sucre se décomposeront réciproquement; il en résultera de l'eau, du gaz carbonique, du gaz azote ou de l'oxide d'azote ou de l'acide nitreux, une très-petite quantité d'acide prussique, une certaine quantité d'acide acétique et beaucoup d'acide malique, acides qui sont formés d'oxigène, d'hydrogène et de carbone, excepté le premier, qui contient en outre de l'azote.

L'opération sera terminée, lorsqu'il ne se dégagera plus ou presque plus de gaz. L'acide carbonique, l'azote et l'oxide d'azote passeront dans les flacons qui terminent l'appareil. L'acide malique restera tout entier dans la cornue. Une partie de l'acide acétique, de l'eau et de l'acide nitrique, échappés à l'action du sucre, y restera aussi; l'autre se condensera dans le récipient. Quant aux acides nitreux et prussique, ils se volatiliseront entièrement et se condenseront dans les récipiens ou les flacons. Si l'acide malique étant formé, on verse dans la cornue 4 autres parties d'acide nitri-

que , et qu'on continue de faire bouillir la liqueur , il
se produira de nouveau de l'eau , du gaz carbonique ,
de l'acide nitreux ou de l'oxide d'azote, de l'acide
prussique ; mais il ne se produira plus d'acide acétique.
L'acide malique disparaîtra et se trouvera changé en
un acide beaucoup plus oxigéné , susceptible de cristalliser, qui est l'acide oxalique. Enfin , si l'on traite l'acide
oxalique par l'acide nitrique , de même que l'acide malique , il sera décomposé comme lui. Toutefois un
nouvel acide ne prendra plus naissance ; on n'obtiendra
que de l'eau, du gaz carbonique, de l'acide nitreux
ou de l'oxide d'azote , et peut-être un peu d'acide
prussique.

Ajoutons à tout ce que nous venons de dire : 1° que
la quantité d'acide acétique et d'acide malique est bien
moindre que celle du sucre ; 2° que celle d'acide oxalique est bien plus petite encore ; et la formation de tous
les produits de l'expérience deviendra évidente. On
verra que l'eau et le gaz carbonique ne proviennent que
de la combinaison de l'hydrogène et du carbone du
sucre avec l'oxigène de l'acide nitrique ; que l'acide
nitreux , l'oxide d'azote et l'azote sont une suite de
cette combinaison ; que, privé d'une partie de son
carbone et de son hydrogène, le sucre se trouve
transformé en acides malique et acétique ; que, privé
d'une plus grande quantité de ces deux principes, il
passe à l'état d'acide oxalique, et enfin que, par une
soustraction plus grande encore de l'un et de l'autre , il
se change en eau et en acide carbonique. On concevra
aussi que la très-petite quantité d'acide prussique qui
paraît se former dans tout le cours de l'opération, provient sans doute de l'union d'une certaine quantité

d'hydrogène et de carbone du sucre avec une quantité convenable d'azote et d'oxigène de l'acide nitrique.

1284. L'acide muriatique oxigéné attaque comme l'acide nitrique presque toutes les substances végétales ; il n'y a guères que quelques acides sur lesquels il n'agisse pas ; son action a même lieu à la température ordinaire. C'est toujours en s'emparant d'une partie de leur hydrogène, qu'il décompose ces substances : il passe ainsi à l'état d'acide hydro-muriatique, et les transforme en d'autres matières qui n'ont point encore été examinées. Peut-être au nombre de ces matières, doit-on placer l'acide carbonique, l'acide acétique ; peut-être aussi sont-elles nouvelles.

Que l'on verse de la teinture de tournesol dans l'acide muriatique oxigéné liquide, elle disparaîtra et deviendra jaune aussitôt que le contact aura lieu : en vain, l'on versera de l'ammoniaque pour la faire reparaître ; on obtiendra tout au plus une teinte d'un jaune-rougeâtre.

Que l'on fasse cette expérience sur une couleur végétale quelconque, il en résultera de semblables phénomènes ; qu'on la répète sur l'encre, corps composé d'acide gallique, de tannin et d'oxide de fer, il se formera en outre du muriate de fer.

Il est facile de concevoir d'après cela pourquoi l'on emploie l'acide muriatique oxigéné avec tant de succès pour blanchir les estampes, les gravures, le papier, les fils de lin et de chanvre, et pour décomposer les miasmes putrides qui se répandent quelquefois dans l'air.

1285. De tous les acides, c'est l'acide sulfurique dont l'action sur les substances végétales est la plus

variée. Quelquefois il se combine avec elles ; souvent il
les décompose en occasionnant la formation d'une certaine quantité d'eau, auxdé pens de leurs principes ; et
souvent aussi, tout en les décomposant, il est lui-
même décomposé : par exemple, met-on en contact à
froid une petite quantité d'acide avec une grande quantité d'huile grasse, il en résulte un composé particulier. Plonge-t-on des allumettes, à la température ordinaire, dans l'acide sulfurique, leur hydrogène et
leur oxigène s'unissent de manière à faire de l'eau, et
leur carbone devient libre : fait-on cette expérience à
une température de 100 à 150°, le charbon mis à nud
d'abord, ou même une portion de l'hydrogène du bois,
s'empare de l'oxigène de l'acide sulfurique ; et alors
il se dégage du gaz sulfureux ; il serait possible même
qu'il se dégageât du soufre en vapeur.

1286. Lorsque les acides fluorique, fluo-borique,
muriatique, phosphorique, phosphoreux, agissent
sur quelques substances végétales, ce n'est jamais
en cédant une portion de leur oxigène ; ils le retiennent
trop fortement : c'est toujours en s'unissant à elles ou
en occasionnant la formation d'une certaine quantité
d'eau, aux dépens de l'oxigène et de l'hydrogène
qu'elles contiennent.

1287. *Action des sels.* — Les substances végétales,
contenant toutes plus d'hydrogène et de carbone qu'il
n'en faut pour convertir leur oxigène en eau et en gaz
oxide de carbone ou gaz carbonique, les sels doivent
agir sur elles, à une haute température, comme sur ces
deux corps combustibles : aussi a-t-on observé, 1° que
dans ce cas les sulfates étaient ramenés à l'état d'oxides,
d'oxides sulfurés ou de sulfures ; 2° qu'en projetant

un mélange de nitrate ou de muriate sur-oxigéné et de matière végétale de la deuxième ou de la troisième section dans un creuset rouge, il en résultait une vive combustion ; 3° que le muriate sur-oxigéné de potasse détonnait avec elles par un choc fort et subit , etc. (*Voyez* l'action du carbone et de l'hydrogène sur les sels , 474-477).

Ces effets ne sont jamais produits à la température ordinaire. A cette température , il n'y a guères que les substances végétales acides , l'alcool, le tannin , les matières colorantes , qui aient de l'action sur les sels. Les acides tendent à les décomposer , en s'emparant de leurs bases ; l'alcool, à les dissoudre ; les matières colorantes , à s'unir à eux , en les décomposant quelquefois du moins en partie. Le tannin agit comme les acides.

SECTION Ire.

Des acides végétaux.

1288. Nous mettons , au rang des acides végétaux, tous les corps formés d'oxigène , d'hydrogène et de carbone , qui rougissent le tournesol et saturent les bases salifiables. Nous connaissons aujourd'hui dix-sept acides végétaux ; savoir : les acides acétique , benzoïque , citrique , camphorique , fungique , gallique , kinique , malique , mellitique , morique , mucique , oxalique , pyro - tartarique , subérique , succinique , tartarique, et un autre qui n'a point encore reçu de nom convenable. Ce nombre augmentera sans doute à mesure que nos connaissances s'accroîtront.

Les noms que reçoivent les acides végétaux, sont tirés des substances végétales dont on se sert le plus souvent pour les obtenir : c'est ainsi qu'on appelle acide citrique, celui qu'on extrait du citron, quoiqu'il se trouve d'ailleurs dans d'autres fruits.

1289. *Propriétés.* — Tous les acides végétaux sont solides par eux-mêmes, incolores, spécifiquement plus pesans que l'eau. Un seul est odorant, c'est l'acide acétique. Les uns, tels que les acides oxalique, tartarique, citrique, rougissent fortement le tournesol; d'autres, tels que l'acide mucique et l'acide subérique, ne jouissent de cette propriété qu'à un faible degré. Tous, si l'on en excepte l'acide fungique, l'acide malique, l'acide subérique et l'acide innommé, sont susceptibles de cristalliser.

1290. Soumis dans une cornue à l'action du feu, ils se comportent diversement. L'acide acétique se volatilise sans se décomposer ; ce qui est probablement dû à l'eau dont il est impossible de le séparer. Les acides benzoïque, gallique, succinique, pyro-tartarique et oxalique, se partagent en deux parties : la première se décompose et donne lieu à des gaz dans lesquels la deuxième se vaporise et cristallise par le refroidissement ; les autres se décomposent complétement et se transforment en eau, en acide carbonique, en acide acétique, en charbon, etc. (1275).

Il n'en est aucun qui ne soit déliquescent dans un air saturé d'humidité ; mais il n'en est que quatre qui le soient dans un air qui n'en est point saturé, l'acide malique, l'acide acétique, l'acide fungique et l'acide innommé.

1291. Tous les acides végétaux sont solubles dans l'eau. Plusieurs ne s'y dissolvent qu'en petite quantité : tels sont les acides mucique, subérique et camphorique : aussi ont-ils peu d'action sur les couleurs bleues végétales.

La plupart se dissolvent dans l'alcool ; ils y sont, comme dans l'eau, plus solubles à chaud qu'à froid, de sorte qu'ils cristallisent par le refroidissement.

1292. Les acides, selon qu'ils sont secs ou en dissolution dans l'eau, se comportent différemment avec les substances métalliques. Dans le premier cas, ils n'agissent que sur les métaux de la deuxième section, et encore faut-il que la température soit élevée ; ils leur cèdent une portion d'oxigène, les enflamment, les font passer à l'état de deutoxide en donnant naissance à de l'eau, à de l'acide carbonique qui se trouve en grande partie retenu par l'oxide formé, à de l'hydrogène carboné, et à un dépôt de charbon. Dans le deuxième cas, non-seulement ils ont de l'action sur les métaux de la deuxième section, mais encore, s'ils ont un certain degré de force, ils agissent sur le fer, le zinc et le manganèse. Ce n'est point alors par l'acide que les métaux s'oxident ; c'est par l'eau : elle est décomposée, il y a dégagement d'hydrogène et formation d'un sel végétal.

1293. Tous les acides végétaux, excepté l'acide benzoïque et l'acide subérique, paraissent susceptibles d'être décomposés par l'acide nitrique concentré et bouillant, et d'être transformés en eau et en acide carbonique : ce qu'il y a de certain, c'est que l'acide nitrique, en attaquant les acides, s'empare d'une portion de leur hydrogène et de leur carbone, rend la quantité d'oxigène qu'ils contiennent de plus en plus prépondérante, et les rapproche d'un état d'acidité, où cette transformation devient très-prochaine.

1294. Il n'est aucun acide végétal qui ne soit susceptible de s'unir aux bases salifiables et de former des sels particuliers. Ces sels jouissent de propriétés générales qu'il est nécessaire d'exposer.

1295. *Propriétés des sels.* — Tous les sels végétaux sont décomposés par une chaleur rouge, et donnent lieu à des produits divers. En effet, lorsque le sel appartient aux deux premières sections, les principes de l'acide réagissent les uns sur les autres; il en résulte de l'eau, de l'acide carbonique, de l'hydrogène carboné, du gaz oxide de carbone, etc. (*a*) Mais, lorsque le sel appartient aux 4 dernières sections, non-seulement l'acide est décomposé, mais l'oxide est réduit lui-même en totalité ou en partie. Cependant il arrive quelquefois que dans ce cas l'acide n'éprouve qu'une décomposition partielle; c'est ce qui a lieu quand il est volatil, et que l'oxide est facilement réductible. Alors, l'oxide est réduit par une portion de l'acide, tandis que l'autre se dégage: voilà ce que nous offre particulièrement l'acétate de deutoxide de cuivre, ou le verdet.

1296. Les sels végétaux se comportent avec la pile de même que les sels minéraux. L'acide se rend au pôle positif, et l'oxide pur ou réduit au pôle négatif (713).

1297. L'eau dissout tous les sels qui sont à base de potasse, de soude et d'ammoniaque. Parmi ceux dont les bases sont différentes, il en est un grand nombre sur lesquels elle n'a point d'action.

Tout ce que nous avons dit de l'action hygrométrique de l'air sur les sels minéraux, s'applique aux sels végétaux (711).

(*a*) Cependant l'acétate d'alumine laisse dégager son acide, sans que celui-ci se décompose.

1298. Les bases salifiables qui ont le plus de ten= dance à s'unir aux acides par l'intermède de l'eau, sont : la baryte, la strontiane, la chaux, la potasse et la soude ; viennent ensuite l'ammoniaque et la ma= gnésie. On ne sait rien de positif sur le rang qu'occu= pent les autres entr'elles. On ne sait presque rien non plus sur l'ordre que suivent les acides végétaux dans leur union avec les diverses bases. Cependant il paraît que les acides oxalique, tartarique, citrique, occu= pent le premier rang, et que les acides mucique et subérique occupent le dernier : l'acide oxalique enlève même la chaux à l'acide sulfurique.

1299. Les sels végétaux dissous dans l'eau se com= portent avec les métaux et surtout avec l'hydrogène sulfuré, de même que les sels minéraux. C'est encore comme ceux-ci qu'ils agissent les uns sur les autres ou bien sur les sels minéraux mêmes ; enfin, leur compo= sition est analogue à celle des sels minéraux, c'est-à-dire, que la quantité d'acide qu'ils contiennent est toujours proportionnelle à la quantité de base qui entre dans leur composition. (704, 715, 717 et 721).

1300. *État naturel et Préparation.* — Les acides végétaux sont naturels ou artificiels. Trois sont pro= duits par la nature et l'art : l'acétique, le malique et l'oxalique. Neuf le sont seulement par la nature : le ben= zoïque, le citrique, le fungique, le gallique, le kinique, le mellitique, le morique, le succinique, le tartarique. Cinq ne le sont que par l'art : le camphorique, le mucique, le pyro-tartarique, le subérique et l'acide in= nommé.

Les acides naturels se rencontrent libres ou unis le plus souvent à des bases salifiables. Ce ne sera qu'en parlant de chacun d'eux en particulier que nous en ferons l'histoire naturelle, et que nous exposerons la manière de les préparer.

1301. *Composition.* — Il paraît que presque tous les acides végétaux sont formés de carbone, d'hydrogène et d'oxigène dans les proportions nécessaires pour faire l'eau ; et d'une certaine quantité d'oxigène, qui toutefois n'est jamais assez grande pour convertir le carbone en oxide, et à plus forte raison en acide : du moins, telle est la composition des acides oxalique, tartarique, citrique, mucique et acétique, dont l'analyse a été faite depuis quelques années. De ces cinq acides, le premier est le plus oxigéné ; le dernier l'est le moins *(a)*.

1302. — *Usages.* Il n'y a que très-peu d'acides végétaux qui soient employés dans les arts, en médecine, ou comme réactifs : nous ne citerons que les acides acétique, tartarique, oxalique, citrique, gallique. On s'en sert en général plus souvent unis aux bases salifiables, que lorsqu'ils sont libres.

1303. *Historique.* — C'est à Schéele que l'on doit les recherches les plus étendues sur les acides végétaux ; c'est lui qui le premier distingua les acides benzoïque, citrique, malique, gallique, mucique, oxalique ; et c'est en marchant sur ses traces qu'on en a découvert ensuite plusieurs autres. L'analyse de ces sortes de corps n'a été traitée avec certitude de succès que dans ces derniers temps. (Voyez les recherches physico-chimiques de MM. Gay-Lussac et Thenard.)

(a) Les acides benzoïque, subérique et camphorique, contiennent probablement un excès d'hydrogène, par rapport à l'oxigène.

Des Acides naturels et artificiels.

De l'Acide acétique.

1304. *Etat naturel.* — L'acide acétique est de tous les acides végétaux celui qu'on rencontre le plus fréquemment dans la nature, et que l'art produit le plus facilement. On le trouve dans la sève de presque toutes les plantes, libre ou uni à la potasse. La sueur, les urines de l'homme, le lait même le plus récent, en contiennent d'une manière très-sensible. Il se développe dans l'estomac à la suite de mauvaises digestions. C'est l'un des produits constans de la fermentation putride, que sont susceptibles d'éprouver les matières végétales et animales ; c'est aussi l'un des produits de leur décomposition par le feu, par l'acide nitrique, par l'acide sulfurique et par les alcalis. Toute liqueur vineuse qu'on expose au contact de l'air, ne tarde point à s'acidifier ; et l'acide qui se forme est encore l'acide acétique. Enfin il paraît que toutes les fois qu'on trouble l'équilibre qui existe entre les principes des matières organiques, il en résulte presque toujours une certaine quantité de cet acide.

1305. *Propriétés.* — L'acide acétique le plus pur qu'on ait pu obtenir jusqu'à présent, se prend en masse cristalline à la température d'environ 13°+0 ; il est incolore ; son odeur est très-piquante, sa saveur très-forte, son action sur le tournesol très-grande ; sa pesanteur spécifique, à la température de 16°, est de 1,063.

Cet acide exige, pour sa saturation, deux fois et demie son poids de sous-carbonate de soude cristal=

lisé d'après M. Mollerat, ce qui prouve qu'il doit être formé de 11 d'eau, et de 89 d'acide réel. Combiné avec l'eau, dans le rapport de 100 à 112,2, il ne change point de pesanteur spécifique, mais alors il reste liquide, même à plusieurs degrés au-dessous de 0. En l'étendant d'une moins grande quantité d'eau, sa pesanteur spécifique augmente; elle est de 1,079, ou à son maximum, lorsque l'eau forme le tiers du poids de l'acide. (Mollerat, Ann. de Chim., tom. 66).

L'acide acétique est le seul des acides végétaux qui se volatilise, sans se décomposer; on doit attribuer cette propriété à l'eau qu'il contient. Son ébullition n'a lieu qu'au dessus de la température de 100°. Exposé à l'air, il en attire peu à peu l'humidité, d'où l'on doit conclure qu'il est très-soluble dans l'eau : sa solubilité dans l'alcool est moins grande. Il s'unit à toutes les bases salifiables, et forme des sels dont plusieurs sont employés dans les arts et dans la médecine.

1306. *Préparation.* — On se procure l'acide acétique, soit en distillant le vinaigre ou le vin aigri par l'air, soit en traitant l'acétate de potasse ou de soude par l'acide sulfurique, soit en décomposant l'acétate de cuivre par le feu. Celui qu'on obtient par le premier procédé est très-étendu d'eau; celui qu'on obtient par le deuxième est très-concentré; celui qu'on obtient par le troisième l'est plus encore.

1307. Rien n'est plus facile que la distillation du vinaigre : on y procède comme à celle de l'eau. Il faut arrêter l'opération lorsque le résidu a la consistance de la lie de vin. En outrepassant ce terme, on risquerait de décomposer une partie de la matière végétale. L'acide ainsi obtenu prend ordinairement le nom de vinaigre distillé : il a peu d'odeur et de saveur : les derniers produits qu'on obtient sont bien plus acides que les premiers, parce que l'eau est plus volatile que l'acide acétique.

1308. Pour opérer la décomposition de l'acétate de potasse ou de soude par l'acide sulfurique, on prend une cornue de verre tubulée, dans laquelle on intro-produit l'acétate en poudre par la tubulure dont elle est surmontée ; ensuite on adapte un tube à trois branches à cette tubulure ; puis l'on fait rendre le col de la cornue dans un récipient tubulé qu'on entoure de linges mouillés. L'appareil ainsi disposé, on verse peu à peu par le tube à trois branches une quantité d'acide sulfurique concentré égale en poids à celui du sel : aussitôt que le contact a lieu, il en résulte un dégagement assez considérable de vapeurs épaisses. Ces vapeurs se rendent dans le ballon, et s'y con-densent en un liquide très-odorant qui est l'acide acétique. Il ne faut pas chauffer le mélange ; la cha-leur produite dans l'opération suffit : une chaleur plus forte pourrait occasionner la réaction de l'acide acé-tique sur l'acide sulfurique, et la production d'une certaine quantité d'acide sulfureux.

1309. Ce n'est point dans une cornue de verre qu'on calcine l'acétate de cuivre pour le décomposer : l'on fait cette opération dans une cornue de grès. Après avoir rempli aux deux tiers la cornue de cet acétate, et l'avoir placée dans un fourneau à réverbère, l'on adapte à son col une allonge et un récipient tubulé, dont la tubulure porte un long tube droit ; l'on échauffe peu à peu le fourneau, et bientôt la décomposition a lieu. L'acide acétique se partage en deux parties : l'une s'empare de l'oxigène de l'oxide de cuivre, et de-là résultent du gaz acide carbonique, de l'eau, du gaz hydrogène carburé, un peu d'esprit pyro-acétique (a), du cuivre métallique très-divisé, et quelques traces de charbon ; l'autre, devenue libre, s'unit à l'eau formée, s'élève à l'état de vapeurs épaisses, et vient se condenser avec l'esprit pyro-acétique dans le récipient, qu'il faut avoir soin de refroidir avec des linges mouillés. Le gaz acide carbonique se dégage par le tube droit ; on pourrait le recueillir sous l'eau par un tube recourbé. Quant au cuivre et au charbon, ils restent dans la cornue. L'opération est terminée lorsqu'il ne sort plus de vapeurs de la cornue, et que celle-ci est portée au rouge-obscur. On doit conduire le feu avec beaucoup de ménagement ; sans cela, la réaction serait subite ; tout l'acide ne se condenserait pas dans le récipient, et une assez grande quantité d'acétate de cuivre, et même de cuivre, serait entraînée.

Toutefois, quelques précautions que l'on prenne, l'acide contient toujours un peu d'acétate de cuivre et est coloré en vert : aussi est-on obligé de le distiller une seconde fois pour le séparer de ce sel. Cette nouvelle distillation se fait dans une cornue de verre, munie d'un récipient tubulé, et doit être continuée jusqu'à ce que tout le liquide soit presque volatilisé.

C'est à l'acide acétique ainsi préparé qu'on donne le nom de *vinaigre radical*. Il est ordinairement uni

---

(a) Substance particulière, ainsi nommée à cause de sa volatilité, de son mode de production, et qui se forme seulement dans la dernière moitié et surtout à la fin de l'opération.

à une petite quantité d'esprit pyro-acétique. On l'emploie en médecine ; mais il peut presque toujours être remplacé par celui qui provient de l'acétate de potasse.

En opérant sur 20$^{kil.}$,315 de deut-acétate de cuivre ou de verdet, MM. *Desrones* ont obtenu 9$^{kil.}$,943 d'acide vert et non rectifié, 6$^{kil.}$,792 de cuivre et 3$^{kil.}$,580 de fluides élastiques, chargés d'une quantité d'acide acétique capable seulement de saturer 91 grammes de potasse caustique, liquide et concentrée. Comme ils avaient pour objet d'examiner les proportions de l'acide aux différentes époques de la distillation, ils ont eu soin de changer les récipiens, de manière à partager l'acide en 4 parties. Le premier recueilli avait une odeur faible et était légèrement coloré : il pesait 2$^{kil.}$,754, et marquait à l'aréomètre 9°,5—0. Le deuxième avait une odeur plus forte que le premier, et sa couleur était plus foncée : il pesait 3$^{kil.}$,074, et sa densité à l'aréomètre était indiquée par 10°,5—0. Le troisième était d'une couleur plus intense encore que le deuxième ; son odeur était aussi beaucoup plus forte, mais empyreumatique ; son poids de 3$^{kil.}$,855, et sa densité, représentée à l'aréomètre par 4°,5—0 ; il contenait de l'esprit pyro-acétique et plus d'acide que les précédens. Le quatrième avait une couleur légèrement citrine ; il ne contenait point de cuivre ; son odeur était faiblement acide ; il pesait seulement 0$^{kil.}$,260, et sa densité, au lieu d'être plus grande que celle de l'eau, était moindre, car il ne marquait à l'aréomètre que $\frac{1}{2}$ + 0 : il était moins acide que les trois précédens, et renfermait une assez grande quantité d'esprit pyro-acétique. Ces deux derniers produits, soumis à une douce chaleur, ne tardaient point à laisser dégager la majeure partie de leur esprit, et à marquer à l'aréomètre de 6 à 7°—o. C'est à cet esprit que MM. Desrones ont attribué la cause pour laquelle les derniers produits sont plus légers que les premiers ; mais ils doivent cette légèreté aussi en partie au peu d'eau qu'ils contiennent (1305).

1310. *Composition.* — L'acide acétique ne contient qu'une petite quantité d'oxigène en excès par rapport à l'hydrogène. Privé d'eau ou tel qu'il se trouve dans les acétates desséchés, il est composé de

Carbone.............................. 50,224
Hydrogène........................... 5,629
Oxigène.............................. 44,147
Carbone.............................. 50,224
Oxigène et hydrogène, dans les proportions nécessaires pour faire l'eau.... 46,911
Oxigène en excès.................... 2,865

C'est pourquoi, sans doute, il se forme dans toutes les circonstances que nous avons rapportées précédemment.

1310.*bis* *Usages, Historique.* — Ses usages sont très-étendus : à l'état de vinaigre, on l'emploie comme assaisonnement et comme antiseptique ; sous ce même état, et sous celui de vinaigre distillé, on s'en sert dans les arts pour préparer divers acétates. Mêlé à l'état de vinaigre radical avec le sulfate de potasse de manière à humecter celui-ci, il constitue le sel de vinaigre que l'on enferme dans de petits flacons de verre, et dont on fait usage comme excitant.

Pendant long-temps, on a pensé que l'acide acétique était différent du vinaigre distillé ; on s'imaginait que celui-ci était moins oxigéné : aussi l'appelait-on acide acéteux. C'est M. Adet qui, le premier, fit voir qu'il n'y avait aucune différence entre l'un et l'autre. Son opinion, combattue par plusieurs chimistes, a été confirmée par les expériences de M. Darracq. (Ann. de Chimie, tome 41, p. 264).

Des Acétates.

1311. *Propriétés.* — Les acétates, dans leur décomposition par le feu, donnent lieu à tous les produits qui proviennent de la décomposition des autres sels végétaux (1295). En général, lorsqu'un acétate est facilement décomposable par le feu, il donne beaucoup d'acide et peu d'esprit ; il donne, au contraire, beaucoup d'esprit et peu d'acide, lorsqu'il exige une haute température pour se décomposer. Les acétates de nickel, de cuivre, etc., sont dans le premier cas ; ceux de barite, de potasse de soude, de strontiane, de chaux, de manganèse, de zinc, sont dans le deuxième. C'est ce que l'on verra, en partie du moins, dans le tableau suivant, dû à M. Chenevix ; tableau dans lequel ce chimiste examine les produits provenans de la distillation des acétates d'argent, de nickel, de cuivre, de plomb, de fer, de zinc, de manganèse.

	ACÉTATE D'ARGENT.	ACÉTATE de NICKEL.	ACÉTATE de CUIVRE.	ACÉTATE de PLOMB.	ACÉTATE de tritoxide DE FER.	ACÉTATE de ZINC.	ACÉTATE de MANGANÈSE.
Perte au feu.	0,36.	0,61.	0,64.	0,37.			0,555.
État de la base (a).	métallique.	métallique.	métallique.	métallique.	oxide noir.	oxide blanc.	oxide-brun.
RESIDU de la cornue. — Carbone résidu.	0,05.	0,14.	0,055.	0,04.	0,04.	0,05.	0,035.
PRODUITS LIQUIDES. — Pesanteur spécifique.	1,0656.	1,0398.	1,0556.	0,9407.	1,011.	0,8452.	0,8264.
Rapport d'acidité.	107,309.	44,731.	84,858.	3,045.	27,236.	2,258.	1,285.
Esprit pyro-acétique (b).	0.	presque point	0,17.	0,555.	0,24.	0,695.	0,94.
PRODUITS GAZEUX. — Acide carbonique.	8.	35.	10.	20.	18.	16.	20.
Hydrogène carburé.	12.	60.	34.	8.	34.	28.	32.
Total des gaz.	20.	95.	44.	28.	52.	44.	52.

(a) Presque tous les résidus métalliques sont pyrophoriques ou susceptibles de s'enflammer par le contact de l'air, après leur entier refroidissement; ce que M. Chenevix attribue au carbone très-divisé avec lequel ils sont mêlés.

(b) 1° Les quantités ci-jointes sont exprimées en volume, (Voyez la suite de la note, page suivante.)

Il suit de là que de tous les acétates, c'est celui d'argent qui donne l'acide acétique le plus concentré et le plus pur, puisqu'il ne contient point d'*esprit* pyro-acétique.

1312. L'esprit pyro-acétique est limpide et sans couleur; sa saveur est d'abord âcre et brûlante, ensuite fraîche, et en quelque sorte urineuse; son odeur se rapproche de celle de la menthe poivrée, mêlée d'amandes amères; sa pesanteur spécifique est de 0,7864. Il brûle avec une flamme dont l'intérieur est bleu, et dont le contour est blanc; il entre en ébullition à 59º, et ne se congèle point à — 15°. Il se combine avec l'eau en toutes proportions, ainsi qu'avec l'alcool et avec la plupart des huiles volatiles; il ne dissout que peu de soufre et de phosphore, mais il dissout le camphre en très-grande quantité.

La potasse caustique n'a que très-peu d'action sur l'esprit pyro-acétique. Les acides sulfurique et nitrique le décomposent; mais l'acide muriatique forme avec ce corps une combinaison qui n'est point acide, et dans laquelle on ne peut démontrer la présence de l'acide muriatique, qu'en la décomposant par le feu: ainsi l'esprit pyro-acétique est donc une substance tout

---

2e Il suffit de verser un excès de carbonate de potasse dans les produits des acétates de plomb, de fer, de zinc et de manganèse, pour en séparer l'esprit en grande partie et le rassembler à la surface de la liqueur;

3° Les acétates de baryte, de potasse, de soude, de chaux, d'après les expériences de M. Chenevix, donnent encore plus d'esprit pyro-acétique que l'acétate de manganèse : l'acide acétique seul n'en donne point; les acétates sont les seuls corps qui soient susceptibles d'en produire.

à-fait particulière, qui se rapproche des éthers, de l'alcool et des huiles volatiles.

Pour obtenir l'esprit pyro-acétique, on peut se servir avec succès d'acétate de plomb du commerce. Après avoir distillé ce sel dans une cornue de grès et avoir recueilli les produits liquides dans un ballon communiquant par le moyen d'un tube avec un flacon entouré de glace, on sature ces produits par une dissolution de potasse ou de soude, et on sépare ensuite l'esprit par une nouvelle distillation, en ayant le soin toutefois de ménager la chaleur. Comme il entraîne presque toujours un peu d'eau, il est bon de le rectifier sur du muriate de chaux.

C'est à Courtanvaux, Monnet et Lassonne, que nous sommes redevables des premières observations qui ont été faites sur l'esprit pyro-acétique. MM. Desrones s'en sont ensuite occupés d'une manière plus particulière (Ann. de Chimie, t. 63, page 267.); et enfin, M. Chenevix l'a soumis à un grand nombre d'épreuves, d'où il a conclu que ce liquide devait être un corps nouveau : c'est sa dissertation qui nous a servi de guide (Ann. de Chimie, tome 69, page 5).

1313. Presque tous les acétates sont solubles dans l'eau ; il n'y a guère que ceux de mercure et d'argent qui ne le soient que très-peu : plusieurs, et notamment les acétates alcalins et terreux, quand ils sont dissous, se décomposent dans l'espace de quelques mois : ils se couvrent de moisissures verdâtres et se transforment en carbonates.

1314. Il n'est aucun acétate qui ne soit susceptible d'être décomposé par les acides sulfurique, muriatique, nitrique, fluorique, phosphorique : il en résulte un nouveau sel, et l'acide acétique se vaporise en partie. (*Voyez*, pour les autres propriétés, l'*Histoire générale des Sels végétaux* (1295).

1315. *Etat naturel.* — On ne trouve dans la nature que deux acétates, l'acétate de potasse et l'acétate d'ammoniaque : celui de potasse existe en petite quantité dans la sève de presque tous les arbres ; l'autre ne se rencontre que dans l'urine pourrie.

1316. *Préparation, etc.* — Tous les acétates se forment directement, c'est-à-dire, en traitant les oxides ou les carbonates par l'acide acétique. On emploie ordinairement, à cet effet, le vinaigre distillé. Cependant, ceux de zinc et de fer s'obtiennent le plus ordinairement en traitant directement les métaux en grenaille par une suffisante quantité d'acide. Il est possible d'en obtenir aussi plusieurs autres par la voie des doubles décompositions.

1317. *Composition.* — En admettant que l'acétate de baryte soit formé de 100 d'acide et de 131,64 de baryte (Recherches physico-chimiques, t. 2, p, 309), il en résulte que, dans les acétates neutres, la quantité d'oxigène de l'oxide est à la quantité d'acide comme 1 à 7,23. Or, comme l'on connaît la composition des oxides (504), il est facile de calculer celle des acétates.

1318. *Usages.* — Le nombre des acétates dont on se sert dans les arts et dans la médecine est de neuf : ces neuf acétates sont ceux qui ont pour bases la potasse, la chaux, l'ammoniaque, l'alumine, l'oxide de fer, le protoxide de plomb, le deutoxide de cuivre et le deutoxide de mercure. Nous allons étudier chacun de ces sels en particulier, et nous étudierons en outre les acétates de baryte, de strontiane et de magnésie.

De l'Acétate d'Alumine.

1319. L'acétate d'alumine est incolore, très-astringent, très-stiptique, incristallisable; il rougit sensiblement le tournesol. C'est un des acétates dont l'acide peut se dégager au-dessous de la chaleur rouge, sans éprouver de décomposition (*a*). Il attire fortement l'humidité de l'air : aussi est-il très-soluble dans l'eau.

1320. Soumis en dissolution à l'action du feu, il ne tarde point à se troubler; mais par le refroidissement et l'agitation il reprend sa limpidité première. Cette observation, qui a été faite pour la première fois par M. Gay-Lussac, s'explique facilement. En élevant la température, un certain nombre de molécules d'acide et d'alumine s'éloignent assez pour être portées hors de leur sphère d'attraction : de-là un précipité de flocons alumineux (*b*). A mesure que la température diminue, l'alumine et l'acide se rapprochent et se combinent de nouveau, etc. (1311).

1321. L'acétate d'alumine pur se prépare en mettant en contact à la température ordinaire un excès d'alumine en gelée avec l'acide acétique liquide et concentré, décantant ou filtrant la dissolution après quelques heures de contact.

Ce sel ne s'emploie qu'en teinture : on s'en sert pour fixer les couleurs sur les toiles peintes. Alors on l'obtient par un procédé plus économique que

---

(*a*). Ce qui est dû sans doute à ce qu'il retient une certaine quantité d'eau.

(*b*) Il est probable que ces flocons sont un sous-acétate d'alumine.

celui que nous venons d'indiquer. Ce procédé consiste
à verser une dissolution d'acétate de plomb dans une
dissolution d'alun, c'est-à-dire, de sulfate d'alumine et
de potasse ou d'ammoniaque : outre l'acétate d'alumine,
il en résulte de l'acétate de potasse ou d'ammoniaque
soluble et du sulfate de plomb insoluble ; d'où il
suit que l'acétate d'alumine ainsi préparé n'est point
pur, mais le sel avec lequel il est mêlé ne produit
aucun effet nuisible sur les couleurs qu'il s'agit de
fixer.

De l'Acétate de magnésie.

1322. Incolore, très-amer, sans action sur le tournesol, difficilement cristallisable, décomposable par
une chaleur rouge, légèrement déliquescent, très-
soluble dans l'eau, etc. (1311) ; s'obtient en traitant à chaud un excès de carbonate de magnésie par
le vinaigre distillé, filtrant la liqueur et la faisant
évaporer ; n'existe point dans la nature ; sans usage.

Acétate de chaux.

1323. L'acétate de chaux se prépare comme l'acétate de magnésie, c'est-à-dire, en traitant la chaux
ou le carbonate de chaux en poudre par le vinaigre
distillé.

Ce sel cristallise facilement en aiguilles prismatiques d'un aspect brillant et satiné ; il est incolore
et sans action sur le tournesol ; sa saveur est âcre
et très-piquante ; il est très-soluble dans l'eau ; une
chaleur rouge en opère la décomposition, etc. (1311).

On ne l'a point encore trouvé dans la nature. Préparé avec la chaux éteinte et le vinaigre de bois, on

s'en sert pour décomposer le sulfate de soude et obtenir l'acétate de soude impur, qui, séché et calciné, fournit un résidu d'où, par la lixiviation, l'on extrait de beau carbonate de soude *(a)*.

Acétate de baryte.

1324. L'acétate de baryte peut s'obtenir de même que les précédens, c'est-à-dire, en traitant le carbonate de baryte par le vinaigre distillé ; ou bien comme le nitrate de baryte, en traitant par l'acide acétique le sulfure de baryte délayé dans l'eau (901).

Ce sel est très-piquant, très-âcre, sans action sur le tournesol ; il cristallise facilement en aiguilles transparentes. Sa décomposition s'opère à la même température que celle de l'acétate de chaux. Exposé à l'air, il s'effleurit légèrement. 100 parties d'eau en dissolvent, suivant Bucholz, 88 parties lorsqu'elle

---

(a) Il paraît que l'on se sert aussi de l'acétate de chaux fait avec le vinaigre de bois pour obtenir deux espèces d'acides acétiques très-concentrés ; l'un un peu huileux, et l'autre très-peu.

Pour obtenir le premier, on évapore l'acétate de chaux jusqu'à siccité, et on le calcine légèrement, afin de charbonner l'huile ; ensuite on le dissout dans l'eau, puis la dissolution est filtrée sur du charbon, évaporée jusqu'à un certain point, et mêlée avec une certaine quantité d'acide sulfurique qui précipite la chaux et met l'acide acétique en liberté : celui-ci forme une couche liquide plus ou moins épaisse au-dessus du dépôt qui ne tarde point à s'établir, et dont on le sépare par la décantation.

Pour obtenir le deuxième, on décompose le sulfate de soude par l'acétate de chaux calciné, dissous et filtré sur du charbon : il en résulte, outre le sulfate de chaux qui se précipite, de l'acétate de soude soluble, facile à purifier par la cristallisation, et qu'ensuite on décompose par l'acide sulfurique, comme nous l'avons indiqué précédemment (1308).

est à 15°, et 92 lorsqu'elle est bouillante. L'alcool en dissout à peine un centième de son poids, etc. (1311).

Jusqu'à présent l'acétate de baryte est sans usage : seulement on peut l'employer comme tous les sels de baryte, solubles, pour reconnaître la présence de l'acide sulfurique.

De l'Acétate de Strontiane.

1325. Acre, piquant, sans action sur le tournesol, décomposable à une chaleur rouge, inaltérable à l'air, se dissout dans les $\frac{12}{5}$ de son poids d'eau froide ou bouillante, etc. (1311), s'obtient sous forme de petits cristaux, en traitant le carbonate de strontiane ou la strontiane très-divisée par le vinaigre distillé, et évaporant la dissolution ; sans usage.

De l'Acétate de Potasse.

1326. L'acétate de potasse, connu autrefois sous le nom de *terre foliée de tartre*, à cause de son aspect, et de ce que pour l'obtenir on se servait de l'alcali du tartre, a une saveur très-piquante ; il est sans action sur le tournesol ; on ne peut l'obtenir cristallisé qu'en paillettes, ou du moins n'est-ce qu'avec beaucoup de temps qu'il cristallise en prismes. C'est peut-être le sel le plus déliquescent qui existe. En effet, lorsqu'il a le contact de l'air, il en attire l'humidité au point qu'il se couvre presqu'à l'instant même de petites gouttelettes : l'eau doit par conséquent en dissoudre plusieurs fois son poids à la température ordinaire, etc. (1311).

En chauffant dans une cornue de verre munie d'un récipient entouré de glace et surmonté d'un tube recourbé, un mélange de parties égales d'acétate de potasse et de deutoxide d'arsenic , ces deux corps ne tardent point à se décomposer, et de leur décomposition résultent, 1° du gaz acide carbonique, du gaz hydrogène carboné et du gaz hydrogène arséniqué qui se dégagent par le tube ; 2° deux produits liquides d'une pesanteur spécifique différente, qui se condensent dans le ballon, et qui contiennent ordinairement quelques flocons d'arsenic très-divisé ; 3° de la potasse en partie carbonatée qui reste au fond de la cornue , et de l'arsenic métallique qui tapisse les parois de son col. Il est deux de ces produits que nous ne connaissons point encore, et que nous devons examiner : ce sont les produits liquides. On les sépare en les versant dans un tube long et étroit, effilé à la lampe , et ne présentant par conséquent qu'une petite ouverture qui permet de les recevoir dans des flacons différens.

Le plus pesant a un aspect huileux , et est légèrement jaune. Il répand dans l'air des vapeurs épaisses , exhale une odeur horriblement fétide qui se communique au loin avec une extrême rapidité , et qui s'attache tellement aux vêtemens , qu'ils en restent imprégnés pendant plusieurs jours. Il ne s'enflamme point par l'approche d'un corps en combustion (*a*). Soumis à une douce chaleur dans une cornue, il ne tarde point à bouillir : ainsi distillé , il conserve toutes ses propriétés primitives. Lorsqu'on en projette quelques gouttes dans

---

(*a*) Cependant Cadet et les chimistes de Dijon le regardent comme jouissant de la propriété de prendre feu spontanémeut : pour moi, j'ai observé qu'il ne prenait feu de lui-même qu'autant qu'il contenait des flocons noirs d'arsenic, et qu'autant que ces flocons avaient le contact de l'air.

un flacon plein d'air, il se forme tout à coup un nuage épais, et peu de temps après cet air acquiert la propriété d'éteindre les bougies. Lorsqu'on fait la même expérience dans un flacon plein de gaz carbonique humide, il se produit aussi des vapeurs, moins toutefois que dans le cas précédent ; mais lorsque cet acide est sec, il ne s'en manifeste aucune. On voit donc, d'après cela, que les fumées blanches que ce liquide répand dans l'air, dépendent tout à la fois de l'oxigène et de l'eau qu'il absorbe.

Il est peu soluble dans l'eau. Les alcalis ne l'attaquent que difficilement. Versé dans le gaz muriatique oxigéné, son inflammation est subite, et sa décomposition complète : après quoi il précipite par l'eau de chaux en blanc, et par l'hydrogène sulfuré en jaune, tandis que, saturé de potasse et évaporé, il forme un sel feuilleté, attirant fortement l'humidité de l'air et réunissant les propriétés de l'acétate de potasse.

Dissous dans l'eau et mis en contact avec l'hydrogène sulfuré, il produit un précipité blanc légèrement jaune, très-divisé, formé principalement d'arsenic et de soufre, et qui ne se sépare qu'avec beaucoup de temps d'une sorte de matière oléagineuse, laquelle vient se rassembler à la surface de la liqueur : celle-ci est alors sensiblement acide, et la potasse y fait bientôt reconnaître la présence de l'acide acétique.

Enfin, en l'exposant à l'air pendant quelques jours, il répand d'abord d'épaisses vapeurs, cristallise ensuite, s'humecte légèrement, se trouble par l'eau de chaux, et donne lieu sur-le-champ, par l'hydrogène sulfuré, à un précipité d'un beau jaune.

De ces expériences, j'ai conclu que ce liquide devait être regardé comme une espèce de savon à base d'acide et d'arsenic, ou comme une sorte d'acétate oléo-arsénical; mais il me paraît probable qu'il entre dans sa composition une certaine quantité d'esprit pyro-acétique.

On l'a connu jusqu'à présent sous le nom de *liqueur fumante de Cadet*, parce que c'est ce chimiste qui en a fait la découverte.

Le produit liquide le moins dense est d'un jaune brunâtre, a l'aspect d'une eau colorée, se combine en toutes proportions avec elle, ne forme qu'un léger nuage dans l'atmosphère, et a beaucoup moins d'odeur que le premier. Il n'en diffère que par l'eau qu'il contient, et par une plus grande quantité d'acide acétique qui entre dans sa composition. (*Voyez* le Mémoire de Cadet, de l'Académie des Sciences; les observations des chimistes de Dijon dans la chimie de Dijon, et les Annales de chimie, tome 52, page 54.)

État naturel, préparation, etc. — On trouve l'acétate de potasse en petite quantité, d'après M. Vauquelin, dans la sève de presque tous les arbres. Longtemps on a fait un secret du procédé par lequel on l'obtient parfaitement blanc et tel que l'exige le commerce; aujourd'hui ce procédé est connu de tous les pharmaciens.

Il consiste à prendre de la potasse du commerce, bien blanche, à la dissoudre dans l'eau, à filtrer la dissolution et à y verser du vinaigre distillé jusqu'à ce qu'elle rougisse sensiblement le tournesol. La dissolution étant sursaturée d'acide, doit être évaporée à siccité, dans une bassine d'argent, en remuant constamment la liqueur au moment où l'évaporation touche à sa fin. Le sel doit être ensuite exposé à l'action d'un feu assez vif pour le faire entrer promptement en fusion : aussitôt qu'il est fondu, on y jette environ la dixième partie de son poids de charbon en poudre ; on agite le mélange, on ôte la bassine de dessus le feu ; et lorsque la masse saline est refroidie, on la dissout de nouveau dans l'eau. Alors on filtre la nouvelle dissolution, et l'on procède à son évaporation comme on l'avait fait d'abord. Il paraît que, par la fusion, l'on détruit ou l'on charbonne une petite quantité de matière végétale que renferme le vinaigre distillé et qui colore l'acétate, et que, par le charbon, on s'empare de toute cette matière charbonnée. Si l'on voulait avoir de l'acétate exempt de muriate et de sulfate de potasse, ce qui n'est pas nécessaire pour son emploi en médecine, il faudrait se servir de sous-carbonate de potasse pur. Dans tous les cas, il est nécessaire de soustraire ce sel à l'action du feu immédiatement après sa fusion : sans cela, une portion d'acide pourrait être décomposée.

L'acétate de potasse n'est employé qu'en médecine, comme fondant.

Acétate de Soude.

1328. L'acétate de soude s'obtient en saturant une dissolution de sous-carbonate de soude par le vinaigre distillé, et la faisant évaporer jusqu'à pellicule. Il cristallise en longs prismes striés. Sa saveur est piquante et amère. Exposé au feu, il éprouve la fusion ignée, et se décompose ensuite. Il est inaltérable à l'air. L'eau, à la température ordinaire, en dissout au moins le tiers de son poids ; l'eau bouillante en dissout une plus grande quantité ; il est moins soluble dans l'alcool.

On l'emploie dans quelques fabriques pour se procurer le sous-carbonate de soude ; mais alors on le prépare en décomposant le sulfate de soude par l'acétate de chaux fait avec l'acide pyro=ligneux (1323).

De l'Acétate d'ammoniaque.

1329. Ce sel, que l'on appelait autrefois *esprit de mendererus*, existe en petite quantité dans les urines pourries. On l'obtient en saturant l'ammoniaque par le vinaigre distillé et évaporant la dissolution convenablement ; mais comme il passe, dans le cours de l'évaporation à l'état d'acétate acide, il faut le neutraliser lorsqu'elle est presque terminée, par une addition convenable d'alcali.

L'acétate d'ammoniaque neutre ne cristallise point ; en le distillant dans une cornue, il s'en dégage de l'eau, de l'ammoniaque, et il se sublime un acétate acide dont une partie se trouve sous forme de longs cristaux déliés et applatis. Sa saveur est très-piquante. Il est très-soluble dans l'eau et dans l'alcool. On ne l'emploie qu'en médecine.

De l'Acétate de fer.

1330. L'acétate de fer peut contenir ce métal dans trois états d'oxidation : à l'état de protoxide, à l'état de deutoxide et à l'état de tritoxide. Le prot-acétate de fer s'obtient en traitant, à l'aide de la chaleur et sans le contact de l'air, la tournure de fer par l'acide acétique concentré. L'eau est décomposée ; son oxigène se porte sur le fer et son hydrogène se dégage. Quant au deut-acétate et au trit-acétate, on les prépare en dissolvant dans ce même acide le deutoxide et le tritoxide de fer. L'on peut encore obtenir le trit-acétate de fer, en traitant la tournure de fer par

l'acide acétique avec le contact de l'air : alors l'eau et
l'air contribuent tous deux à l'oxidation du métal. C'est
même par ce procédé, en employant toutefois le vinaigre ordinaire ou l'acide pyro-acétique, qu'on fait le
trit-acétate de fer, qne l'on emploie dans les manufactures de toiles peintes. On appelle *tonne au noir*, le
tonneau dans lequel ce trit-acétate se fait peu à peu,
à la température ordinaire. Le trit-acétate de fer
rougit fortement la teinture du tournesol ; il ne cristallise point ; sa couleur est d'un blanc rouge ; il est
très-soluble dans l'eau, etc. (1311) : on ne l'emploie
qu'en teinture.

Des Acétates de cuivre.

1331. Nous ne parlerons que de deux acétates de
cuivre, du sous-deut-acétate et du deut-acétate
neutre : celui-ci porte dans le commerce le nom de *verdet cristallisé* ou de *cristaux de Vénus;* et son mélange
avec le premier, le nom de *vert-de-gris* et de *verdet.*

1332. Le sous-deut-acétate est pulvérulent et d'un
vert assez pâle : il n'a point de saveur ; cependant,
pris intérieurement, il occasionne, à petite dose, des
vomissemens et de très-fortes coliques ; son action sur
le tournesol est nulle. Par la distillation, on en retire
les mêmes produits que du verdet (1333) : l'air ne
l'altère en aucune manière ; il est insoluble dans l'eau
et l'alcool.

Il est formé, suivant M. Proust, de 63 d'oxide et de
37 d'acide et d'eau.

On l'obtient en broyant dans l'eau le vert-de-gris,
qui est un mélange d'environ parties égales de sous-
deut - acétate et de deut - acétate neutre (Proust).

Celui-ci étant soluble, reste dans la liqueur, tandis que l'autre se précipite.

1333. C'est à Montpellier, et dans les environs de cette ville, qu'on fabrique le vert-de-gris en France. On prend du marc de raisin dont on fait une couche plus ou moins étendue et toujours peu épaisse. On la recouvre de lames de cuivre, par-dessus lesquelles on établit une nouvelle couche de marc et ainsi de suite, en terminant toutefois la masse par une couche de marc. Au bout d'environ un mois à six semaines, les lames de cuivre se trouvent tapissées d'une assez grande quantité de vert-de-gris que l'on sépare, afin de pouvoir exposer de nouveau le cuivre non attaqué à l'action du marc. Cette opération se fait chez presque tous les particuliers dans un coin de la cave. La théorie en est facile à concevoir. Le marc contient toujours une certaine quantité de vin qui s'aigrit par le contact de l'air; le cuivre absorbe en même temps l'oxigène de ce fluide, sans doute en raison de l'affinité de son oxide pour l'acide acétique. A mesure qu'il se forme de l'oxide et de l'acide, ils s'unissent; et de là résulte le vert-de-gris. (*Voyez*, pour plus de détails, la chimie appliquée aux arts de M. Chaptal.).

On s'en sert : en médecine, comme d'un léger cathérétique ; en pharmacie, pour faire l'emplâtre divin, etc. : on l'emploie aussi dans la peinture à l'huile, dans quelques teintures, mais surtout pour faire le verdet.

Il ne faut pas le confondre avec la substance verte qui se forme sur les vases de cuivre qu'on n'a pas soin de nettoyer. Cette substance, que l'on appelle

aussi vert-de-gris, est un véritable sous-deuto-car-
bonate.

1334. Le verdet cristallisé est d'un vert bleuâtre ;
ses cristaux sont rhomboïdaux ; sa saveur est sucrée
et stiptique ; il est plus vénéneux que le sous-acétate.

Soumis à l'action du feu, il ne tarde point à se décomposer (1309). Il est légèrement efflorescent, soluble dans l'eau et dans l'alcool, etc. (1311).

On l'obtient en traitant le vert-de-gris par le vinaigre. Cette opération se fait en grand à Montpellier.
Des hommes, qu'on appelle *leveurs*, vont recueillir le
vert-de-gris chez tous les particuliers qui en fabri-
quent, et le portent dans les ateliers où se fait le
verdet. Là, on le dissout à chaud dans le vinaigre, on
concentre la liqueur convenablement, et on la verse
dans des vases où elle cristallise par le refroidissement. Pour en favoriser la cristallisation, on y plonge
ordinairement des bâtons verticaux, fendus en quatre
presque jusqu'au sommet, à partir de la base. C'est
sur ces bâtons que l'acétate se dépose en prismes rhomboïdaux, quelquefois très-réguliers, et d'un assez gros
volume.

M. Proust le regarde comme étant formé de 39
d'oxide, et de 61 d'acide et d'eau.

Ses usages sont peu nombreux : on s'en sert principalement pour obtenir le vinaigre radical ; il entre
aussi dans la composition du *vert-d'eau*, liqueur verte
qu'on emploie pour le lavis des plans.

Acétates de Plomb.

1335. L'acétate neutre et le sous-acétate de plomb

méritent tous deux d'être examinés en particulier, de même que l'acétate et le sous-acétate de cuivre. C'est le premier de ces sels que l'on connaît dans le commerce sous le nom de *sel de Saturne*, de *sucre de Saturne*, de *sucre de plomb*.

336. *Acétate neutre.* — L'acétate neutre est un sel dont on consomme une grande quantité dans les arts : aussi en existe-il plusieurs grandes fabriques. De tous les procédés que l'on peut employer pour le préparer, le meilleur consiste à traiter par le vinaigre la litharge ou l'oxide provenant de la calcination du plomb (*a*).

L'opération se fait facilement dans des chaudières en plomb ou en cuivre étamé : on met l'oxide dans la chaudière avec un excès de vinaigre distillé, et l'on fait chauffer la liqueur. Bientôt la dissolution a lieu ; on la concentre et on la porte dans des vases où elle se refroidit peu à peu, et où le sel cristallisé en aiguilles. On décante ensuite les eaux mères, pour les soumettre à une nouvelle évaporation, et obtenir d'autres cristaux. Les dernières parties d'acétate que l'on obtient sont ordinairement jaunâtres ; mais on les obtient facilement blanches en les purifiant par de nouvelles cristallisations.

Ce sel cristallise en petites aiguilles blanches, brillantes, qui sont des tétraèdres terminés par des sommets dièdres ; sa saveur est d'abord sucrée et ensuite astringente ; il ne rougit point sensiblement le tour-

_____

(*a*) Cette calcination se fait dans un fourneau à réverbère; elle a été décrite (554). L'oxide peut rester mêlé sans aucun inconvénient avec une plus ou moins grande quantité de plomb métallique.

nesol; on en retire, par la distillation, les mêmes produits que de l'acétate de cuivre (1311); il n'éprouve
point sensiblement d'altération à l'air, même lorsque
celui-ci est saturé d'humidité; cependant il est très-
soluble dans l'eau, puisqu'à 100°, elle peut en dissoudre plusieurs fois son poids. L'eau chargée d'acétate bout à la même température que l'eau pure, ce
qui explique pourquoi ce sel n'est déliquescent dans
aucune circonstance (711). L'acide sulfurique ainsi
que les sulfates solubles y produisent à l'instant
même un précipité de sulfate de plomb en poudre
blanche : lorsqu'on y verse de l'acide carbonique liquide, on y détermine aussi un faible précipité de
sous-carbonate de plomb (*a*). Mais de toutes les propriétés de ce sel, la plus remarquable est de pouvoir
dissoudre un poids presqu'égal au sien de protoxide de
plomb, et de former ainsi le sous-acétate dont il sera
question plus bas, etc. (1311).

Les usages de l'acétate de plomb sont importans :
on l'emploie en médecine, à l'extérieur, comme calmant et résolutif, et à l'intérieur, comme anti-aphro-
disiaque. Dans les manufactures de toiles peintes, on
s'en sert pour préparer la grande quantité d'acétate
d'alumine qu'on y consomme comme mordant (1321);
enfin, on en fait usage pour obtenir le blanc de plomb,
ainsi que nous ledirons tout à l'heure.

1337. *Sous-Acétate.* — Ce sel cristallise en lames

(*a*) L'acétate de plomb du commerce verdit en général un peu le
sirop de violettes : il est probable que ce n'est qu'après avoir été
traité par l'acide carbonique qu'on peut réellement le considérer
comme neutre.

opaques et blanches ; sa saveur est la même que celle de l'acétate, seulement elle est moins sucrée ; il verdit très-sensiblement le sirop de violettes et rougit le papier de curcuma, en sorte qu'il se comporte avec ces couleurs comme les sels alcalins ; il est inaltérable à l'air, et beaucoup moins soluble dans l'eau que le précédent. L'acide carbonique en précipite sur-le-champ une grande quantité de sous-carbonate de plomb d'un très-beau blanc. Toutes les dissolutions de sels neutres, même celles des nitrates de potasse, de soude, le troublent sur-le-champ. Dans tous les cas, il en résulte des sous-sels de plomb, insolubles. Il est également décomposé par les dissolutions de gomme, de tannin, et par la plupart des dissolutions de matières animales.

Pour obtenir le sous-acétate de plomb, il faut prendre une partie d'acétate neutre, une partie et demie de litharge privée d'acide carbonique par la calcination et réduite en poudre fine, mettre le tout dans une casserole de cuivre avec 20 à 25 parties d'eau, faire bouillir la liqueur pendant 15 à 20 minutes, et ensuite la filtrer et la concentrer (a).

L'extrait de Saturne, qui se prépare en sur-saturant le vinaigre d'oxide de plomb et faisant évaporer la dissolution jusqu'à un certain point, est évidemment un sous-acétate de plomb ; étendu d'eau, il devient blanc et forme l'*eau blanche*, ou l'*eau végéto-minérale* ou l'*eau de Goulard*.

L'on se sert particulièrement de sous-acétate de

(a) La litharge doit être calcinée, parce que l'acétate de plomb ne pourrait point dissoudre le carbonate de plomb qu'elle contient toujours en plus ou moins grande quantité.

plomb pour préparer les matières que l'on connaît dans le commerce sous les noms de *blanc de plomb*, *blanc de céruse*, et qui ne sont que du sous-carbonate de plomb. Toutefois ce produit s'obtient encore par d'autres procédés ; nous devons les exposer tous avec soin.

1338. *Blanc de Plomb.* — La fabrication du blanc de plomb par le sous-acétate de plomb est très-simple; elle consiste, 1° à faire passer à travers la dissolution de ce sel un courant de gaz acide carbonique, jusqu'à ce que cette dissolution soit ramenée à peu près à l'état d'acétate neutre, ou plutôt jusqu'à ce qu'il ne s'y forme plus de carbonate de plomb ; 2° à faire bouillir cet acétate avec de l'oxide de plomb, pour le reporter à l'état de sous-acétate ; 3° à décomposer de nouveau celui-ci par l'acide carbonique et ainsi de suite ; d'où l'on voit que si, dans l'opération, on ne perdait point d'acétate, il serait possible de faire avec le même sel une très-grande quantité de sous-carbonate ou blanc de plomb. A mesure que ce blanc se forme, il se dépose au fond des vases dans lesquels on opère ; lorsqu'il est suffisamment lavé, on le fait sécher doucement et on le verse dans le commerce : il est de première qualité. C'est par ce procédé que MM. Roard et Brechoz préparent à Clichy le blanc de plomb qu'ils versent dans le commerce.

1339. Le procédé que nous venons de décrire n'est connu que depuis environ douze ans. Avant cette époque, on préparait tout le blanc de plomb en exposant des lames de plomb à la vapeur du vinaigre, mêlée de gaz acide carbonique : c'est encore par ce moyen qu'on le prépare soit en Hollande, soit à *Krems* en Autriche.

En Hollande, l'on prend des pots de terre de 7 ou 8 litres de capacité. Au fond de ces pots, l'on met une couche de quelques pouces d'épaisseur de vinaigre d'orge; immédiatement au-dessus de cette couche et sur des supports, l'on place, les unes à côté des autres, des lames de plomb coulées et non laminées : la distance qui les sépare est très-petite. Après avoir fermé chaque pot avec un couvercle, ordinairement en plomb, on les met tous dans des couches de fumier ou de tan, de manière qu'ils en soient entièrement recouverts. Au bout d'environ six semaines, l'on découvre les pots, et l'on trouve les lames presque entièrement attaquées et converties en une grande quantité de sous-carbonate de plomb, et une petite quantité d'acétate. On sépare ces deux sels des portions de plomb qui sont encore à l'état métallique ; on les broie, on les lave; tout ce qui est acétate se dissout, tandis que tout ce qui est sous-carbonate se dépose sous forme de couches très-denses de 1 à 2 centimètres d'épaisseur.

Le blanc fabriqué ainsi est toujours grisâtre, teinte qui provient sans doute d'un peu de gaz hydrogène sulfuré fourni par le tan ou le fumier. En effet à Krems, c'est aussi en exposant le plomb à la vapeur du vinaigre et à l'action du gaz acide carbonique, qu'on prépare le blanc de plomb; et cependant le blanc que l'on obtient est très-beau et de première qualité; mais c'est que l'on se garde d'entourer les pots de fumier ou de tan: on les élève artificiellement au degré de température

convenable : le blanc de Krems est toujours sous forme
de trochisques.

1340. Montgolfier a proposé un nouveau moyen de
faire le blanc de plomb en se servant de ce métal, de
vinaigre, d'acide carbonique et d'air. A cet effet, il
établit, par le moyen d'un tuyau, une communication
entre un fourneau allumé et un tonneau qui contient
une certaine quantité de vinaigre, et qui communique
d'ailleurs, par le moyen d'un autre tuyau, avec une
boîte remplie de lames de plomb coulées et non laminées. L'acide carbonique, provenant de la combustion
du charbon, et mêlé d'azote et de gaz oxigène échappé
à l'action du feu, se rend dans le tonneau, se charge
de vapeurs de vinaigre, et de-là arrive dans la boîte
où se trouvent les lames. Celles-ci sont promptement
attaquées ; il en résulte, comme dans le procédé hollandais, un mélange d'acétate et de sous-carbonate, que
l'on sépare par des lavages. La théorie du procédé de
Montgolfier est facile à concevoir : sans la présence de
l'acide carbonique, on n'obtiendrait que du sous-
acétate de plomb ; mais comme ce sel est susceptible
d'être décomposé par l'acide carbonique, l'on doit
aussi obtenir du sous-carbonate ; il est probable qu'il
se passe quelque chose d'analogue dans le procédé pratiqué en Hollande et en Autriche.

Le blanc de plomb est employé en peinture pour
étendre les couleurs, obtenir toutes les nuances possibles et faciliter la dessication de l'huile : l'on en fait
principalement usage pour peindre les boiseries des
appartemens : c'est dans ce cas qu'il prend ordinairement le nom de céruse ; les marchands y ajoutent souvent de la craie.

Acétate de Mercure.

1341. L'acétate de mercure peut être comme les autres sels de mercure à l'état de protoxide ou de deutoxide. Nous ne parlerons que du deut-acétate, parce que c'est le seul employé.

Le deut-acétate cristallise en paillettes blanches et nacrées; il provoque la salivation; sa saveur est très-désagréable, quoique moins forte que celle de la plupart des autres sels mercuriels solubles; il n'altère point le tournesol.

Soumis à l'action du feu, il ne tarde point à se décomposer (1311). L'air est sans action sur lui. L'eau, à la température ordinaire, n'en dissout qu'une petite quantité; lorsqu'elle est bouillante, elle en dissout davantage et en laisse déposer par le refroidissement sous forme de cristaux.

Le deut-acétate de mercure peut s'obtenir, soit en faisant bouillir dans un matras du vinaigre distillé sur du deutoxide de mercure, filtrant ensuite la liqueur et la laissant refroidir; soit en versant une dissolution neutre d'acétate de potasse, dans une dissolution également neutre de deuto-nitrate de mercure: à l'instant même, l'acétate se forme et se précipite presque tout entier; pour l'obtenir pur, il suffit de décanter la liqueur surnageante et de le layer.

Cet acétate entre dans la composition des dragées de Keyser; quelquefois aussi, on le fait entrer, au lieu de nitrate de mercure, dans la composition du sirop de *Belet.*

De l'Acide malique.

1342. Cet acide a été découvert dans le suc de pommes en 1785, par Schéele : il n'y est uni à aucune base salifiable. On l'a rencontré depuis dans le suc de plusieurs autres fruits ; ceux de berberis, les prunes, les baies de sureau doivent, dit-on, leur saveur aigre uniquement à cet acide ; les groseilles, les cerises, les fraises, les framboises, doivent la leur à un mélange d'acide malique et d'acide citrique. Fourcroy en admet l'existence dans le pollen du dattier d'Egypte ; Adet, dans le suc de l'ananas ; Hoffmann dans l'*agave americana*. M. Vauquelin l'a trouvé mêlé aux acides tartarique et citrique dans la pulpe de tamarin ; à l'acide oxalique dans les pois chiches ; et formant avec la chaux un malate acide dans le suc du *sempervivum tectorum*.

1343. L'acide malique n'est pas très-sapide ; cependant il rougit très-bien le tournesol. Jusqu'à présent on n'a pu l'obtenir que sous forme d'extrait légèrement coloré en brun jaunâtre ; sa dissolution même la plus concentrée ne cristallise point.

Exposé au feu dans une cornue, il se boursoufle, se charbonne et donne tous les produits qui proviennent de la distillation des matières végétales (1275). Lorsqu'on l'expose en couches minces à l'air sec, il se dessèche et prend l'aspect d'un vernis ; lorsque l'air est humide, il tombe en déliquescence : aussi est-il soluble dans l'alcool, et l'eau en dissout-elle plusieurs fois son poids. Sa dissolution aqueuse, conservée dans des vaisseaux ouverts ou fermés, se décompose au bout d'un certain temps ; il se forme à la surface des moisissures épaisses au milieu desquelles on aperçoit une sorte de sédiment charbonneux. L'acide sulfurique concentré charbonne l'acide malique. L'acide nitrique le transforme en acide oxalique (1283).

Versé dans les eaux de baryte, de strontiane, il produit un précipité blanc et floconneux ; il en forme un semblable dans les dissolutions de nitrate et d'acétate de plomb, de nitrates de mercure et d'argent. Ces divers précipités se dissolvent dans un excès d'acide malique et dans tout autre acide fort, susceptible de former des sels solubles avec leurs oxides.

1344. C'est du suc de joubarbe qu'il faut extraire l'acide malique pour l'avoir le plus pur possible. Après avoir filtré ce suc, on y verse un excès d'acétate de plomb en dissolution (*a*). Il en résulte un précipité blanc uniquement formé de malate de plomb, qu'on lave à plusieurs reprises par décantation, et dont on retire l'acide malique par un procédé semblable à celui qui a été décrit pour retirer l'acide oxalique de l'oxalate de plomb (1346).

On peut aussi extraire de la même manière l'acide malique du suc de pommes. On peut encore se le procurer en traitant le sucre par trois fois son poids d'acide nitrique à 25° (1283) ; mais par ces derniers procédés, on n'obtient jamais qu'un acide très-foncé en couleur, et uni sans doute à des matières étrangères. Cet acide est absolument sans usage.

1345. On ne sait sur les propriétés des malates que

(*a*) On reconnaît qu'il y a un excès d'acétate de plomb, lorsqu'en filtrant une portion de la liqueur, elle cesse d'être troublée par une nouvelle quantité de ce sel.

ce que nous venons d'en dire dans l'histoire de l'acide malique, et ce que nous en avons dit d'ailleurs dans l'histoire générale des sels (1295).

De l'Acide Oxalique.

1346. *Etat naturel, préparation.* — L'acide oxalique, dont la découverte est due à Bergman, ne se trouve dans la nature qu'uni à la chaux et à la potasse. On l'obtient, soit en traitant le sucre par 6 à 7 fois son poids d'acide nitrique, comme nous l'avons dit précédemment (1283), soit en l'extrayant de l'oxalate acide de potasse ou sel d'oseille. Le dernier de ces deux procédés est le plus économique.

Pour extraire l'acide oxalique de l'oxalate acide de potasse ou sel d'oseille, on commence par dissoudre ce sel dans 25 à 30 fois son poids d'eau, et on y verse une dissolution d'acétate de plomb du commerce, jusqu'à ce qu'il ne se fasse plus de précipité. Il en résulte de l'acétate de potasse soluble, et de l'oxalate de plomb insoluble qui se dépose sous forme de poudre blanche. Lorsque le dépôt est formé, on le lave par décantation à plusieurs reprises. Ensuite on met l'oxalate dans une capsule avec la moitié de son poids d'acide sulfurique concentré, que l'on étend auparavant de 4 à 5 fois son poids d'eau (*a*) ; puis on porte peu à peu la liqueur jusqu'à l'ébullition. L'oxalate de plomb est promptement décomposé ; son oxide s'unit à l'acide sulfurique, et forme un sulfate qui se précipite en poudre blanche, tandis que son acide reste en dissolution ; mais comme

(*a*) Pour connaître la quantité d'oxalate de plomb sur laquelle on opère, il faut seulement en faire sécher une partie.

cette dissolution contient en même temps une petite quantité d'acide sulfurique, il faut, pour précipiter complétement celui-ci, ajouter un peu de litharge en poudre très-fine et remuer continuellement la liqueur. On cessera d'en ajouter, quand la liqueur, dont on filtrera de temps en temps une portion, cessera d'être troublée par le nitrate ou le muriate de baryte. Alors, on la filtrera toute entière; on la recevra dans un flacon, et on y fera passer un courant de gaz hydrogène sulfuré. Ce gaz réduira une petite quantité d'oxide de plomb qui sera restée unie à l'acide oxalique, et donnera lieu par conséquent à des flocons noirâtres de sulfure de plomb. Enfin, on filtrera de nouveau la liqueur; on la fera évaporer convenablement, et, par le refroidissement, on en séparera des cristaux d'acide très-pur. En évaporant les eaux mères, on en retirera d'autres cristaux aussi purs que les précédens.

1347. *Propriétés.* — L'acide oxalique cristallise en longs prismes incolores, transparens et quadrilatères, terminés par des sommets dièdres. Sa saveur est très-forte, et son action sur le tournesol très-grande.

Soumis à l'action du feu dans une cornue, il se fond dans son eau de cristallisation, qui fait les 0,273 de son poids, s'épaissit et se partage en deux portions, dont l'une très-petite se décompose et donne lieu à des gaz dans lesquels l'autre se vaporise : celle-ci, privée d'eau de cristallisation et dans un état de siccité aussi grande que possible, se condense sous forme cristalline dans le col de la cornue. Lorsqu'on fait passer l'acide oxalique dans un tube rouge de feu, sa décomposition est totale et a lieu sans dépôt de charbon ; ce qui provient de la grande quantité d'oxigène qui entre dans sa

Tome III. 7

composition. Il est inaltérable à l'air, soluble dans son poids d'eau bouillante, et seulement dans le double de son poids d'eau, à la température ordinaire. L'alcool le dissout moins facilement que l'eau. Au moment où ses cristaux sont en contact avec celle-ci, ils semblent se rompre et produisent un léger bruit. Sa tendance pour s'unir avec la chaux est telle, qu'il l'enlève à l'acide sulfurique, et qu'il trouble la dissolution de sulfate de chaux, etc. (1288).

1348. *Composition.* — L'acide oxalique est, de tous les acides végétaux, celui qui contient le plus d'oxigène. Il est formé de :

Carbone........................	26 566
Oxigène........................	70,689
Hydrogène......................	2,745
	100,000

ou Carbone.....................	26,566
Oxigène et hydrogène dans les proportions nécessaires pour faire l'eau................	22,872
Oxigène excédent..............	50,562
	100,000

On s'en sert dans les laboratoires comme réactif, pour reconnaître la présence de la chaux dans les liquides, et on l'emploie aussi dans quelques manufactures de toiles peintes, pour enlever les couleurs à base de fer : il fait disparaître les taches d'encre bien plus promptement que le sel d'oseille, que l'on emploie ordinairement pour cela.

Des Oxalates.

1349. *Propriétés.* — Les oxalates sont susceptibles d'être décomposés par le feu, comme tous les autre sels végétaux : mais, comme l'acide oxalique contient beaucoup d'oxigène, il n'y a jamais de charbon mis à nu dans cette décomposition ; de sorte que le résidu n'est formé que de sous-carbonate, si l'oxalate appartient à la seconde section, et que d'oxide ou de métal réduit, s'il appartient aux autres (*a*).

Parmi tous les oxalates neutres, il paraît qu'il n'y a que ceux qui sont à base de potasse, de soude, d'ammoniaque et d'alumine qui soient très-solubles : ils le deviennent moins par un excès d'acide, tandis que ceux qui sont insolubles se dissolvent, au contraire, toutes les fois que l'acide est prédominant. Par consé quent, si d'une part on verse une dissolution concentrée d'acide oxalique dans une dissolution neutre et concentrée d'oxalate de potasse, de soude ou d'ammoniaque, il se formera, au bout d'un certain temps, des cristaux d'oxalate acidule ; et si l'on verse d'autre part peu à peu de l'acide oxalique dans de l'eau de baryte, la liqueur se troublera d'abord et s'éclaircira ensuite. Il faudrait beaucoup plus d'acide pour rétablir la transparence dans de l'eau de chaux, en raison de la grande cohésion de l'oxalate calcaire.

La chaux, la baryte et la strontiane sont les bases qui ont le plus de tendance à s'unir avec l'acide oxa-

---

(*a*) Il paraît que le résidu ne contient de métal à l'état métallique qu'autant que l'oxide de l'oxalate est susceptible de se réduire spontanément ; ce qui provient toujours de ce que l'acide oxalique est très-oxigéné.

lique par l'intermède de l'eau : viennent ensuite la potasse et la soude, puis l'ammoniaque et la magnésie.

Il paraît que les oxalates sont les sels végétaux les plus difficiles à décomposer par les acides, et qu'ils résistent à l'action d'un grand nombre, etc. (1295).

1350. *Etat naturel.* — Jusqu'à présent on n'a trouvé que deux oxalates dans la nature. L'oxalate de chaux et l'oxalate acide de potasse : l'oxalate de chaux, suivant Schéele, se rencontre en petite quantité, 1° dans les racines d'ache, d'asclépias, d'arrête-bœuf, de curcuma, de carline, de dictame blanc, de fenouil, de gentiane rouge, de gingembre, d'iris de Florence, de mandragore, d'orcanette, de patience, de saponaire, de scille, de tormentille, de valériane, de zédoire ; 2° dans les écorces de cascarille, de canelle, de sureau et de simarouba : quelquefois aussi cet oxalate se trouve, sous forme de concrétions, dans la vessie de l'homme. Quant à l'oxalate acide de potasse, il existe dans le *rumex*, et particulièrement dans le *rumex acétosella* que l'on cultive en Suisse pour se procurer ce sel, dans les *oxalis*, dans les tiges et feuilles du *rheum palmatum*, et probablement dans les feuilles des *berberis*.

1351. *Préparation.* — Les oxalates de potasse, de soude, d'ammoniaque, se préparent directement, c'est-à-dire, en traitant ces bases libres ou carbonatées par l'acide oxalique. Ceux qui sont insolubles s'obtiennent, en général, par la voie des doubles décompositions : cependant, on peut les obtenir aussi de même que les oxalates solubles ; mais alors il faut traiter l'oxide ou le carbonate par un petit excès d'acide oxalique, faire bouillir la liqueur, la filtrer, et ne considérer le dépôt comme de l'oxalate , qu'après l'avoir bien lavé.

1352. *Composition.* — L'acide oxalique est susceptible de se combiner en quatre proportions avec les oxides , de telle sorte qu'il en résulte des oxalates neutres , des sous-oxalates , des oxalates acidules et des oxalates acides. La quantité d'oxigène de l'oxide est à la quantité d'acide comme 1 à 5,568 dans les oxalates neutres : comme 1 à 5,568 multiplié par 2 dans les oxalates acidules . comme 1 à 5,568 multiplié par 4 dans les oxalates acides : comme 1 à $\frac{5,568}{2}$ dans les sous-oxalates. Les oxalates neutres contiennent donc deux fois autant d'acide que les sous-oxalates , la moitié de la quantité d'acide des oxalates acidules et le quart de la quantité des oxalates acides. C'est pourquoi l'on nomme ceux-ci quadr-oxalates. On désigne aussi les oxalates acidules par le nom de sur-oxalates. C'est à M. Wollaston qu'on doit ces importantes observations (*a*).

1353. *Usages.* — On n'emploie qu'un seul oxalate dans les arts ; c'est l'oxalate acidule ou acide de potasse, appelé vulgairement *sel d'oseille.* On s'en sert pour aviver la couleur du carthame ou le rouge végétal , et pour extraire l'acide oxalique. On en fait aussi usage pour découvrir la présence de la chaux dans divers liquides ; mais on peut se servir avec plus de succès encore des oxalates neutres de potasse , de soude ou d'ammoniaque. Ces derniers sont les seuls qui méritent d'être étudiés en particulier. Il sera facile d'ailleurs de

---

(*a*) Ces 4 genres d'oxalates existent réellement ; mais ils n'ont point pour base le même oxide. Le deutoxide de potassium en produit 3 (1354—1358) : la plupart des autres oxides n'en produisent que 2.

faire l'histoire des autres, d'après ce que nous avons
dit des sels végétaux et des oxalates en général.

Oxalate de potasse.

1354. L'oxalate de potasse s'obtient en neutralisant
l'acide oxalique ou le sel d'oseille par la potasse. Il est
si soluble dans l'eau, qu'il est difficile de le faire cristalliser. Lorsqu'on le décompose par le feu, on obtient
un résidu qui est entièrement formé de sous-carbonate
de potasse. Les acides sulfurique, nitrique, muriatique,
et en général tous les acides puissans lui enlèvent une
certaine quantité de base, et le font passer à l'état de
quadr-oxalate, qui est beaucoup moins soluble que
l'oxalate neutre; et qui se précipite sous forme de cristaux, si celui-ci est concentré. Les eaux de chaux de
baryte, de strontiane, y déterminent des précipités
blancs d'oxalates de ces bases. Il en est de même des
sels dont la base forme un sel insoluble en s'unissant
avec l'acide oxalique.

Sur-oxalate de potasse.

1355. Lorsqu'on veut se procurer ce sel parfaitement pur, il faut combiner une certaine quantité de
potasse avec le double de l'acide qu'elle exige pour se
neutraliser.

Ce sel cristallise facilement. Ses cristaux sont des
parallélipipèdes opaques et très-courts. Il rougit la teinture de tournesol. En le calcinant, on obtient un résidu entièrement formé de sous-carbonate de potasse.
Il n'attire point l'humidité de l'air; il est bien moins
soluble dans l'eau que l'oxalate neutre : aussi produit-
on un précipité cristallin acidule, en versant de l'acide
oxalique dans une dissolution concentrée d'oxalate neutre.

Oxalate acide, ou quadr-oxalate de potasse.

1356. On obtient ce quadr-oxalate de la même manière que le sur-oxalate, si ce n'est que l'on combine la base avec deux fois autant d'acide. Sa cristallisation s'opère facilement; il rougit fortement le tournesol.

Soumis à l'action du feu, il se décompose et donne lieu aux mêmes produits que les oxalates neutres et acidules; son action sur l'air est nulle; il est moins soluble dans l'eau que le précédent; il paraît que l'alcool n'en dissout pas la plus petite quantité; il se comporte à peu près avec les bases et les sels, comme l'acide oxalique; il fait quelquefois partie du sel d'oseille, ainsi que l'oxalate acidule, et est par conséquent employé comme tel.

1357. Le sel d'oseille s'extrait en Suisse du *rumex acetosella*, et en Angleterre de l'*oxalis acetosella*. Le rumex est pilé, mêlé avec une certaine quantité d'eau, et soumis à la presse après quelques jours de macération : ensuite on chauffe légèrement le suc, et on le porte dans une cuve en bois. Là, on le met en contact avec de l'argile pendant un à deux jours. Au bout de ce temps, il se trouve clarifié; on le décante et on l'évapore convenablement dans une chaudière de cuivre. Peu à peu il se forme des cristaux ; mais comme ils sont verdâtres, on les purifie par de nouvelles cristallisations. De 500 grammes de rumex, on retire environ 4 grammes de sel d'oseille, 2 décigrammes de muriate de potasse, 2 centigrammes de sulfate de potasse, 120 grammes d'extrait.

Oxalate de Soude.

1358. Cet oxalate est peu sapide et est ordinaire-

ment en petits cristaux grenus. Le feu en opère facilement la décomposition, et le résidu que l'on obtient
est entièrement formé de sous-carbonate de soude.
L'air ne l'altère point. Il est peu soluble dans l'eau.
Lorsqu'on le traite par les acides sulfurique, nitrique,
muriatique, il passe à l'état de sur-oxalate. Il nous
offre avec les bases salifiables et les sels, les mêmes
phénomènes que celui de potasse.

On l'obtient en neutralisant une certaine quantité de
soude par l'acide oxalique : pour peu que la dissolution
alcaline et la dissolution acide soient concentrées, il
se précipite en grande partie à mesure qu'il se forme.

Sur-Oxalate de Soude.

1359. Le sur-oxalate de soude se prépare en versant
dans une dissolution de soude deux fois autant d'acide
qu'elle en exigerait pour être saturée ; il se précipite
ordinairement en poudre cristalline, lorsque les liqueurs sont tant soit peu concentrées ; il rougit la teinture du tournesol ; sa dissolubilité est moins grande
encore que celle de l'oxalate neutre : il est sans usages.

Oxalate d'Ammoniaque.

1360. L'oxalate d'ammoniaque s'obtient en saturant
l'acide oxalique par l'ammoniaque, et faisant évaporer
convenablement la dissolution. Il cristallise en longs
prismes tétraèdres terminés par des sommets dièdres ;
sa saveur est très-piquante. Par la distillation, on en
retire de l'eau, du sous-carbonate d'ammoniaque qui
se volatilise, etc. Il se sublime aussi un peu d'oxalate,
et il reste dans la cornue un petit résidu charbonneux.
Ce sel est très-soluble dans l'eau, et insoluble dans

l'alcool. Traité par les acides sulfurique, nitrique, muriatique, il est en partie décomposé et passe à l'état d'oxalate acidule. On ne l'emploie que dans les laboratoires comme réactif, pour reconnaître la présence de la chaux.

Sur-Oxalate d'Ammoniaque.

1361. Ce sur-oxalate se prépare en combinant l'ammoniaque avec deux fois autant d'acide qu'elle en exige pour sa neutralisation. Il est moins soluble que l'oxalate neutre, et l'on reconnaîtra facilement toutes ses autres propriétés d'après ce que nous avons dit des sels et des oxalates en général. (*Voyez* pour sa composition, 1352).

Acides produits seulement par la nature.

De l'Acide benzoïque.

1362. *Etat naturel, Préparation.* — L'acide benzoïque, qui tire son nom du benjoin, ne s'est rencontré jusqu'à présent que dans les baumes, l'urine de quelques espèces d'animaux, et particulièrement dans celle des animaux herbivores.

Sa préparation est fondée sur la propriété qu'il a de se vaporiser. On prend une certaine quantité de benjoin; par exemple, 500 grammes. Après les avoir concassés, on les met dans un vase de terre dont les bords sont usés, et que l'on recouvre d'un long cône en carton. La base de ce cône doit être unie au vase par des bandes de papier collé, et son sommet doit être troué, afin de livrer passage aux vapeurs qui ne se condenseraient pas. L'appareil, ainsi disposé, est placé sur un fourneau où l'on fait un feu très-modéré. Bientôt le benjoin entre en

fusion : alors son acide se vaporise, se condense sur les
parois du cône, et cristallise en aiguilles blanches sati-
nées. De temps en temps il faut enlever le cône et faire
tomber l'acide avec la barbe d'une plume. Il faut surtout bien ménager le feu; sans cela, presque tout l'acide
sortirait par le sommet du cône, et la petite portion
qu'on obtiendrait serait colorée en jaune par un peu de
substance huileuse. L'opération bien conduite dure
plusieurs heures. On reconnaît qu'elle est terminée,
lorsque le résidu, qui est formé de la résine de benjoin
en grande partie charbonnée, ne laisse plus dégager de
vapeurs blanches et piquantes. Mais comme, dans cet
état, l'acide benzoïque contient toujours une petite
quantité de résine qui lui donne l'odeur de baume ou
d'encens, on doit, 1° le faire chauffer avec son poids
d'acide nitrique à 25°, dans une cornue de verre munie
d'un récipient, jusqu'à ce que la liqueur soit réduite
presqu'à siccité, afin de détruire la résine qui le rend
odorant; 2° le dissoudre dans l'eau et le faire cristalliser
pour le séparer de l'acide nitrique avec lequel il reste
uni; 3° le sécher à une douce chaleur.

On peut encore se procurer l'acide benzoïque en
faisant bouillir 10 à 12 parties d'eau sur un mélange de
1 partie de chaux éteinte, et de 4 à 5 parties de benjoin en poudre, filtrant la liqueur qui contient alors
beaucoup de benzoate de chaux, la concentrant par
l'évaporation, y versant de l'acide muriatique, et traitant par l'acide nitrique, comme nous venons de l'indiquer tout à l'heure, l'acide benzoïque qui se précipite.

Enfin l'on pourrait encore extraire cet acide des urines
des animaux herbivores. Il suffirait de les concentrer et
d'y verser de l'acide muriatique. A l'instant même,

l'acide benzoïque qui s'y trouve uni à la potasse, se déposerait sous forme de petites aiguilles, entraînant avec lui un peu de matière colorante dont on le séparerait facilement par l'acide nitrique. Ce procédé, qui a été indiqué par Fourcroy et M. Vauquelin, est même plus économique que les autres.

1363. *Propriétés.* — L'acide benzoïque est solide, blanc, légèrement ductile ; il rougit très-sensiblement la teinture de tournesol ; sa saveur est piquante et un peu amère ; pur, il n'a pas d'odeur ; uni à certaines résines, il en prend une comparable à celle de l'encens ; ses cristaux sont de longs prismes blancs, opaques et satinés.

Exposé au feu dans une cornue, il ne tarde point à fondre ; bientôt il s'en décompose une petite partie, le reste se vaporise entièrement, et cristallise dans le col du vase. Chauffé à l'air libre, il s'exhale en fumée blanche, qui s'enflamme à l'approche d'un corps en ignition : cette fumée est très-irritante et provoque à l'instant la toux. Si, lorsque l'acide benzoïque est fondu, on le laisse refroidir, il se prend en une masse dure au milieu de laquelle on aperçoit une foule de petites aiguilles divergentes.

L'air ne l'altère en aucune manière. L'eau chaude en dissout une grande quantité et en laisse déposer la majeure partie sous forme d'aiguilles par le refroidissement ; il est également très-soluble dans l'alcool, d'où l'eau le précipite presque tout entier en flocons blancs. Les acides minéraux, même les plus puissans, ont peu d'action sur lui ; la plupart ne font qu'en opérer la dissolution : l'acide nitrique est dans ce cas. Enfin il s'unit aux oxides salifiables et forme des sels que nous devons examiner d'une manière générale.

Des benzoates.

1364. Les benzoates n'ont encore été que très-peu étudiés : aussi l'histoire que nous allons en faire sera-t-elle très-incomplète.

Soumis à l'action du feu, les benzoates laissent dégager une partie de leur acide. Mis en contact avec l'eau, ceux des deux premières sections se dissolvent, et cristallisent par l'évaporation de la liqueur ; il en est de même des benzoates de fer, de zinc, d'argent ; ceux de mercure, d'étain, de cuivre, de cerium, sont les seuls qui passent pour être insolubles. Tous sont susceptibles d'être décomposés par les acides puissans. C'est pourquoi, lorsqu'on verse de l'acide nitrique, de l'acide muriatique ou sulfurique, dans une dissolution concentrée de benzoate, il se précipite à l'instant de l'acide benzoïque : quant au nouveau sel, il reste dans la liqueur s'il est soluble, ou se dépose avec l'acide benzoïque s'il est insoluble.

1365. On fait tous les benzoates solubles en combinant, par l'intermède de l'eau, l'acide benzoïque avec les bases salifiables, à une douce chaleur, et faisant évaporer la liqueur. Ceux qui sont insolubles pourraient sans doute s'obtenir par la voie des doubles décompositions.

Aucun benzoate n'a d'usages. Leur analyse n'a point encore été faite. On ne trouve dans la nature que les benzoates de potasse et de soude. (*Voyez* Urine des animaux herbivores).

De l'Acide citrique.

1366. *Historique.* *Etat naturel.* — On sait depuis un temps immémorial, que le suc de citron est acide ; mais c'est Schéele qui le premier a prouvé que l'acide contenu dans ce suc était distinct de tous les autres. C'est au même acide qu'est due l'acidité de l'orange. Mêlé à l'acide malique, il forme également celle qu'ont tous les fruits rouges : on le rencontre encore dans le fruit du sorbier des oiseaux, dans les limons, etc. Il ne se trouve jamais en combinaison avec les bases salifiables, si ce n'est avec la chaux en petite quantité.

1367. *Préparation.* — C'est toujours des citrons qu'on le retire. Après avoir extrait le jus de ces fruits, on le fait chauffer et on y verse peu à peu de la craie réduite en poudre fine, jusqu'à ce que la saturation soit presque complète. Il en résulte une vive effervescence et du citrate calcaire. Celui-ci étant insoluble se précipite ; on le recueille sur un filtre, et on le lave à plusieurs reprises avec de l'eau chaude. Lorsque l'eau qui d'abord passe colorée cesse de l'être, on arrête les lavages et on traite le citrate par l'acide sulfurique. Les meilleures proportions paraissent être une partie de citrate calcaire supposé sec (*a*), et trois parties d'acide sulfurique, à 1, 15 de pesanteur spécifique. Le citrate et l'acide doivent être mêlés dans une capsule, et leur réaction doit être favorisée par l'agitation et la chaleur. Dans cette opération l'acide sulfurique se combine avec la chaux et forme un sulfate peu soluble, tandis que l'acide citrique reste en dissolution avec un peu de sul-

(*a*) Pour connaître la quantité d'eau que le citrate contient, on fait sécher une partie de ce sel.

fate de chaux et l'excès d'acide sulfurique. Au bout
d'environ demi-heure, en supposant qu'on opère sur
4 à 5oo grammes de citrate, on filtre, on lave et on
réunit toutes les liqueurs que l'on concentre jusqu'à
un certain point, et qu'on laisse ensuite refroidir. Par
ce moyen, la majeure partie de l'acide citrique cristallise dans l'espace de quelques jours. En concentrant
les eaux-mères, on obtient de nouveaux cristaux.

L'acide ainsi préparé n'est pas pur; il contient de
l'acide sulfurique. Pour le purifier, il faut le dissoudre
dans l'eau, y verser peu à peu de la litharge en
poudre fine, jusqu'à ce qu'il cesse de précipiter par
le nitrate de baryte, filtrer la liqueur, y faire passer
de l'hydrogène sulfuré, la filtrer de nouveau, et la
faire évaporer. Ce procédé est entièrement analogue,
comme on le voit, à celui que nous avons déjà décrit
en parlant de l'acide oxalique (1346).

1368. *Propriétés.* — L'acide citrique cristallise en
prismes rhomboïdaux, dont les plans sont inclinés entre
eux sous des angles d'environ 60 et 120°, et dont les
extrémités sont terminées par quatre faces trapézoïdales
qui embrassent les angles solides. Sa saveur, qui est
très-acide et même insupportable lorsqu'il est concentré, devient très-agréable lorsqu'il est étendu d'eau. Il
rougit fortement la teinture de tournesol.

Distillé en vaisseau clos, il se partage en deux parties; l'une, très-petite, se volatilise ou plutôt est entraînée, tandis que l'autre se décompose et donne lieu à tous
les produits qui résultent de la décomposition des matières végétales par le feu (1275). Exposé à l'air, il n'é-
prouve aucune altération; chauffé avec le contact de ce
fluide, il se fond, se boursoufle, exhale une vapeur
âcre, et ne laisse aucun résidu. 75 parties d'eau à 18°,

dissolvent 100 parties d'acide citrique. L'eau bouillante en dissout bien plus, et l'alcool bien moins. La dissolution aqueuse d'acide citrique, à moins qu'elle ne soit concentrée, finit par se décomposer, même dans les vaisseaux fermés, et se couvre de moisissures.

Lorsqu'on verse peu à peu cet acide dans les eaux de baryte, de strontiane, il en résulte un précipité qui disparaît dans un excès d'acide; il trouble aussi l'eau de chaux; mais pour cela il faut l'employer en cristaux, et faire en sorte que la chaux soit prédominante. Un excès d'acide dissout le citrate calcaire, comme les citrates de baryte et de strontiane. Il trouble également l'acétate de plomb. Il ne trouble point au contraire le nitrate de plomb, le nitrate de mercure. Traité par l'acide nitrique à chaud, il finit par passer à l'état d'acide oxalique (1283).

1369. *Composition.* — Cet acide est formé de

Carbone............................	33,811
Oxigène............................	59,859
Hydrogène..........................	6,330
	100,000

ou de Carbone......................	33,811
Oxigène et hydrogène dans les proportions nécessaires pour faire l'eau.............................	52,749
Oxigène en excès par rapport à l'hydrogène...........................	13,440
	100,000

Sous forme de cristaux, il n'est employé que pour faire des limonades. A cet effet, on le broie avec la quantité de sucre convenable, et on aromatise le tout avec un peu d'essence de citron: pour se servir de cette limonade qu'on appelle *limonade sèche*, et qu'on conserve dans un flacon bien bouché, il suffit de la dissoudre dans l'eau.

A l'état de jus de citron, on l'emploie non-seulement pour préparer des limonades, mais encore en teinture.

Des Citrates.

1370. *Propriétés.* — Tous les citrates, exposés au feu, se décomposent et donnent des produits semblables à ceux dont nous avons parlé dans nos généralités sur les sels végétaux (1295).

Les citrates de potasse, de soude, d'ammoniaque, de strontiane, de magnésie, de fer, sont solubles dans l'eau, et plus ou moins susceptibles de cristalliser. Ceux de baryte, de chaux, de zinc, de cerium, de plomb, de mercure, d'argent, sont insolubles ou très-peu solubles ; mais ils se dissolvent très-bien dans un excès d'acide citrique, ou dans tout autre acide capable de former avec leurs bases des sels solubles. L'action de l'eau sur les autres est inconnue.

Il paraît que la baryte, la strontiane et la chaux, sont les trois bases qui ont le plus de tendance à s'unir avec l'acide citrique, par l'intermède de l'eau : viennent ensuite la potasse et la soude, puis l'ammoniaque et la magnésie (1295).

1371. *Etat naturel, Préparation.* — On ne trouve aucun citrate dans la nature, si ce n'est le citrate de chaux en petite quantité, dans la plupart des fruits qui contiennent de l'acide citrique.

Tous les citrates solubles peuvent se faire directement, c'est-à-dire, en traitant les oxides ou les carbonates par l'acide citrique. Ceux qui sont insolubles s'obtiennent par la voie des doubles décompositions (725).

1372. *Composition.* — En admettant avec MM. Gay-Lussac et Thenard (Recherches Physico-Chimiques, vol. 2, p. 306) que le citrate calcaire soit formé de 68,83 d'acide, et de 31,17 de chaux, il en résulte que, dans ce sel, et par conséquent dans tous les autres citrates (704), la quantité d'oxigène de l'oxide est à la quantité d'acide comme 1 à 7,748. Or, comme l'on connaît la composition des oxides (504), on peut facilement déterminer celle des citrates par le calcul.

Les citrates sont sans usages. Ils ont été étudiés particulièrement par M. Vauquelin. (*Voyez* le Système des Connaissances chimiques).

De l'Acide fungique.

1373. La plupart des champignons contiennent, suivant M. Braconnot, un acide particulier, qu'il propose d'appeler *acide fungique.* Il l'a trouvé, libre en grande partie, dans la *pezize noire*, et uni à la potasse, dans le bolet du noyer. (Ann. de Chimie, tom. 87, p. 237 et 25).

1374. Pour le retirer du bolet du noyer, voici le procédé que suit M. Braconnot : 1° il exprime fortement le suc de ce champignon, le fait bouillir, le filtre, et sépare ainsi l'albumine coagulée ; 2° il évapore la liqueur filtrée jusqu'en consistance d'extrait, et traite celui-ci, à plusieurs reprises, par l'alcool, qui n'a aucune action sur le fungate de potasse; 3° il opère la dissolution du résidu alcoolique dans l'eau, y verse de l'acétate de plomb, et obtient un précipité abondant,

presque uniquemeut formé de fungate métallique ;
4° il décompose le fungate de plomb, à une douce
chaleur, par l'acide sulfurique faible, unit à l'ammoniaque l'acide fungique qu'il sépare du sulfate de plomb
par le filtre, et fait cristalliser le fungate d'ammoniaque plusieurs fois ; 5° le fungate d'ammoniaque ne
contenant plus aucune trace de la matière animale que
acide fungique avait entraînée dans sa précipitation,
M. Braconnot le redissout dans l'eau, et en extrait
l'acide fungique au moyen de l'acétate de plomb et
de l'acide sulfurique faible. L'acétate de plomb lui
donne du fungate de plomb, et l'acide sulfurique, du
sulfate de plomb insoluble et de l'acide fungique en
dissolution.

1375. Cet acide est incolore, d'une saveur très-
aigre, incristallisable, déliquescent.

Il forme, avec la chaux, un sel inaltérable à l'air, soluble dans 80 fois son poids d'eau, à 23°.

———— avec la baryte, un sel difficilement cristallisable, soluble dans 15 fois son poids d'eau,
à la température ordinaire.

———— avec la potasse et la soude, des sels incristallisables, très-solubles dans l'eau, insolubles dans
l'alcool.

———— avec l'ammoniaque, un sel acidule cristallisant
en prismes hexaèdres parfaitement réguliers.

———— avec la magnésie, un sel assez soluble dans
l'eau, et en petits cristaux grenus.

———— avec l'alumine, un sel incristallisable et qui
ressemble à de la gomme.

———— avec le deutoxide de manganèse, un sel semblable au fungate d'alumine.

Il forme, avec l'oxide de zinc, un sel médiocrement soluble dans l'eau, et cristallisant bien.

—————— Enfin, versé dans la dissolution d'acétate de plomb, l'acide fungique produit un dépôt blanc, floconneux, soluble dans le vinaigre distillé. Il ne trouble point la dissolution de nitrate d'argent; il ne jouit de cette propriété qu'autant qu'il est uni aux alcalis.

De l'Acide gallique.

1376. *État naturel. Préparation.* — L'acide gallique, découvert par Schéele en 1786, n'existe jamais qu'uni au tannin. On le trouve particulièrement dans la noix de galle et dans la plupart des écorces. C'est toujours de la noix de galle qu'on l'extrait. On a proposé à cet effet plusieurs procédés : nous ne parlerons que de ceux de Schéele et de Richter.

Suivant Schéele, après avoir pulvérisé la noix de galle, il faut la faire infuser trois à quatre jours avec 8 parties d'eau, et l'exposer à l'air en la couvrant d'un papier troué. Dans l'espace d'un à deux mois, l'infusion s'évapore presque entièrement, et il se forme peu à peu de la moisissure à sa surface et un précipité cristallin. On rassemble cette moisissure et le dépôt sur un filtre; on les lave avec un peu d'eau froide, puis on les traite par l'eau bouillante. La dissolution est ensuite soumise à une douce évaporation, et par le refroidissement, il s'en dépose des cristaux d'acide gallique, grenus et étoilés, de couleur grisâtre. Ces cristaux sont l'acide tel que Schéele l'a obtenu. Dans cet état, ils retiennent évidemment une petite quantité de tannin qui les colore en gris. Pour les purifier, MM. Berthollet ont proposé de les redissoudre dans l'eau chaude, et de projeter peu à peu de petites quantités d'oxide d'étain dans la dissolution, jusqu'à ce qu'elle soit décolorée. En la filtrant et la faisant évaporer, on obtient l'acide en petites aiguilles fines et très-blanches.

On peut concevoir de la manière suivante tout ce qui se passe dans cette opération. L'eau que l'on emploie dans l'infusion dissout l'acide gallique et le tannin, qui tous deux sont susceptibles de se décomposer par le contact de l'air ; mais la décomposition du tannin s'opère plus promptement que celle de l'acide gallique, de sorte que, au bout d'un certain temps, la quantité d'acide doit devenir très-prépondérante, relativement à celle du tannin. En effet, celui-ci se décompose presque tout entier, et donne lieu à de la moisissure insoluble, tandis qu'il n'y a au contraire que très-peu d'acide qui s'altère, et que la plus grande partie se dépose sous forme de cristaux, retenant un peu de tannin en combinaison. Lorsqu'on vient à traiter cet acide par l'eau et l'oxide d'étain, cet oxide s'empare de tout le tannin et d'une petite quantité d'acide ; il en résulte un composé triple insoluble, et l'acide qui reste dans la dissolution se trouve pur.

Le procédé de Richter consiste, 1° à faire évaporer la décoction de noix de galle jusqu'à siccité ; 2° à pulvériser le résidu, et à le traiter, à plusieurs reprises, à une douce chaleur, par de l'alcool très-concentré ; 3° à filtrer la liqueur alcoolique, et à la faire évaporer jusqu'à siccité, de même que la liqueur aqueuse ; 4° à traiter ensuite par l'eau le nouveau résidu qu'on obtient ; 5° enfin, à décanter ou filtrer la dissolution, et à la soumettre à une évaporation ménagée : on en retire par ce moyen l'acide gallique en cristaux légers et assez blancs.

Pour l'obtenir plus blanc encore, on pourrait se servir de l'oxide d'étain, ainsi que nous l'avons dit précédemment. Ce procédé est fondé sur la propriété qu'a l'alcool de dissoudre l'acide gallique, et de ne point dissoudre le tannin. De 500 grammes de noix de galle, on obtient 16 grammes d'acide gallique.

1377. *Propriétés.* — L'acide gallique a une saveur acide astringente. Il rougit assez fortement la teinture de tournesol, et cristallise en lames blanches et brillantes.

Soumis à l'action du feu dans une cornue, il s'en décompose une petite partie ; l'autre se vaporise et cristallise dans le col du vase. Lorsqu'on le fait passer à travers un tube incandescent, sa décomposition est totale, et donne lieu à tous les produits qui proviennent de la décomposition des matières végétales (1275). Il n'attire point l'humidité de l'air. Selon Richter, il se dissout dans 3 fois son poids d'eau bouillante, et seulement dans 20 fois son poids d'eau froide. Il est très-soluble dans l'alcool. Sa dissolution aqueuse, exposée à l'air, finit par se couvrir de moisissure.

L'acide gallique est susceptible de se combiner avec toutes les bases salifiables : il nous offre dans ces combinaisons des phénomènes remarquables. Si l'on verse peu à peu de l'acide gallique en dissolution, dans de l'eau de chaux ou de baryte, ou de strontiane, il en résultera d'abord un précipité d'un blanc verdâtre. À mesure que la quantité d'acide augmentera, le précipité tournera au violet, et enfin disparaîtra : la liqueur aura alors une teinte rougeâtre. Les dissolutions de po-

tasse, de soude et d'ammoniaque, ne sont point troublées par l'acide gallique ; elles prennent seulement une
teinte fauve.

Parmi tous les sels, il n'y a pour ainsi dire que ceux
qui sont à base de deutoxide et de tritoxide de fer, qui
soient décomposés par l'acide gallique pur. Cet acide
forme un précipité bleu dans les premiers, et d'un brun
noir dans les seconds. Lorsqu'au contraire l'acide gallique est uni au tannin, il décompose presque tous les
sels des quatre dernières sections (*Voyez* Tannin).

Usages. — On ne se sert de l'acide gallique pur que
dans les laboratoires, comme réactif ; mais uni au
tannin, on l'emploie fréquemment en teinture.

Des Gallates.

1378. Ce genre de sels a été à peine étudié ; c'est
pourquoi nous n'aurons presque rien à ajouter à ce que
nous en avons dit en traitant des sels en général, et de
l'acide gallique en particulier.

Il paraît qu'il n'y a que les gallates à base de potasse,
de soude et d'ammoniaque qui soient solubles. La plupart sont colorés ; ils le sont diversement, en raison de
la quantité plus ou moins grande d'acide qu'ils contiennent. Les sous-gallates de baryte, de strontiane et de
chaux sont violets, et les gallates acides d'un brun
rouge : le deuto-gallate de fer est bleu ; le trito-gallate
d'un gris noir.

Presque tous les gallates se dissolvent dans les acides
forts qui sont susceptibles de former des sels solubles
avec leurs oxides. Ceux de fer se dissolvent non-seulement dans un excès d'acide oxalique, mais encore dans
le sel d'oseille. En se dissolvant ainsi, les gallates per-

dent tellement leurs couleurs, que la liqueur devient d'un jaune fauve. C'est sur cette propriété qu'est fondé l'usage qu'on fait du sel d'oseille pour enlever les taches d'encre de dessus le linge ; taches qui toutefois peuvent disparaître plus facilement encore dans l'acide muriatique oxigéné liquide.

Aucun gallate n'existe dans la nature. On doit faire directement ceux qui sont solubles, et tenter la voie des doubles décompositions, pour obtenir ceux qui sont insolubles. Ils sont tous sans usages.

De l'Acide kinique.

1379. *Propriétés.* — L'acide kinique pur a une saveur assez forte qui n'a rien d'amer. Son action sur la teinture de tournesol est très-grande. Il ne cristallise que difficilement. Ses cristaux sont des lames divergentes dont la forme n'a point encore été bien déterminée.

Soumis à l'action du feu dans une cornue, il entre promptement en fusion, bouillonne, se décompose, noircit, et donne en général tous les produits qui proviennent de la distillation des substances végétales. L'air ne l'altère point. Il est très-soluble dans l'eau : aussi sa dissolution, soumise à une évaporation spontanée, se réduit-elle en un sirop épais avant de cristalliser.

Les sels qu'il forme avec les alcalis et les terres, sont solubles et cristallisables : enfin il ne précipite point les nitrates d'argent, de mercure et de plomb.

1380. *Etat naturel, Préparation.* — L'acide kinique ne s'est trouvé jusqu'ici que dans le quinquina. Il y est uni à la chaux.

Lorsqu'on veut l'extraire, il faut commencer par se procurer le kinate de chaux pur. On fait infuser à plusieurs reprises le quinquina en poudre dans de l'eau chaude, et on réduit la dissolution en consistance d'extrait. En traitant celui-ci par l'alcool, on dissout toute la partie résineuse, et l'on obtient un résidu visqueux de couleur brune, qui n'a presque plus de saveur amère, et qui est formé de kinate de chaux et d'une matière mucilagineuse. On dissout ce résidu dans l'eau; on filtre la liqueur et on la soumet à une évaporation spontanée, dans un lieu chaud : elle devient épaisse comme une sorte de sirop, et laisse alors déposer peu à peu des lames, tantôt hexaèdres, tantôt rhomboïdales, quelquefois carrées, et toujours un peu colorées en brun rougeâtre. Ces lames, qui sont le kinate de chaux, doivent être purifiées par une nouvelle cristallisation.

S'étant ainsi procuré le kinate de chaux, on le dissout dans 10 à 12 fois son poids d'eau, et l'on verse peu à peu dans la liqueur de l'acide oxalique en dissolution faible, jusqu'à ce qu'il ne se forme plus de précipité; par le filtre, on sépare le précipité qui n'est formé que d'oxalate de chaux, et par l'évaporation de la liqueur, l'on obtient l'acide kinique en cristaux. Cette évaporation doit être spontanée. (*Voyez* le Mémoire de M. Vauquelin; Ann. de Chimie, tom. 59, p. 162).

Les kinates n'ont point encore été examinés.

De l'Acide mellitique.

1381. *État naturel. Préparation.* — L'acide mellitique ne se trouve dans la nature qu'uni à l'alumine;

il forme avec cette base l'*honigstein*, qu'on appelle
encore *pierre de miel* ou *mellite* (*a*).

M. Klaproth, qui a découvert cet acide, l'extrait
de la mellite de la manière suivante. Après avoir pulvérisé cette substance, il la traite à plusieurs reprises
par l'eau bouillante ; il dissout ainsi la majeure partie
de l'acide, et très-peu d'alumine. La liqueur étant
filtrée, il la concentre au bain-marie, et la mêle avec
de l'alcool, qui en précipite sans doute l'alumine. Filtrée de nouveau, il la fait évaporer à une douce chaleur jusqu'à siccité, et par ce moyen, il obtient une
masse friable d'un blanc jaunâtre et grasse au toucher,
dont il opère la solution dans l'eau froide. Cette solution, concentrée peu à peu, laisse déposer de petits cristaux, que l'on purifie en les dissolvant et en soumettant la nouvelle dissolution à une évaporation spontanée.

Au lieu de suivre le procédé que nous venons de
décrire, il vaudrait peut-être mieux traiter à chaud la
mellite par une dissolution de sous-carbonate de potasse ; il en résulterait un dégagement de gaz acide
carbonique, un résidu alumineux et une dissolution
contenant du mellitate de potasse et un peu d'alumine
unie à l'excès de sous-carbonate de potasse. En versant
dans cette dissolution un petit excès d'acide acétique,
on décomposerait le sous-carbonate alcalin ; ajoutant

(*a*) Cette substance, découverte par Verner en 1790, est très-
rare ; on ne l'a rencontrée jusqu'à présent qu'à Arten en Thuringe,
dans des couches de bois fossile, et en Suisse. Elle est ordinairement sous forme de petits cristaux octaédriques rarement bien
transparens. Elle est d'un jaune de miel ou d'ambre, fragile, cassante, tendre et facile à pulvériser. Sa pesanteur spécifique est de
1,55.

ensuite de l'acétate de plomb ordinaire, il se formerait du mellitate de plomb insoluble, d'où l'on extrai-
rait l'acide de la même manière que l'acide oxalique
de l'oxalate de plomb (1346).

1382. *Propriétés.* — L'acide mellitique a une saveur
qui d'abord est aigre, puis amère ; il cristallise en
petits prismes durs isolés, ou en aiguilles fines formant
quelquefois, par leur réunion , une masse globulaire.
M. Klaproth pense qu'il n'acquiert la propriété de cristalliser qu'en absorbant l'oxigène.

Mis sur une plaque chaude, il se décompose en
donnant lieu à une fumée grise qui n'affecte point l'odorat : lorsque la décomposition se fait dans une cornue,
l'on obtient un résidu charbonneux, et en général tous
les produits qui proviennent de la distillation des matières végétales.

Il paraît qu'il n'est pas très-soluble dans l'eau. Son
action sur l'acide nitrique est nulle. Il forme dans les
eaux de chaux, de baryte, de strontiane, des précipités blancs, solubles dans l'acide nitrique ou muriatique. Il en forme aussi de blancs dans l'acétate de
baryte, dans l'acétate de plomb et dans le nitrate de
mercure. Ceux qu'il produit dans l'acétate de cuivre
et le nitrate de fer sont : le premier, vert; et le second,
de couleur isabelle. Ces divers précipités sont tous
susceptibles de se dissoudre dans l'acide nitrique.

L'acide mellitique ne trouble point la dissolution de
muriate de baryte ; cependant quelque temps après
qu'il y est versé, il détermine la formation de cristaux en fines aiguilles très-transparentes. Il n'opère aucun
changement dans les dissolutions de nitrate d'argent et
de muriate de cuivre.

Combiné avec la potasse, il forme un sel neutre soluble qui cristallise en longs prismes groupés; lorsqu'on verse dans la dissolution concentrée de ce sel un peu d'acide nitrique, il s'en sépare des cristaux de mellitate acide de potasse. Ce mellitate acide précipite la dissolution d'alun, propriété dont ne jouit pas l'oxalate acide de potasse. La soude et l'ammoniaque forment aussi, avec l'acide mellitique, des sels neutres solubles susceptibles de cristalliser. Les cristaux de mellitate de soude sont des cubes ou tables triangulaires, tantôt isolés, tantôt groupés. Ceux de mellitate d'ammoniaque sont de beaux prismes à six pans, qui perdent bientôt leur transparence à l'air, et prennent une couleur blanche d'argent. (*Voyez* Dictionnaire de chimie de MM. Klaproth et Wolff).

On n'a point encore étudié les mellitates d'une manière particulière.

De l'Acide morique.

1383. L'acide morique, découvert en 1803 par M. Klaproth, n'existe qu'en combinaison avec la chaux. Cette combinaison se trouve sur l'écorce du *Morus alba* ou *Mûrier blanc*, en petits grains, d'une couleur d'un brun jaunâtre et noirâtre.

Pour obtenir l'acide morique, on traite à chaud, par une grande quantité d'eau distillée, l'écorce du mûrier recouverte de morate de chaux : ce sel se dissout ; on l'obtient par l'évaporation. Alors on fait bouillir le morate de chaux avec un excès de dissolution d'acétate de plomb ; il en résulte de l'acétate de chaux, sel très-soluble, et du morate de plomb, sel insoluble. On recueille celui-ci sur un filtre, on le lave et on extrait l'acide morique par un procédé semblable à celui que nous avons suivi pour extraire l'acide oxalique de l'oxalate de plomb (1346).

L'acide morique a une saveur âcre ; il rougit la teinture de tournesol , et cristallise en aiguilles très-fines , de couleur de bois pâle : cette couleur est due à une petite quantité de matières étrangères.

Lorsqu'on le chauffe dans une cornue, il s'en décompose une partie; l'autre se sublime et se condense dans le col du vase en cristaux prismatiques transparens et sans couleur. Il ne s'altère point à l'air. L'eau et l'alcool le dissolvent facilement. Il forme avec la chaux un sel qui ne se dissout que dans 28 fois son poids d'eau bouillante, et 66 fois son poids d'eau froide. Il est probable que les morates de baryte, de strontiane sont également très-peu solubles. Ceux de potasse, de soude et d'ammoniaque sont au contraire très-solubles.

Les morates n'ont point encore été étudiés, de sorte que nous ne pouvons en faire l'histoire d'une manière particulière. (*Voyez* le Dictionnaire de chimie de MM. Klaproth et Wolff).

De l'Acide succinique.

1384. L'acide succinique est tout formé dans l'ambre ou le succin (Gelhen): il y est uni à une grande quantité de matière huileuse : c'est par la distillation qu'on le retire. On remplit à moitié de succin une cornue de verre ou de grès; on adapte à son col une allonge et un récipient tubulé et l'on procède à la distillation, en ayant soin de ménager le feu. Il passe d'abord un liquide incolore , ou du moins peu coloré ; ensuite il se sublime de l'acide succinique qui se condense sous

forme d'aiguilles dans le col de la cornue ; puis il se
forme une huile épaisse et brune, qui contient encore
une assez grande quantité d'acide succinique, et il se
dégage en même temps beaucoup de gaz.

Plusieurs procédés ont été proposés pour purifier
cet acide, ou le séparer de l'huile dont il est toujours
imprégné. Le meilleur nous paraît être celui de Richter.
On dissout cet acide dans l'eau chaude. La dissolution
étant filtrée, on la sature par la potasse ou la soude,
et on la fait bouillir avec du charbon qui absorbe en
grande partie la matière huileuse. Après l'avoir filtrée
de nouveau, on y verse du nitrate de plomb : il en résulte du succinate de plomb insoluble dont on extrait
l'acide succinique par un procédé absolument semblable à celui que nous avons décrit pour extraire
l'acide oxalique de l'oxalate de plomb (1346).

L'acide succinique ainsi purifié est blanc, transparent ; sa saveur a quelque chose d'âcre ; il rougit
assez fortement la teinture de tournesol, et cristallise
en prismes dont la forme n'a point encore été bien
déterminée. Exposé à la chaleur, il fond, se décompose et se sublime en partie : sa décomposition et sa
sublimation n'ont lieu qu'au-dessus de 100° : il est inaltérable à l'air. L'eau bouillante en dissout beaucoup
plus que l'eau froide ; il en est de même de l'alcool.

Jusqu'à présent il est sans usages.

Des Succinates.

1385. Les succinates ont à peine été étudiés : aussi
ne présenterons-nous que quelques observations sur
leurs propriétés. Ceux de potasse, de soude, d'ammoniaque sont très-solubles : ceux de magnésie, d'alumine,

de manganèse, de zinc, paraissent aussi l'être : ceux
de baryte, de strontiane, de chaux, de fer, de plomb,
de cerium, de cuivre, sont au contraire insolubles,
et il paraît qu'il en est de même de la plupart des
autres. Tous se dissolvent dans un excès d'acide succinique, ou dans un acide fort et susceptible de dissoudre l'oxide du succinate.

Les succinates de potasse et de soude cristallisent
facilement; celui d'ammoniaque cristallise difficilement et paraît être volatil.

Aucun succinate n'existe dans la nature. On peut
faire tous les succinates directement, c'est-à-dire, en
traitant les oxides ou les carbonates par l'acide succinique. Lorsqu'ils sont insolubles, on peut encore les
obtenir, du moins pour la plupart, par la voie des
doubles décompositions.

Le succinate de potasse ou de soude peut être employé pour séparer l'oxide de fer de l'oxide de manganèse; car l'oxide de fer est entièrement précipité de ses
dissolutions acides par ces sels, et l'oxide de manganèse
ne l'est nullement. Ce procédé n'a d'autre inconvénient
que d'être trop dispendieux.

De l'Acide tartarique.

1386. *Historique. Etat naturel.* — L'existence de
l'acide tartarique a été démontrée dans la crème de
tartre par Duhamel, Margraff et Rouelle le jeune; c'est
Schéele qui le premier est parvenu à l'isoler.

Cet acide ne se trouve jamais à l'état de pureté dans
la nature; il y est toujours uni à la potasse ou à la
chaux. Le tartrate de chaux étant rare, et le tartrate

acide étant au contraire assez commun, c'est de celui-ci qu'on retire l'acide tartarique.

1387. *Préparation.* — On pulvérise une certaine quantité de crême de tartre, ou tartrate acide de potasse ; par exemple, 5 kilogrammes que l'on met sur le feu dans une bassine de cuivre avec 50 kilogrammes d'eau. Lorsque l'eau est bouillante, on y projette peu à peu de la craie réduite en poudre fine, jusqu'à ce que l'excès d'acide soit saturé, en ayant soin toutefois, pour faciliter l'action, d'agiter le mélange de temps en temps avec une spatule : il en résulte un grand dégagement de gaz acide carbonique, du tartrate de chaux qui se précipite, et du tartrate de potasse qui reste en dissolution, retenant un peu de tartrate calcaire ; ensuite on verse un excès de muriate de chaux dans la liqueur. Par ce moyen, tout le tartrate de potasse est décomposé ; son acide entre en combinaison avec la chaux, et le nouveau tartrate calcaire se mêle à celui qui s'était formé d'abord : alors on lave le précipité à grande eau, par décantation, pour enlever le muriate de potasse qui provient de la réaction du muriate de chaux sur le tartrate alcalin, et on le traite par les $\frac{2}{5}$ de son poids d'acide sulfurique concentré, que l'on étend de 3 à 4 parties d'eau avant de l'employer : enfin l'on fait cristalliser l'acide tartarique, et on le purifie par la litharge. (*Voyez* ce qui a été dit sur l'acide citrique, 1367).

1388. *Propriétés.* — La saveur de l'acide tartarique est très-forte ; son action sur le tournesol est par conséquent très-grande. Il ne cristallise que difficilement. Pour que la cristallisation se fasse, il faut que la liqueur soit très-concentrée et abandonnée pendant plusieurs jours dans un lieu tranquille. Les cristaux sont ordinairement des lames assez larges et légèrement divergentes, dont la forme n'est point encore bien déterminée. Lorsqu'on triture l'acide tartarique, il se réduit en une pâte épaisse; ce qui provient probablement d'une certaine quantité d'eau interposée entre ses lames (707).

Exposé à l'action de la chaleur, l'acide tartarique se fond, se boursouffle, se décompose, répand une odeur particulière qui a quelque chose de celle du caramel, et forme de l'acide pyro - tartarique, indépendamment de tous les produits que donne la distillation des matières végétales.

Lorsqu'on fait l'expérience dans un vase ouvert, par exemple, dans un creuset, on obtient d'autres produits : l'acide s'enflamme et se convertit en eau et en acide carbonique.

L'acide tartarique est très-soluble dans l'eau; il se dissout moins facilement dans l'alcool. Sa dissolution aqueuse se décompose par le contact de l'air et se couvre de moisissure, surtout lorsqu'elle est faible. Il n'en est point de même lorsque l'acide est cristallisé; il n'éprouve aucune altération.

L'acide nitrique attaque facilement l'acide tartarique; il le convertit en acide oxalique (1283).

Versé peu à peu dans les eaux de chaux, de baryte, de strontiane, et dans la dissolution d'acétate de plomb, l'acide tartarique produit des précipités blancs qui se dissolvent à mesure que l'acide prédomine. L'ammoniaque ne fait point reparaître celui de chaux : il se forme alors un sel triple soluble et indécomposable par cet alcali. L'acide tartarique produit aussi des précipités dans les dissolutions concentrées de potasse, de soude et d'ammoniaque : ceux - ci sont des tartrates acides qu'un excès d'acide ne peut point redissoudre.

1389. *Composition.* — L'acide tartarique est formé de

Carbone........................	24,050
Oxigène........................	69,321
Hydrogène......................	6,629
	100,000

ou de Carbone....................	24,050
Oxigène et hydrogène dans les proportions nécessaires pour faire l'eau.....	55,240
Oxigène en excès................	20,710
	100,000

Cet acide n'a d'autre usage, jusqu'à présent, que de pouvoir être employé à la place de l'acide citrique pour faire de la limonade.

Des Tartrates.

1390. Les tartrates, dans leur décomposition par le feu, se comportent comme tous les autres sels végétaux, si ce n'est que ceux qui sont avec excès d'acide, tels que la crême de tartre, répandent une odeur particulière, analogue à celle du caramel, et qu'ils donnent peut-être lieu à une certaine quantité d'acide pyro-tartarique.

1391. Les tartrates neutres de potasse, de soude, d'ammoniaque, de magnésie, de deutoxide de cuivre, sont solubles dans l'eau. La plupart des autres, et par-

Tome III.

ticulièrement les tartrates de baryte, de strontiane, de chaux, de plomb, de fer, de manganèse, de zinc, d'étain, de mercure, d'argent, y sont insolubles.

Tous les tartrates neutres solubles forment, avec l'acide tartarique, des tartrates acides peu solubles, tandis que tous les tartrates neutres insolubles sont susceptibles de se dissoudre dans un excès d'acide.

Il s'ensuit qu'en versant peu à peu un excès d'acide tartarique dans les eaux de baryte, de strontiane et de chaux, les précipités qui se forment d'abord ne doivent pas tarder à disparaître, tandis que ceux que l'on obtient par un excès de ce même acide dans les dissolutions concentrées de potasse, de soude et d'ammoniaque, ou de tartrates neutres de ces bases, de tartrates neutres de magnésie et de cuivre, doivent être permanens. Les premiers sont toujours floconneux; les seconds toujours cristallins; celui de cuivre seulement est en poudre d'un blanc verdâtre.

Il s'ensuit encore que la plupart des acides doivent troubler les dissolutions de tartrates neutres de potasse, de soude et d'ammoniaque, parce qu'ils transforment ces sels en tartrates acides; et qu'au contraire, par la même raison, ils doivent opérer la dissolution des tartrates neutres insolubles. En effet, pour peu que l'acide soit fort, le premier phénomène aura toujours lieu; le second se produira toujours aussi, à moins que l'acide ne puisse point dissoudre la base du tartrate.

1392. La chaux est la base qui a le plus de tendance à se combiner avec l'acide tartarique, par l'intermède de l'eau; vient ensuite la baryte, puis la strontiane: après elles viennent la potasse et la soude, puis l'ammoniaque et la magnésie. Si donc l'on verse des eaux de baryte, de strontiane et de chaux dans des dissolutions de tartrates de soude, de potasse, d'ammoniaque, il en résultera un précipité plus ou moins abondant.

1393. Les tartrates de potasse, de soude et d'ammoniaque, sont non-seulement susceptibles de se combiner ensemble, mais encore avec la plupart des autres tartrates, de manière à former des sels doubles (*a*). Tous ces sels sont plus ou moins solubles dans l'eau; quelques-uns même n'existent que par l'intermède de ce liquide : tels sont les tartrates de chaux et de potasse, de chaux et de soude, de chaux et d'ammoniaque : aussi, lorsqu'on concentre leur dissolution, le tartrate de chaux s'en sépare-t-il en grande partie, en raison de sa cohésion.

Il sera facile, d'après cela, de concevoir pourquoi les tartrates de potasse, de soude et d'ammoniaque ne troublent point les dissolutions de fer et de manganèse, et troublent au contraire les dissolutions des sels de baryte, de strontiane, de chaux et de plomb : c'est que dans le premier cas il se forme des sels doubles, quelle que petite que soit la quantité de tartrate que l'on emploie, et que dans le second, il ne s'en forme qu'autant que le tartrate employé est en très-grand excès.

1394. *État naturel.* — On n'a trouvé jusqu'à présent que deux tartrates dans la nature, le tartrate de chaux et le tartrate acide de potasse. Le premier est rare ; l'autre est assez abondant : tous deux existent dans le raisin ; le second se rencontre encore dans le tamarin. C'est du raisin qu'on l'extrait pour les besoins du com-

---

(*a*) Peut-être existe-t-il aussi des sels triples.

merce. Impur, il prend le nom de tartre; pur, il prend celui de crême de tartre.

1395. *Préparation.* — Tons les tartrates neutres solubles s'obtiennent en traitant leurs oxides, purs ou unis à l'acide carbonique, par l'acide tartarique : il n'y a que celui de potasse que l'on prépare plus économiquement, en se servant de crême de tartre au lieu d'acide tartarique.

Pour obtenir ceux qui sont insolubles, il faut employer la voie des doubles décompositions, à moins qu'il ne puisse en résulter des tartrates doubles solubles (725) (*a*). Dans ce dernier cas, il faut les faire directement, c'est-à-dire, comme les tartrates neutres solubles, et faire en sorte qu'il y ait un petit excès d'acide. A la vérité, il se dissout un peu de tartrate, mais la majeure partie échappe à l'action de l'excès d'acide, et reste sous forme de poudre.

Tous les tartrates doubles résultant de la combinaison du tartrate de potasse avec un autre tartrate, se font en traitant la crême de tartre ou tartrate acide de potasse par les oxides ou les carbonates. En traitant également par les carbonates ou les oxides les tartrates acides de soude et d'ammoniaque, on obtiendra des tartrates doubles, dans la composition desquels entrent les tartrates de soude ou d'ammoniaque.

Quant aux tartrates acides, ils s'obtiennent tous en traitant les oxides, ou les carbonates, ou les tartrates par l'acide tartarique. Dans tous les cas, il faut employer l'eau pour intermède.

(*a*) Tels sont les tartrates de fer et de manganèse.

1396. *Composition.* — Dans les tartrates neutres, la quantité d'oxigène de l'oxide paraît être à la quantité d'acide comme 1 est à 12, 14 (*a*). Il est facile, d'après cela, de calculer la composition des tartrates, puisque l'on connaît celle des oxides (504).

1397. *Usages.* — Les tartrates que l'on emploie dans les arts et dans la médecine, sont au nombre de cinq ; savoir : le tartrate de potasse, le tartrate acide de potasse, le tartrate de potasse et de soude, le tartrate de potasse et de fer, le tartrate de potasse et d'antimoine. (*Voyez* ces sels en particulier). Nous nous occuperons particulièrement de ceux-ci dans l'histoire des espèces.

Du Tartrate acide de Potasse, ou Crème de Tartre (*b*).

1398. *Etat naturel.* — Le tartrate acide de potasse existe dans le raisin et dans le tamarin ; il se dépose avec une petite quantité de lie et de tartrate de chaux, sur les parois des tonneaux dans lesquels l'on conserve le vin, et forme sur ces parois une couche plus ou moins épaisse, connue sous le nom de *tartre.* Dans le commerce, le tartre qui provient des vins blancs porte le nom de *tartre blanc,* et celui qui provient des vins rouges porte celui de *tartre rouge.* Tous deux sont l'assemblage d'un grand nombre de petites paillettes

---

(*a*) Ce résultat est tiré de la composition du tartrate de chaux. En effet, ce sel est formé de 77,577 d'acide et de 22,423 de chaux (Recherches physico-chimiques, vol. 2, p. 304.)

(*b*) Nous appelons la crème de tartre, tartrate acide de potasse ; mais le fait est que, outre le tartrate acide, elle contient quelques centièmes de tartrate de chaux.

cristallines, et ne diffèrent sensiblement l'un de l'autre
que par la quantité de matière colorante qui entre dans
leur composition.

1399. *Préparation.* — La purification du tartre
s'exécute en grand à Montpellier ; elle est fondée sur
la propriété qu'a le tartrate acide de potasse d'être très-
peu soluble dans l'eau froide, et de l'être beaucoup
plus dans l'eau chaude.

Après avoir pulvérisé le tartre, on le traite par l'eau
bouillante dans une chaudière de cuivre. Lorsque l'eau
en est saturée, on la verse dans des terrines où elle
laisse déposer, par le refroidissement, une couche
cristalline presque décolorée. Cette couche est re-
dissoute dans l'eau bouillante ; on délaie 4 à 5 pour
cent d'une terre argileuse et sablonneuse dans la
dissolution, et on évapore celle-ci jusqu'à pellicule.
L'argile s'empare de la matière colorante, et il se précipite de la liqueur, à mesure qu'elle refroidit, des cristaux blancs qui, exposés en plein air sur des toiles pendant quelques jours, acquièrent un nouveau degré de
blancheur. Ces cristaux blancs, demi-transparens,
sont la crême de tartre pure. Les eaux mères servent à
faire de nouvelles dissolutions. (Traité de M. Chaptal
sur les vins).

1400. *Propriétés.* — Le tartrate acide de potasse a
une saveur légèrement acide ; il cristallise, d'après
M. Chaptal, en prismes tétraèdres, courts, coupés
de biais aux deux extrémités.

Soumis à l'action du feu dans une cornue, il se décompose, donne lieu à de l'acide pyro-tartarique et à
tous les produits qui proviennent de la distillation des

matières végétales (*a*). 60 parties d'eau en dissolvent 4
parties à la température de 100°, et seulement 1 à la
température ordinaire. Il est absolument insoluble dans
l'alcool. A l'état solide, il n'éprouve aucune altération de
la part de l'air ; dissous dans l'eau, il en éprouve une
qui ne se manifeste que dans l'espace d'un assez grand
nombre de jours, et d'où résultent une espèce de moisissure, du sous-carbonate de potasse et un peu d'huile.

Les eaux de baryte, de strontiane, de chaux, versées en excès dans la dissolution de tartrate acide de
potasse, s'emparent de tout l'acide de ce sel, et forment des tartrates qui se précipitent. L'acétate de
plomb se comporte de la même manière avec cette dissolution.

En saturant l'excès d'acide du tartrate acide de potasse par les bases salifiables, on obtient toujours des
sels doubles lorsque les tartrates de ces bases sont solubles : il n'en est pas toujours de même lorsqu'ils sont
insolubles ; alors leur cohésion l'emporte quequefois
sur l'affinité qu'ils ont pour le tartrate de potasse, de
sorte qu'ils se précipitent en totalité, ou du moins en
grande partie. C'est ce que l'on observe particulièrement avec la baryte, la strontiane et la chaux.

Le tartrate acide de potasse, qui est peu soluble
par lui-même, devient soluble par son mélange avec

(*a*) De 100 parties de crême de tartre décomposée par la distillation, MM. Fourcroy et Vauquelin ont obtenu un résidu qui contenait, outre le charbon : 350 parties de sous-carbonate de potasse,
6 de sous-carbonate de chaux, 1,2, de silice, 9,25 d'alumine, 0,76
d'oxide de fer et de manganèse. Les deux sous-carbonates provenaient de la décomposition des tartrates de potasse et de chaux.

la cinquième partie de son poids de borax, ou de sous-borate de soude. Sa solubilité est aussi augmentée par l'acide borique : dans ce dernier cas, l'acide borique s'unit au sel; dans le premier, le borax est décomposé, et il se forme tout à la fois du tartrate de potasse et de soude, et un composé de tartrate acide et d'acide borique.

Le peroxide de manganèse nous offre, avec le tartrate acide de potasse, un phénomène particulier, qui a été observé pour la première fois par Schéele. Lorsqu'on fait chauffer cet oxide avec ce sel et de l'eau, il se dégage du gaz acide carbonique, et il se forme un composé de tartrate de potasse et de deutoxide ou tritoxide de manganèse : il est donc évident que le peroxide de manganèse est ramené à l'état de tritoxide ou de deutoxide par l'acide tartarique : sans doute qu'outre l'acide carbonique qui se dégage, et que l'on peut obtenir en faisant l'expérience dans une cornue, il se produit de l'eau, et peut-être de l'acide acétique.

1401. *Composition.* — Il paraît que le tartrate acide de potasse contient une fois et demie autant d'acide que le tartrate neutre.

1402. *Usages.* — Les usages de la crême de tartre sont très-nombreux. C'est de ce sel qu'on extrait l'acide tartarique. On s'en sert en pharmacie pour préparer différens sels : savoir ; le sel végétal ou tartrate de potasse ; le sel de seignette ou tartrate de potasse et de soude ; l'émétique ou tartrate de potasse et d'antimoine; le tartre martial soluble, les boules de Mars ou de Nanci, la teinture de Mars de Ludovic, la teinture de Mars tartarisée, le tartre chalybé, composés résultant de la combinaison de la crême de tartre avec une

plus ou moins grande quantité de tartrate de fer. Seule
ou mêlée au borax, la crème de tartre est encore employée en médecine comme purgatif. En teinture, on
en fait assez souvent usage pour augmenter la fixité des
couleurs. Dans les laboratoires, on la calcine avec le
nitre pour se procurer la potasse pure (596). C'est en
brûlant la lie des vins, qui contiennent une plus ou
moins grande quantité de tartre, qu'on fait les cendres
gravelées. C'était en calcinant le tartre, qu'on préparait
autrefois l'espèce de sous-carbonate de potasse qu'on
appelait, *sel de tartre.* Enfin, c'est en mêlant le tartre
avec le nitre, et décomposant le mélange par le feu,
qu'on prépare le flux blanc et le flux noir. Tous deux
s'obtiennent; savoir: le flux blanc, en projettant dans
un vase rouge deux parties de nitre, et une partie de
tartre; et le flux noir, en y projettant parties égales
de ces deux sels. Celui-ci est un mélange de sous-
carbonate de potasse et de charbon; l'autre n'est que
du sous-carbonate de potasse, à part toutefois la petite
quantité de matières fournies par les sels étrangers
au tartrate acide de potasse, qui se trouvent dans le
tartre.

Nous ne dirons rien des autres tartrates acides : tout
ce qu'on en sait se trouve compris dans l'histoire géné-
rique.

Du Tartrate de potasse.

1403. Le tartrate de potasse, appelé ordinairement
sel végétal en médecine où il est employé comme purgatif, ne se rencontre point dans la nature.

Ce sel se prépare ordinairement en saturant par le
sous-carbonate de potasse l'excès d'acide de la crème

de tartre : on fait chauffer une dissolution de sous-carbonate de potasse dans une bassine d'argent ; on y projette, à plusieurs reprises, de la crême de tartre réduite en poudre très-fine, en agitant presque continuellement la liqueur ; chaque fois qu'on en projette, il se forme une effervescence due au gaz carbonique qui se dégage ; on continue d'en projeter jusqu'à ce que l'effervescence cesse d'avoir lieu. Il est nécessaire que la saturation soit parfaite ; on y parviendra toujours en versant successivement de petites quantités de crême de tartre ou de sous-carbonate de potasse, selon que la liqueur sera acide ou alcaline. Alors on la filtrera pour en séparer un peu de tartrate de chaux que la crême de tartre contient, et qui apparaît sous la forme de flocons blancs ; on la fera évaporer convenablement, on la versera dans des terrines chaudes, et on l'abandonnera à elle-même dans un lieu tranquille. Ce n'est qu'au bout de quelques jours qu'il commencera à s'y former des cristaux (*a*).

1404. Le tartrate de potasse cristallise en prismes rectangulaires à quatre pans, terminés par des sommets dièdres ; sa saveur est amère.

Exposé au feu, il éprouve la fusion aqueuse, se boursoufle et se décompose. L'eau, à la température ordinaire, en dissout un poids égal au sien ; l'eau bouillante en dissout plus encore.

(*a*) Pour que la cristallisation ait lieu, il faut que la liqueur soit très-concentrée ; on observe qu'elle se prend quelquefois en sirop sans donner de cristaux. Quelques chimistes prétendent que cela n'a lieu qu'autant qu'elle n'est point alcaline, assurant que le tartrate de potasse ne cristallise bien que par un petit excès d'alcali.

Les acides sulfurique, nitrique, muriatique, et en général tous les acides, pour peu qu'ils aient de force, produisent dans sa dissolution concentrée un précipité cristallin de tartrate acide que la potasse, la soude et l'ammoniaque font disparaître promptement. L'alumine au contraire s'y dissout en grande quantité, sans toutefois que la liqueur devienne sensiblement alcaline.

1405. Le tartrate de soude et le tartrate d'ammoniaque s'obtiennent en saturant une dissolution d'acide tartarique par le sous-carbonate de soude et le sous-carbonate d'ammoniaque ; le tartrate d'ammoniaque peut encore s'obtenir en saturant cette même dissolution par l'ammoniaque : ces sels cristallisent en aiguilles.

L'histoire des autres tartrates se trouve comprise dans l'histoire générale.

Tartrate de soude et de potasse.

1406. Le tartrate de potasse et de soude s'obtient par un procédé analogue à celui que nous avons décrit précédemment pour obtenir le tartrate de potasse, c'est-à-dire, en saturant l'excès d'acide de la crême de tartre par le sous-carbonate de soude, filtrant la liqueur et la faisant évaporer (1403).

Ce sel est un de ceux qui cristallisent le plus régulièrement. Ces cristaux sont des prismes à huit ou dix pans inégaux ; mais il ne prend cette forme qu'autant qu'on le reçoit sur des fils plongés dans la liqueur, ou qu'on procède à la cristallisation par la méthode de *Leblanc*. En employant la méthode ordinaire, les prismes se trouvent coupés dans la direction de leur axe, ce qui a fait dire du tartrate de soude et de potasse par les anciens, qu'il cristallisait en tombeau.

Le tartrate de potasse et de soude a une très-légère
saveur amère ; il est inaltérable à l'air ; l'eau chaude en
dissout une grande quantité, l'eau froide en dissout
moins ; il se comporte avec les acides et l'alumine de
la même manière que le tartrate de potasse.

On l'emploie quelquefois en médecine comme léger
purgatif ; autrefois on en faisait un fréquent usage ; il
s'appelait alors sel de seignette, du nom d'un apothi-
caire de la Rochelle qui l'avait formé le premier.

Tartrate de Potasse et d'Antimoine, ou Émétique.

1407. L'émétique est l'un des médicamens les plus
héroïques. Sa découverte date de 1631. Adrien
Mynsicht est celui qui le fit connaître le premier dans
un ouvrage ayant pour titre : *Thesaurus Medico-
Chimicus.*

1408. L'émétique est toujours un produit de l'art :
on a proposé divers procédés pour le préparer. C'est
en traitant un mélange de crême de tartre et de verre
d'antimoine par l'eau bouillante, qu'on se le procure
aujourd'hui dans toutes les pharmacies. Plusieurs phénomènes qu'il est nécessaire de faire connaître, se
présentent dans cette opération : il se dégage une petite
quantité de gaz hydrogène sulfuré, et il se forme en
même temps des flocons de kermès qui sont d'un brun-
marron ; la liqueur est toujours jaunâtre ou d'un jaune-
verdâtre ; lorsqu'on l'évapore jusqu'à un certain point
et qu'on la laisse refroidir, elle se prend assez souvent
en gelée, après avoir laissé déposer des cristaux d'é-
métique et de tartrate de chaux ; ceux-ci, qui sont sous
forme d'aiguilles, partent tous d'un centre commun,

recouvrent çà et là les cristaux d'émétique, qui affectent ordinairement la forme d'octaèdres.

Tous ces phénomènes s'expliquent facilement, en se rappelant que le verre d'antimoine est un oxide d'antimoine sulfuré, contenant la dixième partie de son poids de silice et un peu d'oxide de fer; que l'antimoine est à l'état de protoxide dans ce verre, tandis qu'il se trouve à l'état de deutoxide dans l'émétique et dans le kermès; que la crême de tartre renferme toujours un peu de tartrate de chaux. En effet, l'eau est évidemment décomposée; son oxigène fait passer le protoxide du verre d'antimoine à l'état de deutoxide, et son hydrogène se portant sur le soufre de ce même verre, donne lieu à l'hydrogène sulfuré : presque tout le deutoxide se combine avec l'excès d'acide de la crême de tartre; une très-petite partie seulement s'unit avec l'hydrogène sulfuré produit, et de là résultent l'émétique et le kermès. La gelée est due à la silice qui, se dissolvant d'abord, redevient libre par l'évaporation de la liqueur, et y reste en suspension. Quant à la couleur, elle provient d'un peu de tartrate de fer. Enfin si l'on trouve du tartrate de chaux sur les cristaux d'émétique, c'est que ce sel calcaire, séparé de la crême de tartre par le deutoxide d'antimoine, est insoluble dans l'eau froide, et au contraire sensiblement soluble dans l'eau chaude.

Quoi qu'il en soit, il faut procéder à l'opération de la manière suivante : On prend parties égales de crême de tartre et de verre d'antimoine, tous deux réduits en poudre fine; on les met avec 12 parties d'eau dans un vase de verre, de terre ou de porcelaine, et on fait bouillir la liqueur pendant une demi-heure, en la remuant presque continuellement; on la filtre et on la fait évaporer jusqu'à siccité, pour rassembler la silice et en détruire l'état gélatineux. Ensuite on traite le résidu par l'eau chaude ; on filtre la dissolution de nouveau, on la concentre et on l'abandonne à elle-même : bientôt il s'en sépare des cristaux d'émétique. Lorsqu'il ne s'en produit plus, ce qui a ordinairement lieu au bout de vingt-quatre heures, on décante les eaux mères ; on les concentre à plusieurs reprises, en les laissant refroidir chaque fois, et on retire ainsi des cristaux jusqu'à la fin de l'opération. Ceux qui proviennent des eaux mères sont toujours plus ou moins colorés ; quelquefois ceux qu'on obtient en premier lieu le sont eux-mêmes : on les purifie par de nouvelles cristallisations.

1409. L'émétique est incolore ; il cristallise en tétraèdres ou en octaèdres transparens ; il rougit le tournesol ; sa saveur est caustique et nauséabonde : tout le monde sait combien son action sur l'économie animale est énergique.

Exposé à l'air, il s'effleurit peu à peu. L'eau bouillante en dissout près de la moitié de son poids, et l'eau froide seulement la quinzième partie du sien. Versés dans la dissolution de ce sel, les acides sulfurique, nitrique, muriatique, en précipitent de la crême de tartre ; et la potasse, la soude et l'ammoniaque, ou leurs carbonates, de l'oxide d'antimoine. Les eaux de baryte, de strontiane, de chaux, y forment non-seulement un précipité d'oxide d'antimoine, comme les autres alcalis, mais encore un précipité de tartrates de ces bases. Celui qu'y produisent les hydro-sulfures alcalins, n'est formé que de kermès, tandis que celui qu'y fait naître l'hydrogène sulfuré contient tout à la fois du kermès et de la crême de tartre. Les décoctions de plusieurs espèces de quinquina et de diverses plantes, surtout de celles qui sont astringentes et amères, décomposent également l'émétique, et toujours alors le précipité est formé d'oxide d'antimoine uni à des matières végétales, et de crême de tartre : aussi les médecins se gardent-ils d'administrer ce médicament avec ces sortes de substances.

1410. L'on a prétendu, pendant long-temps, que l'émétique variait dans sa composition, même lorsqu'il était préparé par le même procédé. Cette opinion était principalement admise, parce que l'émétique ne produit pas toujours des effets identiques sur le même individu. Mais ne sait-on pas que l'action d'un médicament dépend non-seulement de sa nature, mais encore de l'état où se trouve le malade auquel il est administré ? Il est certain que ce sel n'est jamais que du tartrate acide de potasse, dont l'excès d'acide est saturé par l'oxide d'antimoine : d'où il suit qu'il peut tout au plus être mêlé avec d'autres corps ; par exemple, avec la crême de tartre, si l'on n'emploie pas assez de verre d'antimoine, ou avec un peu de tartrate de fer et de tartrate de chaux, si l'on se contente d'une seule cristallisation. (*Voyez* pour plus de détails un Mémoire de M. Barruel, dans le Dictionnaire de Chimie de Klaproth et de Wolff, tome 4, page 334).

Tous les sels d'antimoine étant purgatifs et émétiques, la vertu de l'émétique réside sans doute dans le tartrate d'antimoine qu'il contient.

Tartrate de potasse et de fer.

1411. Ce sel s'obtient en faisant bouillir de l'eau sur un mélange de parties égales de limaille de fer et de crême de tartre, filtrant la liqueur et la concentrant par l'évaporation; il cristallise en petites aiguilles; sa couleur est verdâtre, et sa saveur très-stiptique.

Sa dissolution n'est troublée, ni par la potasse, ni par la soude, ni par l'ammoniaque, ni par ces bases unies à l'acide carbonique; elle l'est au contraire par l'hydrogène sulfuré, ce qui est dû tout à la fois à l'affinité de l'hydrogène sulfuré pour l'oxide de fer, et à celle de l'acide tartarique pour le tartrate de potasse.

D'après ce qui précède, le tartre martial soluble, le tartre chalibé, la teinture de Mars de *Ludovic*, la teinture de Mars tartarisée, et les boules de *Nancy*, ne sont autre chose que des combinaisons de tartrate de potasse et de tartrate de fer. (*Voyez* le Codex).

Des Acides produits seulement par l'art.

De l'Acide camphorique.

1412. L'acide camphorique n'existe point dans la nature. On ne peut l'obtenir qu'en traitant le camphre par une grande quantité d'acide nitrique : il faut employer 12 parties d'acide à 25° de l'aréomètre de Beaumé, contre 1 de camphre. On introduit le tout dans une cornue de verre, au col de laquelle on adapte un récipient; on place la cornue sur un fourneau, et on porte la liqueur à l'ébullition. Lorsque la distillation est à moitié faite, on recohobe; on continue l'opération, et l'on recohobe une seconde fois, lorsque de nouveau la liqueur est à moitié distillée : alors on remet encore l'opération en activité, et on la soutient jusqu'à ce qu'il ne reste plus dans la cornue qu'environ le quart de la quantité d'acide que l'on a employé. Par le refroidissement, l'acide camphorique ne tarde point à cristalliser. Comme il est peu soluble, on le sépare facilement de l'acide nitrique avec lequel il est mêlé, en lui faisant subir plusieurs lavages.

La théorie de cette opération est analogue à celle de l'action qu'exerce l'acide nitrique sur toutes les substances végétales. Cet acide, en enlevant par son oxigène une certaine quantité d'hydrogène et de carbone au camphre, rend l'oxigène de plus en plus prépondérant dans celui-ci, et le transforme enfin en un nouveau corps, qui est l'acide camphorique.

1413. L'acide camphorique a une saveur légèrement amère; son odeur rappelle celle du safran; il rougit d'une manière très-sensible le tournesol, et cristallise en parallélipipèdes opaques et blancs.

Projeté sur des charbons ardens, il s'exhale entièrement en une fumée blanche, épaisse et aromatique. Chauffé dans une cornue, il se fond, se décompose, et se transforme en grande partie en une matière blanche qui se condense dans le col de la cornue. Cette matière ne rougit point la teinture de tournesol; elle est insoluble dans l'eau, mais soluble dans l'alcool; elle a peu de saveur; son odeur est assez forte.

L'air n'a point d'action sensible sur l'acide camphorique. L'eau, à la température ordinaire, en dissout environ la centième partie de son poids; l'eau bouillante en dissout beaucoup plus; l'alcool, les acides minéraux, les huiles volatiles et fixes, sont aussi susceptibles de le dissoudre.

1414. Cet acide est absolument sans usage; il a été découvert, en 1785, par M. Kosegarten, et étudié par lui et par M. Bouillon-Lagrange. (Ann. de Chimie, t. 27, p. 40.)

Des Camphorates.

1415. Les camphorates de potasse, de soude, d'ammoniaque, de baryte, de chaux, de magnésie, d'alumine, sont les seuls sur lesquels nous ayons quelques notions. Lorsqu'on les expose au feu, ils se décomposent, et, selon M. Bouillon-Lagrange, leur acide se sublime sans éprouver d'altération; mais il est probable que cet acide donne lieu à une grande quantité de la matière, dont nous avons parlé précédemment, et qui est l'un des produits de sa distillation. Les camphorates de potasse, de soude et d'ammoniaque, sont assez solubles dans l'eau bouillante; ils le sont beaucoup moins dans l'eau froide. L'eau chaude, et à plus forte raison l'eau froide, ne dissolvent que quelques centièmes des autres camphorates. Ils se dissolvent tous dans un excès de leur acide, ou de tout autre acide fort, susceptible de former avec leurs bases des sels solubles.

Aucun n'existe dans la nature. Tous peuvent être faits directement, c'est-à-dire, en traitant les bases par l'acide camphorique. Ceux qui sont insolubles peuvent encore s'obtenir par la voie des doubles décompositions (725).

De l'Acide mucique.

1416. L'acide mucique, découvert par Schéele en

1780, n'existe ni libre ni combiné dans la nature. On ne peut l'obtenir qu'en traitant certaines substances par l'acide nitrique ; savoir : la gomme , la manne grasse et le sucre de lait. C'est avec le sucre de lait que Schéele l'obtint pour la première fois; ce qui lui fit d'abord donner le nom d'acide saccho-lactique. On suit encore aujourd'hui le même procédé : on prend 3 parties d'acide nitrique et 1 partie de sucre de lait, et on introduit le tout dans une cornue dont la capacité est double de celle du volume du mélange. Après avoir adapté un récipient tubulé au col de la cornue, pour recueillir l'acide qui échappe à la décomposition, on la place sur un fourneau, et on la chauffe modérément. La réaction a lieu avec beaucoup de force : il en résulte tous les produits qui proviennent de l'action de l'acide nitrique sur les matières végétales (1283), et, de plus, une certaine quantité d'acide mucique, qui se précipite sous la forme de poudre blanche. Lorsqu'il ne se dégage presque plus de gaz ou qu'il n'y a presque plus d'effervescence, l'opération est terminée, ou du moins il ne s'agit plus que de laver l'acide mucique à grande eau, pour le séparer des acides avec lesquels il peut être mêlé, et de le dessécher à une douce chaleur.

1417. L'acide mucique est sous forme de poudre blanche, croquant sous les dents, d'une saveur faiblement acide, rougissant légèrement la teinture de tournesol. Soumis dans une cornue à l'action de la chaleur, il se décompose, donne naissance à tous les produits qui proviennent de la distillation des matières végétales, et à une substance blanchâtre qui se sublime et se condense presque toute entière, dans le col de la cornue, sous forme de lames. (Schéele.)

Il n'éprouve rien à l'air. L'eau bouillante en dissout la soixantième partie de son poids : par le refroidissement, elle en laisse déposer une petite quantité en cristaux. Il paraît qu'il est absolument insoluble dans l'alcool. Versé dans les eaux de chaux, de baryte, de strontiane, il les précipite tout à coup : un excès d'acide redissout le précipité. Il trouble également les nitrates d'argent, de mercure, et les acétate, nitrate et muriate de plomb; mais il n'agit en aucune manière sur les sels de magnésie et d'alumine, sur les muriates d'étain et de mercure, et sur les sulfates de fer, de cuivre, de zinc et de manganèse. (Schéele, seconde partie de ses Mémoires, p. 76.)

1418. *Composition.* — L'acide mucique est composé de (Recherches physico-chimiques) :

Carbone......................... 33,69
Oxigène......................... 62,69
Hydrogène....................;.... 3,62
                                 ────────
                                 100,00

ou de Carbone...................... 33,69
Oxigène et hydrogène dans les proportions nécessaires pour faire l'eau... 30,16
Oxigène excédent................. 36,15
                                 ────────
                                 100,00

Des Mucates.

1419. Parmi les mucates, il paraît qu'il n'en est que trois qui sont solubles dans l'eau; savoir : ceux de potasse, de soude et d'ammoniaque : plusieurs le sont dans un excès de leur acide ; tous le deviennent dans un acide fort, capable de former avec leurs bases un sel soluble.

Tous aussi sont décomposés par le feu. Celui d'ammoniaque se trouve dans un cas particulier : l'ammoniaque s'en dégage d'abord en grande partie, de sorte que le résidu se comporte à peu près comme l'acide mucique. La plupart des acides sont susceptibles de décomposer les mucates de potasse, de soude et d'ammoniaque : il en résulte de nouveaux sels solubles ; et dans tous les cas, pour peu que la dissolution soit concentrée, l'acide mucique est précipité en poudre blanche. L'eau de chaux, l'eau de baryte et l'eau de strontiane, décomposent également les mucates solubles ; elles s'emparent de leur acide, et forment de nouveaux sels qui se précipitent en flocons blancs. Il en est de même des dissolutions salines, autres que celles à base de potasse, de soude et d'ammoniaque. Presque toutes ces dissolutions troublent les mucates d'ammoniaque, de soude et de potasse.

Aucun mucate n'existe dans la nature. On fait ceux de potasse, de soude et d'ammoniaque directement. Les autres peuvent probablement s'obtenir par la voie des doubles décompositions. Ils sont tous sans usage.

De l'Acide pyro-tartarique.

1420. C'est à Rose qu'on doit la découverte de l'acide pyro-tartarique. Cet acide est toujours un produit de l'art : il n'existe dans la nature ni libre ni combiné.

On l'obtient en distillant de la crême de tartre (tartrate acide de potasse), et, mieux encore, de l'acide tartarique : c'est de là que vient le nom qu'il porte. On remplit à moitié d'acide tartarique une cornue de verre : après l'avoir placée dans un fourneau muni de son dôme, on en fait rendre le col dans un récipient tubulé, et on la porte peu à peu jusqu'à la chaleur rouge. L'acide tartarique se décompose ; on en retire tous les produits que fournissent ordinairement les autres matières végétales, et, de plus, l'acide pyro-tartarique, qui se trouve en dissolution dans le liquide provenant de la distillation.

Ce liquide est d'un brun rougeâtre, parce qu'il contient une certaine quantité d'huile, soit en dissolution soit en suspension.

Il faut d'abord le filtrer à travers du papier imbibé d'eau, pour séparer toute la matière huileuse qui n'y est que mêlée ; on le sature ensuite avec du sous-carbonate de potasse ; on l'évapore jusqu'à siccité ; on redissout le résidu, et l'on filtre la dissolution sur du papier mouillé. En répétant cette opération plusieurs fois, l'on parvient à précipiter presque toute l'huile ; car l'on finit par obtenir un sel dont la couleur est seulement brunâtre, et qui paraît être un mélange de beaucoup de pyro-tartrate, de potasse, et d'une petite quantité d'acétate de cette base : peut-être qu'en faisant usage du charbon, la décoloration serait plus complète.

Quoi qu'il en soit, ce sel doit être traité à une douce chaleur par l'acide sulfurique affaibli, dans une cornue de verre munie d'un récipient. Il passe d'abord dans celui-ci une liqueur qui contient évidemment de l'acide acétique ; mais, vers la fin de l'opération, il se forme à la voûte de la cornue un sublimé blanc et lamelleux qui est l'acide pyro-tartarique parfaitement pur.

1421. L'acide pyro-tartarique a une saveur très-acide : aussi rougit-il fortement la teinture de tournesol. La forme de ses cristaux n'est pas bien déterminée.

Chauffé dans une cornue, il se fond ; en augmentant le feu, une partie de l'acide se décompose, l'autre se volatilise et se condense dans le col du vase. Si l'expérience se faisait à vase ouvert ; par exemple, dans une capsule, l'acide apparaîtrait en fumée blanche, et ne laisserait aucun résidu charbonneux.

Cet acide est très-soluble dans l'eau ; il s'en sépare sous forme de cristaux, par une évaporation spontanée. Les bases salifiables se combinent avec lui. La plupart des pyro-tartrates n'ont point encore été étudiés : on sait seulement que ceux de potasse, de soude, d'ammoniaque, de baryte, de strontiane, de chaux, sont très-solubles ; que celui de potasse est déliquescent, soluble dans l'alcool, et susceptible de cristalliser en lames, comme l'acétate de potasse ; que ce pyro-tartrate précipite l'acétate de plomb et le nitrate de mercure, tandis que l'acide pyro-tartarique ne forme de précipité que dans le dernier. (*Voyez* le Mémoire de MM. Vauquelin et Fourcroy, Ann. de Chimie, t. 64, pag. 42).

Les pyro-tartrates sont sans usages.

De l'Acide subérique.

1422. L'acide subérique n'existe point dans la nature ; c'est toujours un produit de l'art : on ne peut l'obtenir qu'en traitant le liége par l'acide nitrique. Les proportions à employer sont six parties d'acide de 29°

à 30°, et une partie de rapure de liége. On doit introduire le tout dans une cornue de verre d'une capacité
double du volume du mélange, placer la cornue sur un
fourneau, adapter un ballon à son col pour recueillir
les portions d'acide qui échappent à la décomposition,
porter la liqueur jusqu'à l'ébullition, recohober plusieurs fois, afin de bien attaquer le liége, et verser la
matière dans une capsule de porcelaine, quand l'action
de l'acide est devenue très-faible : alors on évapore la
liqueur à une douce chaleur, en la remuant continuellement avec une spatule ou un tube. Réduite en consistance d'extrait, on la délaie dans cinq à six fois son
poids d'eau, et on la fait chauffer pendant quelque
temps, après quoi on la retire du feu. Il s'en sépare
deux matières solides par le refroidissement ; l'une se
dépose au fond du vase sous forme de gros flocons,
c'est la partie ligneuse naturellement contenue dans le
liége ; l'autre se rassemble et se fige à la surface du liquide, c'est une sorte de matière grasse qu'il est facile
d'enlever avec une carte. Tout l'acide subérique se
trouve dans la dissolution. Cette dissolution, qui est
jaune, a une saveur acide et amère. On en retire l'a-
cide subérique en la faisant concentrer et refroidir à
plusieurs reprises. L'acide s'en sépare sous forme de
petits flocons d'un blanc jaunâtre. On enlève par l'eau
froide la plus grande partie de la matière jaune qui le
colore, et l'on finit de le purifier en le dissolvant plusieurs fois dans l'eau bouillante, dont il se sépare à la
fin sous forme de flocons très-blancs. L'on peut, par
ce procédé, extraire 5 grammes d'acide pur de 60
grammes de liége.

1423. L'acide subérique est blanc et pulvérulent;

sa saveur est très-faible : aussi a-t-il peu d'action sur le tournesol.

Exposé à une douce chaleur dans une cornue de verre, il se fond à la manière de la graisse. Si on le retire du feu et si on l'agite lorsqu'il est ainsi fondu, il s'attache aux parois de la cornue et cristallise par le refroidissement. En poussant la distillation plus loin, il se produit des vapeurs qui viennent se condenser au dôme de la cornue, sous forme d'aiguilles, lesquelles jouissent de toutes les propriétés de l'acide subérique, et dont quelques-unes ont jusqu'à 27 millimètres de longueur : il ne reste au fond de la cornue qu'une légère couche charbonneuse. Projeté sur des charbons incandescens, l'acide subérique se volatilise en entier en répandant une odeur de suif très-prononcée. Une partie de cet acide exige pour se dissoudre 80 parties d'eau à 13°, et seulement 38 parties à 60°. Il est beaucoup plus soluble dans l'alcool. En étendant d'eau la dissolution alcoolique concentrée, on en sépare une portion d'acide subérique. Il paraît qu'il n'est point attaqué par l'acide nitrique ; il précipite en blanc le nitrate et l'acétate de plomb, le nitrate de mercure, le nitrate d'argent bien neutre, le muriate d'étain et le proto-sulfate de fer ; il ne forme aucun précipité dans la dissolution de sulfate de cuivre et de sulfate de zinc.

1424. Cet acide est sans usages ; il a été découvert en 1787 par M. Brugnatelli, examiné ensuite par M. Bouillon-Lagrange en 1797, et étudié avec soin par M. Chevreul. (Ann. de Chimie, tome 62, page 323).

Des Subérates.

1425. Nous ne sommes pas plus avancés sur l'étude

des subérates que sur celle des mucates, des morates, etc. Suivant M. Bouillon-Lagrange, les subérates
de soude, de potasse et d'ammoniaque sont très-solubles. Le premier ne cristallise que difficilement; les
deux autres cristallisent avec assez de facilité. Ceux de
baryte, de chaux, de magnésie et d'alumine sont peu
solubles. Parmi ceux des quatre dernières sections, la
plupart sont probablement insolubles. Les subérates
de plomb, d'argent, de mercure, d'étain, de fer, le
sont sans aucun doute, puisque ces métaux sont précipités de leurs dissolutions par l'acide subérique.

Lorsqu'on expose les subérates de magnésie, d'alumine, et les subérates de la seconde section au feu dans
une cornue, une portion de l'acide se décompose,
mais la majeure partie se volatilise.

Presque tous les acides forment un précipité abondant et floconneux d'acide subérique, dans les dissolutions concentrées de subérates de potasse, de soude et
d'ammoniaque. Ces sortes de sels décomposent la plupart des dissolutions neutres métalliques appartenant
aux quatre dernières sections. Le dépôt qui en résulte
est un subérate insoluble. Le subérate d'ammoniaque
précipite aussi la dissolution d'alun et celles de nitrate
de chaux et de muriate de chaux, pourvu toutefois que
celles-ci soient très-concentrées.

Aucun subérate n'existe dans la nature. Tous ceux
qui sont solubles peuvent s'obtenir directement, en
traitant les bases par l'acide subérique. Ceux qui sont
insolubles peuvent être sans doute préparés par la voie
des doubles décompositions.

Ces sels sont sans usages; ils ont été étudiés par

M. Bouillon-Lagrauge. (Ann. de Chimie, tome 23, page 52).

De l'Acide appelé par M. Braconnot : Acide nancéique (a).

1426. Selon M. Braconnot, il existe dans les subs-tances végétales acescentes, un acide qui jouit de pro-priétés particulières, et qu'il regarde comme nouveau ; il l'a rencontré dans le riz aigri, le jus de betterave pu-tréfié, les haricots bouillis avec l'eau et abandonnés à l'acescence, les pois traités de la même manière, l'eau sûre préparée en délayant du levain de boulanger dans l'eau, et faisant aigrir le mélange. Il pense que cet acide se développe simultanément avec l'acide du vi-naigre dans toutes les substances organiques qui s'aigris-sent immédiatement.

Il le retire de la manière suivante du suc de bette-rave. Il concentre à une douce chaleur, jusqu'en con-sistance presque solide, le jus de betterave aigri, le traite par l'alcool, et fait évaporer la dissolution al-coolique jusqu'en consistance de sirop ; il étend ensuite cette liqueur d'une certaine quantité d'eau, et y pro-jette jusqu'à saturation du carbonate de zinc ; il jette alors le tout sur un filtre, et fait évaporer le liquide filtré jusqu'à pellicule. La combinaison du nouvel acide avec l'oxide de zinc cristallise. Après l'avoir fait cris-talliser une deuxième fois, il la fait redissoudre dans l'eau, y verse un excès d'eau de baryte, décompose par l'acide sulfurique le sel baritique formé, sépare le dé-

---

(a) Nom tiré de la ville de Nancy, où demeure M. Braconnot, et qui n'a point été approuvé par les rédacteurs des Annales.

pôt au moyen du filtre, et obtient par l'évaporation le nouvel acide pur.

Cet acide est presqu'incolore, incristallisable, d'une saveur très-acide. Soumis à la distillation, il se décompose complétement, et donne tous les produits qui proviennent des matières végétales non azotées.

Il forme avec l'alumine un sel ressemblant à la gomme, et avec la magnésie un sel inaltérable à l'air, en petits cristaux grenus, soluble dans 25 parties d'eau à 15 degrés de Réaumur.

——— avec la potasse et la soude, des sels incristallisables, déliquescens, solubles dans l'alcool.

——— avec la chaux et la strontiane, des sels grenus, solubles ; le premier dans 21, et le deuxième dans 8 parties d'eau à 15 degrés de Réaumur.

——— avec la baryte, un sel incristallisable non déliquescent, et qui a l'aspect d'une gomme.

——— avec l'oxide blanc de manganèse, un sel qui cristallise en prismes tétraèdres solubles dans 12 parties d'eau à 12 degrés de Réaumur.

——— avec l'oxide de zinc, un sel cristallisant en prismes carrés, terminés par des sommets obliquement tronqués, solubles dans 50 parties d'eau à 15 degrés de Réaumur.

——— avec le fer, un sel cristallisant en fines aiguilles tétraèdres, peu soluble, paraissant inaltérable à l'air.

——— avec l'oxide rouge de fer, un sel blanc incristallisable.

——— avec l'oxide d'étain, un sel cristallisant en octaèdres cunéiformes.

——— avec le protoxide de cobalt, un sel de couleur

rose, soluble dans 38,5 parties d'eau à 15 degrés de Réaumur.

—————— avec l'oxide de cuivre, un sel cristallisable qui se décompose au feu.

—————— avec le protoxide de nickel, un sel d'un vert d'émeraude, cristallisant confusément, et soluble dans 3o parties d'eau à 15 degrés de Réaumur.

—————— avec l'oxide de plomb, un sel incristallisable, non déliquescent, et ressemblant à une gomme.

—————— avec l'oxide noir de mercure, un sel très-soluble, cristallisant en aiguilles.

Il dissout l'oxide d'argent à l'aide de la chaleur, et produit un sel cristallisant en aiguilles soyeuses partant d'un centre commun, soluble dans 20 parties d'eau à 15 degrés de Réaumur. Combiné avec l'ammoniaque, il donne un sel acide formé de cristaux parallélipipèdes. Il ne précipite aucune dissolution métallique, si ce n'est celle de zinc lorsqu'elle est peu étendue. (*Voyez* Ann. de Chimie, tome 86, page 84).

SECTION II.

Des Substances végétales dans lesquelles l'hydrogène et l'oxigène sont dans les proportions nécessaires pour faire l'eau (1273).

1427. Toutes ces substances sont solides, plus pesantes que l'eau, sans odeur, sans action sur la teinture de tournesol et sur le sirop de violettes.

Aucune n'est volatile. Soumises à l'action du feu dans une cornue, elles se décomposent complétement, et donnent un résidu charbonneux beaucoup plus grand que celles qui contiennent un excès d'oxigène ou d'hydrogène.

Mises en contact avec 100 ou 150 fois leur volume de gaz muriatique oxigéné, elles se charbonnent en quelques jours, et ce gaz est transformé en acide hydro-muriatique.

Elles se comportent, en général, avec l'acide nitrique, de même que le sucre (1288) : la gomme seule donne, de plus, de l'acide mucique.

Il n'en est point qui ne soit attaquée sur-le-champ, à la température ordinaire, par l'acide sulfurique concentré ; leur hydrogène et leur oxigène s'unissent pour former de l'eau, et leur charbon est mis en liberté : aussi deviennent-elles noires en très-peu de temps : à l'aide de la chaleur, il se forme en outre du gaz sulfureux, du gaz carbonique, de sorte que l'acide est lui-même décomposé.

Nous ne dirons rien de leurs autres propriétés générales : elles ont été exposées précédemment (1274).

Du Sucre.

1428. Nous désignons par le nom de sucre toutes les substances qui, dissoutes dans l'eau et mises en contact avec le ferment, sont susceptibles d'être décomposées et transformées en gaz acide carbonique et en alcool. (*Voyez* fermentation spiritueuse). D'après cette définition, nous devons admettre au moins aujourd'hui trois espèces de sucre : la première est le sucre ordinaire ou le sucre proprement dit ; la seconde est celui que nous trouvons dans presque tous les fruits, et la troisième est celui qu'on rencontre dans l'urine des diabétiques.

Du Sucre ordinaire ou de Canne.

1429. Le sucre ordinaire est connu depuis nombre de siècles ; mais ce n'est que depuis la découverte de l'Amérique que l'on s'en est servi comme aliment. Avant cette époque, il n'était employé qu'en médecine, à cause de sa rareté. Tous les chimistes s'en sont successivement occupés, en sorte que l'histoire de ses propriétés est une de celles qui laissent le moins à désirer.

1430. Le sucre est solide, blanc, d'une saveur très-douce ; sa pesanteur spécifique est de 1,6065, suivant Fahrenheit. Il cristallise assez facilement ; ses cristaux sont presque sans eau de cristallisation ; ils prennent le nom de sucre candi ; on les obtient en plongeant des fils dans une dissolution sirupeuse, que l'on abandonne à elle-même dans une terrine pendant dix à quinze jours.

1431. Soumis à l'action du feu, le sucre se boursoufle, se décompose, et répand une odeur de caramel. Il paraît inaltérable à l'air. Dissous dans le tiers de son poids d'eau, il donne lieu à un sirop qui se conserve très-bien, à la température ordinaire, dans des vases fermés. Etendu d'eau, ce sirop s'altère promptement, surtout par le contact de l'atmosphère, s'aigrit et se couvre de moisissure. En l'exposant pendant long-temps à une température de 60 à 80 degrés, il se colore, et la plus grande partie du sucre qu'il contient perd la propriété de cristalliser. Le sucre, rendu ainsi incristallisable, formerait-il une espèce nouvelle ? C'est une question qui n'a point encore été résolue.

1432. C'est en concentrant par l'ébullition une dissolution de sucre, jusqu'à ce que, projetée dans l'eau, elle soit susceptible de se prendre en masse cassante et transparente, qu'on prépare le sucre d'orge : alors on la coule sur une table huilée : devenue molle, on la divise et on en forme de petits cylindres.

1433. Le sucre est beaucoup moins soluble dans l'alcool que dans l'eau ; l'alcool concentré n'en dissout qu'une très-petite quantité.

1434. Les dissolutions de sucre deviennent tout à la fois incristallisables et légèrement astringentes, en s'unissant à la chaux, à la baryte, à la strontiane ; mais, en ajoutant une quantité convenable d'acide qui en précipite la base, elles reprennent leurs propriétés primitives : ce ne serait qu'autant que l'alcali serait en grand excès, et qu'on les soumettrait à une longue ébullition, qu'elles s'altéreraient. La potasse, la soude, mises en contact avec ces dissolutions, nous offrent les mêmes phénomènes.

Plusieurs autres oxides, et particulièrement le protoxide de plomb, sont aussi susceptibles de s'unir avec le sucre. En effet, lorsqu'on fait bouillir de l'eau sur du sucre et de la litharge, l'on dissout non-seulement du sucre, mais encore une petite quantité de celle-ci.

1435. L'acide sulfurique concentré charbonne le sucre sur-le-champ. Cent parties de sucre, traitées par l'acide nitrique, doivent former plus des deux tiers de leur poids d'acide oxalique ; elles ne produisent aucune trace d'acide mucique.

Il n'est aucun sel, ou plutôt aucun réactif, qui trouble la dissolution de sucre. Le sous-acétate de plomb trouble celle de presque toutes les autres substances végétales et animales ; d'où il suit qu'on peut employer avec avantage le sous-acétate de plomb pour séparer le sucre de la plupart de ces substances.

1436. *Etat naturel et Préparation.* — Le sucre se trouve dans la tige de toutes les plantes du genre *arundo*, dans l'érable, la betterave, le navet, l'oignon, et en général dans toutes les racines dont la saveur est douce. C'est de l'*arundo saccharifera* ou canne à sucre, de l'*acer montanum*, de la betterave, qu'on l'extrait.

1437. La canne à sucre se cultive dans les Indes occidentales et dans les Indes orientales. Elle peut être également cultivée dans tous les pays chauds. La plantation de la canne se fait toujours par boutures. Dans l'Amérique, c'est depuis le mois de mars jusqu'au mois d'avril qu'on met les boutures en terre. Il faut que celle-ci soit légère et molle, sans être maigre ni trop humide. La cendre, les feuilles pourries de la canne, la lie des distillateurs, sont autant d'engrais qu'on emploie avec succès.

Les boutures ont 4 décimètres de long et 7 à 8 boutons : on les couche deux par deux dans des trous qui ont 8 décimètres de largeur et 16 centimètres de profondeur ; on les couvre ensuite de 5 centimètres et demi de terre. Les trous de la même rangée sont éloignés les uns des autres d'environ 45 centimètres, et les rangées le sont entr'elles d'environ 1 mètre. Au bout de 15 à 18 jours, les jeunes plantes paraissent à la surface du sol ; bientôt elles sont environnées d'herbes de diverse nature. Ces herbes, nuisant à l'accroissement des cannes, doivent être enlevées avec soin, surtout au commencement de la plantation. Ce n'est qu'à douze mois que les cannes fleurissent : quatre ou cinq mois après, elles sont parfaitement mûres. Alors leur couleur est jaunâtre, leur moelle d'un gris-brunâtre, et leur suc visqueux et très-doux. Leur grosseur et leur hauteur varient singulièrement : il en est qui ont 6 mètres et demi de haut, ce qui provient du climat, du terrain et de la culture ; le plus communément elles n'en ont que quatre. La quantité de sucre qu'elles contiennent est aussi très-variable : on en retire depuis 6 jusqu'à 15 centièmes de leur poids.

1438. Le procédé que l'on suit pour extraire le sucre, repose sur la propriété qu'a ce corps de cristalliser facilement, tandis que ceux avec lesquels il est mêlé sont absolument incristallisables. Les cannes étant parvenues à leur maturité, on les coupe par le pied, après en avoir enlevé la flèche ou partie supérieure ; ensuite on les effeuille et on les porte au moulin, qui se compose principalement de trois cylindres, placés verticalement les uns à côté des autres, et mis en mouvement par des chevaux ou des bœufs. C'est au moyen de ces cylindres qu'on en exprime le suc, en les faisant passer d'abord entre l'un des cylindres latéraux et le cylindre du milieu ; puis entre celui-ci et l'autre cylindre latéral : les cannes ainsi comprimées, prennent le nom de *bagasse*. Le suc exprimé n'est presque composé que d'eau, de sucre cristallisable, et de sucre incristallisable ; on y trouve seulement en outre un peu d'albumine ou fécule verte, de gomme, de ferment, de matières salines en dissolution, et de parenchime ou matière fibreuse en suspension ; il entre en fermentation si promptement, qu'il est nécessaire de le cuire sur-le-champ.

Le suc doit être mis dans une chaudière de cuivre avec une petite quantité de chaux, et porté à l'ébullition. Bientôt il s'y forme des écumes qui se rassemblent à la surface, et qu'on enlève avec soin ; elles proviennent de la coagulation de la fécule contenue dans le liquide : cette fécule est même entièrement séparée par la seule action de la chaleur , quand le suc est de bonne qualité.

La liqueur , concentrée par l'ébullition jusqu'au point de marquer 24° à 26° à l'aréomètre, s'appelle *vesou* (*a*). Dans cet état, on la verse sur des filtres formés par des claies d'osier, recouvertes d'une laine. Filtrée , elle doit être tenue en repos pendant six à huit heures, séparée par la décantation des matières terreuses qui se sont précipitées, et remise dans la chaudière pour y être évaporée jusqu'à ce qu'elle soit réduite en consistance de sirop très-épais, ou plutôt jusqu'à ce qu'en prenant une goutte entre le pouce et l'index et écartant ceux-ci brusquement, il en résulte un filet qui se rompt près du pouce et remonte vers l'index en forme de crochet (*b*). Alors il faut verser ce sirop dans une bassine appelée *rafraîchissoir*, et delà dans des caisses percées de plusieurs trous qu'on a bouchés avec des chevilles de bois entourées de paille de maïs. Vingt-quatre heures après , on l'agite avec un mouveron, afin de faciliter la cristallisation qui est déjà commencée; et qui par ce moyen s'achève en cinq à

(*a*) Dans les fabriques en grand, on se sert de quatre chaudières de différentes grandeurs, placées sur le même fourneau. On commence l'évaporation dans la plus grande, qui est la plus éloignée du foyer; l'on fait passer successivement le suc dans chacune d'elles ; la concentration du sirop s'achève dans la plus petite, qui est placée immédiatement au-dessus de l'endroit où on fait le feu.

(*b*) Lorsque la liqueur a acquis cette consistance, elle marque au thermomètre 110 degrés: aussi peut-on se servir du thermomètre pour reconnaître le degré de cuisson du sirop.

six heures; puis en débouchant les trous, l'on donne issue au sirop qui a conservé sa fluidité (*a*). Aussitôt qu'il est écoulé, le sucre resté dans la caisse est exposé à l'air pour le priver de l'humidité qu'il retient toujours, et renfermé ensuite dans des barriques bien sèches. C'est dans cet état qu'on nous l'envoie sous les noms de *cassonade*, *moscouade*, ou de sucre brut.

Le sucre ainsi préparé, contenant encore beaucoup de matières étrangères, a besoin d'être raffiné; il faut le fondre dans une certaine quantité d'eau, y ajouter du sang de bœuf, et le chauffer peu à peu, jusqu'à ce qu'il entre en ébullition. L'albumine du sang, en se coagulant, saisit toutes les matières étrangères insolubles, et forme une écume qu'il est facile de séparer. Ensuite on laisse refroidir la liqueur jusqu'à un certain degré, on y ajoute une nouvelle quantité de sang et on la clarifie successivement jusqu'à trois fois. Dès qu'elle est clarifiée, elle doit être filtrée à travers une étoffe de laine, évaporée en consistance de sirop très-épais, comme nous l'avons dit précédemment, et enfin versée dans un *rafraîchissoir*, où on l'agite pendant quelque temps. Ramenée à la température de 40°, on en remplit des formes coniques percées à leur sommet d'un trou que l'on tient bouché avec une cheville : ces formes qui sont renversées, reposent sur des pots destinés à recevoir le sirop non cristallisé. Le refroidissement détermine bientôt la cristallisation du sucre : à cette

(*a*) Ce sirop est reversé dans une chaudière, évaporé de nouveau, et soumis à des cristallisations successives, jusqu'à ce qu'on ne puisse plus obtenir de sucre : alors il porte le nom de mélasse.

époque, on débouche le trou des formes, et le sirop s'écoule, après quoi on procède au *terrage.*

Cette opération se fait en enlevant à la base des cônes une couche d'environ 27 millimètres de sucre, la remplaçant par une autre de même épaisseur de sucre blanc réduit en poudre, et la recouvrant de terre blanche argileuse, délayée dans l'eau. Cette eau filtre à travers le sucre, rend le sirop qu'il contient plus fluide et l'entraine (*a*).

Un seul terrage ne suffit pas : il faut en faire jusqu'à quatre, ce qui exige ordinairement trente-deux jours. Par conséquent au bout de huit jours, il faut enlever la première couche d'argile dont la consistance est celle d'une pâte ferme, recouvrir de nouveau de sucre pulvérisé la base du pain et verser dessus d'autre argile délayée. Il ne reste plus qu'à enlever les pains de leurs moules et qu'à les laisser à l'étuve pendant un à deux mois pour les dessécher et les raffermir (*b*).

1439. *Extraction du Sucre de Betteraves.* — C'est à Margraff que nous devons la découverte du sucre de betteraves ; mais c'est M. Achard de Berlin qui le premier est parvenu à l'extraire en grand.

Les procédés ont été répétés soigneusement, surtout en France. Ils ont éprouvé successivement un grand

(*a*) Au lieu de terrer le sucre, comme nous venons de le dire, on pourrait verser dessus du sirop de sucre blanc; l'effet serait le même, puisque l'eau, en quittant l'argile, dissout le sucre appliqué à la base du pain, et donne lieu à un véritable sirop.

(*b*) Le raffermissement du sucre provient non-seulement de la vaporisation d'une certaine quantité d'eau, mais encore de la cristallisation de quelques parties qui sont encore liquides.

nombre de modifications. Enfin, après beaucoup d'essais, l'on a vu que ce qu'il y avait de mieux à faire,
était de traiter le jus de betteraves par la chaux, puis
par le charbon, et de concentrer assez la liqueur pour
qu'elle cristallise par le refroidissement ; procédé qui
est le même que celui qu'on pratique dans les îles, à
l'emploi du charbon près.

Après avoir arraché les betteraves, on en coupe le
collet, l'extrémité de la racine et les radicules; on les
lave, on les râpe pour les réduire en pulpe, et on les
presse, afin d'en extraire le jus. Ce jus ressemble beaucoup, par sa composition, à celui de canne. Comme
lui, il contient de l'eau, du sucre cristallisable, du
sucre incristallisable, de l'albumine, du ferment, quelques sels (*a*), du parenchime, et en outre un peu d'a-
cide malique ou acétique; il n'en diffère essentiellement que par une moins grande quantité de sucre : aussi
n'en retire-t-on que 2 à 3 centièmes au plus des betteraves les plus sucrées.

Dès que le suc de betteraves est extrait, il faut le
mettre dans une chaudière de cuivre et en élever
promptement la température jusqu'à 80 à 82 degrés.
Alors on verse dans cette chaudière, pour chaque litre
de suc, un lait de chaux fait avec 3 grammes de chaux
vive et 18 grammes d'eau ; on agite la liqueur pour la
mêler avec la chaux, et on continue de la chauffer fortement. Lorsqu'elle est à 100°, sans entrer en ébullition, on éteint le feu. Dans l'espace d'une heure il se
forme une écume solide, épaisse, d'un gris verdâtre,
et un dépôt plus ou moins considérable. On enlève

(*a*) Les sels varient en raison du terrain et de l'engrais.

l'écume, et une heure après on passe la liqueur à travers un blanchet, afin de séparer tous les flocons qui pourraient en troubler la transparence (a); elle est légèrement jaune, d'une saveur douce et désagréable, à cause de la chaux qu'elle contient.

La liqueur ainsi filtrée est remise sur le feu. Parvenue au degré de l'ébullition, on y projette un kilogramme de charbon animal ou un kilogramme et demi de charbon végétal, par 100 litres de jus. Le charbon non-seulement décolore le sucre, facilite la cuite du sirop, mais encore enlève la saveur urineuse du jus.

L'ébullition doit être soutenue jusqu'à ce que le sirop marque 15° à l'aréomètre de Baumé. A cette époque on l'arrête et on enlève avec une poche attachée à l'extrémité d'un long manche, la majeure partie du charbon, qui ne tarde point à se précipiter. Lorsque le sirop n'est plus qu'à la température de 30 à 34°, il faut le mêler avec un centième de son volume de sang de bœuf, le chauffer jusqu'à 100° sans qu'il bouille. Par ce moyen, l'albumine se coagule, entraîne à la surface du liquide toutes les substances hétérogènes, et forme une écume abondante qui prend bientôt assez de consistance pour pouvoir être enlevée avec une écumoire.

Le sirop étant écumé est filtré et reçu dans une chaudière où, par une prompte ébullition, on le concentre jusqu'à 28° de l'aréomètre. Il s'en dépose alors une assez grande quantité de sels qu'on sépare exactement

_____

(a) Cependant on peut se dispenser de la filtrer, en construisant la chaudière à clarification de manière qu'il y ait un robinet pratiqué à quelques pouces au-dessus du dépôt qui se forme.

au moyen d'une nouvelle filtration. Dans cet état, il n'est point encore susceptible de cristalliser; il faut donc le concentrer de nouveau, mais il ne faut opérer que sur 50 kilogrammes à la fois, l'agiter continuellement avec un mouveron, et faire en sorte que l'ébullition soit toujours vive. On enlève les écumes à la manière ordinaire, et s'il se forme un boursoufflement trop considérable, on le modère, en jetant un peu de beurre dans le sirop. On continue d'opérer ainsi jusqu'à ce que le sirop soit aussi concentré que nous l'avons dit en parlant de celui de canne. A cette époque, le sirop est suffisamment cuit ; on le verse dans un rafraîchissoir. Lorsqu'il ne marque plus qu'environ 40° au thermomètre, on le coule dans de grandes formes coniques en terre légèrement humectées, percées à leur sommet d'un trou qu'on tient bouché avec une cheville, et placées sur des pots de grandeur convenable. La cristallisation s'opère en vingt-quatre heures ; on fait écouler le sirop, et on raffine le sucre comme celui de canne (1437).

1439 *bis.* *Composition, usages.* — Le sucre est composé sur 100 parties de 42, 47 de carbone, de 50, 63 d'oxigène, et de 6, 90 d'hydrogène ; ou bien de 42, 47 de carbone, et de 57, 53 d'oxigène et d'hydrogène, dans les proportions nécessaires pour faire l'eau.

Le sucre s'emploie dans une foule de circonstances, soit comme aliment, soit comme médicament. Ses usages sont si connus, que nous ne croyons pas nécessaire d'en parler.

Du Sucre de raisin.

1440. Presque tous les fruits contiennent une espèce

particulière de sucre, différente de celle que nous venons d'examiner. C'est surtout dans les raisins qu'on trouve cette nouvelle espèce ; c'est pourquoi on la désigne ordinairement sous le nom de *sucre de raisin*. Nous devons à M. Proust presque tout ce que nous en savons.

Le sucre de raisin n'affecte pas de forme très-régulière ; il se dépose en petits grains qui ont peu de consistance (*a*), qni se groupent et donnent lieu à des tubercules, semblables à ceux qu'on observe dans les choux-fleurs. Mis dans la bouche, il produit d'abord une sensation de fraîcheur ; à cette sensation succède une saveur sucrée ; cette saveur n'est pas très-forte. Aussi, pour sucrer également la même quantité d'eau, faut-il employer deux fois et demie autant de sucre de raisin que de sucre de canne. L'eau et l'alcool en dissolvent plus à chaud qu'à froid ; il se dépose par le refroidissement avec une très-grande facilité de sa dissolution alcoolique bouillante : du reste, il jouit de toutes les propriétés du sucre de canne (1429).

1441. Rien de plus facile que sa confection. Après avoir exprimé le suc des raisins, qui est composé d'eau, de sucre, de mucilage, de tartrate acide de potasse, de tartrate de chaux, et d'une petite quantité d'autres matières salines, on y verse un excès de craie en poudre (*b*). Il en résulte, surtout par l'agitation, une

_____

(*a*) Dans quelques circonstances cependant, il se pourrait faire que le sucre de raisin prît beaucoup de dureté. (*Voyez* l'ouvrage de Parmentier, p. 95, publié en 1812.)

(*b*) Les fabricans de sirop donnent la préférence au marbre, parce que celui qui est en excès se dépose facilement.

effervescence due à ce que l'excès d'acide du tartrate acide de potasse contenu dans le sucre de raisin se combine avec une partie de la chaux du carbonate calcaire, et met l'acide de celui-ci en liberté. La liqueur étant saturée, ce qui ne tarde point à avoir lieu, on la clarifie avec des blancs d'œufs ou du sang, par les procédés ordinaires (1438) : ensuite on l'évapore dans une chaudière de cuivre jusqu'à ce qu'elle marque 35° bouillant, et on la laisse refroidir. Au bout de quelques jours, elle se prend presqu'en masse cristalline. Cette masse égouttée, lavée avec un peu d'eau froide, et soumise à une forte compression, n'est autre chose que le sucre même. En concentrant le sirop, on retire de nouveaux produits.

1442. On préparait, il y a quelques années, dans le midi de la France, pour le besoin du commerce, une assez grande quantité de sirop de raisin. La préparation s'en faisait comme celle du sucre cristallisé, si ce n'est que, pour prévenir la fermentation du moût et le travailler à loisir, il était nécessaire de le muter, et qu'au lieu de l'évaporer jusqu'à 35° bouillant, il fallait seulement l'évaporer jusqu'à 32°.

Le mutisme s'opère, soit en agitant le moût dans des tonneaux où l'on a brûlé auparavant des mèches soufrées, soit en versant dans ce moût du sulfite de chaux en poudre. Dans tous les cas, l'oxigène de la petite quantité d'air qui parvient à s'introduire dans les tonneaux se porte sur l'acide sulfureux, de telle sorte que le ferment, ne pouvant point s'oxigéner, la fermentation ne saurait avoir lieu. Par ce moyen, l'on peut donc conserver le moût pendant très-long-temps, tandis que, livré à lui-même, il perdrait sa saveur sucrée au bout de quelques jours, et deviendrait vineux (*a*). (*Voyez*, pour plus de détails, le Mémoire de M. Proust, Ann. de Chimie, tome 57, page 131, et un Recueil de Mémoires de différens auteurs, publié par Parmentier en 1813).

Le sirop de raisin bien préparé n'a qu'une teinte jaunâtre peu foncée, surtout quand il provient de moût qui a été convenablement cuit. Renfermé dans des bouteilles, il résiste long-temps à la fermentation, moins cependant que le sirop ordinaire, ce qui provient sans doute de ce qu'il contient plusieurs matières étrangères au sucre même; il ne donne point au café ni à l'eau une saveur aussi agréable que le sucre de canne; mais il peut le remplacer dans la préparation des compotes, des prunes à l'eau-de-vie, et en général dans toutes les préparations de fruits, qui doivent être plus ou moins sucrées.

Du Sucre de Diabètes.

1443. Les individus qui sont attaqués du *diabètes* ont tous une soif extraordinaire, boivent beaucoup, et rendent chaque jour une quantité d'urine qui s'élève quelquefois jusqu'à 30 ou 32 litres. Ce que cette maladie offre de plus étonnant, c'est moins d'augmenter si fortement la soif des malades que de changer la na-

---

(*a*) On peut encore employer l'acide sulfureux liquide ou le sulfite acide de chaux dissous dans l'eau, pour muter le suc de raisin. Ces deux substances nous paraissent même préférables; savoir : le sulfite acide de chaux, au sulfite de chaux, parce que son action est plus vive; l'acide sulfureux liquide, aux mèches soufrées, parce que l'opération est plutôt faite, et que d'ailleurs la quantité d'acide employé est toujours la même.

ture de leurs urines. En effet, celles-ci n'ont plus ni la saveur ni l'odeur vireuse des urines ordinaires. Loin d'être comme elles susceptibles d'éprouver la fermentation putride et de donner lieu à des produits infects, elles sont au contraire capables d'éprouver la fermentation spiritueuse, et de former une liqueur d'où, par la distillation, l'on peut retirer de l'eau-de-vie ou de l'esprit-de-vin. En un mot, elles ne sont composées que d'eau, de sucre, de quelques traces de matière animale et de matières salines, lorsque la maladie est parvenue à son plus haut période. Alors, pour en extraire le sucre, il suffit d'y verser un excès de sous-acétate de plomb en dissolution, de filtrer la liqueur et de l'évaporer en consistance sirupeuse (a).

Cette espèce de sucre ne cristallise point; sa saveur varie beaucoup : il en est qui est aussi sucré que celui de raisin ; d'autre l'est à peine, si bien qu'on le prendrait pour une sorte de gomme (b). Cependant celui-ci, dissous dans l'eau et mis en contact avec le ferment, entre tout aussi bien en fermentation que celui-là : donc il appartient, comme lui, au genre sucre, et en est évidemment une espèce distincte.

Du Miel, du Sucre de châtaignes et du Sucre d'amidon.

1444. *Du Miel.* — Le miel est une substance sucrée que les abeilles préparent en introduisant dans leur es-

---

(a) On se rappelle que le sous-acétate de plomb ne précipite point le sucre, et précipite presque toutes les autres matières végétales ou animales.

(b) J'ai eu occasion d'extraire des urines d'un diabétique, que M. Dupuytren a traité, plus de quinze kilogrammes de ce sucre presqu'insipide.

tomac le suc visqueux et sucré qu'elles recueillent
dans les nectaires et sur les feuilles de certaines plantes ;
elles le déposent ensuite dans les alvéoles de leurs gâteaux. Le miel est-il tout formé dans les plantes ? ou
bien est-il produit par les abeilles ? C'est ce qu'on ne
sait point encore d'une manière précise (*a*).

La manière d'extraire le miel est fort simple. Après
avoir enlevé avec un couteau les petites lames de cire
qui ferment les alvéoles, on expose les gâteaux sur des
claies à une douce chaleur. Bientôt la partie la plus
pure du miel s'écoule goutte à goutte : on l'appelle
miel vierge. Lorsqu'il ne s'en écoule plus, on brise
les gâteaux et on les laisse égouter de nouveau, ayant
soin d'augmenter insensiblement la chaleur. Alors on
sépare autant que possible le couvain et le rouget qu'ils
contiennent, puis on les soumet à une pression gra-
duée. Par ce moyen, presque tout le reste du miel
achève de s'écouler. Il est à remarquer qu'il est d'autant meilleur, qu'il a fallu moins de pression pour
l'extraire (*b*). Le miel vierge n'a besoin d'aucune es-

(*a*) En effet, si l'on considère, d'une part, que le suc contenu
dans les nectaires est sucré et jouit de la plupart des propriétés physiques du miel, on sera tenté de croire qu'il n'y a point ou presque
point de différence entre ces deux substances. Mais si l'on observe,
d'autre part, avec M. Hubert fils, que la cire provient réellement
de l'élaboration d'une partie du suc que les abeilles ramassent, il
sera permis de penser qu'il en est de même du miel. Cependant,
comme les abeilles, que l'on nourrit seulement de sucre ou de miel,
produisent une certaine quantité de cire, on pourrait supposer que
le suc des plantes contient tout le miel formé, et qu'il n'y en a
qu'une partie d'élaborée ou de décomposée pour la nourriture des
abeilles et la production de la cire.

(*b*) C'est en traitant par l'eau les gâteaux que l'on a pressés, et en

pèce de purification. Quant à celui qui a été exprimé, comme il contient en suspension des matières plus ou moins pesantes qui se rassemblent, les unes à la partie supérieure, les autres à la partie inférieure, il faut le garder en repos pendant quelque temps, l'écumer et le décanter.

1445. Il s'en faut de beaucoup que tous les miels soient de la même qualité ; ce qui provient non-seulement, comme nous venons de le dire, du mode de leur extraction, mais encore de l'état de l'atmosphère, et surtout des plantes sur lesquelles les abeilles les ont recueillis. Les plantes aromatiques de la famille des *labiées* en fournissent d'excellent ; le *sarrasin* en donne au contraire de mauvais ; l'*azalée pontique*, la *jusquiame*, passent même pour en donner qu'il serait dangereux de manger. Les miels de Mahon, du mont Hymette, du mont Ida, de Cuba, sont les plus renommés ; ils sont liquides, blancs et transparens comme du sirop. Après eux viennent les miels de Narbonne et du Gatinais ; ils sont blancs et grenus. Les miels de Bretagne tiennent le dernier rang ; ils ont toujours une couleur d'un rouge-brun, une saveur âcre et une odeur désagréable.

Tous les miels contiennent deux espèces de sucre ;

---

abandonnant la liqueur à elle-même, qu'on forme l'hydromel ; et c'est en renfermant le résidu dans des sacs et en les exposant à l'action de l'eau bouillante dans des chaudières, qu'on obtient la cire : elle fond, passe à travers les mailles, se sépare du couvain et se rassemble à la surface du liquide, où elle se fige par le refroidissement. Dans cet état, elle est jaune ; on la blanchit en l'exposant à la rosée, ou bien en la mettant en contact avec l'acide muriatique oxigéné, après l'avoir coupée en rubans.

l'une, semblable au sucre de raisin, et l'autre au sucre incristallisable de la canne. Ce sont ces deux espèces de sucre qui, mêlées en diverses proportions et unies à une matière odorante, constituent les miels de bonne qualité. Ceux de qualité inférieure contiennent en outre une certaine quantité de cire et d'acide : les miels de Bretagne contiennent même du couvain; c'est à cela qu'il faut attribuer la propriété qu'ils ont de se putréfier.

Le sucre cristallisable entre quelquefois en assez grande quantité dans les miels, pour s'y montrer sous la forme de petits grains brillans. Nous citerons pour exemple ceux de Narbonne et de Gatinais. Le meilleur moyen de le séparer consiste à délayer le miel dans une petite quantité d'alcool, à mettre le tout dans un sac de toile serrée, et à le presser fortement. L'alcool entraîne la presque totalité du sucre incristallisable; il n'entraîne au contraire que très-peu de l'autre. Celui-ci reste sous forme de masse solide; on l'obtiendra pur en l'imprégnant une seconde fois d'alcool et le pressant de nouveau. Il est évident d'ailleurs que pour se procurer le sucre incristallisable, il suffira d'évaporer la dissolution alcoolique.

1446. Le miel s'emploie fréquemment en médecine et comme substance alimentaire. Nous ne citerons que quelques-uns de ses usages. Uni au vinaigre, il forme l'oximel. Dissous dans l'eau, il fermente peu à peu, et donne lieu à une liqueur vineuse appelée ordinairement *hydromel.* Il entre dans la composition du pain-d'épice. En le traitant par l'eau, le charbon et la craie, on parvient à faire un sirop qui, lorsque le miel est de bonne qualité, est aussi bon que le meilleur sirop de sucre. Ce sirop, que Lowitz a fait le premier, et dont on s'est beaucoup occupé en France dans ces derniers temps, s'obtient de la manière suivante. On prend 100 parties de miel, 20 parties d'eau, 1 partie et demie de craie, 5 parties de charbon pulvérisé, lavé et séché, et un blanc d'œuf pour deux kilogrammes de miel. Le miel, la craie et les – de l'eau doivent être mis dans une bassine. La liqueur ayant bouilli pendant deux minutes, on y ajoute le charbon, et deux minutes après on y verse les blancs d'œuf délayés dans l'autre tiers d'eau ; on agite et on soutient encore l'ébullition pendant deux autres minutes. Alors on ôte la bassine de dessus le feu, et au bout d'un demi-quart-d'heure on passe le sirop à travers la chausse. Enfin on lave le résidu avec de l'eau chaude, et on se sert des eaux de lavage pour faire une nouvelle opération, ou bien on les fait évaporer jusqu'à consistance sirupeuse ; mais le sirop qui en provient a toujours un peu la saveur du caramel.

Du Sucre de Châtaignes.

1447. Le sucre de châtaignes paraît être analogue au sucre cristallisable de la canne. Toutes les châtaignes ne contiennent pas la même quantité de sucre ; celles de Toscane en contiennent, d'après M. Guerrazi, les 0,14 de leur poids ; celles de Limoges en contiennent une moins grande quantité, et celles des environs de Paris, moins encore. Dans toutes l'on trouve en outre de la fécule et une certaine quantité d'alumine et d'extrait gommeux. Pour en extraire le sucre, il faut les sécher, les écorcer, les réduire en poudre, les mettre en contact avec deux à trois fois leur poids d'eau pendant vingt-quatre heures, en ayant soin d'agiter le mélange de temps en temps, décanter ensuite la liqueur, et traiter deux fois par de nouvelle eau le résidu qui, après ces différens lavages, ne contient plus que de la fécule. On obtiendra ainsi trois dissolutions. La première est la plus sucrée, et la dernière la plus mucilagineuse. En les évaporant jusqu'à 38 degrés à chaud (aréomètre de Beaumé), et en les plaçant dans une étuve, elles cristallisent dans l'espace de quelques jours, et d'autant plus promptement, qu'elles contiennent moins de mucilage : de là la nécessité de les faire évaporer chacun à part. Enfin, comme le sucre est pâteux en raison du mucilage qui l'enveloppe, l'on renferme la masse cristalline dans une toile serrée, et on la soumet à une forte pression : presque tout le mucilage s'écoule, et il reste dans la toile une cassonade assez belle, très-sucrée, qui n'a plus qu'une légère saveur de châtaigne. (*Voyez*, pour plus de détails, le Mémoire de MM. Darcet et Alluaut; Moniteur de 1812, nᵒˢ 90 et 91).

Du Sucre d'Amidon.

1448. Depuis long-temps les chimistes savent transformer presque toutes les substances végétales en acides malique et oxalique, le sucre en alcool, et l'alcool en vinaigre. Mais ce n'est que depuis trois ans qu'on est parvenu à transformer l'amidon en sucre. Cette découverte est due à M. Kirckhoff : il la fit en traitant l'amidon par l'acide sulfurique.

Le sucre d'amidon est le même que le sucre de raisin. Pour l'obtenir, il faut prendre 2 kilogr. de fécule, les délayer dans 8 kilogrammes d'eau aiguisée de 40 grammes d'acide sulfurique à 66° : on fait bouillir le mélange pendant 36 heures dans une bassine d'argent ou de plomb, en ayant soin de l'agiter avec une spatule de bois pendant la première heure de l'ébullition. Au bout de ce temps, la masse devenant plus liquide n'a plus besoin d'être remuée que par intervalle. A mesure que l'eau s'évapore, elle doit être remplacée. Quand la liqueur a suffisamment bouilli, il faut y ajouter de la craie et du charbon, puis la filtrer à travers une chausse de laine, et l'évaporer jusqu'à ce qu'elle ait acquis une consistance presque sirupeuse. Alors on ôte la bassine du feu, afin que par le refroidissement il se précipite le plus possible de sulfate de chaux; on décante ensuite le sirop et on en achève l'évaporation.

Il est à remarquer que plus la quantité d'acide est considérable, moins il faut laisser bouillir l'amidon pour le convertir en matière sucrée. (Mémoire de M. Vogel; Annales de chimie, tome 82, p. 148).

Il était curieux de rechercher ce qui se passait dans cette opération; c'est ce qu'a fait M. Th. de Saussure: après s'être assuré qu'il ne se dégageait aucun gaz; que l'air ne jouait aucun rôle; que l'acide sulfurique n'était pas décomposé, ainsi que l'avait annoncé M. Delarive; que cent parties d'amidon produisaient 110^p,14 de sucre, il en a conclu qu'une portion de l'eau était solidifiée, que le sucre d'amidon n'était par conséquent qu'une combinaison d'amidon et d'hydrogène et d'oxigène dans les proportions nécessaires pour faire l'eau, et que l'acide sulfurique n'avait d'autre influence que d'augmenter la fluidité de la solution aqueuse d'amidon.

De la Mannite.

1449. Je désigne, par le nom de mannite, une substance qui entre dans la composition de la manne, et qui fait la majeure partie de la manne en larmes.

La mannite est solide, blanche, inodore, susceptible de cristalliser en aiguilles demi-transparentes. Sa saveur est douce.

Soumise à l'action du feu, la mannite se ramollit, se décompose et donne lieu à tous les produits qui proviennent de la distillation des substances végétales; elle n'attire point l'humidité de l'air; elle est très-soluble dans l'eau; elle ne se dissout bien dans l'alcool qu'à chaud; aussi par le refroidissement s'en précipite-t-elle presque toute entière sous la forme de petits grains blancs et cristallins.

L'acide nitrique la décompose facilement, à l'aide d'une légère chaleur : il ne résulte pas de cette décomposition la plus petite quantité d'acide mucique : les produits qui en proviennent sont l'eau, l'acide carbonique, l'acide oxalique, etc. (1283) Le sous-acétate de plomb ne trouble point sa dissolution, Enfin, mise en contact avec l'eau et le ferment, elle ne donne aucun signe de fermentation, même après un grand nombre de jours, quelle que soit la température.

Pour l'obtenir, il faut dissoudre la manne en larmes dans l'alcool bouillant, laisser refroidir la dissolution et dissoudre de nouveau dans l'alcool bouillant le dépôt cristallin qui se forme; la mannite se précipitera pure de cette seconde dissolution (*a*).

(*a*) M. Gay-Lussac et moi, nous avons trouvé que la mannite contenait un peu plus d'hydrogène qu'il n'en fallait pour convertir son oxigène en eau. Nous n'avons pas publié notre analyse, parce que nous ne regardions pas nos résultats comme assez rigoureux. M. de Saussure en a obtenu de semblables.

Du Principe doux des Huiles.

1450. Schéele a observé le premier que toutes les fois que l'on traitait les huiles grasses ou les graisses par la litharge, à l'aide de la chaleur, et qu'on employait l'eau comme intermède, celle-ci, après l'opération, contenait une matière douce, à laquelle il a cru devoir donner le nom de *principe doux* des huiles.

Ce corps est un liquide, transparent, sans couleur, et d'une consistance sirupeuse ; sa saveur est très-douce; il est sans odeur ; sa pesanteur spécifique est plus considérable que celle de l'eau. Lorsqu'on le soumet à l'action du feu dans une cornue, il se vaporise et se décompose en partie ; exposé à l'air, il en attire l'humidité ; en le projetant sur des charbons ardens, il s'enflamme presque à la manière des huiles ; l'eau se combine avec lui en toutes proportions ; l'acide nitrique le convertit en acide oxalique (1283) ; il est susceptible de dissoudre une petite quantité d'oxide de plomb ; le ferment ne l'altère en aucune manière ; enfin, l'acétate de plomb ne trouble point sa dissolution.

Rien de plus facile que sa préparation. Il faut prendre parties égales d'huile d'olive, de litharge bien pulvérisée, mettre le tout dans une bassine avec un peu d'eau, placer la bassine sur un feu modéré, agiter constamment le mélange avec une spatule, ayant soin d'ajouter de l'eau chaude à mesure qu'elle s'évapore, faire chauffer le mélange jusqu'à ce que l'huile et la litharge se soient combinées et aient pris la consistance d'emplâtre : alors on ajoute une nouvelle quantité d'eau, on ôte la bassine de dessus le feu, on décante la liqueur, on la filtre ; puis, après y avoir fait passer du gaz hydrogène sulfuré pour en séparer le plomb, on la filtre de nouveau et on l'évapore jusqu'en consistance de sirop. Ce sirop est le principe doux le plus pur que l'on ait pu obtenir.

Le principe doux est il tout formé ? ou n'est-il pas un produit de l'action de la litharge sur l'huile ? Cette dernière opinion est la plus vraisemblable, d'après les expériences de M. Fremy. Suivant lui, pendant cette opération, il se forme de l'eau, il se dégage de l'acide carbonique dû à la combinaison d'une partie de l'oxigène de la litharge avec une partie des principes combustibles de l'huile, et celle-ci, en partie déshydrogénée et décarbonée, donne lieu au principe doux. (Ann. de chimie, tom. 62, p. 25).

Le principe doux n'a point encore été analysé : il contient peut-être un excès d'hydrogène.

De l'Asparagine.

1451. L'asparagine est une substance végétale particulière, dont la découverte est due à MM. Vauquelin et Robiquet. Cette substance est solide, incolore ; elle a une saveur fraîche et nauséabonde qui excite la sécrétion de la salive. La forme qu'elle affecte, d'après M. Haüy, dérive d'un prisme droit rhomboïdal, dont le grand angle de la base est d'environ 130° ; les bords de cette base et ses deux angles, situés à l'extrémité de la grande diagonale, sont remplacés par des facettes. Ainsi cristallisée, elle est dure et cassante.

Soumise à la distillation, l'asparagine se boursouffle considérablement, exhale des vapeurs piquantes, se décompose à la manière des substances végétales, et fournit un charbon qui brûle sans laisser de résidu ;

l'air ne l'altère point ; elle est médiocrement soluble dans l'eau ; dissoute dans ce liquide , elle n'offre aucun caractère d'acidité ou d'alcalinité ; elle n'est troublée ni par l'infusion de noix de galle , ni par l'acétate de plomb , ni par l'oxalate d'ammoniaque , ni par le muriate de baryte , ni par l'hydro-sulfure de potasse. L'alcool est sans action sur elle. L'acide nitrique, en la décomposant , donne lieu à une certaine quantité d'ammoniaque ; la formation de cet alcali provient sans doute de ce que l'asparagine contient un peu d'azote.

L'asparagine n'a encore été trouvée que dans l'asperge. MM. Vauquelin et Robiquet la retirent de cette plante de la manière suivante : après avoir extrait le suc d'asperges , ils le soumettent à l'action du feu pour le déféquer et en coaguler l'albumine ; ils le filtrent, le concentrent et l'abandonnent à une évaporation spontanée pendant quinze à vingt jours. Dans cet espace de temps, il s'y forme deux espèces de cristaux : les uns rhomboïdaux , durs et cassans , ne contiennent, pour ainsi dire, que de l'asparagine ; les autres, en aiguilles peu consistantes, paraissent être analogues à la *mannite* : il ne faut plus alors que séparer les premiers avec beaucoup de soin , les dissoudre et faire cristalliser la liqueur , pour obtenir l'asparagine pure. (Ann. de chimie, t. 57, p. 88).

De l'Amidon.

1452. Les graines de toutes les légumineuses et des graminées , les marrons, les châtaignes , les pommes de terre, les racines des *arum* , de la bryone, etc. , contiennent une grande quantité d'une substance

blanche, pulvérulente, insipide, sans odeur, inaltérable à l'air, cristalline lorsqu'on l'examine à la
loupe, à laquelle on donne le nom d'*amidon* ou de
fécule amilacée.

Soumis à l'action du feu, l'amidon se fond, noircit,
se boursoufle, se décompose à la manière des susbs-
tances végétales. Projeté sur un corps incandescent,
il prend feu et répand une fumée d'une odeur piquante. Trituré avec plus ou moins d'iode, il forme
des combinaisons dont la couleur varie. Ces combinaisons sont : violâtres, quand la quantité d'iode est
petite ; bleues, quand elle est un peu plus grande ;
noires, quand elle l'est plus encore. On peut toujours
obtenir la plus belle couleur bleue en traitant l'amidon
avec un excès d'iode, dissolvant le composé dans de
la potasse liquide, et précipitant la dissolution par un
acide végétal. Il paraît qu'outre ces diverses combinaisons, il en existe une qui est blanche, et qui contient le moins d'iode possible. Elles jouissent toutes
d'ailleurs de propriétés particulières, qu'on trouvera
exposées dans le Mémoire de MM. Colin et Gauthier
Claubry. (Ann. de chimie, t. 90, p. 92).

L'amidon n'est point attaqué par l'eau froide (*a*) ;
mais il se combine facilement avec l'eau bouillante, et
forme une gelée connue sous le nom d'*empois*. Cette
gelée s'altère promptement à l'air, se ramollit et acquiert une saveur acide.

L'alcool et l'éther, de même que l'eau froide, sont

(*a*) Une légère torréfaction en change la nature, suivant
M. Bouillon-Lagrange : alors il se dissout dans l'eau, à la température ordinaire, comme les gommes.

sans action sur l'amidon. L'acide sulfurique peut le convertir en une matière sucrée (1448). L'acide nitrique affaibli le dissout à froid : à l'aide de la chaleur, il le convertit en acides malique, oxalique, etc. (1283), et donne lieu en même temps à une petite quantité d'une substance grasse qui, par le refroidissement, se fige à la surface de la liqueur.

La potasse triturée avec l'amidon, lui donne la propriété de se dissoudre dans l'eau froide; la dissolution est troublée par les acides, qui, se combinant avec l'alcali, mettent l'amidon en liberté.

1453. La fécule étant toujours libre dans les plantes, et ayant d'ailleurs une pesanteur spécifique plus grande que celle de toutes les substances avec lesquelles elle se trouve mêlée, on peut l'extraire facilement par de simples lotions : tel est en effet le procédé que l'on emploie; seulement lorsqu'elle est enveloppée de gluten, comme dans plusieurs graines céréales, il faut détruire celui-ci par la fermentation.

C'est de la pomme de terre, de plusieurs espèces de palmiers, du froment, de l'orge qu'on extrait la fécule pour les besoins du commerce.

1454. *Amidon de pomme de terre.* Après avoir lavé, nettoyé et rapé les pommes de terre, on met la pulpe sur un tamis, et on l'arrose en la remuant jusqu'à ce que le liquide passe limpide; la fécule est entraînée et reçue dans des vases placés au-dessous du tamis; bientôt elle se dépose. Il faut alors faire écouler la liqueur, laver le dépôt deux ou trois fois par décantation et le laisser sécher; dans cet état, il n'est plus formé que de fécule pure. Cette fécule est très-blanche, d'apparence cristalline : on s'en sert pour préparer des bouillies fort nourrissantes.

1455. C'est encore par un procédé analogue que l'on extrait la fécule de plusieurs espèces de palmiers qui croissent aux Moluques, aux Philippines et aux autres îles des Indes orientales : elle fait partie de la substance molle et parenchymateuse qui forme le centre de ces arbres, et que l'on connaît improprement sous le nom de *moelle*. Cette fécule, desséchée et passée à travers un tamis pour la réduire en petits grains, prend le nom de *sagou :* on l'emploie pour composer des bouillons restaurans.

1456. Nous venons de dire que, quand une plante ne contenait point de gluten, il suffisait de la traiter comme la pomme de terre pour en obtenir la fécule pure. Cependant il est impossible de purifier entièrement la fécule de *bryone* par ce moyen ; elle conserverait une saveur amère, et des propriétés purgatives : ainsi préparée, quelques médecins l'emploient même pour provoquer des évacuations alvines. Quant à la fécule des *arum*, elle a besoin d'être lavée un grand nombre de fois, pour perdre la saveur caustique qu'elle doit à un principe âcre et vénéneux. C'est une chose fort remarquable que dans un grand nombre de plantes la fécule se trouve placée à côté d'un poison.

1457. *Amidon d'Orge et de Blé.* — Ces deux graines contiennent une certaine quantité de gluten. Il faut, d'après ce que nous avons dit précédemment, les faire fermenter pour pouvoir facilement en extraire la fécule. C'est ce que les amidoniers exécutent à Paris de la manière suivante : Ils commencent par moudre très-grossièrement l'orge ou le blé, sans séparer le son de la farine (*a*) ; ils mettent ensuite l'orge et le froment, ainsi moulus, dans de grandes cuves, avec une certaine quantité d'eau à laquelle ils ajoutent un peu d'eau sûre. (*Voyez* plus bas la composition de ces eaux). Peu à peu la masse entre en mouvement. Lorsque la majeure partie du gluten est décomposée, ce qui a lieu au bout de quinze à trente jours, selon que la température de l'atmosphère est plus ou moins élevée, ou que les graines contiennent plus ou moins de gluten, on décante la liqueur, après avoir enlevé toutefois une couche assez épaisse de moisissure qui la recouvre: c'est cette liqueur qu'on connaît sous le nom de *première eau sûre*, ou *d'eau grasse ;* elle est trouble et gluante. M. Vauquelin l'a trouvée composée d'eau, d'acide acétique, d'alcool, d'acétate d'ammoniaque, de phosphate de chaux et de gluten.

Après avoir lavé le dépôt par décantation, on le délaie dans l'eau, et on verse le tout dans un tamis de crin, placé au-dessus d'un tonneau. Le son le plus grossier reste sur le tamis ; le plus fin au contraire et la fécule passent à travers ; mais comme, pendant la filtration, ils se précipitent en partie à l'état de mélange, il faut les remettre en suspension dans la liqueur, en agitant celle-ci : alors ils s'en séparent de nouveau, mais de telle manière que le son se trouve presque tout entier à la surface de la fécule. De là le mode de traitement qu'on fait subir au dépôt ainsi obtenu ; dépôt qui prend le nom de *gros noir*. Dès que, par la décantation, il se trouve mis à découvert, on enlève la première

---

(*a*) On peut également employer les recoupettes de froment et le blé gâté.

couche avec une pelle, la seconde et la troisième en rinçant à deux reprises la partie supérieure de la masse restante. Cela fait, on délaie le résidu dans l'eau, et on le jette sur un tamis de soie plus ou moins fin. Par ce moyen, on sépare une nouvelle quantité de son, et il ne faut plus que laisser déposer la fécule et la rincer pour l'obtenir pure ; elle sera d'autant plus belle qu'on l'aura passée à travers un tamis plus fin, et qu'on l'aura lavée davantage (*a*).

Enfin l'on procède à la dessication. Il faut commencer par donner à l'amidon la forme de bloc. Pour cela, on le moule dans des paniers d'osier, garnis d'une toile qui ne doit point y être adhérente. Quand les paniers sont remplis, on les porte au grenier, on les renverse sur une aire faite en plâtre, et on ôte la toile qui recouvre les blocs. Ces blocs doivent être rompus à la main. Les morceaux sont exposés à l'air pendant quelques jours ; on racle ensuite leur superficie, et on les met à l'étuve pour les sécher entièrement. Sans cette précaution, ils prendraient une couleur verte (*b*).

1458. Pour peu que l'on réfléchisse, il sera facile de se rendre compte de tout ce qui se passe dans cette

---

(*a*) On garde les rinçures ; elles laissent déposer un amidon impur que l'on nomme amidon commun.

(*b*) Dans plusieurs pays, les amidoniers n'ont pas l'habitude de moudre le grain sur lequel ils opèrent ; ils le laissent tremper dans l'eau jusqu'à ce qu'il se ramollisse, et qu'il donne un suc blanc par la pression. Alors ils l'enferment dans des sacs de grosse toile qu'ils soumettent à la presse à plusieurs reprises, ayant soin de les tremper dans l'eau à chaque fois. Ensuite ils laissent fermenter toutes les eaux obtenues, lavent le dépôt qui s'y forme, et le dessèchent à une douce chaleur.

opération. Les farines d'orge et de froment sont composées de beaucoup de fécule et d'une petite quantité
de gluten, d'albumine, de sucre, et de quelques sels,
parmi lesquels se trouve le phosphate de chaux. Le
sucre et le ferment agissant l'un sur l'autre, donnent
lieu à la fermentation spiritueuse, et par conséquent à
de l'alcool et à de l'acide carbonique : celui-ci se dégage
sous forme de bulles. A cette fermentation succède nécessairement la fermentation acide, d'où résulte une
certaine quantité de vinaigre. Bientôt la fermentation
putride s'établit; elle est due au gluten qui, par son
contact avec l'eau, et en raison de la grande quantité
d'azote qu'il contient, est susceptible de se décomposer
spontanément : de là l'ammoniaque. Que l'on ajoute
que le gluten et le phosphate de chaux, qui sont insolubles par eux-mêmes, peuvent se dissoudre dans
l'acide acétique, et l'on se fera une idée exacte de la
production des *eaux sûres*. Il sera aussi facile de concevoir la nature du dépôt.

1459. Les usages de l'amidon sont très-multipliés :
c'est le principe le plus abondant de la farine ; il entre
dans la composition des dragées ; aromatisé, il constitue la poudre *à poudrer ;* il sert à faire l'empois avec
lequel on donne de la roideur au linge ; enfin les médecins l'ordonnent quelquefois comme substance alimentaire, mais, dans ce cas, ils emploient de préférence
la fécule de pomme de terre ou le sagou.

Il existe encore une espèce de fécule nommée *sálep,*
dont on fait usage pour soutenir les forces des malades
qui ont l'estomac très-affaibli. Cette fécule est extraite,
dans les contrées du Levant, des racines de plusieurs
espèces d'*orchis*. Toutes les plantes de ce genre sont

susceptibles d'en fournir, peu importe le climat qui les ait produites. Pour se procurer le salep, il faut recueillir les tubercules d'orchis sur la fin de septembre, les faire bouillir pendant un instant, afin de séparer la substance amère qu'ils contiennent, les piler, les laisser sécher et les moudre. La poudre d'un blanc jaunâtre, qui en résulte, est le salep même ; elle s'unit très-bien à l'eau chaude, qu'elle convertit en gelée. 24 à 40 grains de cette substance suffisent pour un bouillon.

De la Gomme.

1460. La gomme est solide, incristallisable, incolore, insipide ou du moins très-fade, sans odeur, inaltérable à l'air, soluble dans l'eau, et susceptible de former avec elle une sorte de gelée que l'on appelle ordinairement *mucilage,* insoluble dans l'alcool, facilement décomposable par l'acide nitrique qui la transforme en partie en acide mucique.

Chauffée dans une cornue, la gomme se ramollit, se boursouffle, se noircit, donne un peu d'ammoniaque outre les produits qui proviennent de la distillation des matières végétales. Lorsqu'on la traite par les alcalis étendus d'eau, elle prend d'abord l'aspect du lait caillé, et se dissout ensuite. Les acides végétaux favorisent aussi sa dissolution. Quel que soit d'ailleurs le dissolvant de la gomme, elle en est séparée par l'alcool sous forme de flocons, et par le sous-acétate de plomb en combinaison avec l'oxide de ce sel. L'acide sulfurique la noircit facilement. Il paraît que l'acide muriatique concentré jouit lui-même de cette propriété, à l'aide de la chaleur.

Selon M. Thomson, la gomme s'unit au sucre : il en

donne pour preuve qu'en évaporant de l'eau chargée de ces deux substances, et qu'en traitant le résidu par l'alcool, la gomme qui y est insoluble retient toujours une petite quantité de sucre qui est au contraire soluble dans ce réactif.

1461. *Etat naturel.* — La gomme est un des corps immédiats des végétaux les plus répandus : on la rencontre dans toutes les parties des plantes herbacées, dans tous les fruits, dans un assez grand nombre de racines et de tiges ligneuses, enfin dans toutes les feuilles.

C'est de plusieurs espèces de *mimosa* qui croissent sur les bords du Nil et dans l'Arabie; de deux espèces d'arbres qui forment des forêts immenses sur les bords du fleuve Sénégal, et que les naturels appellent *uerek* et *nebueb;* des arbres fruitiers à noyau, et particulièrement du prunier; de l'*astragalus tragacantha* de l'île de Crète et des îles environnantes; de la graine de lin et de plusieurs racines, surtout de celles des malvacées, que l'on extrait la gomme pour les besoins du commerce et de la médecine. La gomme des *mimosa* s'appelle gomme arabique; celle de l'*uerek* et du *nebueb*, gomme du Sénégal; celle des arbres fruitiers à noyau, gomme du pays; celle des *astragalus*, gomme adraganthe; celle des graines et des racines, gomme du nom de ces racines ou de ces graines. Les quatre premières découlent spontanément des branches et du tronc des arbres qui les contiennent, sous forme d'un mucilage qui peu à peu se dessèche et se durcit à l'air. Quant aux autres, il faut les extraire par l'eau bouillante.

1462. *Gomme arabique.* — Cette gomme est sous forme de petites masses arrondies d'un côté et creuses de l'autre, transparente, inodore, légèrement colorée en jaune, cassante et susceptible de se pulvériser facilement. La plus belle renferme toujours quelques matières salines. M. Vauquelin, en brûlant 100 parties de gomme arabique, obtint 3 parties d'une cendre formée de carbonate de chaux, et d'un peu de phosphaté de chaux et de fer. Selon lui, la chaux du carbonate se trouve dans la gomme, combinée à l'acide acétique et à l'acide malique, ou peut-être à l'un et à l'autre.

La gomme arabique est fort employée en médecine, à cause de ses propriétés adoucissantes. Elle entre dans la composition de plusieurs sirops et de beaucoup de potions. Les arts en tirent aussi un grand parti. Les confiseurs s'en servent pour faire les pastilles. On la dissout dans certaines couleurs pour les rendre brillantes et solides. Enfin, c'est avec la gomme arabique que l'on donne le lustre aux étoffes.

1463. *Gomme du Sénégal.* — Les nègres recueillent cette gomme pendant le mois de novembre (a). Elle est en larmes grosses comme des œufs de perdrix. Elle est blanche, quand elle a été produite par l'*uerek*; orangée, quand elle provient du *nébueb.* Les propriétés et les usages de la gomme du Sénégal sont les mêmes que ceux de la gomme arabique.

1464. *Gomme du pays.* — C'est à l'époque de la maturité des fruits des arbres qui la contiennent, que l'écoulement de cette gomme a lieu. Il n'est personne qui n'ait eu occasion de remarquer cet écoulement. La gomme du pays ne diffère de celles que nous venons d'étudier que par une moins grande pureté. On l'em-

(a) L'arbre qui la produit est haut de 18 à 20 pieds.

ploie pour donner du brillant aux couleurs, à l'encre, par exemple.

1465. *Gomme adraganthe.* — Cette gomme, que l'on ramasse sur la fin du mois de juin, a l'aspect de petits rubans entortillés. Elle est blanche, opaque, un peu ductile. C'est à cette dernière propriété qu'il faut attribuer la difficulté avec laquelle on la réduit en poudre : on n'y parvient même qu'en chauffant le mortier. La gomme adraganthe jouit d'une solubilité bien moins grande que les espèces précédentes ; mais le mucilage qu'elle forme est plus consistant.

Cette gomme est principalement employée en médecine : on la triture avec le sucre et le lait d'amandes douces pour préparer les loochs ; elle entre aussi dans plusieurs autres préparations.

1466. *Gomme des Graines et des Racines.* — Il est probable que les unes jouissent des propriétés de la gomme arabique, et les autres de celles de la gomme adraganthe. Nous pouvons citer le mucilage de graine de lin pour exemple de ces dernières : aussi ne faut-il qu'une petite quantité de ces graines pour transformer une grande quantité d'eau bouillante en un mucilage fort épais, que l'on sépare facilement en le passant à travers un linge. Toutes ces espèces de gomme sont toujours employées à l'état de mucilage ou à l'état de dissolution dans l'eau. On s'en sert particulièrement en médecine pour faire des cataplasmes émolliens et des boissons adoucissantes.

Du Ligneux.

1467. Le ligneux est, de tous les corps immédiats des végétaux, le plus répandu et le plus abondant. On

le trouve dans toutes leurs parties : dans la racine; la
tige, les feuilles, les fleurs et les fruits. Il constitue la
fibre proprement dite : aussi entre-t-il pour les 0,96 à
0,98 dans la composition de toutes les espèces de bois.
Toutes contiennent en outre des matières extractives,
des sels de diverse nature; quelques-unes contiennent
en même temps des résines. Or, comme ces substances
sont solubles dans l'eau, l'alcool et les acides, et que
le ligneux y est insoluble, on parviendra toujours à
se procurer ce corps sensiblement pur, en traitant
successivement la sciure de bois, par ces trois agens,
dans un matras, à la température à laquelle ils sont
susceptibles de bouillir. Il faudra mettre la sciure en
contact : d'abord avec l'alcool, pour dissoudre les parties résineuses; ensuite avec l'eau, qui opérera la dissolution des matières extractives et de quelques sels ;
puis avec l'acide muriatique faible, qui attaquera les
sels insolubles dans l'eau, et particulièrement le sous-
carbonate et le sous-phosphate de chaux ; enfin une
seconde fois avec l'eau, afin d'enlever l'acide adhérent
au résidu, c'est-à-dire, au ligneux même.

1468. Le ligneux est solide, d'un blanc sale, insipide, inodore, spécifiquement plus pesant que l'eau.

Décomposé par le feu dans une cornue, on en retire
tous les produits qui proviennent de la distillation des
matières végétales. Chauffé avec le contact de l'air, il
s'enflamme, se charbonne, et finit par se consumer entièrement. Imbibé d'eau, il se charbonne également
dans son contact avec l'air, à la température ordinaire,
mais seulement dans un espace de temps très-considérable. Il n'est soluble dans aucun dissolvant. L'acide
sulfurique concentré, l'acide nitrique et l'acide nitreux

le décomposent facilement. Les alcalis caustiques ne l'attaquent qu'avec peine.

Plusieurs analyses, faites avec beaucoup de soin, ont démontré que le ligneux était formé de 52 de carbone, de 48 d'hydrogène et d'oxigène dans les proportions nécessaires pour faire l'eau. (Recherches physico-chimiques, t. 2, p. 295).

1469. Il est évident, d'après ce que nous avons dit précédemment de l'état naturel du ligneux, que c'est le corps immédiat des végétaux qui joue le plus grand rôle dans l'économie végétale, et celui dont les arts tirent le plus grand parti. A la vérité, on ne l'emploie jamais pur ; mais puisqu'il constitue au moins les 96 centièmes du bois, n'est-ce pas à lui qu'on doit attribuer toutes les qualités et toutes les propriétés de celui-ci ?

SECTION III.

Des Substances dans lesquelles l'Hydrogène est en excès par rapport à l'oxigène (1273).

1470. Ces substances sont toutes très-riches en carbone : ce corps fait quelquefois plus des 4 cinquièmes de leur poids ; elles en contiennent d'autant plus, qu'elles renferment d'ailleurs plus d'hydrogène en excès par rapport à l'oxigène. Elles sont, en général, très-fusibles et très-combustibles. Chauffées dans une cornue, plusieurs se volatilisent sans éprouver d'altération ; d'autres se décomposent : celles-ci donnent lieu à une grande quantité d'huile et à un petit résidu charbonneux. Il en est toujours autrement, lorsqu'on les expose à une haute température dans un tube de porcelaine : toutes éprouvent une décomposition complète, et de cette décomposition résultent beaucoup de gaz hydrogène carboné, un grand dépôt de charbon, et une certaine quantité de gaz oxide de carbone. Presque toutes, excepté l'esprit-de-vin, sont insolubles ou peu solubles dans l'eau, et très-solubles, au contraire, dans l'esprit-de-vin. La plupart se combinent avec les bases salifiables : plusieurs jouent le rôle d'acide.

Des Huiles.

1471. Parmi les huiles, il en est qui sont visqueuses, fades ou presque insipides, et d'autres qui sont presque sans viscosité, caustiques et très-volatiles. Les premières s'appellent *huiles grasses, douces* ou *fixes;* les secondes, *huiles volatiles :* celles-ci prennent encore le nom d'*huiles essentielles*, et quelquefois même d'*essences.*

Des Huiles grasses.

1472. Les huiles grasses sont presque toutes liquides à la température ordinaire. Leur viscosité les empêche de couler facilement. Leur saveur, quoique faible, est souvent désagréable. Leur odeur est toujours très-légère. La plupart sont colorées en jaune ou en jaune-verdâtre : celles qui sont colorées, doivent leur couleur à la présence d'un corps étranger. Toutes sont spécifiquement moins pesantes que l'eau.

1473. Lorsqu'on soumet une huile dans une cornue, à une température capable d'en opérer la distillation, elle entre en ébullition, se décompose en partie, donne lieu à une certaine quantité d'hydrogène carboné qu'on peut recueillir à l'aide d'un tube dans des flacons pleins d'eau, et à un résidu charbonneux très-faible. L'huile ainsi distillée prend, en raison des altérations qu'elle a éprouvées, une odeur très-forte et très-piquante, et une couleur d'un jaune foncé ou d'un jaune-brun.

1474. Exposées à l'action de l'air, les huiles grasses cèdent peu à peu une portion de leur hydrogène et de leur carbone à l'oxigène de ce ffuide, s'épaississent et quelquefois se durcissent. Celles qui se durcissent prennent le nom d'huiles siccatives : telles sont les huiles de lin, d'œillet, de noix. Celles qui ne font que s'épaissir s'appellent huiles non siccatives : nous citerons, pour exemple, les huiles d'olive, de colza, d'amandes douces.

1475. Le soufre et le phosphore sont susceptibles de se dissoudre dans les huiles à l'aide de la chaleur : on peut même, en laissant refroidir la dissolution, obtenir du soufre assez bien cristallisé. Ce procédé a été recommandé par Pelletier.

Le potassium et le sodium n'ont qu'une très-faible action sur les huiles : lorsqu'on les met en contact avec elles, ils s'oxident peu à peu, et forment une espèce de savon très-oléagineux.

1476. Il paraît que toutes les huiles sont absolument insolubles dans l'eau : la plupart au contraire sont solubles dans l'esprit-de-vin.

1477. Presque toutes les bases salifiables sont susceptibles de se combiner avec les huiles et de former des savons (1491).

Il en est de même de la plupart des acides puissans : ils s'unissent aux huiles, du moins à plusieurs; et de là résultent des composés onctueux, pâteux et insolubles dans l'eau. Leur action est bien plus grande à chaud qu'à froid : aussi, lorsque la température est élevée, plusieurs d'entr'eux sont-ils décomposés, et donnent-ils lieu aux produits dont il a été fait mention (1282). Les acides nitrique et nitreux concentrés décomposent les huiles, même à la température ordinaire ; il se dégage beaucoup de gaz carbonique, d'oxide d'azote, d'azote ; etc. Se forme-t-il de l'acide malique, de l'acide oxalique ? C'est ce qui n'est pas démontré. Selon Trommsdorff, les huiles, dans ce cas, passent d'abord à l'état de cire, et ensuite de résine. S'il en est ainsi, il doit se produire du tannin artificiel (1519).

Parmi les acides faibles, il en est un qui a aussi de l'action sur les huiles : c'est l'acide muriatique oxigéné ; il s'empare d'une partie de leur hydrogène, et passe à l'état d'acide muriatique, qui, s'unissant au corps gras en présence duquel il se trouve, forme un composé onctueux, analogue aux précédens.

1478. *Etat naturel, Préparation.* —— Quoique les huiles grasses soient très-abondantes, elles ne se rencontrent pour ainsi dire que dans les semences, et ne se trouvent même jamais dans celles des monocotylédones.

1479. Les unes sont employées comme aliment ou comme médicament, et les autres dans l'éclairage, etc. Les premières s'obtiennent en broyant la substance qui les contient, et en exprimant cette substance à froid, si les huiles sont fluides, et entre des plaques de fer plus ou moins chaudes, si elles sont concrètes. Pour obtenir les secondes, on broie aussi la substance d'où on se propose de les extraire ; mais avant de soumettre cette substance à la presse, on l'humecte, on la torréfie, afin de détruire le mucilage qu'elle renferme, et qui s'opposerait à la sortie de l'huile, et afin de rendre en même temps celle-ci plus fluide..

Examinons maintenant les principales huiles en particulier.

1480. *Huile d'olive.* Contenue dans le péricarpe des fruits de l'*Olea Européa*, arbre qui croît surtout en Provence, en Italie et en Espagne ; plus ou moins colorée en jaune, ou jaune-verdâtre ; légèrement odorante ; solide à la température de $+$ 10. : on en connaît plusieurs variétés.

1° L'huile vierge, qu'on obtient en exprimant à froid les olives les plus mûres, et non fermentées : c'est la meilleure ; elle est ordinairement peu colorée, d'une saveur et d'une odeur agréables.

2° L'huile commune, qui est extraite en délayant dans l'eau bouillante la pulpe des olives dont on a séparé l'huile vierge, et qui, en raison de sa légèreté, se rassemble bientôt à la surface de l'eau : cette huile se rancit facilement, et est toujours colorée en jaune.

3° L'huile des olives fermentées, qu'on prépare comme les précédentes, si ce n'est qu'on entasse les olives, et qu'on les laisse entrer en fermentation avant de les soumettre à la presse. Cette huile est de mauvaise qualité ; elle contient plusieurs matières étrangères, parmi lesquelles on rencontre une grande quantité de mucilage et de parenchyme qui restent suspendus dans l'huile, et qui en troublent la transparence pendant quelque temps.

L'huile d'olive est employée comme aliment ; elle entre dans la composition du savon (1493) ; les horlogers s'en servent pour adoucir les frottemens ; mêlée avec de la cire blanche et de l'eau, elle forme le cérat de Galien ; c'est en combinant parties égales de cette huile, d'axonge et de litharge, et ajoutant au composé un peu de cire blanche et de sulfate de zinc, qu'on fait l'emplâtre diapalme. (*Voyez* le Codex).

1481. *Huile d'amandes douces.* Contenue dans les semences de l'*Amigdalus communis*; liquide, d'un blanc verdâtre, ayant l'odeur et la saveur des amandes, rancissant avec beaucoup de promptitude. Pour extraire cette huile, on commence par frotter les amandes les unes contres les autres dans un linge rude, afin de séparer la poussière qui les recouvre, et qui, tout en colorant l'huile, en absorberait une partie; ensuite on réduit les amandes en pâte au moyen du pilon, ou mieux en poudre par le moulin; on les met dans des sacs de coutil, entre deux plaques de fer qu'on a fait chauffer dans l'eau bouillante, et on les presse fortement. Cette huile, récemment préparée, est louche: on peut la clarifier par le repos, ou la filtration à travers un papier gris.

L'huile d'amandes douces n'est guère employée qu'en pharmacie, dans la préparation des émulsions, des potions huileuses, du savon médicinal, du savon ammoniacal, etc. Ce dernier, qu'on appelle encore *liniment volatil*, résulte de la combinaison de 1 partie d'ammoniaque liquide à 22°, et de 8 parties d'huile : pour le faire, on mêle simplement l'ammoniaque avec l'huile, et on agite fortement le mélange. Ce savon est laiteux, d'une consistance un peu plus épaisse que celle de l'huile; il exhale fortement l'odeur d'ammoniaque, et est regardé comme un puissant résolutif.

1482. *Huile de Faîne.* — Extraite à froid des graines du *Fagus sylvatica*, légèrement colorée en jaune, inodore, d'une saveur douce, employée quelquefois comme aliment au lieu d'huile d'olives.

1483. *Huile de Colza.* — Cette huile a une odeur analogue à celle des plantes crucifères, une couleur jaune et une viscosité assez grande ; elle est contenue dans les graines du *brassica napus* (navette) ; on l'extrait en broyant la graine, la faisant chauffer avec un peu d'eau et la soumettant à la presse. Dans cet état, elle retient une certaine quantité de mucilage, qui en rend la combustion moins facile : aussi, lorsqu'on la brûle, même dans les meilleures lampes, n'empêche-t-elle point la carbonisation de la mèche, et donne-t-elle de la fumée. Pour la purifier, il faut l'agiter avec 2 centièmes de son poids d'acide sulfurique, la battre ensuite avec le double de son volume d'eau, garder ce mélange en repos pendant huit à dix jours à la température de 25 à 30°, décanter l'huile qui se rassemble à la surface, et la filtrer, en la versant dans des espèces de cuviers dont les fonds sont percés de plusieurs trous, qui reçoivent des mèches de coton, longues d'environ 1 décimètre. L'acide sulfurique s'unit au mucilage et le précipite sous forme de flocons verdâtres ; l'eau s'empare de l'acide, et isole ces flocons sur lesquels l'huile n'a plus d'action ; la chaleur favorise la séparation de l'huile ; le filtre achève de la clarifier.

L'huile de colza est employée dans l'éclairage et dans la fabrication des savons verts ; elle entre aussi, mais pour une petite quantité, dans la composition du savon ordinaire.

1484. *Huile de Ricin.* — Siccative, jaune-verdâtre, inodore, d'une saveur fade suivie d'un arrière goût légèrement âcre, ne se congèle pas à plusieurs degrés au-dessous de zéro, s'épaissit à l'air sans perdre sa transparence, s'obtient des semences du *ricinus communis*, par expression, ou bien en pilant ces semences et les faisant bouillir dans l'eau, à la surface de laquelle l'huile ne tarde point à se rassembler.

Ce dernier procédé est le plus souvent employé, parce que l'ébullition volatilise un principe âcre très-dangereux, qui peut rester dans l'huile préparée par expression. Cependant il suffit de faire bouillir celle-ci pendant quelque temps, pour en séparer ce principe.

L'huile âcre de ricin doit être proscrite de la médecine : prise en grande quantité, elle est vénéneuse ; à la dose de quelques grains, elle est fortement purgative.

1485. *Huile de Lin.* — Siccative, d'un blanc verdâtre, d'une odeur particulière, contenue dans les semences du *linum usitatissimum*. On l'extrait de ces semences en les torréfiant, pour détruire le mucilage qui les recouvre, les broyant, les chauffant avec un peu d'eau, et les exprimant.

Cette huile est fort employée dans la peinture commune ; elle entre aussi dans la composition des vernis gras ; mais, avant de s'en servir, il est nécessaire d'augmenter sa qualité siccative. Pour cela, on la fait bouillir, en la remuant, avec sept à huit parties de son poids de litharge : on l'écume avec soin, et quand elle acquiert une couleur rougeâtre, on laisse éteindre le feu ; elle se clarifie par le repos. Il paraît que dans cette opération l'huile dissout une certaine quantité de litharge, et qu'elle absorbe en même temps une partie de son oxigène, d'où résultent sans doute de l'eau et de l'acide carbonique.

C'est encore avec l'huile de lin que l'on prépare l'encre des imprimeurs. A cet effet, il faut la faire bouillir dans un pot de terre, l'enflammer, la laisser brûler pendant environ une demi-heure, l'éteindre et la laisser bouillir doucement, jusqu'à ce qu'elle ait acquis une consistance convenable. Dans cet état, on l'appelle vernis : on la colore, en la broyant avec un sixième de son poids de noir de fumée.

1486. *Huile d'Œillet.* — D'un blanc jaunâtre, peu visqueuse, inodore, d'une légère saveur d'amande, liquide à zéro, siccative, s'extrait par expression des graines du *papaver somniferum.*

Rendue par la litharge plus siccative qu'elle ne l'est naturellement, on s'en sert en peinture pour délayer les couleurs et les appliquer sur la toile. On l'emploie aussi, mais dans son état naturel, comme aliment et dans l'éclairage ; quelquefois même on la mêle avec l'huile d'olives, fraude qu'il est toujours facile de reconnaître, parce qu'alors cette dernière huile ne se fige plus à + 10°, du moins en totalité, comme celle qui est pure.

1487. *Huile de Noix.* — D'un blanc verdâtre, inodore, d'une saveur particulière, siccative, s'extrait de la noix, fruit du *juglans regia,* à froid, quand on veut s'en servir comme aliment, et à chaud, quand on veut l'employer pour la peinture ou dans l'éclairage.

1488. *Huile de Chénevis.* — Jaunâtre, siccative, ne se congèle qu'à plusieurs degrés sous zéro, s'extrait du chénevis, graine du *cannabis sativa* (chanvre), en broyant cette graine à l'aide de meules, la torréfiant légèrement, y ajoutant une petite quantité d'eau, et la soumettant à la presse.

On s'en sert pour la confection des savons mous, dans la peinture et l'éclairage.

1489. *Huile* ou *Beurre de Cacao.* — Huile concrète, d'un blanc jaunâtre, d'une saveur douce et agréable, d'une odeur particulière, contenue dans les semences du *theobroma cacao :* on l'extrait de ces semences par deux procédés différens.

Le premier consiste à torréfier légèrement le cacao des îles, à le monder de ses écorces et de ses germes, à le broyer avec un cylindre de fer sur une pierre chaude, à le réduire en pâte liquide, et à le renfermer dans un sac de toile, qu'on met à la presse entre deux plaques chauffées d'avance dans l'eau bouillante : bientôt l'huile s'écoule ; elle est reçue dans des moules où elle se solidifie par le refroidissement.

Le deuxième procédé se borne à mettre le cacao broyé, dans l'eau bouillante : l'huile se fond, et en raison de sa légèreté, vient se rassembler à la surface de l'eau ; on l'enlève et on la coule dans des moules.

Ce beurre est employé en pharmacie pour la préparation des bols, des pilules, des suppositoires, etc.

1490. *Huile* ou *Beurre de Noix muscades.* — D'une couleur jaune tirant sur le rouge, d'une consistance assez ferme, d'une odeur extrêmement agréable, contenant toujours un peu d'huile essentielle ; on l'extrait des noix du *myrystica moschata,* en les pilant dans un mortier de fer, y ajoutant un peu d'eau bouillante lorsqu'elles sont en pâte, les plaçant dans un sac de coutil entre deux plaques chaudes, et les soumettant à une forte pression.

Des Savons.

1491. Les savons sont des composés qui résultent de la combinaison des bases salifiables avec les huiles grasses végétales ou animales, et en général avec tous les corps gras. Cependant l'on donne aussi par extension le nom de savons acides aux combinaisons des huiles grasses avec les acides, et celui de *savonnules* aux combinaisons des huiles essentielles avec les bases salifiables.

Parmi les savons, il n'en est que trois qui sont solubles dans l'eau ; savoir : ceux de potasse, de soude et d'ammoniaque.

Les savons ammoniacaux se font tous à froid, en raison de la volatilité de la base (1481). Ceux de potasse et de soude se préparent toujours au contraire en faisant bouillir les huiles avec les dissolutions alcalines. Les autres étant insolubles, on peut les faire par la voie des doubles décompositions : ainsi, que l'on mêle deux dissolutions, l'une de savon ordinaire, et l'autre de muriate de chaux, on obtiendra aussitôt un précipité floconneux de savon calcaire. C'est pour cela que les eaux des puits de Paris, qui contiennent $\frac{1}{400}$ de sulfate de chaux, ne sont point propres au savonnage. Nous ne parlerons en particulier que des savons à bases de soude et de potasse, parce que ce sont les seuls employés dans les arts et l'économie domestique. Le savon de soude est toujours solide, et le savon de potasse toujours mou.

1492. *Savons à base de Soude.* — Toutes les huiles ou les graisses ne sont point susceptibles de se saponifier également bien. Celles qui se saponifient le mieux

avec la soude, d'après Darcet le père, Lelièvre et Pelletier, sont : 1° L'huile d'olive et l'huile d'amandes
douces. 2° Les huiles animales, telles que le suif, la
graisse, le beurre et l'huile de cheval. 3° L'huile de
colza et celle de navette. 4° L'huile de faine et celle
d'œillet, mais mêlées à l'huile d'olive ou aux graisses
animales. 5° Les diverses huiles de poisson, mêlées
comme les précédentes à l'huile d'olive. 6° L'huile de
chénevis. 7° L'huile de noix et celle de lin.

1493. On ne consomme en général que du savon
d'huile d'olive, du savon de suif et du savon de graisse.
Le premier est celui dont on fait principalement usage
en France, dans l'Italie et dans l'Espagne, où les oli-
viers sont communs, tandis qu'on ne se sert, pour
ainsi dire, que des autres en Allemagne, en Angleterre, et en Prusse. Décrivons comme exemple, la
préparation du savon d'huile d'olive.

On prend 600 kilogrammes d'huile ;

        500 de soude du commerce, de bonne qua-
        lité ;

    125 de chaux.

1° Après avoir pilé la soude, éteint la chaux, on en
fait un mélange, sur lequel on verse une certaine quantité d'eau froide. Au bout de 12 heures, on fait écouler
la liqueur, qui prend le nom de première lessive, et
qui marque de 20 à 25°. Traitant ensuite le résidu deux
fois par de nouvelle eau pour l'épuiser, on se procure
deux autres lessives, dont l'une marque de 10 à 15°, et
l'autre de 4 à 5°.

2° Lorsque le fabricant a fait provision de lessives
à diverses densités, il s'occupe de la cuite. Pour cela,
il emploie des chaudières qui varient beaucoup dans

leur construction, et qui peuvent contenir depuis 2,500 jusqu'à 12,500 kilogrammes de savon. Dans tous les cas, elles portent à leur fond un tuyau de 68 millimètres de diamètre, nommé l'*épine*.

On commence par mettre de la lessive faible dans la chaudière; ensuite on y verse peu à peu de l'huile, et l'on fait bouillir le mélange. Bientôt la combinaison s'opère, forme une espèce d'émulsion : on ménage le feu (*a*) et on ajoute successivement de la lessive faible de l'huile, en ayant soin, pour accélérer la combinaison, de maintenir toujours la masse bien empâtée, bien homogène, sans lessive au fond de la chaudière, et sans huile à la surface.

3° Quand on a ainsi mis dans la chaudière toute l'huile que l'on veut saponifier, on y ajoute peu à peu de la lessive forte qui sature l'huile et convertit l'espèce de savon avec excès d'huile, dont nous venons de parler, en savon parfait qui se sépare de la lessive et vient se rassembler à la surface (*b*).

4° Ce phénomène ayant eu lieu, la lessive, quoique très-abondante, n'est plus propre à la saponification: on n'y trouve plus en effet que des sels neutres, du sous-carbonate de soude, et un peu de soude caustique non absorbée. C'est pourquoi le feu étant tombé, on la tire par l'épine, de manière à mettre le savon presqu'à sec. Alors on ajoute de nouvelles lessives, caustiques, neuves et concentrées, et on rallume le feu : on met ainsi successivement dans la chaudière plus de lessive

---

(*a*) Pour empêcher la matière de brûler.

(*b*) Les lessives acquérant plus de densité par le mélange de la lessive forte, favorisent cette séparation.

caustique qu'il n'en faut pour saturer l'huile, on fait bouillir pour n'avoir aucun doute sur la saturation, et on arrête la cuisson quand la lessive est parvenue à 1,150 à 1,200 de pesanteur spécifique. Dans cet état, le savon est d'un bleu foncé tirant sur le noir et ne contient que 16 pour 100 d'eau. Sa couleur provient d'une combinaison d'huile, d'alumine et d'oxide de fer hydro-sulfuré, qui se forme lors de l'empâtage, et qui se dissout dans le savon (*a*).

Le savon arrivé à ce point peut être converti en savon blanc ou en savon marbré.

5° Pour le convertir en savon blanc, il faut le délayer peu à peu dans des lessives faibles, en ménageant la chaleur, et le bien laisser déposer en couvrant la chaudière. Le savon alumino-ferrugineux noirâtre, n'é—

(*a*) L'alumine provient des fours dans lesquels on fabrique les soudes et se dissout dans celles-ci, pendant le lessivage. L'hydrogène sulfuré provient de l'hydro-sulfure de soude contenu dans la lessive, et est mis en liberté au moment où l'empâtage se fait. Quant à l'oxide de fer, il provient des matériaux employés, ou du sol sur lequel on opère, ou de la plante même, dans le cas où l'on se sert des soudes naturelles. Cet oxide de fer est tenu en dissolution par l'hydro-sulfure de soude.

Lorsque les lessives ne contiennent pas assez d'oxide de fer pour que le savon alumineux se colore en beau bleu, on en ajoute à la cuite une quantité suffisante, ce qui se fait en l'arrosant avec une dissolution de couperose après l'empâtage de l'huile.

Dans tous les cas, il paraît que l'huile se combine presque sur-le-champ avec l'alumine et l'oxide de fer, qu'il en résulte un savon alumino-ferrugineux jaunâtre, et que ce n'est qu'à la chaleur de l'ébullition que ce savon se colore.

C'est à M. d'Arcet, dont les connaissances dans les arts sont si étendues, que je dois ces observations.

tant pas soluble dans le savon à cette température, s'en
sépare et tombe au fond de la chaudière. On puise la
pâte du savon, qui est devenue parfaitement blanche,
et on la coule dans des *mises* où elle se prend en masse
par le refroidissement, et d'où elle est enlevée pour être
coupée en tables ou en briques.

Ce savon est connu dans le commerce sous le nom
de savon en table ; il contient ordinairement sur 100.

Deutoxide de sodium ou soude........... 4,6
Huile................................... 50,2
Eau.................................... 45,2
                                         ———
                                        100,0

Il est préféré au savon marbré dont nous allons
parler, pour les usages délicats, comme le blanchis-
sage de la dentelle, la teinture, etc., parce qu'ayant
été réduit en pâte et purifié, pour ainsi dire, par
décantation, il ne contient aucun corps étranger.

1493 *bis.* Lorsque la cuite du savon est terminée, et
que la lessive sur laquelle il nage a acquis de 1,150 à
1,200 de pesanteur spécifique, le savon est bleu-noir,
comme nous l'avons déjà dit. Dans cet état, si au lieu
d'en vouloir faire du savon en table, on veut en faire
du savon marbré, on conduit la cuite comme il suit.

Nous avons vu que le savon ne contient alors que
0,16 d'eau, et que la masse entière est colorée en bleu
noirâtre. Il faut ajouter l'eau qui y manque pour que
le corps colorant se sépare de la pâte blanche et se
réunisse en veines plus ou moins grandes, de manière à former une espèce de marbrure bleue sur un
fond blanc.

On voit que ce procédé est encore fondé sur la moindre solubilité du savon alumino – ferrugineux à une basse température.

Lorsqu'on a ajouté à la cuite la quantité convenable de lessive faible pour l'amener au point désiré, on coule le savon dans des mises, de même que le savon blanc, et on l'en retire de la même manière après son refroidissement pour être coupé en briques (*a*).

Le savon marbré contient ordinairement sur 100:

Deutoxide de sodium ou soude............ 6

Huile.................................. 64

Eau................................... 30
                                        ———
                                        100

Ce savon est toujours plus dur et plus constant dans ses proportions, que le savon en table. En effet, la nécessité de produire le marbré, fait que le fabricant n'est pas le maître de faire varier la quantité d'eau; elle dépend de la marbrure. Le savon blanc en table peut au contraire recevoir au-

_____

(*a*) Les mises dans lesquelles on coule le savon, lorsqu'il est cuit, se construisent de différentes manières, suivant les localités et selon la manière de voir du fabricant. Les plus ordinaires sont de grandes caisses faites de planches ajustées dans des membrures et assujetties par des clefs en bois; elles sont placées sur de fortes plate-formes, de manière que la lessive, qui s'en écoule, puisse être recueillie dans un réservoir. D'autres fois, elles sont formées par plusieurs dales de pierre, liées par un ciment. Avant de couler le savon dans les mises, on recouvre leur surface interne d'une légère couche de craie, pour empêcher le savon d'adhérer aux parois.

Tome III.   14

tant d'eau que le fabricant désire, et est même
d'autant plus blanc, qu'il en contient davantage;
d'où il suit que celui qui en achète est souvent
trompé, et qu'il doit naturellement préférer le savon
marbré.

1494. Le savon de suif qui a la soude pour base,
se fait comme le savon d'huile d'olive. Il en est de
même des savons de toilette, qui se préparent avec la
soude et les huiles d'amandes douces, de palme,
de noisette, le saindoux, le suif, le beurre, etc.

1495. Quelle que soit sa couleur, le savon jouit
des mêmes propriétés, à son degré de force près.
Tout le monde en connaît l'aspect et la consistance.
Sa pesanteur spécifique est plus grande que celle de
l'eau; sa saveur est légèrement alcaline. Exposé au
feu, il entre promptement en fusion, se boursoufle
ensuite et se décompose. L'air, en se renouvelant, le
dessèche peu à peu presqu'entièrement. L'eau en opère
la dissolution plus facilement à chaud qu'à froid;
cette dissolution est sur-le-champ troublée par les
acides qui, en s'emparant de la soude et précipitant
l'huile qui s'y trouve, forment une espèce d'émulsion; elle l'est également par tous les sels solubles
autres que ceux à base de potasse, de soude et d'ammoniaque, et donne lieu à des savons insolubles.
L'alcool est aussi susceptible de dissoudre le savon; il
en dissout une grande quantité surtout à chaud. En effet,
que l'on sature l'alcool de savon à la température de
l'ébullition, et qu'on abandonne la liqueur à elle-
même, elle se prendra par le refroidissement en une
masse jaune et transparente; en se séchant, cette
masse ne devient point opaque. Enfin le savon jouit

de la propriété d'enlever de dessus le linge et les étoffes, la plupart des corps gras qui peuvent y être appliqués.

1496. *Savons à base de potasse*, ou *Savons mous.* — Les savons que forme l'union des graisses et des huiles avec la potasse, restent mous, ou plus ou moins pâteux. On en connaît deux espèces dans le commerce : ce sont les savons d'huile de graines, qui portent le nom de *savons verts*, et les *savons de toilette*, faits au moyen de la potasse et du saindoux.

Les fabricans de savon vert préparent leurs lessives comme les fabricans de savon ordinaire, et conduisent leur opération de la même manière, jusqu'à ce que toute l'huile soit ajoutée. Dans cet état, le savon ressemble à un onguent ; il contient excès d'huile ; il est d'un blanc sale et à peine transparent. On ménage le feu et on remue continuellement au fond de la chaudière, avec de grandes spatules ; ensuite on ajoute peu à peu de nouvelles lessives bien caustiques et un peu plus fortes que les premières. La saturation de l'huile s'opère, et le savon devient transparent. On continue alors le feu pour donner au savon la consistance convenable, et on le coule dans des tonneaux pour être ainsi livré au commerce.

On voit que cette espèce de savon diffère beaucoup du savon fabriqué avec l'huile d'olive et la soude. Ici, depuis le commencement de l'opération jusqu'à la fin, l'art du savonnier consiste à opérer la combinaison de l'huile avec la potasse, sans que le savon formé cesse d'être en dissolution dans la lessive, tandis que, dans la fabrication du savon dur, il est au contraire nécessaire, comme nous l'avons vu, de séparer le savon de la lessive, avant même que la saturation de l'huile soit tout-à-fait achevée.

Le savon vert contient, en général, plus d'alcali qu'il n'en faut pour la saturation de l'huile. C'est un savon parfait dissous dans une lessive alcaline.

Il doit être bien transparent, d'une belle couleur verte qui se donne quelquefois au moyen de l'indigo. Il est formé ordinairement de

Deutoxide de potassium ou potasse....... 9,5
Huile................................... 44
Eau.................................... 46,5
$$\overline{}$$
100,0

1497. Les savons qui se font avec la potasse et les graisses ne servent que pour les usages de la toilette : ils ont un peu plus de consistance que le beurre, et peuvent s'aromatiser facilement avec toutes les huiles essentielles. Ils se préparent comme le savon vert dont nous venons de parler.

1498. Il y a une autre espèce de savon qui se fabrique avec les graisses et avec la potasse, mais qui est de suite converti en savon dur, au moyen d'une dissolution de muriate de soude, dont l'acide se porte sur la potasse, et la soude sur la graisse. On sépare le savon de la lessive, et on termine la cuite en la convertissant en savon blanc, ou en savon marbré, comme nous venons de l'indiquer. Ce procédé est employé en grand dans tous les pays où les savons de graisses sont en usage, et où la soude est à un prix plus élevé que la potasse.

Des Huiles essentielles.

1499. Toutes les huiles essentielles ou volatiles sont âcres, caustiques, odorantes, sans viscosité. Presque toutes sont plus légères que l'eau (*a*). Plusieurs sont colorées, les unes en jaune, d'autres en vert, d'autres en bleu; il est probable qu'elles doivent cette propriété à des corps étrangers.

1500. Quoique douées d'une forte odeur, elles n'entrent point en ébullition si facilement que l'eau. Lorsqu'on en verse une certaine quantité dans une capsule, et qu'on en approche un corps en combustion, elles s'enflamment sur-le-champ et répandent une fumée noire et épaisse. Mises en contact avec 2 à 300 fois leur volume de gaz oxigène, à la température ordinaire, dans un flacon fermé, elles cèdent peu à peu une portion de leur carbone et de leur hydrogène à ce gaz, s'épaississent d'abord, se solidifient ensuite, et se transforment ainsi en des substances analogues aux résines; elles se comportent de la même manière avec l'air dans les mêmes circonstances. Leur action sur le potassium, et surtout sur le sodium, quand elles sont bien pures, est nulle ou presque nulle à froid.

Toutes sont susceptibles de se dissoudre en petite quantité dans l'eau, et en grande quantité dans l'alcool : chargés d'huile essentielle, l'alcool prend le nom d'*esprit*, et l'eau celui d'*eau aromatique*. On distingue les eaux aromatiques et les esprits par le nom

---

(*a*) Il n'y en a qu'un très-petit nombre qui se dépose au fond; on ne connaît guère que l'huile de sassafras, de girofle.

de la plante ou de la partie de la plante avec laquelle on les prépare. C'est ainsi qu'on appelle *eau de lavande*, *esprit de lavande*, l'eau et l'esprit de vin tenant en dissolution de l'huile essentielle de lavande. Toutes les dissolutions alcooliques d'huile essentielle sont toujours décomposées par l'eau : celle-ci s'empare de l'alcool et sépare l'huile, de telle sorte que la liqueur prend un aspect laiteux.

Les huiles essentielles sont susceptibles d'absorber une grande quantité de gaz muriatique et d'en neutraliser une partie. Quelques-unes même acquièrent, par cette absorption, la propriété de cristalliser : telle est principalement l'huile essentielle de térébenthine, qui forme avec cet acide un composé qui se rapproche singulièrement du camphre par la plupart de ses propriétés (1567). Versé sur les huiles essentielles, l'acide nitreux liquide les décompose avec violence : il en résulte un grand boursoufflement, beaucoup de chaleur, et sans doute de l'eau, du gaz carbonique, des oxides d'azote ou de l'azote. L'action est plus grande encore, lorsque l'acide nitreux contient environ le tiers de son poids d'acide sulfurique : alors l'huile s'enflamme tout à coup. Pour faire cette expérience avec succès et sans danger, il faut prendre environ 30 grammes d'huile essentielle de térébenthine, 45 grammes d'acide nitreux et 15 grammes d'acide sulfurique très-concentré, placer l'huile dans un creuset, et verser dedans les deux acides au moyen d'un verre attaché à l'extrémité d'une tige ; l'acide sulfurique agit évidemment en absorbant l'eau de l'acide nitreux, et le mettant dans le cas de se décomposer très-facilement. L'acide nitrique a aussi beaucoup d'action sur les huiles essentielles, mais jamais il ne peut les enflammer même par son mélange avec l'acide sulfurique concentré. Le gaz muriatique oxigéné produit avec elles beaucoup de chaleur et une matière visqueuse qui est un composé d'acide muriatique et de corps gras, d'où il suit que ce gaz les deshydrogène en partie.

Jusqu'à présent on n'a fait qu'un petit nombre d'expériences sur la réaction des bases salifiables et des huiles essentielles. Cependant ces expériences suffisent pour prouver que les huiles essentielles et les bases n'ont pas une grande affinité réciproque. Aussi a-t-on proposé de désigner les composés qu'elles peuvent former sous le nom de *savonnules*. Le savonnule qui a été le plus étudié, est celui qui résulte de la combinaison de la soude et de l'huile essentielle de térébenthine : il s'appelle en médecine, *Savon de Starkey*.

Enfin, les huiles essentielles se combinent en toutes proportions avec les huiles fixes. Elles dissolvent les résines, le camphre et même le caout-chouc, propriétés dont les arts tirent un grand parti pour la composition des vernis.

1501. On voit donc, d'après ce qui précède, que les huiles essentielles jouissent de propriétés opposées à celles des huiles fixes. En effet, les huiles essentielles sont âcres, caustiques, très-odorantes, sans viscosité, très-volatiles, susceptibles de s'enflammer par l'approche d'un corps en combustion, sensiblement solubles dans l'eau, incapables de former des combinaisons intimes avec les alcalis. Les huiles fixes, au contraire, sont douces, presque inodores, visqueues, difficilement volatiles, insolubles dans l'eau ; elles ne s'enflamment point par l'approche d'un corps en combustion, et ont beaucoup d'affinité pour les bases salifiables.

1502. *État naturel.* — Les huiles essentielles se trouvent dans tous les végétaux aromatiques ; ce sont ces huiles qui leur communiquent l'odeur qu'ils exhalent : elles se rencontrent dans toutes leurs parties, dans les fleurs, dans les feuilles, dans les tiges, moins fréquemment dans les graines, quelquefois dans les racines ; elles sont toujours renfermées dans de petits utricules placés à la surface de ces différens corps.

Il n'est point de plantes de la famille des labiées, qui n'en contiennent des quantités plus ou moins grandes ; mais il s'en faut beaucoup que celles des autres familles soient dans ce cas.

1503. *Extraction.* — Toutes les huiles essentielles peuvent être extraites par distillation : ce procédé est celui que l'on suit presque toujours ; on l'exécute en distillant de l'eau dans un alambic, comme nous l'avons dit (286), et en mettant avec l'eau elle-même, dans la cucurbite, la plante ou la partie de la plante qui contient l'huile essentielle. La quantité d'eau doit être assez grande pour baigner la plante, et l'on juge que l'opération est terminée, quand l'eau passe sans odeur. L'eau et l'huile essentielle se volatilisent ensemble, se condensent dans le serpentin, et se rendent dans le récipient dont la forme est particulière (*Voyez* pl. 32, fig. 1). Au moyen de ce récipient, qu'on appelle *récipient florentin* ou *italien*, l'eau ne peut pas dépasser le niveau AB. Lorsqu'elle y est parvenue, elle s'écoule par l'anse BC. L'huile, au contraire, se rassemble ordinairement au-dessus de AB, dans la partie du récipient AA AA.

Cependant il en est une petite partie qui se dissout dans l'eau : c'est même ainsi qu'on obtient les eaux aromatiques, et c'est pourquoi l'on doit se servir de préférence d'eau déjà saturée d'huile, à moins qu'on ne veuille obtenir tout à la fois de l'huile et de l'eau aromatique. Il est même des substances dont il serait impossible de se procurer l'huile sans cette précaution, parce qu'elles en contiennent très-peu; telle est la rose. D'ailleurs, on sépare la couche d'huile en la versant avec l'eau dans un entonnoir dont on tient le bec fermé avec le doigt, retirant le doigt au bout de quelques minutes, laissant écouler l'eau et recevant ensuite l'huile dans un flacon : il serait encore mieux de commencer par faire écouler la majeure partie de l'eau par l'anse en inclinant le récipient.

On peut encore se procurer certaines huiles essentielles par la pression; mais ce moyen n'est praticable que sur les zestes dont la partie charnue de quelques fruits est enveloppée. Qui n'a pas été à même d'observer en effet que, en comprimant l'enveloppe de l'orange, on en faisait jaillir une liqueur très-inflammable : c'est aux huiles volatiles ainsi extraites qu'on donne le nom d'*essences*.

1504. *Composition, usages, etc.* — Les huiles essentielles n'ont point encore été analysées : tout nous porte à croire qu'elles contiennent plus de carbone et plus d'hydrogène que celles qui sont fixes.

Les unes sont employées comme aromates; d'autres pour dissoudre les résines; d'autres en médecine, etc.

Nous n'examinerons en particulier que les principales.

1505. *Huile volatile d'anis.* — Blanche, plus légère

que l'eau, solide à +10°, s'extrait des semences
d'anis (*anisum pimpinella*); on l'emploie en médecine et dans l'économie domestique.

1506. *De Bergamote.* — Jaune, plus légère que
l'eau, ne se congèle qu'à plusieurs degrés sous zéro,
s'extrait par la distillation et par la pression de l'écorce
de bergamote *(citrus bergamium)*. Pour l'obtenir par le
dernier procédé, on faīt choix de bergamotes bien sainés
et bien mûres, on en rape l'écorce ; et cette écorce rapée,
ressemblant à une pulpe, est soumise à la presse
dans une étamine très-fine, faite en forme de sac :
bientôt l'huile volatile se sépare ; on la garde en
repos pendant quelque temps ; ensuite on la décante,
et on la conserve dans des vases fermés. Ainsi obtenue, elle est moins fluide que celle qui provient
de la distillation, mais son odeur est plus agréable.
On l'emploie en médecine et comme cosmétique ;
elle nous vient de Portugal, d'Italie et de quelques
autres pays.

1507. *De Citron.* — Jaune, plus légère que l'eau,
s'extrait comme l'essence de bergamote, par la distillation et par la pression de l'écorce du citron
(*citrus médica*).

Employée en médecine et comme cosmétique ; nous
vient du midi de la France et d'Italie.

1508. *Huiles volatiles de cédrat et d'orange.* —
Les huiles volatiles de cédrat et d'orange se préparent
comme celles de citron et de bergamote ; elles nous
viennent des mêmes pays, et sont employées aux
mêmes usages.

1509. *De Canelle.* — Jaune, plus pesante que l'eau,
ne se congèle qu'à plusieurs degrés —°, s'extrait de l'é-

corce du canellier *(laurus cinnamomum)*, qui croît à la Chine, à Ceylan et dans quelques autres îles des Indes.

Employée en médecine et dans les préparations cosmétiques.

1510. *De Girofle.* — D'un jaune orangé, plus pesante que l'eau, se retire des clous de girofle (*caryophillus aromaticus*), que l'on cultive aux Grandes-Indes ; on l'emploie comme assaisonnement, comme parfum et en médecine.

1511. *De Jasmin.* — Cette huile, d'une odeur extrêmement fugace, ne peut s'obtenir et se conserver qu'au moyen du procédé suivant : on étend, au fond d'une boîte en fer blanc, un drap de laine blanche, imprégné d'huile de ben ou d'huile d'olive; on le recouvre d'un lit de fleurs récentes de jasmin (*jasminum officinale*); sur ces fleurs on étend un deuxième drap blanc, imbibé d'huile comme le précédent et recouvert d'un nouveau lit de fleurs; on continue ainsi à mettre successivement des fleurs et des morceaux de drap jusqu'à ce que la boîte en soit remplie, et on comprime le tout au moyen d'un couvercle. Au bout de 24 heures, on retire les fleurs, on les remplace par de nouvelles que l'on dispose comme les premières, et qu'on renouvelle jusqu'à ce que l'huile fixe soit bien chargée d'odeur. Alors on met les morceaux de drap dans l'alcool, on les exprime bien, et on distille au bain-marie ce mélange d'alcool et d'huile odorante; l'alcool se volatilise et se rend dans le récipient, chargé de l'odeur du jasmin; il prend chez les parfumeurs le nom d'essence de jasmin. On prépare de la même manière les essences de lis, de tubéreuse, d'iris, de violette, etc.

Ces essences se préparent dans le midi de la France; elles sont employées comme cosmétiques.

1512. *Huile volatile de lavande.* — Jaune, plus légère que l'eau, se retire des fleurs de lavande (*lavandula spica*); employée en médecine et dans les parfums.

1513. *De Menthe poivrée.* — Jaune, plus légère que l'eau, se retire des feuilles de la menthe poivrée (*mentha piperita*); employée en médecine.

1514. *Huile volatile de fleurs d'orange* ou *neroli.* — Liquide, d'un jaune orangé, plus légère que l'eau, se retire des fleurs d'oranger (*citrus aurantium*); on l'emploie en médecine et comme cosmétique.

1515. *De Romarin.* — Incolore, plus légère que l'eau; elle s'extrait du romarin (*rosmarinus officinalis*), et est employée en médecine et dans la parfumerie.

1516. *De Rose.* — Incolore, plus légère que l'eau; solide à +10°, s'extrait par la distillation des pétales de la rose muscate (*rosa semper virens*); elle nous est apportée de Tunis et du Levant dans de très-petits flacons; on l'emploie comme cosmétique. Respirée en grande quantité, cette huile blesse l'odorat; elle n'est agréable qu'autant que l'on respire à la fois peu de molécules odorantes.

1517. *De Térébenthine.* — Sans couleur, plus légère que l'eau, d'une odeur forte et désagréable; s'extrait de la résine du *pinus maritima;* on l'emploie en médecine et dans la préparation des vernis. (*Voyez* pour sa préparation : Résine de térébenthine (1535).

Des Résines.

1518. Les résines, dont il existe un grand nombre d'espèces, sont des substances solides, cassantes, inodores, insipides ou âcres, un peu plus pesantes que l'eau, demi-transparentes au moins, et d'une couleur tirant le plus ordinairement sur le jaune : aucune n'est conducteur du fluide électrique ; toutes s'électrisent d'une manière négative par le frottement.

Soumises à l'action du feu, les résines se fondent d'abord, et se décomposent ensuite en donnant lieu à divers phénomènes, selon qu'on opère en vases clos ou en vases ouverts : en vases clos, elles se transforment en une grande quantité de gaz hydrogène carburé, d'huile empyreumatique et une petite quantité de charbon. En vases ouverts, elles brûlent avec une flamme jaune, et répandent une grande quantité de fumée noire (1540).

L'air n'a aucune action sur elles, à la température ordinaire. Elles sont toutes insolubles dans l'eau. La plupart au contraire se dissolvent dans l'alcool, dans l'éther sulfurique, dans les huiles grasses, dans les huiles essentielles, et dans la potasse et la soude en liqueur, surtout à l'aide de la chaleur : aussi plusieurs fabricans de savon font-ils entrer dans leur cuite une certaine quantité de poix-résine.

1519. M. Hatchett a examiné avec un grand soin l'action de quelques acides sur les résines : nous rapporterons ses principaux résultats.

1° L'acide nitrique attaque et décompose les résines avec violence ; il se dégage une grande quantité de gaz, et il se forme une liqueur que l'eau ne trouble point, et qui donne, par l'évaporation, une substance vis= queuse, d'un jaune foncé, soluble dans l'alcool et dans l'eau ; en faisant chauffer cette substance avec une nou= velle quantité d'acide nitrique, elle prend peu à peu les propriétés du tannin artificiel. (*Voyez* Tannin).

2° L'acide sulfurique concentré dissout promptement toutes les résines, à la température ordinaire, sans les altérer d'une manière bien sensible. La dissolution est transparente, visqueuse, d'un brun-jaunâtre et sus- ceptible d'être décomposée par l'eau, qui en précipite sur-le-champ la résine ; en la chauffant, elle se fonce en couleur ; et bientôt il se dégage beaucoup de gaz sulfureux, il se forme de l'eau, un peu d'acide car- bonique et il se dépose une grande quantité de charbon. Si on l'étend d'eau avant qu'elle prenne la couleur noire, et si l'on fait digérer dans l'alcool le précipité que l'on obtiendra, il en résultera une liqueur d'où l'on pourra extraire du tannin artificiel : il suffira d'en vaporiser l'alcool et de traiter le résidu par l'eau ; la partie dis- soute sera le tannin artificiel pur.

3° L'acide muriatique liquide et l'acide acétique con- centré sont aussi susceptibles de dissoudre les résines, mais moins promptement que l'acide sulfurique ; soit que l'opération se fasse à froid ou à chaud, les résines ne sont point altérées, et toujours on peut les préci- piter par l'eau.

1520. *État naturel, Extraction.* — Les résines se trouvent presque toutes contenues dans des arbrisseaux ou des arbres de différentes hauteurs. La plupart sont unies à des huiles essentielles qui les ramollissent. On les obtient en les laissant exhuder naturellement de ces arbres ou arbrisseaux, et le plus souvent en facilitant leur écoulement par des incisions. Dans tous les cas, on les sépare ensuite par la chaleur, de l'huile qu'elles peuvent contenir..

1521. *Composition.* — Les résines sont toutes composées d'une grande quantité de carbone, d'hydrogène et d'une petite quantité d'oxigène. Celle du pin, la seule qui ait été analysée jusqu'ici avec exactitude, contient sur 100 : 75,944 de carbone ; 10,719 d'hydrogène ; 13,337 d'oxigène : ou bien 75,944 de carbone ; 15,156 d'oxigène et d'hydrogène dans les proportions nécessaires pour faire l'eau ; 8,900 d'hydrogène.

1522. *Usages.* — Les résines ont divers usages ; c'est principalement dans la composition des vernis qu'on les emploie. Nous allons les décrire telles qu'elles se trouvent dans le commerce, c'est-à-dire, unies presque toujours à de l'huile essentielle.

1523. *Résine animé*, d'un jaune de soufre, très-odorante, pèse spécifiquement 1,028, découle de l'*hymenæa courbaril* ou *carouge*, arbre de l'Amérique septentrionale ; employée en médecine et dans la préparation des vernis.

1524. *Baume de Copahu*, d'un blanc-jaunâtre, d'une consistance d'huile, s'épaississant par la vétusté, d'une odeur forte, d'une saveur âcre et amère, pèse spécifiquement 0,95, s'extrait par incision du *copaifera officinalis*, arbre qui croît dans l'Amérique méridionale et dans les Indes occidentales. On l'emploie en médecine comme vulnéraire et détersif.

1525. *Baume de la Mecque, de Judée.* Cette résine découle de l'*amyris opobalsamum*, arbre qui croît en Arabie, surtout près de la Mecque ; blanchâtre d'abord, elle devient limpide au bout de quelque temps ;

son odeur est suave ; sa saveur âcre, amère, astringente ; lorsqu'elle est récente, elle est spécifiquement
moins pesante que l'eau. Elle est très-recherchée par
les Turcs, et très-rare en Europe.

Celle dont on fait usage en médecine, provient de
la décoction des rameaux et des feuilles de l'arbre ; elle
est plus épaisse et moins odorante que la précédente ;
on l'emploie comme antiseptique et vulnéraire.

1526. *Résine copale*, fragile, d'un blanc tirant sur
le brun, quelquefois transparente ; répand, par le
frottement, une légère odeur ; pèse spécifiquement de
1,045 à 1,139 ; ne se dissout dans l'alcool et dans l'essence de térébenthine qu'à l'aide de précautions particulières, et se distingue, par cela même, de la plupart des autres résines ; elle provient du *rhus copal-
linum*, arbre de l'Amérique septentrionale. On l'emploie dans la préparation des vernis.

1527. *Résine élémi*, d'un jaune-blanchâtre, tirant
un peu sur le vert, demi-transparente, d'une odeur
approchant de celle du fenouil ; pèse spécifiquement
1,018 ; découle par incision de l'*amyris élémifera*, arbuste de l'Amérique méridionale ; nous vient, par la
voie du commerce, sous forme de gâteaux arrondis et
enveloppés dans des feuilles d'iris : quelques arbres
peu connus d'Arabie et d'Éthiopie en fournissent aussi.
On l'emploie en médecine comme antiseptique, fon-
dante et détersive.

1528. *Gomme laque*, fragile, transparente, d'un
rouge-jaunâtre, sans odeur, d'une saveur faiblement
astringente et amère ; déposée par l'insecte (*coccus
lacca*) sur plusieurs espèces d'arbres des Indes orien-

tales ; employée en médecine , en teinture et dans la préparation de la cire à cacheter et des vernis.

On distingue dans le commerce trois variétés de gomme lacque ; 1° la lacque en bâton ; cette variété paraît être l'ouvrage de l'insecte ; elle est d'un rouge-brun et la plus riche en couleur. 2° La lacque en grains ; elle résulte, dit-on, du traitement par l'eau de la lacque en bâtons ; sa couleur est brune. 3° La lacque plate ou en écailles ; elle n'est vraisemblablement que la première qu'on a tenue en fusion et coulée en pla-'ques minces ; sa couleur est la même que celle de la lacque en grains.

1529. *Mastic.* — Cette résine est en larmes ou grains jaunâtres demi-transparens et cassans ; chauffée, elle répand une odeur agréable ; on l'extrait par incision du *pistachia lentiscus* de l'île de Chio ; elle ressemble beaucoup à la sandaraque, mais elle en diffère en ce que mise dans la bouche, elle se ramollit, tandis que la sandaraque reste fragile et se brise entre les dents.

Employée en médecine et dans la préparation des vernis.

1530. *Sandaraque.* Inodore, en petites larmes arrondies d'un blanc-jaunâtre, transparentes, ayant beaucoup d'analogie avec le mastic ; elle découle du *thuyá articulata* , qui croît en Barbarie ; on l'emploie en médecine et dans la préparation des vernis ; on s'en sert aussi pour empêcher le papier de boire.

1531. *Sang-dragon.* Cette résine est sèche, friable, d'un rouge foncé et presque brun lorsqu'elle est en masse, d'un rouge de sang lorsqu'elle est en poudre, sans odeur, sans saveur ; elle s'extrait par incision du *dracæna draco* , et de plusieurs autres végétaux qui croissent dans l'Inde. On en distingue plusieurs espèces dans le commerce; la plus estimée est celle qui nous est apportée en petites masses renfermées dans des feuilles de roseau.

Le sang-dragon est employé dans la préparation des vernis et dans les dentifrices.

1532. *Térébenthine.* — D'un blanc légèrement jaunâtre, diaphane, d'une consistance de miel, d'une odeur forte, d'une saveur âcre et amère; elle découle naturellement ou par incision de plusieurs arbres, tels que les pins, sapins; on l'emploie en médecine et dans plusieurs arts.

On trouve dans le commerce trois espèces principales de térébenthine : 1° la térébenthine de Chio; 2° la térébenthine de Strasbourg; 3° la térébenthine de Venise. Les deux dernières diffèrent peu entre elles; la première s'en distingue par sa consistance qui est ordinairement plus grande et sa couleur jaune plus foncée; on la préfère pour les usages de la médecine.

1533. On extrait en France une grande quantité de térébenthine du pin maritime (*pinus maritima*), qui croît dans les Landes de Bordeaux. L'on se procure en même temps plusieurs substances résineuses très-employées, telles que le galipot, la colophone, la poix, le goudron, etc. L'importance de ces produits nous engage à entrer dans quelques détails sur leur extraction.

1534. Sur des arbres de 30 ou 40 ans, l'on fait à partir de leurs pieds, du mois de février au mois d'octobre, des entailles ou incisions de 0^{mètre},08 de large, sur 0^{mètre},014 de hauteur ; on les renouvelle une ou deux fois par semaine, et on les continue jusqu'à ce que la dernière soit à la hauteur de 2^{mètres},59 à 2^{mètres},92, ce qui arrive ordinairement au bout de 4 ans; à cette époque, on commence une autre suite d'incisions au côté opposé; et on en fait successivement de nouvelles tout autour de l'arbre. Pendant cet intervalle, les anciennes entailles s'étant fermées, on en pratique de nouvelles sur leurs bords; et on peut, en les faisant avec précaution, obtenir pendant 100 ans de la résine d'un arbre bien soigné dans son exploitation. D'ailleurs, on pratique une petite cavité dans la terre au bas de l'arbre, pour recevoir la résine qui s'en écoule et qu'on nomme térébenthine brute. Cette cavité se remplit ordinairement tous les mois. Il y a des portions de résine qui se figent pendant l'été à la surface des incisions; on les détache pendant l'hiver; elles prennent le nom de *barras*, de *galipot* ou de *résine blanche*.

La térébenthine brute et le galipot contiennent toujours des matières étrangères : on les purifie en les fondant, les décantant et les passant à travers un filtre de paille. Le galipot purifié s'appelle *poix jaune*, *poix de Bourgogne*.

1535. C'est en soumettant la térébenthine pure à la distillation qu'on obtient l'huile essentielle de térébenthine et la colophone, qu'on appelle aussi *bray-sec* : l'huile essentielle passe dans les récipiens; la colophone reste dans la cucurbite à l'état liquide; par le refroidissement, elle devient solide, brune et cassante.

De 125$^{kilog.}$ de térébenthine, on retire environ

15$^{kilog.}$ d'essence, et par conséquent 110$^{kilog.}$ de colophone.

1536. La résine jaune n'est autre chose que le
galipot tenu en fusion, agité pendant quelque temps,
et versé sur un filtre de paille.

1537. *Poix noire.* — Il reste dans les copeaux provenant des incisions des arbres et les crasses des filtres
de paille qui ont servi à purifier la térébenthine et
le galipot, une certaine quantité de résine : l'on s'en
sert pour se procurer la poix noire. A cet effet, on
remplit de ces matières, des fours de 18 à 20 décimètres de circonférence et de 2 à 3 mètres de haut;
on met le feu à la partie supérieure ; la flamme
gagne de proche en proche, liquéfie la résine contenue dans ces substances, et la fait descendre sur le
sol du four, d'où elle est conduite par un canal
dans une cuve à moitié pleine d'eau, placée à l'extérieur. La résine ainsi obtenue est roussâtre et presque liquide : pour lui donner de la consistance et
une couleur noire, on la porte dans une chaudière
de fonte placée sur un fourneau, on l'y fait cuire
comme la résine ; seulement on emploie le double de
temps, et on prend moins de précautions que pour
celle-ci ; on la coule ensuite dans des moules de terre
noire, et l'opération est terminée.

1538. *Goudron.* — Il arrive une époque à laquelle
les arbres ne sont plus susceptibles de fournir de térébenthine; alors on en retire du goudron ; on en coupe
le bois très-menu pendant l'hiver, et on le laisse
sécher jusqu'à l'été. A cette époque, on entasse ces
morceaux de bois dans un four en forme de cône
renversé, dont le sol est carrelé ; et lorsqu'il en est

rempli, on continue d'en ajouter de manière à former un deuxième cône, dont la base s'appuie sur le premier; puis on le couvre de gazon et on y met le feu. La chaleur ne tarde point à rendre fluide la portion résineuse du bois, et à la faire descendre vers la partie la plus basse du sol, d'où elle est portée par un canal souterrain dans un réservoir placé à l'extérieur. C'est cette matière résineuse, en partie charbonnée, qui constitue le goudron.

1539. *Bray gras.* — Parties égales de goudron, de bray sec et de poix noire, cuits ensemble dans une chaudière de fonte, forment le bray gras; on le met dans des futailles, ou bien on le coule en moule; une plus grande quantité de bray sec ajoutée à ce mélange, forme la poix bâtarde.

1540. *Noir de fumée.* — Le noir de fumée est le dernier produit de l'exploitation des pins, etc.; il s'obtient en brûlant, dans un appareil particulier, les écorces de ces arbres, les résidus de goudron, de résine, etc. Cet appareil consiste en un fourneau communiquant par un tuyau incliné avec une chambre ou tour ronde dont le toit conique est percé d'un trou; au centre du toit est suspendu un cône en toile dont la base tendue par un cerceau, affleure les parois de la chambre, qui sont revêtues de peaux de mouton; le tout étant ainsi disposé, on place sur le fourneau une chaudière remplie de résidus de résines, etc.; on chauffe; les matières résineuses ne tardent point à fondre, à se décomposer et à produire une épaisse fumée qui, par la disposition de l'appareil, est obligée de se rendre dans la chambre par le tuyau dont nous venons de parler. Le noir de fumée se dépose partie dans l'intérieur du cône, et partie sur les parois de la chambre. Lorsque la combustion est achevée et que la couche de noir est suffisamment épaisse, on descend le cône de toile jusqu'à hauteur convenable pour recueillir plus facilement le noir.

Des Gommes résines.

1541. Lorsqu'on fait des incisions aux tiges, aux branches ou aux racines de quelques végétaux, il en découle un suc laiteux qui se durcit peu à peu à l'air, et qui paraît formé de résine et d'huile essentielle, tenues en suspension dans de l'eau chargée souvent de gomme et de plusieurs autres matières végétales : c'est à ce suc devenu ainsi solide qu'on donne le nom de *gomme-résine* ; nom impropre, puisqu'il donne une fausse idée du corps qu'il représente. Quoique les gommes-résines ne soient, d'après ce qui précède, que des mélanges de substances immédiates, nous en ferons l'histoire d'une manière particulière, parce qu'il en est plusieurs qui sont employées, surtout en médecine.

1542. Les gommes-résines sont contenues dans les vaisseaux propres des végétaux. On les obtient en général, comme nous venons de le dire, par incision et évaporation spontanée. Elles sont toutes solides, plus pesantes que l'eau ; presque toutes sont opaques et très-cassantes ; la plupart ont une saveur âcre et une forte odeur ; leur couleur est très-variable.

L'eau les dissout en partie ; il en est de même de l'alcool. La dissolution aqueuse ne devient que difficilement transparente : lorsqu'on verse de l'eau dans la dissolution alcoolique, elle se trouble sur-le-champ, la partie résineuse s'en sépare dans un état de division extrême, et donne à la liqueur l'aspect laiteux. Il paraît, d'après M. Hatchett, qu'elles sont solubles à chaud dans la potasse et la soude en liqueur ; et que l'acide sulfurique, après en avoir opéré la solution, les convertit peu à peu en charbon, et en tannin artificiel. (*Voyez Tannin*).

Il s'en faut beaucoup que toutes les gommes-résines soient employées ; on ne se sert, pour ainsi dire, que des suivantes :

1543. *Assa fœtida.* — En masse, d'un brun-rougeâtre, opaque, parsemé de petits fragmens blancs, d'une odeur fétide et alliacée.

On l'extrait par incision de la racine du *ferula assa fœtida*. Il nous vient des Indes orientales et est composé, d'après M. Pelletier, de : résine particulière 65 ; huile volatile 3,60 ; gomme 19,44 ; bassorine (*a*) 11,66 ; malate acide de potasse 0,30. (Bulletin de Pharmacie, décembre, 1811, p. 556).

1544. *Gomme ammoniaque.* — En masse ou en larmes, d'un jaune-pâle, d'une odeur faible et désagréable, d'une saveur nauséabonde et mêlée d'amertume ; elle s'obtient par incision d'une plante inconnue de la famille des ombellifères, et nous est apportée

___

(*a*) Bassorine ou gomme de Bassora : c'est une substance qui, suivant M. Vauquelin, jouit de propriétés particulières ; par exemple, elle se gonfle considérablement dans l'eau froide sans s'y dissoudre ; elle ne se dissout même pas dans l'eau bouillante : les acides nitrique et muriatique très-étendus d'eau, la dissolvent au contraire, très-bien à chaud.

des Indes orientales ; elle est composée , d'après
M. Braconnot, de : gomme 18,4 ; résine 70 ; matière
glutiniforme 4,4 ; eau 6,0 ; perte 1,2. (*Voyez Annales
de Chimie*, tome 68, page 69).

1545. *Euphorbe.* — En larmes irrégulières, jaunâtre, inodore, friable, d'une saveur âcre et caustique, irritant violemment l'organe de l'odorat, lorsqu'on
en respire en poudre même une très-petite quantité.
On l'extrait par incision en Egypte de *l'euphorbia
officinarum* et de *l'euphorbia antiquorum* ; elle est
composée, d'après M. Pelletier, de : résine 60,80 ; malate de chaux 12,20 ; malate de potasse 1,80 ; cire
14,40 ; bassorine et ligneux 2 ; huile volatile et eau 8 ;
perte 0,80. (Bulletin de Pharmacie, novembre 1812,
p. 502.)

1546. *Galbanum.* — En masse, peu fragile, roussâtre extérieurement, blanchâtre intérieurement, opaque ou quelquefois demi-transparent, d'une odeur
forte, d'une saveur âcre et amère. On l'obtient par
des incisions faites au collet de la racine du *bubon galbanum*, et par l'évaporation du suc laiteux qui en [dé-
coule ; il nous vient de l'Ethiopie, et contient, d'après
M. Pelletier (Bulletin de Pharmacie, mois de mars
1812, p. 97) : résine 66,86 ; gomme 19,28 ; bois et
corps étrangers 7,52 ; malate acide de chaux (des
traces) ; huile volatile et perte 6,34.

1547. *Gomme gutte.* — En masse, d'un jaune-
brun à l'extérieur et d'un jaune-rougeâtre à l'intérieur, opaque, inodore, friable, d'une cassure vitreuse, donnant par la trituration, une poudre d'un
beau jaune, presqu'insipide d'abord, puis âcre et amère.

Elle s'extrait par incision du *cambogia gutta*, et nous vient des Indes orientales ; on l'emploie non-seulement en médecine , mais encore en peinture. Composée, d'après M. Braconnot, de gomme 20 ; résine 80. (*Voyez* Ann. de Chimie , tome 68 , page 33).

1548. *Myrrhe.* — En larmes ou en grains de différentes grosseurs, roussâtre ou d'un jaune-brun, plus ou moins transparente , d'une cassure vitreuse, d'une odeur agréable, d'une saveur amère et légèrement âcre.

On l'obtient par incision d'une plante peu connue; elle nous vient de l'Arabie et de l'Ethiopie; suivant M. Pelletier (Bulletin de Pharmacie, mois de février 1812, p. 49), elle est formée de résine 34; gomme 66.

1549. *Oliban* (encens des Anciens). — En masse ou en larmes plus ou moins transparentes, jaunâtre, fragile, d'une saveur amère et nauséabonde, répandant en brûlant une odeur agréable.

On l'extrait du *juniperus lycia*, arbre qui croît en Arabie et dans quelques autres lieux d'Afrique. Il est principalement employé comme parfum. Il a été examiné par M. Braconnot. (Annales de Chimie , t. 68, page 60.)

1550. *Opoponax.* — En larmes ou en grains de différentes grosseurs; d'un jaune rougeâtre à l'extérieur, d'un blanc sale à l'intérieur, opaque, friable, d'une odeur forte et désagréable, d'une saveur âcre et amère.

On l'extrait par incision, dans le Levant, de la racine du *pastinaca opoponax*, etc. Il est composé, d'après M. Pelletier (Ann. de Chimie, t. 79, p. 90), de : résine 42; gomme 33,40 ; ligneux 9,80 ; amidon 4,20;

acide malique 2,80; matière extractive 1,60; cire 0,30; caout-chouc des traces; huile volatile et perte 5,90.

1551. *Scammonée.* — On distingue deux variétés de scammonée, toutes deux en masse opaque : la scammonée d'Alep et la scammonée de Smyrne. La première est d'un gris cendré, légère, friable, brillante, transparente dans sa cassure. Elle est composée, d'après MM. Bouillon-Lagrange et Vogel, de 60 de résine, de 3 de gomme, de 2 d'extractif, de 35 de débris de végétaux, matière terreuse, etc. La seconde est noire, plus pesante, moins friable que la première, et beaucoup moins estimée. Suivant les mêmes chimistes, elle est formée de 29 de résine, de   de gomme, de 5 d'extractif, de 58 de débris de végétaux, matière terreuse, etc. (Annales de Chimie, t. 72, p. 69.)

1552. *Aloès.* — L'aloès est un suc concret fourni par *l'aloe soccotorina*, et *l'aloe perfoliata*, arbres qui croissent aux Grandes-Indes.

On distingue dans le commerce trois espèces d'aloès: 1° l'aloès succotrin; 2° l'aloès hépatique; 3° l'aloès caballin. Les deux premiers seulement sont employés en médecine. Le troisième n'est d'usage que dans la médecine vétérinaire.

L'aloès succotrin est d'un rouge-brun jaunâtre, demi-transparent, friable, d'une saveur très-amère et d'une odeur nauséabonde. Sa poudre est d'une belle couleur jaune: on l'obtient, suivant M. Braconnot, en coupant transversalement les feuilles de *l'aloe perfoliata*, et plaçant au-dessous, des vases de terre pour recevoir le suc, que l'on fait ensuite épaissir au soleil (*a*).

(*a*) Suivant M. Virey, on l'obtient par expression.

L'aloès hépatique est d'une couleur plus foncée et moins brillante que celle du précédent. Son odeur est aussi plus désagréable et sa saveur plus amère.

L'aloès caballin est beaucoup moins pur que les deux premiers.

1552 *bis*. D'après M. Braconnot, l'aloès est une substance particulière qu'il propose de nommer *resino-amer*.

D'après MM. Bouillon-Lagrange et Vogel, il est composé de deux substances bien distinctes : l'une, qui se rapproche beaucoup des résines ; l'autre, qui est soluble dans l'eau, et qui ne diffère de l'extractif que par quelques nuances.

M. Trommsdorff s'en fait encore une autre idée. (Ann. de Chimie, t. 68, p. 11). Selon lui, l'aloès succotrin est formé, sur 100 parties, de

Principe savonneux amer.................. 75
Acide gallique............... une trace
Résine................................. 25
                                        _____
                                         100

Et l'aloès hépatique de

Principe savonneux.................. 81,25
Acide gallique............. une trace
Résine............................. 6,25
Albumine........................... 12, 5
                                     _____
                                      99,55

D'après MM. Bouillon-Lagrange et Vogel (Ann. de Chimie, t. 68, p. 155), le premier de ces aloès est composé de

Extractif............................... 68
Résine................................. 32
_____
100

Et l'aloès hépatique de

Extractif............................... 52
Résine................................. 42
Matière insoluble, ou albumine végétale coagulée de Trommsdorff..................... 6
_____
100

Des Baumes.

1553. Les baumes ne sont pas plus que les gommes résines, des substances immédiates particulières. Ils sont composés de résine, d'acide benzoïque, et quelquefois d'huile essentielle. On en distingue cinq espèces: il y en a deux de solides, le benjoin, le storax ; et trois de liquides ou visqueux, le baume du Pérou, le baume de tolu et le styrax : ce sont ceux-ci qui contiennent une quantité remarquable d'huile.

1554. *Baume du Pérou.* — On extrait ce baume du *miroxillon perviferum*, qui croît au Pérou, au Mexique, etc., tantôt par incision, et tantôt en faisant évaporer la décoction de l'écorce et des branches de cet arbre.

Celui qu'on extrait par incision est très-rare: on l'apporte dans les enveloppes des fruits du cocotier : de là le nom qu'il prend de *baume en coque.*

Blanc jaunâtre et presque liquide d'abord, il devient ensuite brun et très-épais. Son odeur est suave, et sa saveur âcre et amère.

L'autre est beaucoup plus commun que le précédent, d'un rouge-brun, d'une consistance syrupeuse; son odeur est agréable, et sa saveur âcre et piquante.

1555. *Baume de Tolu.* — Récent, il est liquide; il acquiert ensuite peu à peu une consistance solide et devient cassant; son odeur est agréable, et sa saveur âcre et amère.

On l'extrait par incision de l'écorce du *toluifera balsamum*, qui croît dans la province de Tolu, près Carthagène, en Amérique.

1556. *Benjoin.* — Solide, d'un rouge-brun, offrant le plus souvent çà et là des grains ou des larmes d'un blanc jaunâtre, friable, d'une cassure vitreuse, d'une odeur agréable, d'une saveur peu marquée.

Il s'extrait par incision de plusieurs arbres, et surtout du *laurus benzoe*, qui croît à Siam, à Java et dans plusieurs autres endroits de l'Inde. On l'emploie non-seulement en médecine, mais encore pour obtenir l'acide benzoïque (1362) et comme cosmétique. Le plus estimé est celui qui est parsemé de taches blanchâtres : il prend le nom de *benjoin amygdalin*.

1557. *Storax calamite.* — Ce baume est solide, rougeâtre, d'une odeur suave qui tient de celle du benjoin, et d'une saveur âcre. Quelquefois il est sous forme de larmes pures, mais le plus souvent en masse friable, mêlée de beaucoup de sciure de bois.

On l'extrait par incision du *storax officinale*, qui croît dans le Levant;

1558. *Styrax liquide.* — D'un gris verdâtre plus ou moins foncé, opaque, d'une consistance de miel, d'une odeur moins agréable que celle du storax calamite, d'une saveur âcre.

Il paraît provenir de la décoction des jeunes branches du *liquidambar styraciflua*, qui croît surtout en Virginie et au Mexique.

Du Caout-chouc.

1559. *Propriétés.* — Le caout-chouc, nommé aussi gomme élastique, résine élastique, est une substance solide, blanche, inodore, insipide, molle, flexible, extrêmement élastique, assez tenace, qui fut apportée d'Amérique en Europe au commencement du dix-huitième siècle. Sa pesanteur spécifique est de 0,9335, suivant Brisson.

Cette substance entre en fusion à une température peu élevée, et prend la consistance de goudron, qu'elle conserve même après son refroidissement. En la distillant, on en retire une certaine quantité d'ammoniaque, ce qui prouve que l'azote est l'un de ses principes constituans. Mise en contact avec la flamme d'une bougie, elle s'enflamme promptement, brûle avec rapidité et répand une odeur fétide. Elle est inaltérable à l'air, insoluble dans l'eau et dans l'alcool. Lorsqu'on la tient pendant long-temps dans l'eau bouillante, ses bords se ramollissent de telle sorte qu'en les rapprochant et les tenant pressés l'un contre l'autre, ils finissent par adhérer ensemble avec beaucoup de force. (Grossart, Ann. de chimie, tom. 40, p. 153). Cette propriété a même été mise à profit pour faire des tubes de caout-chouc. Les huiles essentielles sont le véritable dissolvant du caout-chouc ; elles le dissolvent très-bien à chaud, surtout lorsqu'il a été ramolli dans l'eau bouillante , comme nous venons de le dire (*a*). L'éther sulfurique pur , privé par l'eau de l'alcool qu'il contient, dissout aussi le caout-chouc, mais moins bien que les huiles essentielles : l'alcool , qui a beaucoup d'affinité pour l'éther, trouble tout à coup cette dissolution.

Les alcalis, suivant M. Thomsom, le transforment en une espèce de matière glutineuse, mais n'en dissolvent que très-peu. L'acide sulfurique le charbonne ; l'acide nitrique agit sur lui avec assez de force et s'empare d'une partie de son hydrogène et de son carbone ; l'acide muriatique ne l'attaque pas.

L'on doit à M. Gough diverses expériences dont les résultats sont très-curieux : nous allons les citer. Que l'on prenne une lanière de caout-chouc d'environ 5 centimètres de longueur et de quelques millimètres d'épaisseur et de largeur ; qu'on la plonge dans l'eau jusqu'à ce qu'elle se ramollisse, et qu'alors on la tende avec force , il se produira sensiblement de la chaleur ; cette chaleur disparaîtra sur-le-champ en laissant la lanière revenir à son premier état, sans

_____

(*a*) Peut-être vaudrait-il mieux opérer la dissolution du caout-chouc par l'huile essentielle dans la machine de Papin : alors il serait inutile de le ramollir d'abord ; on le mettrait dans cette machine avec l'huile essentielle, par exemple , avec celle de térébenthine, et l'on soumettrait le tout à une chaleur d'environ 180 à 200 degrés, telle enfin que ni l'huile, ni le caout-chouc ne se décomposassent. D'ailleurs, on parviendrait aussi, bien plus facilement, à ramollir le caout-chouc en le traitant par l'eau dans la machine de Papin, que dans un vase ouvert, parce qu'on élèverait la température au degré que l'on désirerait.

doute parce que le caout-chouc occupe plus de volume sous cet état que dans son état de tension. Qu'on tende de nouveau la lanière; qu'en cet état on la tienne plongée dans l'eau froide, pendant 1 à 2 minutes, on verra, en abandonnant l'un de ses bouts, qu'elle aura perdu beaucoup de son élasticité; mais elle la reprendra toute entière par la chaleur de la main ou celle de l'eau.

1560. *État naturel, Extraction.* — Le caout-chouc se trouve contenu en quantité assez considérable dans l'*hœvea caout-chouc*, le *jatropa elastica*, le *ficus indica* et l'*artocarpus integrifolia* qui sont: les deux premiers, des arbres de l'Amérique méridionale; et les deux derniers, des arbres des Indes occidentales. Pour extraire le caout-chouc de ces arbres, il suffit de les inciser; il en sort un suc laiteux qui peu à peu absorbe l'oxigène de l'air, suivant Fourcroy, et se prend en une masse blanchâtre qui est le caout-chouc même. Ce n'est point sous cet état que le caout-chouc nous vient d'Amérique; il nous arrive le plus souvent sous la forme de poire. A cet effet, les naturels font un moule pyriforme en terre; et après avoir appliqué une première couche de suc sur ce moule, ils la font sécher en l'exposant à la fumée; ils en appliquent ensuite une seconde, une troisième, etc., qu'ils font sécher successivement comme la première; puis ils brisent le moule et le font sortir en fragmens par un trou qu'ils ménagent au haut de la poire. Ils font sur ces poires des dessins en creux, avant qu'elles aient acquis tout le degré de consistance qui leur est propre.

Les arbres que nous venons de citer ne sont pas

les seuls qui contiennent du caout-chouc ; on le
trouve encore dans plusieurs autres, et même dans
un grand nombre de plantes, particulièrement dans
les diverses espèces de *guy*; mais il est souvent mêlé
avec diverses substances immédiates ; de sorte que,
pour l'obtenir pur, l'on est obligé de le séparer chi-
miquement de ces substances.

1561. *Composition.* — Quoiqu'on n'ait point encore
analysé le caout-chouc, il doit paraître évident, en
raison de son analogie avec les résines, qu'il ne contient qu'une petite quantité d'oxigène, et qu'il contient
au contraire beaucoup de carbone et d'hydrogène.
Peut-être l'azote est-il aussi l'un de ses principes
constituans : ce qui tend à le prouver, c'est qu'en
distillant le caout-chouc, l'on obtient de l'ammoniaque ; mais comme la quantité qui s'en forme est
très-petite, il serait possible qu'elle fût due à des
matières étrangères.

1562. *Usages.* — Le caout-chouc est principalement employé pour faire des sondes, effacer les traces
de crayon, et composer des vernis qui ont l'avantage
de ne point s'écailler.

De la Cire.

1563. La cire, qu'on peut regarder comme une
huile fixe concrète, est très-répandue dans la nature.

1º Suivant M. Proust, elle fait partie de la fécule verte de plusieurs plantes, et particulièrement
du chou; elle entre dans la composition du pollen de
toutes les fleurs ; elle recouvre l'enveloppe des prunes
et d'un grand nombre d'autres fruits.

2º L'on trouve, sur la surface supérieure des feuilles

de beaucoup d'arbres un vernis qui paraît jouir de toutes les propriétés de la cire. Pour s'en procurer une certaine quantité, il faut écraser les feuilles, les faire digérer successivement dans l'eau et dans l'alcool, jusqu'à ce que toutes les parties solubles dans ces agens soient dissoutes, et ensuite verser sur le résidu 5 à 6 fois son poids d'ammoniaque liquide. Après quelques heures de macération, l'on filtre la liqueur et l'on en sature l'alcali par un acide étendu : le vernis se précipite en poudre jaune ; on le purifie en le lavant et le fondant.

3° Le *myrica cerifera*, arbrisseau qui croît très-abondamment dans la Louisiane et dans d'autres parties de l'Amérique septentrionale, contient aussi beaucoup de cire qui se trouve, suivant Cadet, à la surface des baies que produit cet arbrisseau. L'extraction s'en fait facilement ; il suffit de mettre les baies dans l'eau bouillante et de les froisser contre les parois de la chaudière ; la cire entre en fusion et se rassemble à la surface du bain ; on l'enlève, on la passe à travers un linge ; et lorsqu'elle est devenue concrète, on la fond de nouveau et on la coule. Dans cet état, la cire est verdâtre, couleur qu'elle doit sans doute à des matières étrangères ; car, en la dissolvant à chaud dans l'éther, elle se sépare, sous forme de lames presque blanches, par le refroidissement de la liqueur, et celle-ci reste teinte en vert. (*Voyez* le Mémoire de Cadet, Ann. de Chimie, tome 44, page 140). D'un seul arbrisseau, on peut retirer jusqu'à 3 kilogrammes de cire : 4 parties de baies en donnent une. M. Hatchett admet dans la laque une certaine quantité de cire analogue à celle du *Myrica*.

4° Le *pela* des Chinois est une espèce de cire qu'ils retirent d'un insecte.

5° On trouve également de la cire dans les *myrica angustifolia*, *latifolia* et *cordifolia*. Enfin le *gale*, le *ceroxylon andicola*, le chaton mâle du bouleau, de l'aulne, du peuplier, du fresne, contiennent une certaine quantité de cire.

La cire étant si répandue, il est naturel de penser que les abeilles ne la forment point, et qu'elles ne font que la recueillir. Cependant M. Hubert est d'une opinion contraire, et il en donne pour preuve qu'en les nourrissant de sucre, elles fournissent beaucoup de cire; preuve à laquelle il n'y a rien à répliquer, si, ce qui est vraisemblable, l'expérience a été bien faite.

Toutes les espèces de cire dont nous venons de parler sont-elles identiques? Cela n'est pas probable. Il y a peut-être autant de différence entre plusieurs d'entr'elles qu'entre les diverses huiles. Ce que nous allons dire ne s'appliquera principalement qu'à la cire des abeilles (1444).

La cire est solide, blanche, cassante, insipide, presqu'inodore (*n*); sa pesanteur spécifique est de 0,96 (Bostock).

Elle entre en fusion à 68 degrés environ, brûle facilement, devient blanche par le contact de l'air humide, ou de l'acide muriatique oxigéné, est insoluble dans l'eau, ne se dissout point à froid

(*a*) La cire des abeilles, récemment extraite, a une odeur assez forte; mais elle la perd presqu'entièrement, lorsqu'on l'expose à l'air, pendant quelques jours, en rubans minces : ce qui prouve que cette odeur lui est étrangère.

dans l'alcool et l'éther, et ne s'y dissout même à chaud qu'en petite quantité ; se dissout beaucoup mieux dans les huiles essentielles et dans les huiles grasses, et forme de véritables savons avec la potasse et la soude.

L'analyse qui en a été faite (Recherches Physico-Chimiques) prouve qu'elle est composée de 81,784 carbone, de 12,672 d'hydrogène et de 5,544 d'oxigène.

Ses usages sont assez variés ; nous n'exposerons que les principaux : combinée avec l'huile d'olive, elle forme le cérat ; c'est avec elle qu'on prépare toutes les pièces artificielles d'anatomie ; l'on s'en sert pour injecter des vaisseaux ; la bougie est uniquement composée de cire.

Du Camphre.

1564. *État naturel, extraction.* — Le camphre est une substance immédiate particulière qui a beaucoup d'analogie avec les résines, mais qui en diffère cependant par plusieurs propriétés.

On le trouve uni à l'huile essentielle dans plusieurs plantes de la famille des labiées, et pour ainsi dire libre dans plusieurs espèces de *laurus*, arbre très-commun en Orient. C'est toujours du *laurus camphora* qu'on l'extrait pour les besoins du commerce, et surtout de la médecine, où il est souvent employé. L'extraction s'en fait particulièrement au Japon : on divise le bois du *laurus*, et on le chauffe avec de l'eau dans des grandes cucurbites de fer, surmontées de chapiteaux en terre dont l'intérieur est garni de cordes de pailles de riz. Le camphre entraîné par la vapeur d'eau, se sublime et vient s'attacher à ces cordes, à l'état de poudre grise : on l'en sépare, et, transporté en Europe, on le raffine par une nouvelle sublimation, mais tellement conduite, qu'il prend la forme d'une masse hemi-sphérique transparente et cristalline, forme sous laquelle on le trouve chez les droguistes. La manière d'opérer cette seconde sublimation est tenue secrète. Tout ce qu'on en sait, c'est qu'elle se fait dans des vases de verre et sans l'intermède de l'eau ; elle n'est connue qu'en Hollande et à Paris ; tout le camphre raffiné sort des fabriques de ces deux pays (*a*).

Si l'on voulait se procurer le camphre des labiées, il faudrait d'abord en extraire l'huile et l'exposer ensuite à l'air, à une température de 22 degrés ; l'huile s'évaporerait peu à peu, et le camphre resterait presque tout entier sous forme cristalline. M. Proust en a retiré par ce procédé 0,10 de l'huile de romarin, de marjolaine ; 0,125 de celle de sauge, et 0,25 de celle de lavande.

1565. *Propriétés.* — Le camphre raffiné est solide, blanc, demi-transparent, cassant ; son odeur est forte ; sa saveur âcre, et sa pesanteur spécifique, suivant Brisson, de 0,9887 ; quelques petits grains de camphre, projetés sur l'eau, s'agitent et prennent un mouvement de rotation : une goutte d'huile arrête ce mouvement. (*Ann.* de Chimie, t. 21, 37, 40 et 48.)

Soumis dans un matras à l'action d'une douce chaleur, le camphre se sublime peu à peu sans se

_____

(*a*) Ne serait-il point possible de raffiner le camphre en le distillant avec de l'eau, et de parvenir à lui donner la forme et l'aspect sous lesquels il se trouve dans le commerce, en le fondant ensuite dans un vase d'une forme appropriée ?

fondre. Lorsque la chaleur est forte et subite, il se fond avant de se sublimer. Sa fusion n'a lieu que bien au-dessus de la température de l'eau bouillante. Dans tous les cas, il s'attache aux parois du vase en lames qui paraissent être hexagonales. Le camphre a une si grande tendance à se réduire en vapeur, qu'il se vaporise dans l'air à la température ordinaire ; de sorte qu'on ne peut le conserver que dans des flacons bouchés. Il est très-inflammable ; aussi prend-il feu facilement par le contact d'un corps en combustion, et brûle-t-il sans résidu.

L'eau n'en dissout que des quantités insensibles, et cependant elle ne peut être en contact avec ce corps sans prendre l'odeur qui le caractérise. L'alcool au contraire en dissout une grande quantité, environ les 0,75 de son poids. La dissolution est incolore, très-âcre, même caustique et susceptible d'être décomposée par l'eau, qui en précipite subitement le camphre en flocons.

Les huiles fixes et les huiles essentielles jouissent aussi de la propriété de dissoudre le camphre : elles en dissolvent plus à chaud qu'à froid, et en laissent déposer par le refroidissement sous forme de cristaux, lorsqu'elles ont été saturées à chaud.

Les dissolutions alcalines paraissent être sans action sur le camphre, ou du moins elles n'en dissolvent que des portions extrêmement petites : il n'en est point de même des acides.

L'acide nitrique, par une douce chaleur, dissout facilement le camphre ; il en résulte une liqueur qu'on appelait autrefois *huile de camphre*, à cause de son aspect oléagineux, et dont l'eau opère sur-le-champ sa décomposition de même que celle de l'alcool camphré. En augmentant la chaleur, l'acide et le camphre se décomposent réciproquement ; l'acide camphorique est, l'un des produits de cette décomposition (1412).

L'acide sulfurique concentré nous offre avec le camphre des phénomènes très-remarquables qui ont fixé d'abord l'attention de M. Hatchett, et qu'ensuite M. Chevreul a examinés avec une grande exactitude. En mettant en contact 30 grammes de camphre avec 60 grammes d'acide sulfurique, le mélange ne tarde point à jaunir et à brunir ; pour peu qu'on le chauffe, il s'en dégage beaucoup de gaz sulfureux. Si, au bout de deux heures, l'on verse sur le résidu 60 autres grammes d'acide, et qu'on procède à la distillation, il passera dans le récipient, de l'acide sulfurique faible, de l'acide sulfureux, une huile volatile jaune dont l'odeur sera celle de camphre ; et si, lorsqu'il n'y a presque plus de liqueur dans la cornue, l'on traite le nouveau résidu, qui est tout noir, par l'eau bouillante, à plusieurs reprises, il se partagera en deux parties : en une matière noire insoluble, qui est une combinaison d'acide sulfurique et de charbon très-hydrogéné, et en une substance astringente soluble, qui est formée d'acide et d'une matière particulière. C'est de la distillation qui provient de l'action de l'eau sur le second résidu, qu'on obtient le tannin artificiel de M. Hatchett ; il suffit d'en saturer l'excès d'acide par l'eau de baryte, de filtrer et de faire évaporer la liqueur. (Ann. de Chimie, t. 73, p. 67.)

Parmi les autres acides, il paraît qu'il en est plusieurs tels que l'acide muriatique qui , comme l'acide nitrique , peuvent dissoudre le camphre.

1566. *Composition.* — Quoique le camphre n'ait point encore été analysé , on ne saurait douter, à cause de son analogie avec les résines , qu'il ne soit formé comme elles d'une grande quantité de carbone et d'hydrogène , et d'une petite quantité d'oxigène.

Le camphre de toutes les espèces de *laurus* est sans doute identique ; mais, suivant M. John Brown , celui qu'on extrait de l'huile de thym jouit de propriétés particulières : par exemple , il ne se dissout pas dans l'acide nitrique.

Il en est de même du camphre artificiel, dont la composition d'ailleurs est très-différente de celle du camphre proprement dit : on pourrait donc , jusqu'à un certain point , distinguer plusieurs espèces de camphre.

Du Camphre artificiel.

1567. Lorsqu'on fait passer du gaz muriatique à travers 100 parties d'essence de térébenthine purifiée et entourée d'un mélange de glace et de sel, elle absorbe près du tiers de son poids d'acide , et se prend en une masse cristalline et molle , dont on sépare, en la faisant égoutter pendant quelques jours, environ 20 parties d'un liquide incolore, acide, fumant, chargé de beaucoup de cristaux , et 110 parties d'une substance blanche, grenue, cristalline, volatile, dont l'odeur est camphrée : c'est à cette substance qu'on a donné le nom de *camphre artificiel.* On la purifie en l'exposant à l'air sur du papier Joseph , l'agitant ensuite dans une dissolution de sous-carbonate de potasse, la lavant à grande eau et la faisant sécher.

Le camphre artificiel, découvert par Kind, a été étudié successivement par Trommsdorff, par MM. Boullay, Cluzel et Chomet, par M. Gehlen et par moi. Les cinq premiers le considèrent comme étant formé seulement d'hydrogène, de carbone et d'oxigène; M. Gehlen le regarde comme un composé d'acide muriatique uni à la majeure partie de l'hydrogène de l'huile et à une petite quantité de son carbone; pour moi, je pense qu'il résulte de la combinaison de l'acide muriatique et de l'huile essentielle. (*Voyez* Ann. de Chimie, tome 51, page 270; et Mémoires de la Société d'Arcueil, tome 2, page 26). Ce qu'il y a de certain, c'est qu'il contient de l'acide muriatique, ainsi que M. Gehlen l'a annoncé le premier, et que, par conséquent, il diffère essentiellement du camphre naturel.

Outre les propriétés précédentes, le camphre artificiel jouit des suivantes : il est plus léger que l'eau ; il ne rougit point le tournesol ; il s'enflamme facilement et brûle sans résidu. Soumis à l'action du feu dans un matras, il se sublime et se décompose en partie : aussi sa sublimation n'a-t-elle pas lieu sans qu'il y ait de l'acide muriatique mis en liberté. Lorsqu'on le fait passer à travers un tube incandescent, sa décomposition est complète ; et si l'on reçoit les produits dans un flacon plein d'eau, celle-ci acquiert la propriété de précipiter abondamment le nitrate d'argent. Il se dissout en totalité et facilement dans l'alcool dont l'eau le sépare sans altération. L'acide nitrique le décompose à chaud, en produisant de l'acide mu-

riatique oxigéné. L'acide acétique ne l'attaque point.
Enfin les alcalis n'en séparent que très-peu d'acide;
d'où il faut conclure que celui-ci est fortement retenu
par la substance à laquelle il se trouve uni.

Du Principe narcotique de l'Opium.

1568. L'opium, que l'on extrait toujours par incision de la capsule du *papaver album* ou pavot blanc,
contient un grand nombre de substances différentes;
savoir : une substance cristallisable, de la matière
extractive, de la résine, de l'huile, de l'acide,
un peu de fécule, un peu de mucilage et de gluten,
des débris de fibres végétales et quelquefois un peu de
sable et des petits cailloux. (*Voyez* l'article Opium).

Parmi toutes ces substances, il en est une dont nous
n'avons point encore parlé, et dont nous devons
exposer les propriétés : c'est celle qui est susceptible
de cristalliser.

Cette substance, qui a été très-bien examinée sous
le nom de sel d'opium par M. Derosne (Ann. de
Chimie, tome 45, page 274), est solide, blanche,
insipide, inodore, plus pesante que l'eau, cristallisable en prismes droits rhomboïdaux qui, par leur
réunion, forment assez souvent de petites houpes.

Ses effets sur l'économie animale sont remarquables.
Plusieurs chiens à qui M. Derosne en fit prendre
depuis 4 décigrammes jusqu'à un gramme, éprou-
vèrent des vertiges, des vomissemens et des convulsions, de même que s'ils eussent pris de l'opium brut
à forte dose : et la plupart furent guéris par le vinaigre
qui, comme on le sait, est le contre-poison de l'opium;
d'où il suit évidemment que c'est à cette substance

que l'opium doit ses vertus narcotiques et soporatives.

La substance cristalline de l'opium entre en fusion à la manière des graisses. Distillée, elle donne un peu de sous-carbonate d'ammoniaque ; une huile tenace, consistante, dont l'odeur est forte, aromatique, et dont la saveur est piquante, âcre ; un charbon très-volumineux, léger, spongieux, divisé, et tous les autres produits qui proviennent de la décomposition des substances organiques par le feu. L'air ne l'altère point. Projetée sur des charbons ardens, elle s'enflamme sur-le-champ.

L'eau froide n'en dissout point.

L'eau bouillante en dissout................. $\frac{1}{400}$

L'alcool à froid........................... $\frac{1}{200}$

———— Bouillant......................... $\frac{1}{24}$

L'éther et les huiles volatiles à froid très-peu.

——————————————— à chaud, une assez grande quantité.

Les acides faibles, à froid ou à chaud, une grande quantité.

Les dissolutions alcalines, un peu plus que l'eau.

Par le refroidissement, la substance cristalline se dépose de sa dissolution dans l'alcool, dans l'éther et les huiles volatiles sous forme de lames. L'eau la précipite aussi de sa dissolution alcoolique. Les acides, en quantité capable de saturer l'alcali, la précipitent également de sa dissolution alcaline. Il paraît cependant qu'elle entraîne avec elle un peu d'alcali. L'acide nitrique concentré la décompose facilement à chaud : de cette dissolution résulte de l'acide oxalique, etc.

1569. *Préparation.* — Il faut d'abord concasser l'opium et le traiter par l'eau, à la température ordinaire, jusqu'à ce qu'elle n'en dissolve plus rien. L'on obtient ainsi une dissolution qui contient une certaine quantité de substance cristalline et de matière extractive, de la résine, de l'acide, et un résidu qui renferme toutes les substances qui entrent dans la composition de l'opium, moins l'acide et la matière extractive, et encore y trouve-t-on une petite quantité de celle-ci. Traitant ensuite le résidu par l'alcool bouillant, la substance cristalline et la résine se dissoudront, et la première se déposera de la dissolution par le refroidissement. A la vérité, elle entraînera un peu de résine qui la colorera en jaune; mais au moyen de cristallisations répétées, il sera possible de la purifier et de la rendre blanche.

Quant à l'extraction de la substance cristalline contenue dans la dissolution, on l'opérera en évaporant la dissolution jusqu'à la consistance d'un sirop un peu épais, délayant l'extrait qui en résultera dans cinq à six fois son poids d'eau, filtrant la nouvelle dissolution, l'évaporant comme la première, et traitant de même le nouvel extrait qui en proviendra : en effet, dans chaque traitement de l'extrait, la substance cristalline se déposera en grande partie avec une certaine quantité de résine et d'extrait, et on la purifiera par l'alcool, comme nous venons de le dire.

1570. *Composition.* — La substance cristallisable de l'opium n'a pas encore été analysée ; mais sa facile fusibilité, son action sur l'eau, sur l'alcool, l'éther et les huiles, la rapprochent des corps gras, et nous font présumer qu'elle contient de l'hydrogène en excès, par rapport à l'oxigène. Il paraît aussi qu'elle renferme un peu d'azote, puisque l'ammoniaque est l'un des produits de sa décomposition par le feu.

Des Vernis.

1571. Les vernis sont des espèces de liquides qu'on applique en couche mince sur les corps pour les préserver de l'action des agens extérieurs. On en distingue trois genres qui comprennent chacun plusieurs espèces ; les deux premiers sont en général formés de corps résineux tenus en dissolution dans l'huile essentielle de térébenthine ou dans l'alcool ; le troisième est une dissolution de copal ou de succin dans l'huile de lin ou de noix, ou d'œillet lithargirée et dans l'essence de térébenthine : de là les noms qu'on leur donne de vernis à l'alcool, vernis à l'essence et vernis gras ; celui-ci ne sèche que lentement ; les deux autres, au contraire, sont très-siccatifs. Donnons un exemple de chacun d'eux.

1572. *Vernis à l'alcool.* — Prenez

Alcool concentré . . . . 32 parties.
Mastic pur 6
Sandaraque. 3
Térébenthine de Venise très-claire... 3
Verre pilé grossièrement (*a*) 4

Réduisez le mastic et la sandaraque en poudre fine ; introduisez-les avec le verre et l'alcool dans un matras ;

_____

(*a*) Le verre, suivant M. Tingry, en divisant la matière, facilite et augmente l'action de l'alcool. Comme il est plus pesant que les résines, et qu'il occupe le fond du vase, il s'oppose d'ailleurs à ce que les résines adhèrent à celui-ci et se colorent.

placez le matras dans de l'eau bouillante pendant une ou deux heures, en ayant soin de remuer de temps en temps la matière avec un gros tube de verre; versez ensuite la térébenthine dans le matras et continuez à le tenir pendant une demi-heure dans l'eau. Le lendemain, décantez la liqueur et filtrez-la à travers le coton, elle aura la plus grande limpidité.

Ce vernis est ordinairement appliqué sur les objets de toilette, tels que boîtes, étuis, cartons, découpures, etc.

1573. *Vernis à l'essence.* Prenez

Mastic pur en poudre..............	12 parties.
Térébenthine pure................	1 et demi.
Camphre en morceaux.............	$\frac{1}{2}$
Verre blanc pilé.................	5
Essence de térébenthine rectifiée....	36

Mettez dans un matras le mastic, le camphre, le verre et l'huile essentielle de térébenthine, et faites l'opération comme la précédente. Ce vernis est celui qu'on applique ordinairement sur les tableaux.

1574. *Vernis gras.* — Prenez copal.... 16 parties.

Huile de lin ou d'œillet, lithargirée..	8
Essence de térébenthine..........	16

Faites fondre le copal dans un matras en l'exposant à une chaleur modérée; versez-y ensuite l'huile bouillante, remuez la matière, et lorsque la température ne sera plus qu'à 60 ou 80°, ajoutez l'essence de térébenthine chaude; passez le tout sur-le-champ par un linge et conservez le vernis dans une bouteille à large ouverture : il devient très-clair au bout de quelque temps. Ce vernis est presque sans couleur.

Les vernis gras s'appliquent sur les voitures de luxe, le fer, le laiton, le cuivre, le bois; on en recouvre aussi les lampes, certaines theyères, etc. (*Voyez*, pour plus de détails sur les vernis, l'ouvrage de Watin et de Tingry.)

De l'Alcool ou Esprit-de-vin.

1575. L'alcool est un liquide très-volatil, qu'on retire par la distillation de toutes les boissons vineuses, et particulièrement du vin proprement dit, de la bière et du cidre. (*Voyez* Fermentation vineuse). On en attribue la découverte à Arnold de Villeneuve, qui professait la médecine à Montpellier au commencement du quatorzième siècle.

Employé d'abord comme médicament, il le fut bientôt comme liqueur, et l'art de l'extraire devint une branche considérable d'industrie.

1576. L'alcool, tel qu'on le trouve dans le commerce, n'est point pur; il contient de l'eau dont on parvient à le priver, du moins en grande partie, en le distillant sur des sels déliquescens, et particulièrement sur du muriate de chaux. A cet effet, on l'introduit dans une cornue tubulée avec un poids égal au sien de ce sel réduit en poudre et bien sec, et, après vingt-quatre heures de digestion, l'on procède à la distillation, en ayant soin de fractionner les produits. La première moitié du liquide distillé est ordinairement de l'alcool le plus deflegmé possible. Dans le cas où il ne le serait pas complétement, il faudrait lui faire subir une nouvelle distillation.

1577. Ainsi obtenu, l'alcool est un liquide transparent et incolore, dont la pesanteur spécifique, d'a-

près Richter, est de 0,79² à la température.de 20°. Son
odeur est pénétrante et agréable ; sa saveur brûlante.
Pris à petite dose, il excite les forces ; pris en trop
grande quantité, il les détruit au contraire, et produit
l'ivresse ; il est sans action sur le tournesol. Lorsqu'on
l'agite, il forme des bulles qui disparaissent promptement.

Lorsqu'on le fait passer, au moyen d'une cornue,
à travers un tube incandescent, il se décompose complétement. De 81 grammes,17 de liqueur alcoolique qui
contenait, d'après sa pesanteur spécifique, 70^{gr}.41,
d'alcool et 11^{gr}.,23 d'eau, M. Th. de Saussure a retiré : 1° 77^{litres},924 de gaz hydrogène oxi-carburé sec,
ou de gaz hydrogène carboné et de gaz oxide de carbone, à la température de 0 et sous la pression de
0^m.,76 ; lesquels pesaient 59$_{gr}$.6,09, et renfermaient
tout au plus $\frac{1}{200}$ de gaz carbonique ; 2° 17,771 d'eau ;
3° des traces d'acide acétique ; 4° 0^{gr}.,65 d'alcool
échappé à la décomposition ; 5° 0^{gr}.,41 d'un mélange
de cristaux volatils ou lames minces et d'huile essentielle brune. (Ann. de Chimie, t. 89, p. 278).

A environ 79°, sous la pression de 0^m.,76, l'alcool
entre en ébullition. La densité de sa vapeur est une fois
et demie celle de l'air (113). Par un froid de 68° il ne
se congèle pas. (Walker) (*a*).

_____

(a) Suivant M. Hutton, l'alcool se congèle et cristallise à 79 degrés. Un peu avant sa congélation il se partage en trois couche
très-distinctes : la première, très-mince, d'un vert-jaunâtre pâle,
d'une odeur forte et désagréable, d'une saveur très-marquée et nauséabonde ; la seconde, très-mince aussi, d'un jaune très-pâle,
d'une odeur forte, mais agréable, d'une saveur piquante ; la troisième, beaucoup plus épaisse que les deux autres, transparente,
sans couleur, insipide, fumant au contact de l'air, d'une odeur

L'alcool ne conduit pas sensiblement le fluide élec-trique. Sa réfraction, comparée à celle de l'air prise pour unité, est de 2,2223 (114). Exposé au contact de l'air, il se vaporise peu à peu et en attire l'humidité : aussi, lorsqu'il est aux trois quarts vaporisé, trouve-t-on que la portion qui est encore liquide, a moins de saveur, moins d'odeur et plus de pesanteur spécifique que l'alcool pur. Placé dans un vase ouvert, il s'en-flamme par l'approche d'un corps en ignition. Sa com-bustion est assez rapide; elle ne donne aucun résidu; sa flamme est blanche et très-étendue.

Il s'enflamme également en tirant à sa surface des étincelles électriques : par conséquent, en chargeant le gaz oxigène de vapeurs alcooliques, et en excitant une étincelle à travers le mélange, il devra en résulter une détonnation, et c'est en effet ce qui a lieu : on convertit ainsi ce mélange en eau et en gaz carbonique.

L'hydrogène, le bore, le carbone, l'azote, sont sans action sur l'alcool. Le phosphore et le soufre s'y dissol-vent en petite quantité, et en sont l'un et l'autre préci-pités par l'eau : leur dissolution, qui a une odeur et une saveur désagréables, ne s'opère bien qu'à chaud. Pour faire celle du soufre, il est même bon de mettre ce corps et l'alcool en contact à l'état de vapeurs; ce à quoi l'on parvient en plaçant du soufre au fond d'un alambic de verre, suspendant dans l'intérieur de la cu-curbite un petit vase plein d'alcool, disposant l'appa-

---

forte et piquante. M. Hutton considère cette dernière couche comme de l'alcool pur, et les deux autres comme des substances étrangères. Il ne dit point comment il a pu produire un froid de 79 degrés ; de sorte que ses expériences n'ont point encore pu être ré-pétées. (Bibliothèque britannique, vol. 53, p. 3.)

reil dans un bain de sable, et le chauffant convenablement.

Le potassium et le sodium, mis en contact à froid
avec l'alcool le plus rectifié, passent peu à peu tous
deux à l'état de deutoxides, qui se dissolvent en donnant lieu à un dégagement de gaz hydrogène; phénomène dont on peut vraisemblablement conclure que
nous n'avons point encore obtenu l'alcool sans eau :
peut-être parviendrait-on à l'en dépouiller tout-à fait
par ces métaux. Ce qu'il y a de certain, c'est qu'on
l'aurait du moins plus voisin de l'état de pureté. Il
faudrait, lorsque l'alcool serait sans action sur eux, le
séparer par la distillation de l'alcali auquel il serait
uni.

L'alcool se combine avec l'eau en toutes proportions.
Combiné avec un poids d'eau égal à peu près au sien, il
forme l'eau-de-vie qui ne doit sa couleur qu'à une matière étrangère : toutefois l'on remarque une différence
sensible entre l'eau-de-vie faite ainsi et l'eau-de-vie extraite du vin par la distillation; celle-ci est toujours
meilleure (*a*).

Lorsqu'on mêle de l'eau et de l'alcool dans des proportions quelconques, le volume du mélange est toujours moindre que la somme des volumes employés, si
l'alcool est concentré; mais s'il est très-faible, non-seulement la pénétration n'a pas lieu, suivant M. Thil-
laye fils, mais il y a raréfaction; ce dont on peut s'assurer en jetant les yeux sur le tableau suivant :

_____

(*a*) L'on prétend qu'en distillant la combinaison de l'eau et de
l'alcool, l'eau-de-vie prend toutes les qualités de celle qui provient
du vin.

Mélanges d'Eau et d'Alcool.

Densité de l'alcool employé.	Proportion de l'eau.	Proportion de l'alcool.	Densité observée.	Densité calculée.	Raréfaction résultante.
0,9707.	5.	5.	0,9835.	0,9854.	0,0019.
0,9700.	5.	5.	0,9834.	0,9850.	0,0016.
0,9692.	5.	5.	0,9828.	0,9846.	0,0018.
0,9688.	6.	4.	0,9857.	0,9875.	0,0018.
0,9600.	6.	4.	0,9828.	0,9840.	0,0012.
0,9544.	8.	2.	0,9895.	0,9909.	0,0014.
0,9465.	8.	2.	0,9885.	0,9893.	0,0008.

On voit donc que 5 parties d'alcool, dont la densité =0,9707, mêlées à 5 parties d'eau distillée, donnent un mélange dont la pesanteur spécifique =0,9835, et qu'en supposant le volume du mélange égal à la somme des volumes employés, sa densité serait 0,9854 : par conséquent il y a raréfaction. Il faut en dire autant des autres résultats indiqués.

Un fait très-remarquable est que la dilatation qu'éprouve le mélange, est accompagnée d'une élévation de température appréciable au thermomètre, qu'elle fait monter de plusieurs degrés.

De toutes les bases salifiables, il n'y a que la potasse, la soude et l'ammoniaque que l'alcool puisse dissoudre; et l'on se rappelle sans doute que c'est sur la propriété dissolvante de l'alcool pour ces deux premiers alcalis, qu'est fondé le procédé que nous avons donné pour en obtenir les hydrates purs (596).

L'alcool a de l'action sur tous les acides minéraux et végétaux, excepté les acides carbonique, molybdique, tungstique, colombique, mucique, et peut-être quelques autres. De cette action résulte la dissolution de l'acide ou la formation d'un *éther.* Tous sont susceptibles de se dissoudre dans l'alcool, moins l'acide phosphorique et ceux que nous venons de nommer. La dissolution a toujours lieu avec chaleur, lorsqu'en s'unissant à l'eau, l'acide est de nature à pouvoir en produire. Ceux qui peuvent former des éthers sont : les acides sulfurique, phosphorique, arsénique, muriatique, nitrique, hydriodique, et probablement le plus grand nombre des acides végétaux. Les éthers sulfurique, phosphorique, arsénique, résultent de la combinaison de l'hydrogène, de l'oxigène et du carbone; ils sont identiques : les autres sont composés de l'acide employé pour les faire, et d'alcool. (*Voyez les* Ethers).

Lorsqu'on fait passer au travers de 300 grammes d'alcool, le gaz muriatique oxigéné provenant d'un mélange de 1750 grammes de sel marin, de 450 grammes d'oxide de manganèse, de 800 grammes d'acide sulfurique, et de 800 grammes d'eau, presque tout le gaz et l'alcool se décomposent réciproquement : il en résulte beaucoup d'eau, beaucoup d'une matière ayant l'aspect huileux, beaucoup d'acide muriatique, un peu d'acide carbonique et un peu d'une matière abondante en charbon. Tous ces produits restent dans la liqueur, moins le gaz carbonique qui se dégage, et une portion de la matière oléagineuse qui se précipite. Pour la précipiter presque toute entière, il suffit d'étendre d'eau la liqueur, où elle n'est tenue en dissolution que par l'acide muriatique concentré. Purifiée avec soin par des lavages d'eau et de potasse, cette matière jouit des propriétés suivantes : Elle ne rougit point le papier de tournesol ; elle est blanche, plus pesante que l'eau ; elle a une saveur fraîche analogue à celle de la menthe, et une odeur toute particulière qui n'est point éthérée ; elle est très-soluble dans l'alcool, et très-peu soluble dans l'eau. Distillée avec l'acide nitrique, elle se volatilise et se décompose en partie. L'un des produits de la décomposition est du gaz muriatique oxigéné, ce qui prouve qu'elle doit contenir une certaine quantité d'acide muriatique. Aussi, lorsqu'on la fait passer à travers un tube très-incandescent, y a-t-il beaucoup de cet acide mis à nu. Cependant les alcalis les plus forts l'attaquent à peine ; d'où il faut conclure que l'acide muriatique qu'elle contient est intimement combiné avec une autre substance. Jusqu'à présent cette substance n'a point été isolée.

Tous les sels insolubles ou peu solubles dans l'eau, sont insolubles dans l'alcool. Il paraît qu'il en est de même du plus grand nombre des sels efflorescens. Tous les sels déliquescens peuvent au contraire se dissoudre dans ce liquide. En l'étendant d'eau, sa force dissolvante augmente ; il acquiert alors la propriété d'opérer la dissolution d'un grand nombre de substances salines qu'il ne dissout point dans son état de pureté : c'est ce que l'on verra par la table suivante, formée d'après les expériences de Kirwan.

Dissolubilité des Sels dans 100 parties d'Alcool de densités différentes.

SELS.	ALCOOL DE				
	0,900	0,872	0,848	0,834	0,817
Sulfate de soude.........	0	0	0	0	0
Sulfate de magnésie.......	1	1	0	0	0
Nitrate de potasse.	2,76	1	»	0	0
Nitrate de soude.........	10,50	6	»	0,38	0,
Muriate de potasse........	4,62	1,66	»	0,38	0
Muriate de soude.........	5,80	3,67	»	0,50	»
Muriate d'ammoniaque....	6,50	4,75	»	1,50	»
Muriate de magnésie des-séché à 49° centigrade...	21,25	»	23,75	36,25	50 (a)
Muriate de baryte.........	1	»	0,29	0,185	0,09
Muriate ne baryte cristal-lisé......	1,56	»	1,43	0,32	0,06
Acétate de chaux.........	2,40	»	4,12	4,75	4,88

(a) Résultat remarquable, en ce que l'alcool concentré dissout plus de sel que l'alcool étendu.

Enfin l'alcool est susceptible de dissoudre, ainsi que nous l'avons vu précédemment, le sucre, la mannite, plusieurs huiles grasses, les huiles essentielles, les résines, le camphre, les baumes, etc. D'après toutes ces considérations, l'on voit donc que c'est surtout comme dissolvant que l'alcool joue un grand rôle dans les expériences chimiques.

1578. *État naturel.* — L'alcool ne provient jamais que des liqueurs qui ont subi la fermentation vineuse : par conséquent, il ne peut exister dans la nature. En effet, pour que cette fermentation puisse se développer, il faut que les fruits ou les autres parties des végétaux susceptibles de la produire, soient écrasés et aient eu pendant quelque temps le contact de l'air ; à la vérité, il serait possible que dans quelques circonstances, ces deux conditions fussent remplies, mais bientôt la fermentation acide, succédant à la fermentation vineuse, changerait l'alcool en vinaigre, de sorte que l'alcool n'existerait que momentanément.

1579. *Composition.* — Suivant les dernières expériences de M. Th. de Saussure, l'alcool d'une pesanteur spécifique de 0,792 à 20°, est formé de 51,98 de carbone, de 34,32 d'oxigène, de 13,70 d'hydrogène, ou bien de 100 d'hydrogène et de carbone, dans les proportions nécessaires pour faire le gaz hydrogène percarboné (172) et de 63,58 d'hydrogène et d'oxigène dans les proportions nécessaires pour composer l'eau. (Ann. de chimie, tom. 89, pag. 278).

1580. *Usage.* — Uni au sucre, l'alcool est la base de toutes les liqueurs ; étendu d'eau, il forme l'eau-de-vie ; les vins lui doivent leur force, leurs principales vertus. On l'emploie dans les arts pour composer des vernis très-siccatifs (1578), et en médecine, pour dissoudre le camphre, pour faire les médicamens connus sous le nom de teinture, médicamens qui ne sont que des matières résineuses dissoutes dans l'alcool; c'est l'un des dissolvans dont nous faisons le plus fréquent usage dans nos laboratoires.

Des Éthers.

1581. Les éthers, étant le produit de l'action des acides sur l'alcool, doivent être placés immédiatement après l'alcool même; c'est pourquoi nous allons nous occuper de leur histoire.

Le nom d'éther fut d'abord donné à un liquide très-volatil, très-inflammable, très-suave, composé d'hydrogène, de carbone et d'oxigène, et qu'on obtient, en chauffant parties égales d'alcool et d'acide sulfurique. On le donna ensuite à d'autres liquides qui provenaient de l'action de l'alcool sur d'autres acides, et qu'on croyait être de la même nature que l'éther proprement dit, parce qu'ils étaient comme lui volatils, suaves et inflammables; mais comme, parmi ces nouveaux éthers, plusieurs se trouvèrent formés d'acide et d'alcool, et qu'on découvrit bientôt après des composés d'acide et d'alcool peu volatils, presqu'inodores, on fut conduit à donner à ceux-ci, en raison de leur nature, le nom d'éther comme aux précédens, de sorte que ce nom n'emporte plus toujours avec lui l'idée d'un corps dont la volatilité est très-grande.

Il existe donc, comme on le voit, deux genres d'éthers : les uns, formés d'hydrogène, de carbone et d'oxigène; et les autres, d'alcool et de l'acide employé

pour les faire. Dans tous les cas, on se sert du nom
de cet acide pour les désigner.

Des Ethers du premier genre.

1582. Les éthers du premier genre, c'est-à-dire,
ceux qui sont formés d'hydrogène, de carbone et d'oxigène, ne proviennent jamais que de l'action de l'alcool
sur les acides qui ont beaucoup d'affinité pour l'eau, et
qui ne se vaporisent que très – difficilement ; on en
compte trois : l'éther sulfurique, l'éther phosphorique
et l'éther arsénique : ils sont identiques ; de sorte que,
connaissant les propriétés de l'un, on connaît, par cela
même, les propriétés des autres. Nous ne décrirons
avec soin, par cette raison, que l'éther sulfurique.

1583. *Ether sulfurique.* — L'éther sulfurique est de
tous les éthers le plus anciennement connu et le plus
employé. Sa découverte remonte au moins au seizième
siècle ; car il en est parlé dans la pharmacopée de *Va-
lerius Cordus*, publiée à Nuremberg en 1540. Cependant, ce n'est que vers l'année 1730 que les chimistes
commencèrent à en étudier les propriétés avec soin.

C'est un liquide incolore, d'une odeur forte et suave,
d'une saveur chaude et piquante, dont la limpidité est
parfaite, la fluidité très-grande, la pesanteur spécifique
de 0,7155 à la température de 20 degrés, qui ne trans-
met point le fluide électrique et qui réfracte fortement
la lumière.

Il en est peu de plus volatil. En effet, sous la pression de 0^m,76, il entre en ébullition vers le trente-troi-
sième degré. Sa vapeur, comparée à celle de l'air, pèse
2,396. Placé sous un récipient où l'on fait ensuite le
vide, il bout à la température ordinaire. Exposé à un

courant d'air, il ne tarde point à se vaporiser : aussi, lorsque l'on entoure de linge la boule d'un thermomètre, qu'on la plonge dans l'éther, et qu'on la fait tourner rapidement, le mercure descend-il à un grand nombre de degrés —o, surtout si l'on a soin d'entretenir ce linge toujours humide. Cette propriété est quelquefois mise à profit pour guérir, ou du moins diminuer certains maux de tête : l'on verse quelques gouttes d'éther sur l'une des tempes et l'on souffle dessus ; le froid produit cause un soulagement subit. Soumis à un froid de 50 degrés, l'éther reste liquide et n'éprouve d'ailleurs aucune altération. Une chaleur rouge le décompose. De 47 grammes introduits peu à peu en vapeur dans un tube de porcelaine incandescent, M. Th. de Saussure a retiré : 42gr.,36 d'un mélange de gaz hydrogène carboné et de gaz oxide de carbone, contenant un atome de gaz carbonique ; 0gr.,4 d'huile et de goudron ; 0gr.,12 de charbon : la perte a été de 4gr.,12.

Chargé de vapeur d'éther, le gaz oxigène détonne sur-le-champ par une étincelle électrique ou par le contact d'un corps en combustion : il en est de même de l'air. C'est pourquoi, si l'on verse de l'éther dans un vase, et qu'on en approche une bougie allumée, il prend feu sur-le-champ : de là le soin qu'on doit avoir de ne jamais transvaser l'éther que dans le jour. La flamme de l'éther est blanche, très-étendue, fuligineuse ; elle noircit les corps blancs exposés à son action.

Le phosphore et le soufre sont légèrement solubles dans l'éther. Le potassium et le sodium s'y oxident, en donnant lieu à une légère effervescence. L'eau en dissout, à la température et à la pression ordinaires, la dixième partie de son poids ; et, de son côté, l'éther dissout aussi une petite quantité d'eau, de sorte que, en agitant ensemble parties égales d'eau et d'éther, il se forme deux couches, l'une inférieure d'eau éthérée, et l'autre supérieure d'éther aqueux.

Aucune base salifiable, excepté la potasse, d'après M. Boullay, et l'ammoniaque, ne se combine avec l'éther.

Son action sur les acides a été à peine étudiée ; on sait seulement : 1° que, en chauffant parties égales d'éther et d'acide sulfurique, il se forme de l'huile douce (1584), de l'eau, du gaz hydrogène per-carboné, du gaz sulfureux, du gaz carbonique et qu'il se dépose du charbon ; 2° que l'acide nitrique, qui agit avec beaucoup de force à chaud sur l'éther, n'a point d'action sur lui à froid ; 3°.que le gaz muriatique oxigéné l'enflamme en donnant lieu à du gaz muriatique, à un dépôt de charbon, etc. ; 4° qu'il est soluble dans l'acide muriatique et dans l'acide acétique, et que l'eau le sépare de celui-ci et ne le sépare pas de l'autre. (Boullay)

Il est probable que l'éther n'a qu'une très-faible action sur les sels ; l'on ne connaît encore bien que celle qu'il exerce sur les dissolutions d'or et sur le sublimé corrosif. Il réduit facilement les premières par l'agitation ; et M. Vogel vient d'observer qu'il dissout le deuto-muriate de mercure et que, exposée au soleil pendant quelques jours, la dissolution devenait très-acide et laissait déposer une poudre blanche formée de proto-muriate et de carbonate de mercure.

Dès que l'éther et l'alcool sont en contact, ils s'unissent et forment un liquide incolore et limpide que l'eau décompose ; elle s'empare de l'alcool et met la plus grande partie de l'éther en liberté : on voit l'éther, dans cette expérience, se séparer sous forme de petits globules et se rassembler à la surface de la liqueur.

L'alcool n'est pas la seule substance végétale sur laquelle l'éther agisse ; il agit encore sur plusieurs huiles fixes, sur les huiles essentielles, les résines, le caoutchouc gonflé par l'eau bouillante ; il dissout toutes ces substances et forme des dissolutions dont, jusqu'à présent, les arts n'ont tiré aucun parti.

1584. *Préparation.*—La préparation de l'éther sulfurique n'offre aucune difficulté : l'on prend parties égales d'alcool et d'acide concentré ; l'on introduit l'alcool dans une cornue de verre et l'on y verse peu-à-peu l'acide, en ayant soin de favoriser, par l'agitation, la combinaison qui a lieu avec un grand dégagement de calorique ; l'on place ensuite la cornue dans un fourneau muni de son laboratoire, et on la fait communiquer, par le moyen d'une allonge, avec un ballon qui communique lui-même avec deux flacons ; savoir : directement avec l'un par sa partie inférieure, et latéralement avec l'autre par un tube (*Pl.* 32, *fig.* 2). L'appareil étant ainsi disposé, on met du feu sous la cornue, de manière à faire bouillir légèrement la combinaison de l'acide et de l'alcool ; l'éther se produit, se vaporise et vient se condenser dans les récipiens ; la presque totalité se rassemble dans le flacon A : il n'en arrive que très-peu dans le flacon B. L'ébullition doit être soutenue jusqu'à ce qu'on commence à apercevoir des vapeurs blanches dans la partie vide de la cornue, ce qui a ordinairement lieu lorsque le liquide distillé est à peu près égal aux $\frac{2}{3}$ de l'alcool employé. A cette époque, il ne se forme plus ou presque plus d'éther. En continuant la distillation, l'on obtient du gaz sulfureux, une petite quantité d'huile qu'on appelle *huile douce du vin*, et du gaz hydrogène per - carboné, désigné par les chimistes hollandais sous le nom de *gaz oléfiant*, du gaz carbonique, et en même temps il se dépose du charbon; ce charbon est même en assez grande quantité pour épaissir la liqueur et la rendre susceptible d'être soulevée par les gaz qui se dégagent.

Si l'on suspendait l'opération avant l'époque que nous venons de prescrire, l'éther ne contiendrait qu'un peu d'alcool qui passe au commencement de la distillation, et une petite quantité d'eau; mais comme on ne la suspend tout au plus qu'à cette époque, il s'ensuit qu'il contient en outre un peu de gaz sulfureux et d'huile douce du vin : dans tous les cas, l'on est donc obligé de le rectifier. Pour rectifier l'éther, on le met d'abord en digestion pendant 1 à 2 heures, avec la 15 ou 16e partie de son poids de pierre à cautère, dans un flacon que l'on agite de temps en temps; ensuite on le décante et on l'agite avec un poids d'eau égal au sien; après l'avoir décanté de nouveau, on le distille à une douce chaleur sur du muriate de chaux, en se servant d'un appareil semblable à celui qu'on emploie pour le préparer. Dans cette expérience, la potasse a pour objet d'absorber l'acide sulfureux et de fixer l'huile douce; l'eau, de dissoudre l'alcool, et le muriate de chaux, de retenir l'eau que dissout l'éther.

1585. Recherchons maintenant ce qui se passe dans l'opération. Il paraît que l'acide sulfurique détermine, aux dépens d'une partie de l'hydrogène et de l'oxigène de l'alcool, la formation d'une certaine quantité d'eau, et que les autres principes de l'alcool se réunissant, constituent l'éther.

Ce qui vient à l'appui de cette théorie, c'est que l'éther ne paraît être que de l'alcool moins de l'hydrogène et de l'oxigène dans le rapport de 11,29 à 88,29, qui est celui où ces deux corps se trouvent dans l'eau. Si les conditions de l'opération ne changeaient point, il est évident que tout l'alcool devrait être transformé en eau et en éther; mais comme la quantité d'alcool diminue constamment, tandis que celle de l'acide reste la même, il arrive une époque à laquelle la réaction est toute autre qu'elle n'était primitivement, et l'on doit obtenir alors les mêmes produits que ceux qu'on obtient en traitant l'alcool par une grande quantité d'acide; savoir : de l'huile douce, du gaz hydrogène percarboné, de l'eau, du charbon, du gaz sulfureux et du gaz carbonique; produits dont on conçoit sans peine la formation, en observant, 1° que l'huile douce ne paraît être que de l'éther moins de l'hydrogène et de l'oxigène, dans les proportions nécessaires pour faire l'eau; 2° que l'éther est représenté par les élémens de l'eau et du gaz hydrogène per-carboné (1586); d'où l'on voit que l'alcool passe à l'état d'éther lorsqu'on lui enlève une certaine quantité des élémens de l'eau; à l'état d'huile douce, lorsqu'on lui en enlève davantage, et à l'état de gaz hydrogène per-carboné, lorsqu'on lui enlève tout son oxigène avec une quantité d'hydrogène convenable. Que si, dans l'opération, il y a dépôt de charbon, c'est parce qu'une portion de l'hydrogène de l'alcool se porte sur une portion de l'oxigène de l'acide sulfurique : aussi se produit-il en même temps du gaz sulfureux, et par suite un peu de gaz carbonique.

Il serait facile, d'après ce qui précède, de prévenir la formation de l'huile douce, du gaz sulfureux, du gaz

hydrogène per-carboné, du dépôt de charbon. Ce serait de verser de temps en temps de l'alcool sur l'acide:
on obtiendrait en outre une plus grande quantité d'é-
ther. C'est ce que confirme l'expérience, et ce que plusieurs pharmaciens exécutent dans leur laboratoire.
Toutefois la quantité d'alcool qu'il faut ajouter est li-
mitée : on en ajouterait vainement dans l'intention
d'obtenir de l'éther, lorsque l'acide sulfurique est trop
affaibli. M. Boullay en emploie les deux tiers de la
quantité primitive : il obtient ainsi deux fois autant
d'éther que par le procédé ordinaire.

1586. *Composition, Usage.* — Nous avons vu précédemment que l'alcool était représenté par les élémens
de 100 parties de gaz hydrogène per-carboné, et de
63^p.,68 d'eau. Or, puisque l'éther est de l'alcool moins
une certaine quantité d'hydrogène et d'oxigène, dans
les proportions nécessaires pour faire l'eau, il doit aussi
pouvoir être représenté par les élémens de ces deux
corps ; il l'est en effet par 100 de gaz hydrogène per-
carboné, et par 25 d'eau : d'où il suit qu'il est composé
sur 100 de 51,98 de carbone, de 34,52 d'oxigène, et
de 13,70 d'hydrogène. (Th. de Saussure, Ann. de
Chimie, t. 89, p. 294).

L'éther est principalement employé en médecine.
Uni à l'alcool, il forme la liqueur d'Hoffmann.

1587. *Ethers phosphorique et arsénique.* — Ces
éthers, dont la découverte est due à M. Boullay, sont
absolument les mêmes que l'éther sulfurique ; ils ne
peuvent être obtenus qu'en faisant passer l'alcool par
petites portions à travers les acides phosphorique et
arsénique, concentrés et échauffés convenablement.

A cet effet, M. Boullay se sert d'une cornue tubulée qui communique avec l'appareil déjà décrit précédemment (1584), et dont la tubulure reçoit un
tube creux de cuivre, d'une forme particulière. Ce
tube, effilé par la partie inférieure, pénètre jusqu'au
centre de l'acide, s'élève au-dessus de la tubulure,
d'environ un décimètre, se renfle dans son milieu à
partir de cette tubulure même, et porte deux robinets, l'un au-dessus et l'autre au-dessous du renflement.
L'acide étant introduit dans la cornue, on remplit d'alcool
l'espace vide qui sépare ces deux robinets, et lorsque la
température est suffisamment élevée, l'on fait tomber
l'alcool, pour ainsi dire, goutte à goutte, en tournant
un peu le robinet inférieur. La densité de l'acide phosphorique doit être de 1,46, et sa température de 90°.
Quant à l'acide arsénique, il doit être dissous dans la
moitié de son poids d'eau, et porté à la température
capable de faire bouillir la dissolution. Dans les deux
cas, on peut faire passer à travers l'acide un poids d'alcool égal au sien.

L'alcool ne subit aucune altération au commencement
de l'expérience : ce n'est qu'au bout d'un certain temps
qu'il s'éthérifie, et ce n'est d'ailleurs qu'en rectifiant le
produit à plusieurs reprises, qu'on parvient à obtenir
pure la petite quantité d'éther qu'il contient, surtout avec
l'acide arsénique. Il faut avoir pour cela recours à plusieurs distillations successives, et ensuite à un lavage.

Puisque ces deux éthers sont les mêmes que l'éther
sulfurique, ils se forment sans doute de même que celui-ci; c'est-à-dire, parce que les acides phosphorique
et arsénique enlèvent à l'alcool une certaine quantité
d'hydrogène et d'oxigène, dans les proportions néces-

saires pour faire l'eau. L'acide phosphorique peut donner lieu, comme l'acide sulfurique, à de l'huile douce, à du gaz hydrogène per-carboné, et à un dépôt de charbon ; mais l'acide arsénique ne jouit pas de cette propriété, ce qui provient de sa moindre affinité pour l'eau. (Boullay, Ann. de Chimie, t. 62 et 78).

Des Ethers du deuxième genre.

1588. Les éthers du deuxième genre sont ceux qui résultent de la combinaison de l'alcool avec l'acide qu'on emploie pour les faire ; on en connaît neuf : l'éther muriatique, l'éther nitrique, l'éther hydriodique, l'éther acétique, l'éther benzoïque, l'éther oxalique, l'éther citrique, l'éther tartarique, l'éther gallique ; les quatre premiers sont plus volatils que l'alcool ; les autres le sont beaucoup moins, car ils entrent en ébullition moins facilement que l'eau.

1589. *Éther muriatique.* — Sous la pression de $0^m,76$, cet éther est toujours gazeux au-dessus de 11°, et liquide à 11° et au-dessous.

Gazeux, il est incolore, sans action sur la teinture de tournesol, sur le sirop de violettes ; son odeur est très-forte et analogue à celle de l'éther sulfurique ; sa saveur sensiblement sucrée ; sa pesanteur spécifique, comparée à celle de l'air, de 2,219.

Liquide, il jouit de toutes ces propriétés, sinon qu'il est spécifiquement beaucoup plus pesant ; alors, si l'on représente par l'unité le poids d'un volume d'eau, celui d'un même volume d'éther sera de 0,874, à la température de 5°. Versé sur la main, il entre subitement en ébullition, et y produit un froid considérable. Exposé au rouge-brun, l'éther muriatique se décompose et se transforme en gaz muriatique et en gaz hydrogène per-carboné : une chaleur très-forte modifie ces résultats ; il ne se forme dans ce cas que du gaz hydrogène proto-carboné, et il se dépose une quantité considérable de charbon.

Dans son contact avec l'air, l'éther muriatique prend feu sur-le-champ par l'approche d'une bougie allumée; sa flamme est verte ; du gaz hydro-muriatique, de l'eau et de l'acide carbonique., sont les produits de cette combustion. On obtient de semblables résultats en le mettant en contact à l'état de gaz avec l'oxigène, et décomposant le mélange, soit par une bougie, soit par l'étincelle électrique : si l'oxigène est à l'éther dans le rapport de 3 à 1, il en résulte de plus une très-forte détonnation, à tel point qu'elle brise les eudiomètres ordinaires.

L'eau dissout un volume égal au sien de gáz éther muriatique, à la pression de 0m.75, et à la température de 18°. La dissolution a une saveur sucrée et analogue à celle de la menthe.

Quoique très-soluble dans l'alcool, il en est séparé presqu'en totalité par l'eau.

Les acides sulfurique, nitrique et nitreux concentrés, n'ont aucune espèce d'action sur cet éther à froid : ils ne le décomposent qu'à chaud ; ce n'est qu'à cette température qu'ils en mettent l'acide muriatique en liberté. Il n'en est pas de même de l'acide muriatique oxigéné; son action est aussi vive à froid qu'à chaud.

La potasse, la soude, l'ammoniaque ne décomposent pas sensiblement d'éther muriatique dans l'espace de quelques heures, à une température inférieure à celle de l'eau bouillante ; sous quelqu'état qu'on présente ces corps les uns aux autres, la décomposition ne devient sensible que dans l'espace de plusieurs jours, même lorsqu'on établit un contact intime entre l'éther et l'alcali, par l'alcool qui est susceptible de les dissoudre tous deux ; il ne commence, en effet, à se former de muriate que le deuxième où le troisième jour.

Le nitrate d'argent et le proto-nitrate de mercure, sels qui forment subitement des précipités dans les eaux, où se trouve de l'acide muriatique libre ou uni à des bases salifiables, agissent sur l'éther avec tout autant de lenteur que les alcalis ; ils n'y occasionnent aucun nuage sur-le-champ, on ne commence à en apercevoir que quelques heures après le contact ; toutefois, trois mois après, la décomposition est bien loin d'être complète. Toutes ces expériences se font facilement dans un petit flacon bouché à l'émeri.

1590. *État naturel, Préparation.* — L'éther muriatique n'existe point dans la nature ; on le forme en saturant l'alcool de gaz muriatique, ou bien encore en mêlant ensemble parties égales, en volume, d'alcool et d'acide muriatique liquide concentré, et chauffant le mélange. Après avoir introduit ce mélange dans une cornue de verre, on la place sur un fourneau par le moyen d'un triangle de fer, et l'on y adapte un tube à boule qui va se rendre au fond d'un flacon à trois tubulures, égal en capacité à la cornue qu'on emploie et à moitié rempli d'eau à 20 ou 25°. La deuxième tubulure porte un tube droit de sûreté, et la troisième, un tube recourbé qui plonge dans une éprouvette longue, étroite, bien sèche et entourée de glace, qu'on renouvelle à mesure qu'elle fond. Il est bon de tenir l'ouverture de l'éprouvette fermée par un bouchon percé d'un trou pour donner issue à la petite portion de vapeur d'éther qui pourrait ne pas se condenser.

L'appareil étant ainsi disposé, on porte peu à peu la liqueur jusqu'à une légère ébullition; l'éther se produit, dépose dans l'eau du flacon tubulé. l'alcool et l'acide qu'il entraîne, et arrive pur et gazeux dans l'éprouvette où il se condense. On juge que l'opération va bien, lorsque les bulles ne se succèdent ni trop rapidement, ni trop lentement, dans le flacon intermédiaire. De 500 grammes d'acide, et d'un volume d'alcool égal à celui de ces 500 grammes, l'on peut retirer facilement 60 grammes d'éther.

Si l'on voulait l'obtenir à l'état de gaz, il faudrait adapter à la troisième tubulure du flacon, un tube convenablement recourbé, qui irait s'engager sous des flacons pleins d'eau à la température de 20 ou 25°; l'on pourrait encore se contenter de faire passer un peu d'éther liquide dans des éprouvettes pleines de mercure à cette même température.

Il ne peut être conservé à l'état liquide que dans des flacons bouchés à l'émeri, renversés et placés dans un lieu frais, par exemple, à la cave : encore est-il nécessaire de maintenir le bouchon avec de la peau et du fil.

1591. *Composition.* — En décomposant par le feu dans un tube de verre luté, 102$^{gr.}$,722 de gaz éther muriatique, on obtient une telle quantité d'acide que, saturé par la potasse, il en résulte 130$^{gr.}$,24 de muriate de potasse; or, ces 130$^{gr.}$,24 contiennent 47,77 d'acide; donc la quantité d'alcool est de 54,952 pour 102$^{gr.}$,722

d'éther; donc 100 parties d'éther sont formées de 46,5
d'acide, et de 53,5 d'alcool.

1592. L'éther que l'on produit en traitant certains
muriates, surtout le muriate d'étain fumant par l'alcool,
est de l'éther muriatique; la seule différence qui existe
entre l'un et l'autre, c'est que l'éther fait avec l'acide
est un peu plus volatil que celui qui est fait avec les
muriates.

1592 *bis.* L'éther muriatique a été obtenu en grande
quantité, pour la première fois, par M. Basse de Hamelu,
et étudié successivement par M. Gehlen qui y a démontré l'existence de l'acide muriatique, par moi et par
M. Boullay. (Mém. d'Arcueil, tom. I, p. 115 et 337).

1593. *Éther nitrique.* — L'éther nitrique est ordinairement liquide, d'un blanc jaunâtre; il a une odeur
analogue à celle des éthers sulfurique et muriatique,
mais beaucoup plus forte : aussi, produit-il, quand on
le respire, une sorte d'étourdissement. Il ne rougit
point le papier de tournesol. Sa saveur est âcre et brûlante; sa pesanteur spécifique plus grande que celle
de l'alcool et moindre que celle de l'eau; sa tension de
$0^m,758$, à la température de 21° : sous cette pression, il bouillirait donc à cette température. Versé sur
la main, il entre sur-le-champ en ébullition, et produit
un froid considérable; il suffit même de tenir ouvert
entre les mains le flacon qui le renferme, pour le voir
s'échapper sous la forme de grosses bulles; il prend feu
avec la plus grande facilité, et brûle avec une flamme
blanche et sans résidu.

Agité avec 25 à 30 fois son poids d'eau, il se partage
en trois parties : l'une, très-petite, se dissout; une
autre se vaporise, et une troisième se décompose. La

dissolution devient acide tout à coup ; elle prend une
forte odeur de pomme de reinette, et si, après avoir
saturé l'acide qu'elle contient par la potasse, elle est
soumise à la distillation, on en retire de l'alcool et on
obtient un résidu formé de nitrite de potasse : par
conséquent, dans cette circonstance, il y a séparation
d'une partie des deux corps qui constituent l'éther.
Abandonné à lui-même dans un flacon bien fermé,
l'éther éprouve aussi, en quelques jours, d'une manière
sensible, une altération de ce genre, car il devient
acide ; il le devient sur-le-champ par la distillation,
ce qui prouve que la chaleur favorise sa décomposition.

Si au lieu de soumettre l'éther nitrique à une chaleur
capable d'en opérer la distillation, on le fait passer à
travers un tube incandescent, il se décompose complétement. 41 grammes et demi d'éther ainsi décomposés, ont donné 5,63 d'eau, contenant un peu d'acide
prussique ; 0,40 d'ammoniaque ; 0,80 d'huile ; 0,30 de
charbon ; 0,75 d'acide carbonique ; 29,90 de gaz formé
de deutoxide d'azote, d'azote, d'hydrogène carboné et
d'oxide de carbone. La perte a été de 3,72.

Quoique l'éther nitrique s'altère spontanément et
qu'on ne puisse le mettre en contact avec l'eau sans le
décomposer en partie, il résiste pendant long-temps à
l'action de la potasse. D'une dissolution de quinze
grammes d'éther nitrique dans un grand excès d'alcool
de potasse, il n'a commencé à se déposer des cristaux
de nitrite que 24 heures après ; et au bout de huit
jours, cette dissolution sentait encore fortement l'éther.

1594. *Préparation.* — L'éther nitrique se prépare,
en distillant parties égales en poids d'alcool et d'acide
nitrique du commerce. Après les avoir introduits dans

une cornue double en capacité de leur volume, on pose
cette cornue sur un fourneau, par le moyen d'un
triangle de fer, et on la fait communiquer par des tubes
avec cinq flacons, dont le premier est vide, et les
quatre autres à moitié remplis d'eau saturée de sel.
Chacun d'eux est d'ailleurs placé dans une terrine, entouré d'un mélange de glace et de sel marin, et reçoit
la longue branche du tube qui le fait communiquer
avec le flacon qui le précède ; de telle sorte que cette
branche pénètre dans son intérieur jusqu'à son fond.

Cela fait, on met quelques charbons incandescens
sous la cornue, et bientôt la liqueur entre en ébullition. On doit alors retirer le feu et modérer l'ébullition, qui devient de plus en plus forte, en jetant de
temps en temps de l'eau sur la cornue avec une éponge.
L'opération est terminée lorsque, en l'abandonnant à
elle-même, la liqueur cesse de bouillir. Cette liqueur
forme, à cette époque, un peu plus du tiers de la quantité d'alcool et d'acide employés.

L'éther nitrique n'est pas le seul produit qu'on ob-
tienne dans cette opération. L'on obtient encore beaucoup de protoxide d'azote et d'eau, un peu d'azote,
de deutoxide d'azote, de gaz carbonique, de gaz acide
nitreux, d'acide acétique, et d'une matière facile à
charbonner. Il faut donc concevoir qu'une portion
d'alcool est complétement décomposée par l'acide nitrique, qu'elle cède presque tout son hydrogène à l'oxigène de cet acide, et que de là résultent tous les produits étrangers à l'éther, tandis que de l'alcool et de
l'acide nitreux s'unissent pour constituer l'éther proprement dit. Tout l'éther se dégage ainsi que l'azote,
le protoxide d'azote, le deutoxide d'azote, le gaz car-

bonique. Quant à l'eau, à l'acide nitreux et à l'acide
acétique, ils ne se dégagent qu'en partie, de même
que l'alcool et l'acide nitrique, qui échappent à leur
réaction réciproque. En effet, la matière facile à charbonner reste dans la cornue avec un peu d'acide acétique, environ 78 grammes d'acide nitrique, 60 grammes
d'alcool et 284 grammes d'eau, lorsque l'on opère sur
500 grammes d'alcool et 500 d'acide nitrique.

C'est parce qu'il se forme une si grande quantité de
gaz, que l'on est obligé de mettre de l'eau salée dans
les flacons qui servent de récipient, et de les entourer
d'un mélange de glace et de sel. Sans cela, la majeure
partie de l'éther serait entraînée jusque dans l'atmosphère; et même, quelque chose qu'on fasse, une petite
portion y parvient toujours.

Lorsque l'opération est terminée, ce qu'il est facile
de reconnaître aux signes que nous avons indiqués précédemment, on délute l'appareil et l'on trouve : dans le
premier flacon, une grande quantité d'un liquide jaunâtre formé de beaucoup d'alcool faible, d'éther et
d'acides nitreux, nitrique et acétique; dans le second,
à la surface de l'eau salée, une couche assez épaisse
d'éther, chargé d'un peu d'acide et d'alcool; dans le
troisième, une couche de la même nature que la précédente, mais très-mince, etc. On sépare ces différentes couches par un entonnoir à long bec; on les
réunit à la liqueur contenue dans le premier flacon,
et on soumet le tout à une légère ébullition, dans une
cornue de verre munie d'un récipient entouré de glace.
Les premiers produits sont de l'éther qui, pour être entièrement pur ou privé d'acide, n'a besoin que d'être
mis à froid en contact avec de la chaux en poudre,

dans un petit flacon, et décanté au bout de demi-
heure. D'un mélange de 5oo grammes d'alcool et de
5oo grammes d'acide, l'on retire environ 1oo grammes
d'excellent éther.

1595. *Composition.* — Outre l'alcool et l'acide nitreux, l'éther nitrique contient peut-être un peu d'acide
acétique ; car, lorsqu'on le décompose, soit en l'abandonnant à lui-même, soit en le distillant, soit en le
traitant par l'eau, on trouve toujours un peu d'acide
acétique mêlé à l'acide nitreux mis en liberté. Il est
possible toutefois que cet acide acétique provienne de
la réaction des élémens de l'éther, ou plutôt qu'il soit,
dans l'éther nitrique, uni à de l'alcool et à l'état d'é-
ther acétique. D'ailleurs, nous ne connaissons point
jusqu'ici les proportions d'acide et d'alcool qui constituent l'éther nitrique.

Cet éther ne s'emploie qu'en médecine ; encore n'en
fait-on usage que dissous dans l'alcool.

La découverte en est due à Navier, médecin de Châ-
lons. Un grand nombre de chimistes se sont occupés de
son histoire. (Mém. d'Arcueil, tome 1, page 75).

1596. *Ether hydriodique.* — M. Gay-Lussac, à qui
la découverte de cet éther est due, l'a obtenu en faisant
un mélange de deux parties, en volume, d'alcool et d'une
d'acide hydriodique coloré, ayant 1,700 de densité,
distillant le mélange au bain-marie, et étendant d'eau
le produit qui se rassemble peu à peu dans le récipient. L'éther se précipite sous forme de petits globules
qui sont d'abord un peu laiteux ; mais qui, en se réunissant, forment un liquide transparent. On le purifie en le
lavant à l'eau froide, à plusieurs reprises.

Cet éther ne rougit point le tournesol ; son odeur

est forte et a de l'analogie avec celle des autres éthers ; sa densité est de 1,9206 à 22°,3. Il prend, dans l'espace de quelques jours, une couleur rosée, qui n'augmente pas d'intensité avec le temps, et que la potasse et le mercure font disparaître sur-le-champ en s'emparant de l'iode auquel elle est due.

L'éther hydriodique entre en ébullition à la température de 68°,8, sous la pression de 0ᵐ,76. Il ne s'enflamme point par l'approche d'un corps en combustion ; seulement, il exhale des vapeurs pourpres lorsqu'on le verse goutte à goutte sur des charbons ardens. Le potassium s'y conserve sans altération. La potasse ne l'altère pas dans le moment. Il en est de même des acides nitrique et sulfureux, et du gaz muriatique oxigéné. L'acide sulfurique concentré le brunit assez promptement. En le faisant passer dans un tube incandescent, il se décompose et se transforme en un gaz inflammable carburé, en acide hydriodique très-brun, en charbon, et en flocons dont l'odeur est éthérée, et que M. Gay-Lussac considère comme une sorte d'éther formé d'acide hydriodique, et d'une matière végétale différente de l'alcool. Ces flocons se fondent dans l'eau bouillante, et prennent, en se refroidissant, la transparence et la couleur de la cire ; ils sont beaucoup moins volatils que l'éther hydriodique, et laissent dégager beaucoup plus d'iode en les projetant sur des charbons incandescens. (Ann. de Chimie, tome 91, page 89).

1597. *Éthers à base d'acides végétaux.* — Presque tous les acides végétaux se dissolvent dans l'alcool, et s'en séparent par la distillation, sans qu'il en résulte aucuns produits particuliers, quel que soit d'ailleurs le nombre de fois qu'on distille la même portion d'alcool avec la même portion d'acide ; tels sont du moins les acides tartarique, citrique, malique, benzoïque, oxalique et gallique ; et je ne doute pas, quoique je n'aie point fait l'expérience, que les acides subérique, succinique, mucique, pyro-tartarique, morique, mellitique, ne soient dans ce cas. Mais il n'en est pas de même de l'acide acétique : sa réaction sur l'alcool est telle, qu'au moyen de plusieurs distillations, les deux corps disparaissent et forment un véritable éther ; d'où je conclus que cet acide est probablement le seul de tous les acides végétaux connus aujourd'hui, qui puisse nous offrir ce phénomène.

Mais lorsque, au lieu de mettre les acides végétaux en contact avec l'alcool, on les met en même temps en contact avec ce corps et l'un des acides minéraux forts et concentrés, on peut alors produire avec plusieurs des composés analogues aux éthers précédens : c'est ce que vont prouver les expériences qui suivent. Dans ces expériences, l'acide minéral agit probablement en condensant l'alcool et le rapprochant de l'état où ce corps peut s'unir avec l'acide végétal.

1598. *Éther acétique.* — L'éther acétique, découvert par le comte de Lauraguais en 1759, est devenu successivement l'objet des recherches de Schéele, de Pelletier, de Schultze, de Lichtemberg, de Gehlen et de Thenard (Mémoires d'Arcueil, t. 1, p. 153). Les pharmacopées recommandent, pour l'obtenir, de mettre parties égales en poids d'acide acétique concentré et d'alcool ; de distiller le mélange jusqu'à ce que la distillation soit aux deux tiers faite, de cohober, c'est-à-dire, de remettre dans la cornue ce qui est passé dans le récipient, de continuer la distillation

jusqu'au point où on l'avait laissée d'abord, de recohober et de redistiller, de cette manière, la liqueur cinq à six fois ; enfin, de saturer le produit
par la potasse, et d'en retirer l'éther pur par une
nouvelle distillation. Mais ce procédé présente plusieurs
inconvéniens : le premier, d'occasionner une perte
assez considérable d'éther, en raison du nombre de
distillations qu'on est obligé de faire ; le second, de
donner de l'éther contenant de l'alcool, à moins qu'on
n'ait recohobé un grand nombre de fois ; le troisième,
d'exiger une longue manutention et l'emploi d'une trop
grande quantité d'acide. Le suivant est bien préférable.

Prenez 100 parties d'alcool rectifié, 63 parties d'a-
cide acétique concentré, 17 parties d'acide sulfurique
du commerce ; après avoir mêlé le tout, introduisez-le
dans une cornue de verre tubulée, par la tubulure dont
elle est surmontée ; placez cette cornue dans un fourneau muni de son laboratoire ; adaptez-y un ballon à
long col, que vous refroidirez avec des linges mouillés ;
fermez la tubulure du ballon avec un bouchon percé
d'un petit trou ; mettez quelques charbons incandescens sous la cornue : la liqueur ne tardera pas à entrer
en ébullition ; lorsqu'il y en aura environ 125 grammes
distillés, l'opération sera terminée. Ces 125 grammes
seront de l'éther presque pur ; il ne faudra plus, pour
le purifier, que le laisser en contact avec 10 à 12
grammes de pierre à cautère pendant environ demi-
heure dans un flacon, et agiter le tout de temps en
temps ; il en résultera deux couches, l'une inférieure
très-mince de potasse et d'acétate de potasse en dissolution dans l'eau ; et l'autre supérieure, très-épaisse

d'éther pur, qu'on séparera par un entonnoir à long bec. Dans cette expérience, l'acide sulfurique peut être regardé comme agissant en concentrant l'alcool et l'acide acétique. Ce qu'il y a de certain, c'est qu'il n'entre pas dans la composition de l'éther acétique, et qu'il ne se produit point d'éther sulfurique.

On peut encore faire avec économie un excellent éther acétique en prenant 3 parties d'acétate de potasse, 3 parties d'alcool très-concentré, et 2 parties d'acide sulfurique aussi très-concentré; on les introduit dans une cornue tubulée, et on distille le mélange jusqu'à parfaite siccité; ensuite on mêle le produit avec la 5me partie de son poids d'acide sulfurique encore très-concentré, et par une distillation ménagée on en retire autant d'éther qu'on a employé d'alcool. Tout autre acétate peut être substitué à l'acétate de potasse; mais alors il faut employer d'autres proportions d'alcool et d'acide sulfurique que celle qu'on vient d'indiquer.

1599. L'éther acétique est un liquide incolore, qui a une odeur agréable d'éther sulfurique et d'acide acétique; il ne rougit, ni le papier, ni la teinture de tournesol; sa saveur est toute particulière; sa pesanteur spécifique est de 0.866 à 7°.

Sous la pression de 0m. 75, il entre en ébullition à 71°. Mis en contact avec l'air et un corps enflammé, il prend feu et brûle avec une lumière d'un blanc jaunâtre: de l'acide acétique se développe dans sa combustion. Il ne s'altère point avec le temps. L'eau en dissout à 17° la 7me partie et demie de son poids : ainsi dissous dans l'eau, il est toujours sans action sur la teinture de tournesol, et il conserve l'odeur et la saveur qui le caractérisent. Mais lorsqu'on le met dans cet état en contact avec la moitié de son poids de potasse caustique, son odeur et sa saveur disparaissent; il se décompose complétement : aussi, en soumettant la liqueur à la distillation, passe-t-il de l'alcool dans le récipient, et obtient-on de l'acétate de potasse pour résidu.

L'éther acétique est, comme tous les autres éthers, très-soluble dans l'alcool, et séparé en grande partie de sa dissolution alcoolique par l'eau : ses autres propriétés ne sont point encore connues.

On ne l'emploie qu'en médecine.

1600. *Ether benzoïque.* — L'éther benzoïque est incolore, liquide, à la température ordinaire; sa saveur est piquante, sa densité un peu plus grande que celle de l'eau, son odeur faible et tout autre que celle de l'éther sulfurique, son aspect oléagineux.

Il est presqu'aussi volatil que l'eau, presque insoluble dans l'eau froide, moins insoluble dans l'eau chaude, et très-soluble dans l'alcool, dont on peut le précipiter par l'eau. Agité pendant long-temps avec une dissolution d'hydrate de potasse, il disparaît et se décompose complétement. En effet, si, lorsqu'il n'existe plus d'éther à la surface de la liqueur, elle est distillée, on en retire de l'alcool qui se vaporise, et du benzoate de potasse qui reste dans le vase distillatoire.

1601. On ne saurait obtenir l'éther benzoïque, soit en distillant ensemble de l'alcool et de l'acide benzoïque un grand nombre de fois, soit en précipitant par l'eau une dissolution d'acide benzoïque dans l'alcool, soit en concentrant fortement cette dissolution et l'abandonnant à elle-même. La présence d'un acide minéral fort et concentré, est absolument indispensable. La même observation s'applique à la préparation de tous les éthers dont il nous reste à parler.

Que l'on prenne 30 grammes d'acide benzoïque, 60 grammes d'alcool, 15 grammes d'acide muriatique liquide concentré ; qu'on les introduise dans une petite cornue tubulée, dont le col se rendra dans un récipient muni, si l'on veut, d'un tube propre à recueillir les gaz ; que l'on place ensuite la cornue sur un fourneau, et qu'on laisse refroidir les vases, lorsque la distillation sera aux deux tiers faite, voici ce qu'on observera. Dans tout le cours de l'opération, il ne se dégagera d'autres gaz que de l'air atmosphérique et des traces d'éther muriatique. Les premières portions du produit distillé ne seront que de l'alcool chargé d'un peu d'acide ; mais les dernières contiendront une certaine quantité d'éther benzoïque, qu'on pourra facilement en séparer par l'eau. Une plus grande quantité de cet éther restera dans la cornue ; il y sera recouvert par une couche assez épaisse d'alcool, d'eau, d'acide muriatique et d'acide benzoïque. En versant à plusieurs reprises de l'eau chaude dans la cornue, on finira par dissoudre cette couche. L'on pourra donc facilement se procurer ainsi de l'éther benzoïque. Toutefois cet éther, tel que nous venons de le préparer, ne sera point pur ; il contiendra un petit excès d'acide benzoïque, qui le rendra solide à la température ordinaire, et lui donnera la propriété de rougir le tournesol. Pour le purifier, il faudra l'agiter avec une petite quantité de dissolution alcaline, et le laver convenablement. En vain on recherchera la présence de l'acide muriatique dans l'éther benzoïque.

1602. *Éther oxalique, citrique, etc.* — Lorsqu'on fait une dissolution de 30 grammes d'acide oxalique

dans 35 grammes d'alcool pur, et qu'après y avoir ajouté
10 grammes d'acide sulfurique concentré, on la distille jusqu'à ce qu'il commence à se former un peu d'é-
ther sulfurique, il ne passe que de l'alcool légèrement
éthéré dans le récipient, et il reste dans la cornue une
liqueur brune très-fortement acide, d'où, par le refroidissement, il ne se dépose que des cristaux d'acide oxalique; mais lorsqu'on étend cette liqueur d'eau, il s'en
sépare une matière semblable à celle que nous a donné
l'acide benzoïque, peu soluble dans l'eau, assez abondante, et qu'on obtient pure en la lavant à l'eau froide,
et lui enlevant par un peu d'alcali l'excès d'acide qu'elle
retient.

1603. Si l'on traite de la même manière les acides
citrique et malique, on obtient les mêmes résultats.
Les trois matières provenant de ces trois acides se ressemblent dans quelques-unes de leurs propriétés. Toutes
sont un peu jaunâtres, un peu plus pesantes que l'eau,
sans odeur, sensiblement solubles dans l'eau, et très-
solubles dans l'alcool, dont elles sont précipitées par
l'eau; elles diffèrent par leur saveur : celle qui est faite
avec l'acide oxalique, est faiblement astringente ; celle
qui est faite avec l'acide citrique, est très-amère. La
première est la seule qui soit volatile ; elle se vaporise
dans l'eau bouillante, et par ce moyen on l'obtient facilement blanche.

Lorsqu'on les chauffe avec une dissolution de potasse
caustique, on les décompose toutes trois. Dans cette
décomposition, toutes donnent de l'alcool; et la première de l'acide oxalique, la deuxième de l'acide citrique, et la troisième de l'acide malique : aucune ne

contient d'acide sulfurique : ces matières sont donc de véritables éthers.

1603. L'acide tartarique est aussi susceptible de se combiner avec l'alcool de même que les acides précédens ; mais il nous offre, en se combinant avec ce liquide, des phénomènes particuliers que nous croyons devoir rapporter. L'expérience doit être faite de même qu'avec l'acide oxalique. Il faut donc employer 30 grammes d'acide tartarique, 35 grammes d'alcool, 10 grammes d'acide sulfurique, et distiller la liqueur jusqu'à ce qu'il commence à se former un peu d'éther. Si, à cette époque, l'on retire le feu du fourneau, la liqueur se prendra en sirop épais par le refroidissement. En vain l'on y versera de l'eau dans l'espérance d'en séparer, comme dans les expériences précédentes, une combinaison particulière d'acide et d'alcool. Que l'on y ajoute alors peu à peu de la potasse, on en précipitera beaucoup de tartrate acide ; puis, après l'avoir saturée sans dépasser le point de saturation, qu'on l'évapore et qu'on la traite à froid par l'alcool très-concentré, on obtiendra par l'évaporation de la dissolution alcoolique, une substance qui, par le refroidissement, se prendra en sirop épais, plus facilement encore qu'avant d'avoir été traitée par la potasse et l'alcool.

Cette substance, dont il est facile de préparer une grande quantité, a une couleur brune et est amère, légèrement nauséabonde, inodore, nullement acide, très-soluble dans l'eau et dans l'alcool ; elle ne précipite point le muriate de chaux ; elle précipite abondamment le muriate de baryte. Quand on la calcine, elle répand d'épaisses fumées qui ont une odeur d'ail, et en même temps elle laisse un résidu charbonneux non

Tome III. 19

alcalin, qui contient beaucoup de sulfate de potasse : en
un mot, lorsqu'on la distille avec de la potasse, on en
retire de l'alcool très-fort et beaucoup de tartrate de
potasse. Il est donc évident que cette substance est encore une combinaison analogue aux précédentes ; mais
ce qu'elle nous offre de remarquable, c'est son état
sirupeux, et la propriété qu'elle a de rendre très-soluble, dans l'alcool le plus concentré, le sulfate de potasse ; qui par lui-même est insoluble dans l'alcool
faible. Peut-être est-ce au sulfate de potasse qu'elle doit
la propriété qu'elle a de ne point avoir l'aspect huileux
qu'ont toutes les autres combinaisons de ce genre.
(*Voyez*, pour plus de détails, sur les composés d'a-
cides végétaux et d'alcool, les Mémoires d'Arcueil,
t. 2, p. 5).

1604. Dans tout ce que nous venons de dire des
éthers de la deuxième classe, nous les avons considérés
comme des composés d'acide et d'alcool ; mais l'on peut
soutenir avec tout autant de vraisemblance, qu'ils résultent, non pas des molécules intégrantes de l'acide
avec les molécules intégrantes de l'alcool, mais des
molécules constituantes de l'un avec les molécules constituantes de l'autre. (*Voyez* Mémoires d'Arcueil, t. 1,
pag. 356).

Section IV.

Des Matières colorantes.

1605. Les matières colorantes sont très-multipliées :
on les trouve dans toutes les parties des plantes, tantôt
dans les racines, tantôt dans les tiges, tantôt dans les
graines, etc. Il en existe de toutes les nuances ; les

plus communes sont les rouges, les jaunes et les vertes.

La nature ne nous offre jamais les matières colorantes que combinées les unes avec les autres, et souvent même avec plusieurs des matériaux immédiats des végétaux. Par exemple, celles qui sont jaunes accompagnent presque constamment celles qui sont rouges. Voilà ce qui rend la préparation de ces matières si difficile. Jusqu'à présent l'indigo, l'hématine et le rose du carthame, sont les seules qu'on ait pu se procurer. Il serait à désirer qu'on parvînt à les isoler toutes; alors on pourrait savoir quel est le principe qui prédomine en elles, les soumettre à l'analyse, et les étudier d'une manière spéciale (*a*). Toutefois l'on connaît un certain nombre de leurs propriétés : ce sont ces propriétés que nous allons exposer d'abord.

1606. Toutes les matières colorantes semblent être solides, insipides et inodores. Comme les autres substances végétales, elles sont décomposées par le feu. Toutes s'altèrent et se ternissent par le contact de l'air humide et des rayons solaires ; plusieurs même perdent entièrement leur teinte : tel est surtout le rose du carthame. On produit en elles de semblables changemens, en substituant aux rayons solaires une température de 150 à 200°; changemens faciles à constater au moyen d'un tube dont les extrémités sont droites et le milieu courbé en arc. Après avoir introduit un peu de matière colorante dans la partie arquée, on fait plonger cette partie dans un mortier de fer, rempli de

---

(*a*) Il est probable que les matières colorantes contiennent beaucoup de carbone : plusieurs renferment de l'azote.

mercure. Le tube étant solidement fixé, on adapte à l'une de ses extrémités une grande vessie pleine d'air humide : alors on élève le mercure à la température de 150 à 200°, et on comprime légèrement la vessie ; lorsqu'elle est vide, on la remplit d'air humide comme la première fois, et l'on continue l'expérience. Les résultats ne sont sensibles qu'au bout de quelques heures.

1607. La plupart des matières colorantes sont solubles dans l'eau ; quelques-unes seulement le sont dans l'alcool, les huiles, l'éther. Ces dissolvans étant faibles, prennent toujours la teinte des matières dissoutes : ainsi l'eau est colorée en jaune par la gaude, en rouge par le bois de Brésil ; mais il en est tout autrement lorsque le dissolvant est un acide ou un alcali, même très-étendu. Alors, à moins que la matière colorante ne soit très solide, c'est-à-dire, peu altérable, elle éprouve dans sa teinte différens changemens d'autant plus manifestes, que l'acide ou l'alcali est plus puissant.

Ces divers changemens sont dus en général à de véritables combinaisons entre les matières colorantes, les acides ou les alcalis ; car l'on peut faire reparaître par un alcali les couleurs altérées par les acides, et par un acide les couleurs altérées par les alcalis (a).

1608. Il n'y a que l'acide muriatique oxigéné qui fasse constamment exception ; il détruit toutes les matières colorantes, même à la température ordinaire, et les transforme en un jaune d'une nature particulière.

(a) Il n'est pas besoin de faire remarquer que si l'acide ou l'alcali, que l'on a primitivement uni à la matière colorante, était très-concentré, celle-ci pourrait être détruite.

Nous citerons pour exemple le tournesol, qui est l'une des plus fugaces, et l'indigo, qui est au contraire l'une des plus solides. Que l'on verse de l'acide muriatique oxigéné liquide sur l'une ou l'autre de ces couleurs, elle passera sur-le-champ au jaune fauve.

1609. Presque tous les oxides et les sous-sels insolubles sont susceptibles d'enlever les matières colorantes à l'eau, et de former avec elles des composés qui sont eux-mêmes insolubles. C'est à ces composés qu'on donne le nom de *laques*. On les obtient ordinairement en dissolvant la matière colorante dans l'eau, y versant une dissolution d'alun, et quelquefois de deuto-muriate d'étain, et y ajoutant ensuite une suffisante quantité de soude, de potasse, d'ammoniaque, ou bien encore des sous-carbonates de ces bases en liqueur. Toute la matière colorante pourra être précipitée, si le sel est en excès.

De l'Hématine.

1610. L'hématine est cristalline, d'un blanc-rosé, très-brillante quand on l'examine à la loupe, d'une saveur légèrement astringente, amère et âcre. M. Chevreul, à qui nous devons la découverte de cette substance, l'a trouvée dans le bois de campêche, auquel elle donne toutes ses propriétés caractéristiques.

Ce bois est le tronc de l'*hœmatoxilon campechianum* (a); il nous vient de plusieurs colonies d'Amérique, sous la forme de bûches plus ou moins volumi-

(a) Cet arbre s'élève à une grande hauteur dans les bons terrains. Son écorce est lisse, son tronc droit et garni d'épines; ses semences ont la saveur des clous de girofle; les Anglais leur donnent le nom de poivre de la Jamaïque.

neuses ; il est pesant, rouge, dur, compacte, susceptible de recevoir un beau poli , presqu'incorruptible. Sa saveur est douce , amère et astringente ; son odeur aromatique.

Pour se procurer l'hématine , M. Chevreul commence par faire digérer le campêche en poudre avec de l'eau, à la température de 5o à 55°. Quelques heures après , il filtre la liqueur, l'évapore jusqu'à siccité et met le résidu dans de l'alcool à 36° pendant un jour. Au bout de ce temps, il filtre la nouvelle liqueur, la concentre jusqu'au point de l'épaissir, y verse une petite quantité d'eau , la soumet de nouveau à une douce évaporation et l'abandonne à elle-même : par ce moyen, il obtient une assez grande quantité de cristaux d'hématine qui, pour devenir purs, n'ont besoin que d'être lavés à l'alcool et séchés.

Soumise à l'action du feu dans une cornue, l'hématine donne tous les produits des substances végétales, et de plus une petite quantité d'ammoniaque , ce qui prouve qu'elle contient de l'azote.

L'eau bouillante la dissout facilement et se colore en un rouge-orangé qui passe au jaune par le refroidissement, mais qu'on peut faire reparaître en chauffant de nouveau la dissolution. Si on évapore cette dissolution , il s'y forme des cristaux d'hématine : en y ajoutant peu à peu de l'acide, elle passe au jaune, puis au rouge. L'action de l'acide sulfureux est un peu différente ; il donne d'abord une teinte jaune à la dissolution, et finit par détruire le principe colorant, si le contact est prolongé.

La potasse et l'ammoniaque font prendre une couleur d'un rouge-pourpre, à la dissolution d'hématine ;

si on ajoute un grand excès de ces alcalis, elle devient d'un bleu-violet, puis d'un rouge-brun et enfin d'un jaune-brun : dans cet état, l'hématine est décomposée ; on ne peut point la faire reparaître par les acides. Les eaux de baryte, de strontiane et de chaux, ont la même action sur cette substance ; seulement elles finissent par la précipiter de sa dissolution.

Si on fait passer un courant de gaz hydrogène sulfuré dans de l'eau chargée d'hématine, elle prend une couleur jaune qui se détruit dans l'espace de quelques jours. L'hydrogène sulfuré paraît agir en se combinant avec l'hématine, et non en la désoxigénant ; c'est ce qu'il est facile de vérifier en faisant passer dans une petite cloche remplie de mercure, une certaine quantité de la dissolution décolorée, et en y portant ensuite un morceau de potasse pure ; celle-ci se fond, se combine avec l'hydrogène sulfuré, et la couleur reparaît aussitôt.

Le protoxide de plomb, le protoxide d'étain, l'hydrate de tritoxide de fer, l'hydrate de cuivre, l'hydrate de nickel, l'oxide de zinc et son hydrate, les fleurs d'antimoine, l'oxide de bismuth, s'unissent à l'hématine, et la colorent en un bleu plus ou moins violet. Le tritoxide d'étain agit sur elle, à la manière des acides minéraux. Elle précipite la colle forte de sa dissolution, sous forme de flocons rougeâtres.

L'hématine n'est pas employée à l'état de pureté ; mais comme elle existe dans le bois de campêche, elle entre dans toutes les couleurs que l'on prépare avec ce bois. Ces couleurs sont principalement le violet et le noir. M. Chevreul la propose comme un très-bon réactif pour découvrir la présence des acides.

(*Voyez* son Mémoire, Annales de Chimie, tom. 81, pag. 53).

Couleur rouge du Carthame.

1611. Les propriétés de cette matière colorante sont très-peu connues : on sait seulement qu'elle est très-fugace, d'un rouge très-foncé ; qu'elle est insoluble dans l'eau et dans l'alcool ; que les acides l'avivent sans la dissoudre, et que la potasse, la soude et les sous-carbonates de ces bases lui donnent une teinte jaunâtre en la dissolvant ; teinte qu'on peut ramener au rose par un acide quelconque, mais surtout par les acides végétaux.

Cette couleur s'extrait de la fleur du *carthamus tinctorius* de Linnée, plante annuelle que l'on cultive en Espagne, en Egypte, et dans quelques contrées du Levant (*a*). On lave d'abord la fleur à grande eau (*b*). Ce lavage a pour objet de dissoudre toute la matière colorante jaune qui accompagne la matière colorante rouge, et qui paraît être combinée avec elle. Lorsque la fleur ne colore plus sensiblement l'eau, on la met en contact, à la température ordinaire, avec environ son poids de sous-carbonate de soude dissous dans 5 à

(*a*) En Egypte, ceux qui récoltent les fleurs de carthame les compriment entre deux pierres pour en exprimer le suc, les lavent avec de l'eau chargée de sel marin, les pressent ensuite entre les mains, et les dessèchent à l'ombre. Pour empêcher que la dessication ne soit très-prompte, ils les exposent à la rosée pendant la nuit.

(*b*) Pour faire ce lavage, les teinturiers mettent le carthame dans un sac de toile serrée, le laissent tremper dans l'eau pendant quelque temps, et le foulent ensuite à la rivière jusqu'à ce qu'il ne donne plus de couleur jaune.

10 parties d'eau. Au bout d'une heure, on passe la liqueur à travers une toile serrée, on y verse du jus de citron en quantité suffisante pour saturer l'alcali, et on y plonge ensuite les écheveaux de coton. L'acide citrique contenu dans ce jus, décompose le sous-carbonate de soude, et en précipite la matière colorante qui se combine promptement avec le coton. Alors, après avoir lavé ce coton, on le traite par une nouvelle dissolution de carbonate de soude, qui redissout la matière colorante, et on la précipite de nouveau par le jus de citron; elle se rassemble peu à peu au fond du vase. En la séparant de la liqueur surnageante, et la faisant sécher, elle prend l'aspect cuivré, et peut être conservée indéfiniment : il n'en faut qu'une parcelle pour donner à l'eau une couleur rose très-foncée (*a*).

La matière colorante rouge, seule ou combinée avec différentes substances, et fixée sur la soie, le fil et le coton, leur donne une multitude de nuances qui varient depuis le rose couleur de chair jusqu'au cerise. Toutes ces nuances sont en général peu solides, surtout le rose. Cependant comme elles sont très-éclatantes, les teinturiers font un grand usage du carthame.

C'est encore avec le carthame qu'on prépare le rouge dont les femmes se servent pour la toilette. Il suffit alors de se procurer la matière colorante rouge, comme nous venons de le dire, mais sans la recevoir sur le coton,

---

(*a*) Si, dans cette opération, on précipite d'abord la matière colorante rouge sur du coton pour la redissoudre ensuite, c'est afin de la séparer d'une petite quantité du principe colorant jaune qui se trouve combiné avec elle, mais qui, une fois fixé sur le coton, n'est plus attaqué par les alcalis.

de la dessécher sur des assiettes, et de la broyer exactement avec du talc réduit en poudre fine au moyen de la prêle, et passé au tamis de soie.

De l'Indigo.

1612. *Propriétés.* — L'indigo, apporté de l'Inde en Europe vers le milieu du seizième siècle, est un corps solide, sans saveur, sans odeur, pourpre, et susceptible de cristalliser en aiguilles.

Soumis à l'action du feu dans une cornue, il se sépare en deux parties; l'une se volatilise sous forme de vapeurs violettes qui se condensent dans le col du vase, tandis que l'autre est décomposée et donne tous les produits des substances animales. En le chauffant à l'air libre, on en vaporise beaucoup plus qu'en vases clos, pourvu toutefois que la température ne soit pas très-élevée : en effet, si elle était portée jusqu'au rouge, l'indigo se gonflerait, s'enflammerait, brûlerait avec une flamme blanche, et se transformerait en un charbon volumineux qui finirait par s'incinérer, etc.

1613. L'indigo est inaltérable à l'air, insoluble dans l'eau et dans l'éther, mais sensiblement soluble dans l'alcool bouillant, qu'il colore en bleu, et dont il se précipite en partie par le refroidissement.

1614. Lorsqu'on met en contact une partie d'indigo en poudre avec 9 à 10 parties d'acide sulfurique concentré, il se dissout dans l'espace de quelques heures, surtout à une température de 30 à 40°. La dissolution est toujours d'un beau bleu. Il est probable que, dans cette opération, l'indigo est altéré, car il acquiert la propriété de se dissoudre dans plusieurs réactifs qui, auparavant, n'avaient aucune action sur lui, et il perd au contraire celle de se vaporiser. (Chevreul, Ann. de Chimie, tome 66, page 29).

L'acide nitrique concentré exerce une très-vive action sur l'indigo. Son action sur cette substance est encore très-grande, lors même qu'il est étendu d'eau, et les produits qui se forment, très-nombreux. M. Chevreul ayant traité à une douce chaleur deux parties d'indigo impur (de Guatimala), par un mélange de quatre parties d'acide à 32°, et de quatre parties d'eau, obtint bientôt une vive effervescence, et recueillit, outre tous les produits qui proviennent de la décomposition des matières végétales par l'acide nitrique, de l'ammoniaque, une matière résineuse et de l'amer, c'est-à-dire un composé d'acide nitrique et d'une substance végétale grasse. (*Voyez* l'action de l'acide nitrique sur les substances animales).

L'acide muriatique liquide n'agit point sur l'indigo, à la température ordinaire; par la chaleur, il prend une couleur jaunâtre qui est due à un peu d'indigo décomposé. L'acide muriatique oxigéné le détruit en peu de temps. Les alcalis se comportent comme l'acide muriatique.

1615. Quoique les phénomènes dont nous venons de parler soient très-importans, ceux qui nous restent à étudier le sont bien plus encore. Lorsqu'on traite l'indigo réduit en poudre fine par diverses matières désoxigénantes, il passe au jaune, devient soluble dans l'eau, surtout au moyen des alcalis; et si, dans cet état, on le met en contact avec l'air, il absorbe le gaz oxigène, redevient bleu et insoluble : d'où l'on doit conclure que ces matières n'agissent sur lui qu'en le désoxigénant en partie. C'est ce que produisent, par l'intermède de l'eau, l'hydrogène sulfuré, l'hydro-sulfure d'ammoniaque, le proto-sulfate de fer et un alcali, l'orpiment et la potasse, la potasse et le protoxide d'étain, et plusieurs autres mélanges dont nous ne parlerons point.

L'action de l'hydrogène sulfuré a lieu à la température ordinaire : il en résulte, outre l'indigo au *minimum* d'oxidation, de l'eau, et probablement un léger dépôt de soufre. L'expérience doit être faite en vase clos ; elle n'est terminée qu'au bout de quelques jours. Il faut s'y prendre de la même manière, pour faire agir l'hydro-sulfure d'ammoniaque ; il donne lieu aux mêmes phénomènes que l'hydrogène sulfuré ; seulement le soufre, au lieu de se déposer, reste en dissolution dans l'excès d'hydro-sulfure ; c'est encore à froid, comme nous venons de le dire, qu'on désoxigène l'indigo par le protoxide d'étain et la potasse en liqueur (*a*) : d'une part, le protoxide passe à l'état de deutoxide, et de l'autre, la potasse s'unit à l'indigo désoxigéné. Enfin l'on pourrait aussi opérer à froid la désoxigénation de l'indigo par le sulfate de fer et la chaux ou par l'orpiment et la potasse ; mais il vaut mieux favoriser la réaction par la chaleur. Dans le premier cas, l'on prend 2 parties de sulfate de fer du commerce en poudre, 2 de chaux qu'on éteint, 1 d'indigo bien pulvérisé, 150 d'eau ; l'on met toutes ces matières dans un matras que l'on expose à une température de 40 à 50° pendant quelques heures ; la chaux s'empare de l'acide sulfurique du sulfate, et le protoxide de fer mis en liberté désoxi-

(*a*) On se procure cette dissolution en versant un excès de potasse dans le proto-muriate d'étain.

gène l'indigo d'autant plus facilement que, ramené à un moindre degré d'oxidation, il tend à se combiner avec la matière calcaire. On opère de même dans le 2ᵉ cas; les proportions qu'on doit employer, sont : 8 p. d'orpiment, 6 d'alcali, 8 d'indigo et 100 d'eau. Il se forme sans doute du sulfite et de l'arseniate de potasse, tandis que l'indigo désoxigéné se combine avec une portion d'alcali, comme dans les expériences précédentes.

1616. *État naturel.* — L'indigo n'a été trouvé jusqu'ici que dans un très-petit nombre de plantes appartenant aux genres *indigofera*, *isatis* et *nerium*.

C'est surtout du genre *indigofera* qu'on l'extrait ; ce genre fait partie de la famille des légumineuses ; il renferme plusieurs espèces qui probablement sont toutes susceptibles de fournir de l'indigo. Celles d'où on le retire sont cultivées à la Chine, au Japon, aux Indes, à Madagascar, en Egypte et dans les colonies de l'Amérique : on en distingue trois principales, 1° l'indigo franc, *indigofera tinctoria* ; c'est la plus petite, la plus riche en principe colorant, mais l'indigo qu'elle fournit est le moins estimé : 2° l'*indigofera disperma* ; elle est plus élevée et plus ligneuse que la précédente, et donne un meilleur indigo; on la cultive à Guatimala : 3° l'*indigofera argentea* ; c'est de cette dernière qu'on retire le plus bel indigo; elle n'en contient qu'une très-petite quantité. M. Chevreul qui a fait l'analyse des tiges de l'*indigofera anil*, a trouvé 1° que le suc de ces tiges contenait de l'indigo au minimum d'oxidation ; de la matière végéto-animale, coagulable par la chaleur ; une certaine quantité d'une matière verte et d'une matière jaune extractive, toutes deux solubles dans l'alcool ; du mucilage ; un sel calcaire ; des sels

alcalins. 2° Que la fécule verte, c'est-à-dire la subs=
tance tenue en suspension dans le suc non-filtré, renfer=
mait de l'indigo, de la cire, de la résine verte, de la
matière animale et une matière rouge particulière.
3° Qu' le marc exprimé était formé, pour la plus
grande partie, des débris ligneux de la plante.

1617. *Préparation.* — Lorsque la plante est par=
venue à son degré convenable de maturité, on en coupe
les feuilles qu'on lave d'abord, et que l'on met ensuite
dans une cuve avec une quantité d'eau assez grande
pour les recouvrir d'environ 1 décimètre de ce liquide,
et que l'on maintient dans cette position par des plan=
ches chargées de poids. Bientôt la fermentation s'établit;
la liqueur devient verte, légèrement acide, se couvre
de bulles et présente un grand nombre de pellicules
irisées : alors on la fait écouler dans une autre cuve
placée au-dessous de la première; on l'agite et on y
ajoute une certaine quantité d'eau de chaux qui facilite
la séparation de l'indigo. Le dépôt étant fait, on dé=
cante la liqueur, on lave l'indigo par décantation, puis
on le fait égoutter et sécher à l'ombre.

On peut, par un procédé semblable, extraire l'indigo
du pastel ou *isatis tinctoria* : seulement, au lieu de se
contenter de laver le précipité qu'occasionne la chaux,
il faut le traiter ensuite par l'acide muriatique faible,
et le soumettre à de nouveaux lavages (*a*).

(*a*) Le précipité est vert ; il doit cette couleur à un mélange de
jaune et de bleu. En le traitant par l'acide muriatique, on enlève
non-seulement la chaux, mais encore on rend la matière jaune
plus soluble dans l'eau. Toutefois, après avoir été ainsi traité, il
contient encore bien plus de matière étrangère que l'indigo ordi=
naire. (*Voyez* Traité de M. Puymaurin.)

L'indigo ainsi obtenu est celui qu'on trouve dans le commerce. On en distingue trois sortes, 1° l'indigo flore ou guatimala ; il est moins impur, et par conséquent d'un plus grand prix que les deux autres ; 2° l'indigo cuivré, ainsi nommé à cause de la teinte cuivreuse qu'il acquiert quand on le frotte avec un corps dur: 3° enfin l'indigo de troisième qualité, tel que celui qu'on nous envoie de la Caroline. Le premier est plus léger que l'eau ; les deux autres sont au contraire spécifiquement plus pesans.

On parvient à les purifier presque complétement en les traitant d'abord par l'eau, puis par l'alcool, et enfin par l'acide muriatique.

L'indigo guatimala ainsi traité a fourni à M. Chevreul :

En dissolution dans l'eau.	Matière verte unie à l'ammoniaque................. Un peu d'indigo désoxidé.... Extractif.................... Gomme.....................	12
En dissolution dans l'alcool.	Matière verte............. Résine rouge.............. Un peu d'indigo...........	30
En dissolution dans l'acide muriatique.	Résine rouge............... 6 Carbonate de chaux........ 2 Oxide rouge de fer......... Alumine................... 2	
Un résidu formé de.....	Silice.................... 3 Indigo pur............... 45	
		100

On pourrait donc se servir de ce procédé dans les la-

boratoires, pour se procurer de l'indigo presque pur;
mais lorsqu'on veut avoir cette matière colorante
exempte de toutes matières étrangères, il vaut mieux
employer le suivant. Celui-ci, que nous devons à
M. Chevreul, consiste à mettre, par exemple, 5 décigrammes d'indigo ordinaire réduit en poudre, dans un
creuset de platine ou d'argent, à fermer exactement ce
creuset, et à le placer sur quelques charbons incandescens. L'indigo se sublime et s'attache en cristaux à la
partie moyenne du creuset.

On pourrait encore s'en procurer qui serait sensiblement pur, en dissolvant l'indigo du commerce dans le
sulfate de fer et les alcalis, décantant la dissolution
bien claire et l'agitant dans l'air : bientôt en effet l'indigo absorberait l'oxigène, deviendrait insoluble et
formerait une sorte d'écume qu'il suffirait de laver d'a-
bord avec de l'acide muriatique faible, et ensuite avec
de l'eau. M. Roard s'est même servi de ce procédé pour
purifier en grand des indigos très-impurs qui provenaient du pastel.

De la Teinture.

1618. La teinture est un art qui a pour objet de
fixer les matières colorantes sur certaines substances.

Les principales substances que l'on teint sont les fils
et les tissus de coton, de chanvre, de lin, de laine et
de soie. Pour les teindre, il faut en général les soumettre à trois opérations : la première consiste à les
blanchir plus ou moins parfaitement ; la seconde, à les
unir à des corps qui augmentent leur affinité pour les
matières colorantes, et que l'on désigne par le nom de
mordans ; la troisième, à dissoudre les matières et à

plonger le corps à teindre dans le bain qui en résulte.
Cependant, dans quelques circonstances, l'on fait une
quatrième opération; l'on aère la couleur afin de l'aviver. Dans quelques autres, au contraire, on supprime
la seconde; c'est lorsque la matière colorante est insoluble dans l'eau.

Les fils et les tissus destinés à la teinture, devant être
blanchis plus ou moins parfaitement, l'on distingue
deux sortes de blanchiment. La première, moins parfaite que la seconde, ne peut suffire que dans le cas où
l'on veut obtenir des teintes foncées; elle s'appelle *décreusage*, lorsqu'on opère sur le lin, le chanvre, le
coton et la soie, et *désuintage*, lorsqu'on opère sur la
laine. La seconde n'est d'usage que pour les fils ou les
tissus qui doivent recevoir une teinte légère ou partielle,
comme dans les toiles peintes; elle conserve le nom de
blanchiment proprement dit.

Nous allons traiter de chacune de ces opérations en
particulier.

Du Décreusage.

1619. Le décreusage est une opération par laquelle
on se propose d'enlever aux fils et aux tissus de coton,
de lin, de chanvre et de soie, les corps étrangers qui
les recouvrent, qui en altèrent plus ou moins la blancheur, en diminuent la flexibilité, et s'opposent à l'action des matières colorantes.

Le lin, le chanvre et le coton se décreusent de la
même manière. Quant à la soie, elle se décreuse d'une
manière particulière.

1620. *Décreusage du Lin, du Chanvre et du Coton.*
— Supposons que l'on veuille décreuser 100 kilogrammes

de fils ou de tissus de coton, de chanvre ou de lin : on les fera bouillir dans l'eau pendant deux heures; puis, après les avoir laissé égoutter, on les remettra sur le feu avec 15 seaux d'eau et 1 kilogramme et demi de soude du commerce, si l'opération se fait sur le coton, et 2 kilogr., si elle a lieu sur le fil. Dans tous les cas, l'alcali devra avoir été rendu caustique par la chaux. L'ébullition sera soutenue pendant deux heures; après quoi les fils ou les tissus seront lavés à grande eau, et ensuite exposés à l'air.

1621. *Décreusage de la Soie.* — On distingue deux espèces de soies, la soie écru blanc, et la soie écru jaune. Celle-ci, d'après des expériences de M. Roard, est formée de 0,23 à 0,24 d'une matière gommeuse; de $\frac{1}{200}$ à $\frac{1}{300}$ d'une matière grasse analogue à la cire; de $\frac{1}{55}$ à $\frac{1}{60}$ de matière colorante; d'une quantité presque inappréciable d'une matière huileuse odorante, et de 0,72 à 0,73 de soie pure. L'autre ne paraît en différer qu'en ce qu'elle ne contient point de matière colorante, et qu'elle est un peu moins gommeuse.

Le décreusage de la soie doit être fait de manière qu'elle ne perde rien de sa solidité : on y parvient en la traitant, à la température de l'ébullition, par des quantités variables de savon et d'eau. Celui de la soie jaune, pour les couleurs foncées, s'opère à Lyon en employant 1 partie de savon sur 4 de soie, et maintenant l'ébullition pendant 4 heures. Celui qu'on pratique pour les couleurs claires ou pour le blanc, n'est pas tout-à-fait le même : on le partage en deux parties; la première prend le nom de *dégommage*, et la seconde de *rebouillage* ou de *cuite*. Dans le dégommage, on emploie 30 parties de savon pour 100 de soie, et l'on fait bouillir la dissolution pendant 15 minutes. Dans la cuite, on emploie la même quantité de savon que dans le dégommage; mais au lieu de tenir la soie pendant 15 minutes dans la dissolution bouillante, on l'y tient pendant 4 heures. Une ébullition aussi long-temps soutenue altère toujours la soie, sans contribuer à son décreusage; c'est ce que M. Roard a parfaitement constaté : aussi décreuse-t-il toutes les soies, écru blanc ou jaune, en les faisant bouillir pendant une heure, avec 15 fois leur poids d'eau et plus ou moins de savon, selon les couleurs qu'il veut obtenir. Seulement il a le soin de plonger les soies dans le bain une demi-heure avant qu'il ne bouille, et de les retourner souvent. (*Voyez* Ann. de Chimie, tome 65, page 44).

Du Désuintage.

1622. La laine est naturellement enduite d'une matière brune à laquelle on donne le nom de *suint*, et que M. Vauquelin a trouvé formée : 1º d'un savon à base de potasse qui en fait la plus grande partie; 2º d'un peu de carbonate, d'acétate et de muriate de potasse; 3º de chaux, dont il ignore l'état de combinaison; 4º d'une matière animale à laquelle le suint doit son odeur particulière. Plus une laine est fine, plus elle contient de suint. Celle des mérinos en contient les deux tiers de son poids, tandis que les laines communes n'en contiennent que le quart du leur : aussi les premières sont-elles plus colorées que les secondes. Dans tous les cas, on les désuinte par l'un des deux procédés suivans.

Le premier consiste à faire tremper les laines que l'on veut désuinter dans de l'eau mêlée avec le quart de son poids d'urine putréfiée, c'est-à-dire, d'urine ammoniacale, et à les remuer de temps en temps, en

ayant soin d'entretenir l'eau à une température assez
élevée pour qu'on puisse à peine y tenir la main. Au
bout d'un quart-d'heure, on les retire de la chaudière,
on les fait égoutter et on les porte à la rivière, où elles
sont lavées dans de grands paniers jusqu'à ce que l'eau
en sorte limpide : alors on les fait égoutter de nouveau,
et on les fait sécher au soleil. L'eau restée dans la chaudière sert à de nouvelles opérations. Il paraît que le
suint qu'elle contient agit à la manière d'un savon.

Le second procédé ne diffère du premier qu'en ce
que l'on n'emploie pas d'urine : du reste, la dissolution
de suint qui en résulte sert également à des opérations
subséquentes.

Quelquefois on ajoute une très-petite quantité de
savon au bain.

Du Blanchiment.

1623. On sait, depuis long-temps, que les fils et les
tissus de chanvre, de lin, de coton, sont susceptibles
d'acquérir un grand degré de blancheur par le contact
successif et long-temps prolongé de l'air, de l'eau et de
la lumière; mais ce procédé, que l'on a suivi exclusi-
vement jusques il y a environ 22 à 23 ans, a non-seulement l'inconvénient d'être long, mais de nuire toujours à la solidité des matières que l'on blanchit. Il était
réservé à M. Berthollet de nous en faire connaître un
bien plus prompt et qui altère bien moins les fils et les
tissus, lorsque son application est dirigée avec pru-
dence (a).

(a) L'ancien procédé, qu'on pratique encore dans un grand
nombre de manufactures, consiste à lessiver les toiles de temps en
temps, à les étendre sur le pré et à les arroser deux ou trois fois le
jour.

Les fils et les tissus de chanvre, de lin et de soie, doivent être regardés comme des composés de fibres blanches unies à une certaine quantité de matière colorante. Cette matière est insoluble dans l'eau, dans les acides, et peu soluble dans les alcalis ; mais l'acide muriatique oxigéné la détruit en s'emparant d'une portion de son hydrogène : il la transforme en une nouvelle substance toujours insoluble dans l'eau et dans les acides ; mais très-soluble dans les alcalis. C'est sur ces faits qu'est établie la théorie du procédé de M. *Berthollet.*

Suivant ce célèbre chimiste, les fils et les tissus de chanvre, de lin, de coton, se blanchissent en les faisant tremper dans l'eau pendant quelques jours, les lessivant à plusieurs reprises, les plongeant après chaque lessive dans l'acide muriatique oxigéné, les traitant par l'acide sulfurique très-faible, les lavant à grande eau après chaque opération, les azurant, les tordant, et enfin les laissant sécher.

L'eau, dans laquelle on les plonge d'abord, établit un commencement de fermentation qui, selon M. Berthollet, favorise la séparation de la matière colorante, et surtout du *parou*, dont les tisserands enduisent la chaîne dans le tissage des toiles. L'acide muriatique oxigéné et la potasse agissent comme nous l'avons dit précédemment. Une seule immersion ne suffit point, parce que la nouvelle matière qui se produit s'oppose à l'action de l'acide muriatique oxigéné, sur les couches intérieures de matière colorante ; et de là, par conséquent, la nécessité de faire plusieurs lessives ainsi que plusieurs immersions. L'acide sulfurique sert à dissoudre une certaine quantité d'oxide de fer qui, dans le cours de l'opération, se dépose sur le coton, et lui

donne une légère teinte jaunâtre : enfin par les lavages
on se propose de séparer le liquide dont le coton est
imprégné.

Il est nécessaire de ne faire usage que d'eau très-limpide. Il faut aussi, 1° que l'acide muriatique oxigéné
ne soit pas trop concentré ; 2° que les lessives ne soient
pas trop fortes ; 3° que l'acide sulfurique soit étendu de
soixante-dix fois son poids d'eau ; 4° enfin que l'action
de ces agens soit prolongée pendant un certain temps.
On juge de la concentration de l'acide muriatique oxigéné par son action sur l'indigo ; il est au point de
force convenable, lorsqu'il peut détruire la couleur
d'une fois et demie à deux fois son volume d'une dissolution faite d'abord avec une partie d'indigo et sept
parties d'acide sulfurique, et étendue ensuite de 992
fois son poids d'eau. Quant aux lessives, il faut, pour
les obtenir, mettre dans un cuvier une certaine quantité de chaux vive, l'éteindre, jeter dessus deux fois
son poids de potasse du commerce ou de sous-carbonate de soude, puis ajouter une certaine quantité d'eau
plus ou moins grande, selon la force qu'on veut donner
à la lessive. On brasse le tout, et on abandonne l'opération à elle-même. Bientôt un dépôt abondant se rassemble au fond du cuvier ; alors on décante le liquide
surnageant ; on lave une ou deux fois le précipité.
L'eau qui sert à ces lavages est réunie à la première lessive ; et si le mélange n'est point au degré convenable,
on l'y porte par d'autre lessive très – concentrée.
(*Voyez*, pour plus de détails, les Élémens de teinture par MM. Berthollet).

L'emploi de l'acide muriatique oxigéné n'est pas sans
inconvénient, à cause de son action sur l'économie animale (433) : aussi plusieurs fabricans, et particuliè-

rement M. Descroisilles, versent-ils une certaine quantité de craie dans l'eau où ils le reçoivent. Par ce moyen ils en font absorber par l'eau une bien plus grande quantité, et en neutralisent presque entièrement l'odeur sans affaiblir son action sur les matières colorantes.

Du Blanchiment de la Soie et de la Laine.

1623 *bis.* La soie n'atteint point par le décreusage le dernier degré de blancheur. Pour le lui donner, il suffit de l'exposer à la vapeur du gaz sulfureux : c'est ce que l'on fait en la plaçant sur des cordes tendues dans une chambre où l'on fait brûler du soufre, et que l'on tient exactement fermée.

C'est aussi de la même manière qu'on rend la laine extrêmement blanche; seulement il faut, après l'avoir désuintée, la traiter par une dissolution tiède et très-faible de savon, afin de dissoudre le suint qu'elle pourrait retenir, puis la laver et la faire sécher.

Des Mordans.

1624. Nous désignons par le nom de mordans, tous les corps qui ont la propriété de s'unir avec ceux que l'on veut teindre, et d'augmenter leur affinité pour les matières colorantes.

Comme il n'est presque point de corps qui ne jouissent de cette propriété, il existe donc un grand nombre de mordans. Mais les uns n'en jouissent qu'à un faible degré ; d'autres sont d'un prix très-élevé ; d'autres altèrent les couleurs qu'il s'agit de combiner, ou en modifient les nuances : d'où il suit qu'il n'y en a qu'un très-petit nombre qui puisse être employé.

Ceux dont on fait usage sont l'alun, l'acétate d'alumine, le muriate d'étain, la noix de galle ; et encore n'emploie-t-on, pour ainsi dire comme tel, l'acétate d'alumine que dans les toiles peintes, le muriate d'étain que dans la teinture écarlate, et la noix de galle que dans le rouge d'Andrinople.

C'est toujours à l'état de dissolution dans l'eau que l'on combine les mordans avec les corps que l'on veut teindre, et après que ceux-ci sont décreusés, ou désuintés ou quelquefois même blanchis. Nous citerons comme exemple le procédé que l'on suit pour unir l'alun avec les fils ou les tissus : cette opération s'appelle *alunage*.

1625. *Alunage de la Soie.* — Cet alunage se fait en plongeant la soie, à la température ordinaire, dans de l'eau qui contient la 60e partie de son poids d'alun, la retirant du bain au bout de 24 heures, la tordant et la lavant. On ne doit jamais le faire à chaud, parcequ'alors la soie absorbe une moindre quantité de mordant, qu'elle se combine par suite avec moins de matière colorante, et que d'ailleurs elle perd son brillant et s'altère.

1626. *Alunage de la Laine.* — Lorsqu'on veut aluner de la laine, il faut en prendre par exemple 1000 parties, les faire bouillir pendant une heure dans de l'eau de son afin de les dégraisser, les passer ensuite à l'eau froide, puis les plonger pendant 2 heures dans une dissolution bouillante composée de 8 à 9000 parties d'eau, 250 parties d'alun ; et enfin les retirer, les faire égoutter et les laver. Assez souvent on ajoute un peu de crême de tartre qui, se trouvant absorbée comme l'alun, agit par son excès d'acide sur les couleurs que l'on veut fixer.

1627. *Alunage du Coton, du Chanvre et du Lin.* —
Cette opération se fait en plongeant le corps à teindre
dans de l'eau légèrement chaude et qui contient le quart
de son poids d'alun, puis le laissant en contact avec le
restant du bain pendant 24 heures, à la température ordinaire, le lavant et le faisant sécher. Cependant comme
le coton a une assez grande affinité pour le mordant,
il serait possible de l'aluner à la manière de la laine.

1628. Dans toutes les teintures sur laine, on peut
employer tous les aluns du commerce ; mais dans les
teintures sur soie et sur coton, surtout dans les couleurs claires, il ne faut se servir que d'alun au moins
aussi pur que celui de Rome, c'est-à-dire, contenant
à peine un demi-millième de son poids de sulfate de
fer. Sans cela, il y aurait une assez grande quantité
d'oxide de fer fixé par le coton et la soie, pour altérer
la nuance qu'on cherche à obtenir. C'est ainsi que les
jaunes de gaude deviennent d'un jaune verdâtre avec
les aluns de Liége ordinaires, quoique dans ceux-ci on
ne trouve qu'un millième de sulfate de fer. (Ann. de
Chimie, t. 59, p. 58).

De la fixation des Couleurs sur les Tissus.

1629. Les matières colorantes qu'on se propose de
fixer sur les fils ou sur les tissus sont solubles ou insolubles dans l'eau.

Lorsqu'elles y sont solubles, ce qui arrive le plus
souvent, on les dissout dans ce liquide, à la chaleur
de l'ébullition, et l'on plonge le corps à teindre dans
le bain à une certaine température et pendant un certain temps, après l'avoir décreusé, dégraissé ou blanchi,
et imprégné de mordant.

Lorsque, au contraire, les matières colorantes sont insolubles dans l'eau, il faut les rendre solubles par un corps intermédiaire, mettre le fil ou le tissu décreusé, désuinté ou blanchi et sans être imprégné de mordant, en contact avec la dissolution; puis, au moyen d'un troisième corps, précipiter ces matières.

Les soies, le chanvre et le lin se teignent à une température qu'on porte successivement de 30 à 75°. Si le bain était plus chaud d'abord, il leur enlèverait une partie de leur mordant, et l'on obtiendrait des nuances moins foncées qu'on ne le désirerait. Les laines et les cotons se teignent presque toujours au bouillon.

Il est nécessaire que toutes les parties du corps à teindre soient plongées également et pendant le même temps dans le bain de teinture. A cet effet lorsqu'on opère sur des fils, on passe des bâtons dans les écheveaux : ceux-ci sont ensuite plongés dans le bain, puis retournés de temps en temps. Veut-on teindre des étoffes, l'on se sert d'un tour dont les deux extrémités sont posées sur deux fourches de fer, fixées elles-mêmes sur les bords de la chaudière. Après avoir enveloppé sur ce tour l'extrémité de la pièce dont le reste plonge dans la teinture, on le met en mouvement, et bientôt il se charge de toute l'étoffe : alors on lui imprime un mouvement contraire, pour que la partie plongée la première le soit la dernière à la seconde immersion. Quant à la laine en toison, on la met sur une espèce d'échelle très-large dont les échelons sont très-rapprochés.

Dans tous les cas, lorsque le corps est teint, on le lave à grande eau pour le priver de la matière colorante qui n'est que superposée.

i63o. Après les considérations que nous venons de présenter sur la teinture, il ne nous reste plus, pour terminer ce que nous avons à dire à cet égard, qu'à faire connaître les substances d'où on extrait les principales couleurs rouges, jaunes et bleues, qu'à indiquer celles de ces matières qui sont solides et celles qui sont fugaces, et qu'à considérer en particulier quelques-uns des procédés que l'on emploie de préférence dans les arts.

Des Teintures rouges.

i63i. Les principales substances dont on se sert pour obtenir les rouges sont : la garance, la cochenille, le bois de Brésil et le carthame.

i632. *Garance, rubia tinctorum.* — Cette plante qui a donné son nom à la famille des rubiacées, appartient à la tetrandrie digynie de Linnée. Elle est cultivée à Smyrne, à Chypre, en Barbarie, dans la Zélande, en Alsace et dans plusieurs de nos départemens du Midi. Les racines sont les seules parties de la plante qui soient employées : on les arrache lorsqu'elles ont atteint leur troisième année, et on leur fait subir ensuite différentes manipulations qui ont pour objet de les trier, de les sécher, de les débarrasser de leur épiderme et de la terre qui les enveloppent, et de les réduire en poudre plus ou moins fine. Cette poudre est d'un rouge-jaunâtre ; elle est renfermée dans des tonneaux bien secs où elle finit par s'agglutiner si fortement, qu'on est obligé de la couper à coups de hache lorsqu'on veut s'en servir. On trouve cependant dans le commerce des racines de garance, entières : les teinturiers donnent la préférence à celles qui offrent une cassure d'un jaune-rougeâtre très-vif, et dont le diamètre est égal à celui d'un tuyau de plume.

1633. La garance contient une matière colorante d'un jaune fauve très-soluble dans l'eau, et une matière colorante d'un rouge vif qui ne s'y dissout en partie qu'à la faveur de la première.

Elle est principalement employée pour teindre le lin et le coton en rouge. Le rouge que l'on obtient est de deux sortes : l'un est appelé simplement *rouge de garance*, et l'autre *rouge d'Andrinople*. Celui-ci est le plus vif : on tirait autrefois du Levant les étoffes qui en étaient teintes ; mais à présent on en teint à Rouen et à Montpellier qui ne laissent rien à désirer. Le procédé que l'on suit étant très-compliqué, nous ne le décrirons point : on peut consulter à cet égard le traité de M. Chaptal sur la teinture en rouge des Indes.

Lorsque le mordant alumineux que l'on combine avec le coton contient une certaine quantité de sulfate ou d'acétate de fer, les teintes deviennent violettes : or, comme le violet foncé paraît noir, l'on conçoit qu'il est possible d'obtenir avec la garance, les sels alumineux et les sels de fer, toutes les nuances qui se trouvent comprises d'une part entre le rouge-clair et le rouge-foncé, et de l'autre entre le violet-clair et le noir. C'est en effet de cette manière qu'on se les procure dans les manufactures de toiles peintes.

1634. On se sert aussi de la garance pour teindre la laine. Que l'on fasse chauffer 1 partie de garance avec 25 ou 30 parties d'eau, et qu'on y plonge 1 partie de laine alunée, on obtiendra des couleurs d'un rouge plus ou moins fauve, qui varieront en raison de l'espèce de garance, de la température à laquelle on teindra, du temps que l'on mettra à teindre, etc. (*Voyez* le Mémoire de M. Roard dans le Moniteur, novembre 1809.)

Toutefois, jusque dans ces derniers temps, on avait vainement cherché un procédé au moyen duquel on pût obtenir sur la laine des couleurs vives avec la garance. MM. Gonin viennent enfin de résoudre ce problême; ils sont parvenus à faire avec cette racine une couleur aussi belle que l'écarlate de cochenille. Leur procédé est encore tenu secret.

Je tiens de M. Roard qu'en traitant la garance d'abord par de l'eau chargée de sous-carbonate de soude pour en séparer la matière colorante fauve, et ensuite par une dissolution de muriate d'étain et de tartre, on obtient un bain qui donne de très-beau rouge, non-seulement avec la laine, mais encore avec la soie, l'une et l'autre alunées préalablement.

1635. La garance peut encore être employée, ainsi que l'a fait M. Merimée, à préparer une laque qui peut remplacer la laque carminée. Pour préparer cette laque, il faut commencer par laver la garance à l'eau froide, jusqu'à ce qu'elle ne teigne plus l'eau; ensuite on la met en contact à la température ordinaire, avec une dissolution d'alun pendant 24 heures. Cette dissolution prend une teinte rouge-foncé. Alors on en précipite la laque par une dissolution faible de sous-carbonate de potasse ou de soude. Les premières portions que l'on obtient sont en général plus belles que les dernières, de sorte qu'il est bon de fractionner les produits. Il faut se garder de mettre un excès de carbonate, car la laque deviendrait légèrement violette. Du reste, après l'avoir lavée à grande eau, on la recueille sur un filtre, et on la dessèche à une douce chaleur.

Toutes les couleurs de garance sont très-solides ; ce sont les rouges les moins altérables.

1636. *Bois de Brésil.* — Ce bois, ainsi nommé du lieu d'où il nous est d'abord venu, prend encore le nom de bois de Sapan ou de Japon, de Fernambouc et de Brésillet. Il nous est fourni par le *cæsalpina crista* de Linnée. Le Fernambouc est le plus estimé.

Le bois de Brésil est très-dur, pesant, compacte, rouge à sa surface, pâle à l'intérieur lorsqu'il est nouvellement fendu ; sa saveur est sucrée, et son odeur légèrement aromatique ; sa décoction est d'un très-beau rouge.

Ce bois est fréquemment employé en teinture. On s'en sert pour donner à la laine un rouge très-vif, et faire de faux cramoisis sur la soie, c'est-à-dire, des cramoisis imitant ceux qu'on obtient avec la cochenille. Pour le rouge sur laine, l'on prend 1 partie de bois de Fernambouc bien divisé, 15 à 20 parties d'eau et 6 parties de laine ; l'on fait bouillir l'eau sur le bois pendant trois-quarts d'heure, et l'on plonge la laine dans le bain bouillant pendant à peu près le même temps ; puis on la lave et on la fait sécher.

Pour le faux cramoisi sur soie, l'on emploie les mêmes doses de bois, d'eau et de soie que pour le rouge sur laine : l'on prépare aussi le bain de la même manière, mais l'on y plonge la soie seulement à la température de 30 à 60° pendant une heure et demie. Alors on la passe dans une dissolution alcaline, pour donner la teinte cramoisie.

Les couleurs de bois de Brésil ne sont pas solides.

1637. *Cochenille.* — La cochenille est un petit insecte qui vit sur plusieurs espèces de *cactus*. On en distingue deux variétés, la *cochenille sylvestre* et la cochenille fine ou *mitesque*. Toutes deux nous viennent du Mexique : la première se trouve encore à St-Domingue, dans la Caroline méridionale, dans la Géorgie, à la Jamaïque et au Brésil ; cette variété est plus petite que la cochenille fine, et est revêtue d'un duvet cotonneux qui augmente inutilement son poids ; mais ces désavantages, qui d'ailleurs sont compensés par la facilité avec laquelle on l'élève, disparaissent en grande partie à force de soins.

1638. La cochenille se récolte facilement ; il ne s'agit que de l'enlever de dessus les *cactus*, à une certaine époque, de la faire mourir dans l'eau bouillante, de la dessécher au soleil, et de passer celle qui est fine à travers un crible, pour la séparer du coton des larves des mâles : alors elle est semblable à une petite graine irrégulière d'une couleur grise pourprée.

1639. La matière colorante de la cochenille est très-abondante, d'un cramoisi violet et très-soluble dans l'eau. Dissoute dans ce liquide, elle devient rouge-jaunâtre par les acides, pourpre par les alcalis ; l'alun l'éclaircit et l'avive ; le muriate d'étain la fait d'abord passer à l'écarlate, et finit par la précipiter entièrement.

1640. La cochenille est principalement employée pour teindre la laine et la soie en écarlate, en cramoisi et en couleurs qui se rapprochent plus ou moins de celles-ci : c'est aussi avec la cochenille qu'on prépare le carmin et la laque carminée.

1641. La teinture écarlate s'exécute en deux opérations : la première s'appelle *bouillon*, et la seconde *rougie.* Supposons qu'il s'agisse de teindre 50 kilogrammes de drap : on versera 8 à 900 kilog. d'eau et 3 kilog. de crême de tartre dans une chaudière d'étain ou de cuivre étamé. Lorsque la liqueur sera parvenue à la température de 50°, on l'agitera pour dissoudre la crême de tartre ; on y versera 2 hectogrammes et demi de cochenille en poudre, et, un moment après, 2 kilog. et demi de dissolution d'étain très-limpide. Alors il faudra y plonger le drap, le faire circuler rapidement pendant deux ou trois tours, ralentir le mouvement, laisser le drap dans la teinture bouillante pendant 2 heures, le retirer du bain, l'éventer, le laver à la rivière, et procéder à la seconde opération.

Cette opération se fait en prenant la moitié de l'eau de l'opération précédente, la versant dans la chaudière, la chauffant jusqu'à ce qu'elle soit prête à entrer en ébullition, y projetant 2^kilog.,75 de cochenille pulvérisée et tamisée, agitant fortement le bain, y ajoutant, au bout d'un certain temps, 7 kilogrammes de solution d'étain (*a*) ; puis y plongeant le drap, le faisant circuler comme la première fois, le laissant dans le bain pendant une demi-heure à la température de l'ébullition, le retirant, l'éventant et le faisant sécher.

Pour donner plus de feu et de vivacité à l'écarlate,

(*a*) Pour préparer la dissolution d'étain, il faut prendre, par exemple, 8 grammes d'acide nitrique à 30 degrés, 1 gramme de muriate d'ammoniaque et 1 gramme d'étain d'Angleterre ou de Malaca, faire d'abord dissoudre le sel dans l'acide, y ajouter l'étain en grenaille, et en étendre la dissolution d'un quart de son poids d'eau. Il existe encore plusieurs moyens de se procurer le muriate d'étain ; mais comme ils ne sont pas aussi sûrs que celui-ci, nous les passerons sous silence.

on lui communique une teinte jaunâtre en ajoutant une certaine quantité de fustet ou de curcuma au premier bain.

1642. Le second bain ou rougie qui a servi à teindre n'est pas épuisé de matière colorante lorsqu'on en retire le drap. On peut s'en servir pour obtenir les nuances capucines, cassis, orangé, jonquille, couleur d'or, de cerise, de chair, de chamois, etc., en y ajoutant des quantités variables de fustet, de muriate d'étain, ou de crême de tartre.

1643. L'écarlate paraît être une combinaison de laine, de matière colorante, d'acide tartarique, d'acide muriatique et de péroxide d'étain. Ce n'est pas inutilement que l'on a divisé en deux parties l'opération par laquelle on la prépare ; si on faisait bouillir ensemble tous les corps qui entrent dans la composition de cette teinture, on n'obtiendrait qu'une nuance peu foncée.

1644. Lorsque l'on traite à plusieurs reprises du drap écarlate par l'eau bouillante, il prend d'abord une couleur cramoisi, et finit par devenir couleur de chair. La combinaison qui constitue l'écarlate est donc altérable par l'eau ; elle l'est aussi par les alcalis et le savon : ces substances la font passer sur-le-champ au cramoisi, même à la température ordinaire; mais on peut la ramener au rouge en la mettant en contact avec les acides faibles.

On voit d'après cela qu'on peut teindre en cramoisi les draps déjà teints en écarlate, et qu'à cet effet il suffit de les traiter par un alcali : l'ammoniaque est celui qui réussit le mieux. On parvient encore aux mêmes résultats en se servant d'une dissolution bouillante d'alun. Toutefois l'on n'emploie guère ces procédés

Tome III. 21

que dans le cas où la couleur écarlate n'est pas belle.
Dans toute autre circonstance, on teint directement
en cramoisi, en faisant bouillir le drap dans le bain
de teinture, et composant ce bain pour chaque partie
de drap , par exemple, de 15 à 20 parties d'eau,
de $\frac{1}{6}$ de partie d'alun, de $\frac{1}{20}$ de crême de tartre, de $\frac{1}{12}$ de
cochenille, et d'une très-petite quantité de dissolution
d'étain.

1645. La laque carminée dont la teinte est toujours
plus ou moins violette, s'obtient comme toutes les autres
laques (1609). Ceux qui préparent le carmin font un
secret du procédé qu'ils suivent ; il est d'un rouge vif
et foncé. Ces deux couleurs sont employées en peinture.

De la Teinture en jaune.

1646. La gaude , le quercitron et le bois jaune
sont les trois substances dont on se sert le plus souvent
pour teindre en jaune.

1646 *bis. Gaude, reseda luteola.*—La gaude est une
plante qui croît spontanément dans nos pays, ainsi
que dans presque toutes les contrées de l'Europe.

Parvenue à sa maturité, on l'arrache, on la fait sécher
et on la met en bottes : c'est sous cet état qu'elle est
employée. Les teinturiers préfèrent celle qui est cultivée et dont les tiges sont très-fines ; elle est plus riche
en matière colorante que l'autre. Toutes les parties de
la plante ne sont point également abondantes en cette
matière. D'après M. Roard , les capsules en contiennent
plus que les tiges, et la racine en contient à peine.

La matière colorante de la gaude est très-soluble
dans l'eau. Une décoction de gaude bien chargée a
une couleur tirant sur le brun; en l'étendant d'eau,

elle s'éclaircit et tire un peu sur le vert; les acides en affaiblissent la teinte; les alcalis la foncent au contraire; le muriate d'étain y produit un précipité abondant d'un jaune-clair.

La gaude est employée pour teindre en jaune franc et solide la soie, la laine et le coton; on en fixe la matière colorante par l'alun, ou du moins ce n'est que dans les manufactures de toiles peintes qu'on la fixe par l'acétate d'alumine. Que l'on fasse bouillir deux parties de gaude pendant dix minutes dans trente à quarante parties d'eau, qu'on passe le bain à travers une toile serrée, et qu'ensuite on y plonge pendant un quart-d'heure, à la température de 30 à 75 degrés, une partie de soie alunée avec de l'alun bien pur, on obtiendra un jaune très-beau et très-intense. En substituant à la soie du coton décreusé et aluné, et prolongeant davantage l'immersion, l'on obtiendra également un très-beau jaune; mais, pour peu qu'on ajoute de sulfate de fer au bain, la soie et le coton prendront une couleur olive; on s'y prendrait de la même manière pour teindre la laine, si ce n'est que le bain de teinture pourrait être presque bouillant.

Les couleurs de gaude sont très-solides.

1647. *Quercitron.* — Le quercitron est l'écorce du *quercus nigra.* C'est à Bancroft que nous en devons la connaissance. Avant de le réduire en poudre, on doit toujours séparer l'épiderme brunâtre qui le recouvre. Il est bien plus riche en matière colorante que la gaude : cette matière est de deux sortes, l'une fauve, l'autre jaune; celle-ci est la plus soluble dans l'eau : de là la nécessité de teindre promptement et de ne point porter le bain à l'ébullition; d'ailleurs ce bain, qui est d'une couleur jaunâtre, nous offre avec les acides, les alcalis et le muriate d'étain, les mêmes phénomènes que celui de gaude, si ce n'est que le précipité produit par le muriate d'étain est d'un jaune vif.

On obtiendra un jaune assez beau en traitant une partie de quercitron par 15 à 20 parties d'eau à la température de 50 à 60 degrés, passant la dissolution à travers un tamis fin au bout de 10 à 12 minutes, et y plongeant pendant le même espace de temps et à la même température 10 parties de laine imprégnée d'alun et de muriate d'étain. L'alunage se fait à la manière ordinaire, si ce n'est qu'on ajoute au bain une quantité de muriate d'étain égale au quart de ce qu'on emploie d'alun.

1648. *Bois jaune.* — Ce bois est celui du *morus tinctoria.* On nous l'envoie des Antilles et surtout de Tabago, sous forme de gros tronçons. Il est léger, peu compacte, d'un jaune veiné d'orangé.

Sa décoction bien chargée est d'un jaune rougeâtre foncé : les acides la troublent légèrement et en affaiblissent la teinte ; les alcalis la rendent presque rouge ; le muriate d'étain y forme un précipité abondant d'un beau jaune.

Le bois jaune est très-riche en matière colorante : aussi suffit-il d'une partie de bois pour teindre 16 parties de drap. L'opération se fait en réduisant le bois en copeaux, le renfermant dans un sac, plongeant ce sac dans 25 à 30 parties d'eau bouillante, mettant dans le bain, d'après le conseil de M. Chaptal, des rognures de peaux pour l'aviver, et y passant l'étoffe alunée. Il paraît que la gélatine des peaux en précipite une matière d'un fauve rougeâtre analogue au tannin.

Des Teintures en bleu.

1649. C'est avec l'indigo, le campêche et le bleu de Prusse, qu'on fait toutes les teintures en bleu; c'est avec l'indigo seul qu'on en obtient de solides.

1650. *Teintures en bleu par l'indigo.* — Il y a deux manières de combiner l'indigo avec les fils ou les tissus.

. 1651. L'une consiste à dissoudre l'indigo dans l'acide sulfurique concentré (1614), à étendre la dissolution de 100 à 150 parties d'eau pour en précipiter la matière colorante, à y plonger le corps à teindre, à une température plus ou moins élevée, selon qu'on veut avoir une teinte plus ou moins foncée, à le laver et le sécher.

Les bleus que l'on obtient ainsi sont connus sous le nom de bleus de Saxe; ils sont plus vifs, mais moins solides et moins foncés que ceux qui sont faits par la cuve; ce qui provient sans doute de ce que, dans le traitement par l'acide sulfurique, l'indigo éprouve une altération sensible.

1652. La seconde manière d'unir l'indigo aux fils et aux tissus, est de le ramener au *minimum* d'oxidation, de faciliter sous cet état sa dissolution dans l'eau par un alcali, et de mettre alternativement et à plusieurs reprises le corps à teindre en contact d'abord avec le bain de teinture, à la température de 40 à 45°, et ensuite avec l'air. Chaque immersion a pour objet d'imprégner le corps d'une certaine quantité d'indigo désoxigéné, et chaque exposition à l'air, de rendre cet indigo insoluble en le ramenant à son état naturel, et d'opérer sa combinaison. A sa première sortie du bain, le corps paraît jaunâtre; bientôt il devient vert, parce qu'il se trouve imprégné de jaune et de bleu, et enfin il passe entièrement au bleu.

1653. Le bain de teinture prend toujours le nom de cuve. On distingue trois espèces de cuves : 1º la cuve à la chaux et au vitriol; 2º la cuve d'inde; 3º la cuve de pastel.

1654. La cuve au vitriol peut se composer de 300 litres d'eau, 2 kilogrammes d'indigo, 2 kilog. et demi de sulfate de fer du commerce (proto-sulfate), 2 kilogrammes de chaux et un demi-kilog. de soude du commerce. On doit commencer par réduire l'indigo en poudre très-fine et éteindre la chaux; ensuite on lessive la soude d'une part, et de l'autre on dissout le sulfate de fer. Cela étant fait, on verse l'eau, l'indigo, la chaux, la soude et le sulfate de fer dans une chaudière profonde; on remue bien le tout; on élève le bain à une température de 40 à 50 degrés, et on l'y maintient pendant 24 heures, en le remuant de temps en temps pendant les 2 premières; alors on y passe l'étoffe. Lorsqu'après s'en être servi, il commence à s'affaiblir, on y ajoute 2 kilogrammes de sulfate de fer, et un kilogramme de chaux vive, afin de redissoudre la portion d'indigo, qui, par son contact avec l'air, s'est oxigénée et précipitée. Ce n'est que quelque temps après cette addition, qu'il est nécessaire d'y jeter une nouvelle quantité d'indigo.

1655. La cuve d'inde résulte d'un mélange de 100 seaux d'eau, 6 kilog. d'indigo, 6 kilog. d'alcali, 2 kilog. de son et 2 kilogram. de garance : après avoir délayé l'alcali, la garance et le son dans l'eau, on la fait bouillir pendant quelque temps; on porte ensuite la iqueur et le marc dans une chaudière conique placée

dans un fourneau d'une forme appropriée ; après quoi
on ajoute l'indigo bien broyé, on agite le tout, l'on
couvre la cuve et l'on fait un peu de feu autour. Bientôt
on agite de nouveau le bain, et on répète cette opération toutes les 12 heures jusqu'à ce qu'il soit achevé,
ce qui arrive ordinairement au bout de 48 heures ; il
doit être d'un beau jaune, couvert de plaques cuivrées,
et d'écume bleue. A mesure qu'on teint il s'affaiblit,
et même beaucoup plus vite qu'on ne pourrait le croire,
si on en jugeait par la quantité d'indigo qui se combine
avec l'étoffe. Cet effet est dû à l'oxigénation et à la précipitation d'une grande partie de matière colorante. On
la redissout en faisant bouillir une portion de la liqueur
de la cuve, y ajoutant le quart de la quantité d'alcali,
le quart de la quantité de son, et le quart de la quantité
de garance, employés primitivement, et en versant le mélange dans la cuve même. D'ailleurs, lorsque l'indigo
se trouve lui-même épuisé, on en ajoute une nouvelle
quantité. Il est évident que, dans la cuve d'inde, les
corps qui désoxigènent l'indigo sont le son et la garance. La garance agit encore d'une autre manière :
c'est qu'en se combinant avec l'étoffe, elle la rend susceptible d'être portée au même ton par une moindre
quantité d'indigo.

1656. La cuve de pastel a beaucoup d'analogie avec la
cuve d'inde ; elle n'en diffère qu'en ce qu'il entre une certaine quantité de pastel et de chaux dans sa composition,
et qu'il n'y entre point de soude. Les quantités de matières que l'on peut employer, sont les suivantes : eau,
4000 à 4500 litres ; pastel, 200 kilog. (*a*) ; gaude, 4 kilog.;

***

(*a*) Le pastel est une plante de la famille des crucifères qui

garance, 6 kilog. ; son, 2 kilog.; chaux, 1 kilog.; indigo, 10 kilogrammes.

1° L'on doit faire bouillir l'eau dans une chaudière pendant 3 heures avec la gaude, la garance et le son; retirer la gaude, et transvaser la liqueur dans une cuve en bois, dans laquelle on a jeté le pastel bien divisé. Cette cuve a à peu près 26 décimètres de profondeur et 16 décimètres de diamètre; elle est dans un lieu bien clos, et est enfoncée en terre jusqu'à la hauteur d'appui : pendant tout le temps qu'on transvase et pendant au moins un quart-d'heure après, l'on doit agiter toutes les matières contenues dans le bain, afin de les bien mêler.

2° Il faut couvrir exactement la cuve, la laisser 6 heures en repos, agiter le bain pendant une demi-heure, répéter cette opération de 3 heures en 3 heures jusqu'à ce qu'on aperçoive des veines bleues à sa surface, ajouter la chaux, et immédiatement après l'indigo broyé; agiter de nouveau deux fois le bain dans l'espace de 6 heures, et le laisser déposer; il prend une couleur

---

croît naturellement en France et en Angleterre, et qui appartient à la ₁étrandrie : Linnée lui a donné le nom d'*isatis tinctoria*. On en distingue deux variétés, l'une à feuilles lisses, et l'autre à feuilles velues. Ceux qui s'occupent de la culture du pastel en font trois coupes par an ; ils laissent un espace de six semaines entre chacune d'elles, et commencent la première avant l'époque de la floraison. Quand le pastel est fauché, ils le lavent, le font sécher au soleil, et le broyent ensuite au moulin. Alors ils l'amassent en tas et le laissent fermenter pendant une quinzaine de jours. Au bout de ce temps, ils en forment des boules qu'ils amoncèlent dans un lieu aéré et exposé au soleil ; elles ne tardent point à s'échauffer, à répandre une odeur putride, et finissent par tomber en poudre grossière. C'est dans cet état qu'on verse le pastel dans le commerce.

d'un jaune d'or : c'est alors qu'on y passe les étoffes, après y avoir plongé toutefois un treillis fait avec de grosses cordes pour empêcher l'étoffe de toucher le dépôt.

3° A partir de l'époque où la cuve est en état de servir, il est nécessaire d'y verser tous les jours un demi-kilog. de chaux éteinte, et de réchauffer le bain tous les 2 à 3 jours, afin de l'entretenir à une température de 36 à 5o degrés ; cette seconde opération se fait en transvasant une grande partie de la liqueur dans une chaudière sous laquelle on allume du feu, en reportant ensuite cette liqueur dans la cuve, et couvrant celle-ci avec soin jusqu'à ce qu'on s'en serve.

La cuve au pastel est sujette à deux accidens : le premier se reconnaît à l'odeur piquante et à la couleur noirâtre qu'elle acquiert ; ainsi qu'à la disparition des veines et de l'écume bleue qui se forment à sa surface ; il est causé par un excès de chaux ; les ouvriers y remédient en jetant du tartre, du son, de l'urine ou de la garance dans le bain, d'autres se contentent de le faire chauffer. La seconde altération est au contraire produite par le défaut de chaux, ce qui permet au pastel de fermenter. Quand cela a lieu, les veines et les écumes bleues de la cuve disparaissent aussi ; elle prend une teinte rousse, exhale une odeur fétide, et le dépôt qu'elle contient se soulève ; dans ce cas on y ajoute une nouvelle quantité de cette matière alcaline.

Ce sont ces inconvéniens qui rendent les cuves du pastel si difficiles à conduire. Une cuve bien conduite peut durer très-long-temps, en y teignant matin et soir.

1657. *Teinture en bleu par le Campêche.* — On ne teint que la laine en bleu par le bois de campêche. Cette teinture se fait comme le rouge de Brésil, si ce n'est qu'on ajoute au bain une certaine quantité de vert-de-gris ou d'alcali. On peut employer pour 1 partie de laine alunée $\frac{1}{6}$ de partie de bois, 15 à 20 parties d'eau, $\frac{1}{30}$ de partie de vert-de-gris.

Le campêche ne sert pas seulement à teindre la laine en bleu ; on s'en sert encore pour la teindre en violet ainsi que la soie ; alors on se contente d'aluner ces substances sans rien ajouter au bain. La laine se teint au bouillon, et la soie à la température de 30 à 60 degrés. Il entre aussi dans la composition des bains de teinture en noir, comme donnant à cette teinte du lustre et du velouté. Enfin, en le mêlant avec d'autres substances colorantes, on obtient un grand nombre de couleurs composées.

1658. *Teinture en bleu de Prusse ou de Prussiate de fer.* — La teinture en bleu de Prusse, ne prend bien que sur la soie ; elle ne s'exécutait il y a quelques années que dans les laboratoires, parce qu'on ne l'obtenait jamais que terne ; mais en 1811, époque à laquelle M. Raymond est parvenu à l'aviver, et à la rendre tout à la fois foncée et brillante, les arts s'en sont emparés et versent aujourd'hui dans le commerce, sous le nom de *bleu Raymond*, une grande quantité de soies teintes en bleu de Prusse.

Pour teindre la soie, il faut, après l'avoir décreusée, la plonger pendant un quart d'heure, à la température ordinaire, dans de l'eau contenant environ la vingtième partie de son poids de nitro-muriate de tritoxide de fer, la laver, la tenir pendant demi-heure dans un bain de savon presque bouillant, la laver de nouveau, et la mettre à froid dans une dissolution très-faible de prussiate de potasse, acidulée par l'acide sulfurique ou l'acide muriatique. Dès que la soie y est plongée, elle devient bleue, et n'a plus besoin, au bout d'un quart-d'heure, que d'être lavée et séchée pour être versée dans le commerce. Dans cette opération, la soie s'empare d'une certaine quantité du sel ferrugineux; le savon enlève l'acide de ce sel; l'acide sulfurique ou l'acide muriatique s'unit à la potasse du prussiate de potasse, et l'acide prussique se porte sur l'oxide de fer retenu par la soie.

Du Tournesol.

1659. Le tournesol a une couleur d'un bleu violet; il existe dans le commerce sous deux états différens : en pain et en drapeau. Le tournesol en drapeau se prépare au village de Grand-Gallangues, près Montpellier, en imprégnant des chiffons de suc de *croton tinctorium*, plante annuelle et herbacée, et les exposant à la vapeur de l'urine putréfiée. On l'exporte en Hollande, où l'on assure qu'il est employé pour colorer extérieurement les fromages.

Le tournesol en pain se fait en Hollande. On a cru pendant long-temps que les Hollandais se servaient à cet effet du tournesol en drapeau; mais on sait aujourd'hui qu'ils le préparent avec le *lichen roccella* des Canaries ou du cap Vert, ou avec la mousse de Suède. Ils mêlent ce lichen, réduit en poudre, avec la moitié de son poids de cendres gravelées bien pilées, et humectent le mélange avec de l'urine humaine pour le faire entrer en fermentation. Lorsque la masse a pris une teinte rouge, ils l'arrosent de nouveau avec de l'urine et la remuent; par ce moyen, elle devient d'un bleu violet dans l'espace de quelques jours : alors ils divisent la pâte pour en modérer la chaleur, la mêlent avec un tiers d'excellente potasse et une nouvelle quantité d'urine, ce qui en fonce beaucoup la couleur, puis ils y ajoutent de la craie pour en diminuer le prix, la moulent et la font sécher.

M. Chaptal est parvenu à faire une couleur analogue, mais moins belle, avec le *lichen parellus*. (Chimie appliquée aux arts, t. 3, p. 3).

Le tournesol est très-altérable par les acides, même les plus faibles; c'est ce qui fait que nous nous servons de sa dissolution pour déceler leur présence. Sa couleur primitive est le rouge; et s'il nous offre une teinte bleue, elle est due aux alcalis avec lesquels il est toujours combiné.

De la Teinture en noir et en gris.

1660. La matière colorante de cette teinture est un composé de tritoxide de fer, d'acide gallique et de tannin; elle est insoluble dans l'eau; sa couleur naturelle est d'un gris violet, elle ne semble noire qu'autant qu'elle est concentrée : par conséquent, en fixant une grande quantité de cette matière sur les étoffes, elles paraîtront noires; et en en fixant de moins en moins, elles passeront depuis le gris violet le plus brun jusqu'au plus clair. Que l'on tienne pendant 2 heures une partie de coton dans 15 parties d'eau bouillante, à laquelle on aura ajouté $\frac{1}{8}$ de partie de noix galle en poudre, et autant de campêche; qu'on plonge ensuite le coton pendant 2 à 3 heures dans un bain presque bouillant, formé de 15 parties d'eau et de 1 partie de pyrolignate de fer, et l'on obtiendra un noir assez foncé.

En employant deux fois moins de noix galle, de campêche et de pyrolignate, il en résultera du gris. Dans la teinture noire en grand, on commence d'abord par donner un pied de bleu à la laine, au coton et au lin que l'on veut teindre ; puis on les combine avec le principe astringent provenant d'une substance quelconque, et enfin on les passe dans un bain formé de sulfate de fer, de vert-de-gris et de campêche. Quant à la soie, elle ne reçoit jamais de pied de bleu.

De la teinture en couleurs composées.

1661. Nous ne décrirons point d'une manière particulière les procédés par lesquels on parvient à obtenir ces couleurs. Nous nous contenterons de dire qu'ils consistent en général, à plonger le corps à teindre successivement dans divers bains colorans, ou quelquefois dans un seul formé de diverses matières colorantes ; c'est ainsi que tous les verts se font, en passant les fils ou les tissus, d'abord dans un bain bleu, et ensuite dans un bain jaune.

Le violet, le pourpre, le colombin, la pensée, l'amaranthe, le lilas, la mauve et beaucoup d'autres nuances se préparent en fixant sur l'étoffe une plus ou moins grande quantité de bleu et de rouge ; le coquelicot, le brique, le capucine, l'aurore, les mordorés, les canelles, etc., en l'imprégnant de rouge et de jaune.

Telles sont les différentes notions que nous nous sommes proposé de donner sur l'art de la teinture ; ceux qui voudront en avoir de plus précises et de plus étendues, devront consulter les ouvrages qui traitent particulièrement de cet art, et surtout les ouvrages de MM. Berthollet et Chaptal.

SECTION V.

Des Substances végéto-animales.

Du Gluten.

1662. Le gluten est une matière de nature animale , qui , mêlée intimément avec l'amidon , le sucre , l'albumine et le ferment , constitue la partie intérieure de plusieurs graines céréales , du seigle , de l'orge et surtout du froment. C'est à *Beccaria* , chimiste italien , qu'on en doit la découverte.

Pour extraire le gluten , il faut faire une pâte avec de la farine de froment , et la malaxer sous un filet d'eau , jusqu'à ce que celle-ci , qui d'abord devient laiteuse , conserve sa limpidité , et qu'il reste dans les mains une substance d'un blanc grisâtre , molle , collante , insipide , d'une odeur spermatique , très-élastique, susceptible de s'étendre et de prendre l'aspect d'une membrane ; cette substance est le gluten pur. Si l'on considère que la pâte n'est qu'une espèce de feutre de gluten , dont les interstices sont remplis de fécule , de sucre et d'albumine, on concevra facilement quelle doit être l'action de l'eau dans cette opération. En effet , les mouvemens que l'on imprime à la pâte déchirent les petites fibres de gluten , mettent à nu le sucre , l'albumine et la fécule. Celle-ci étant insoluble , est entraînée , tandis qu'au contraire les deux autres se dissolvent.

Soumis à l'action d'une douce chaleur , le gluten perd l'eau qui le gonfle , diminue beaucoup de volume , se durcit , devient cassant et imputrescible. Chauffé plus fortement, il se décompose, donne lieu à tous les produits des substances animales, et à un charbon très-volumineux et très-brillant.

L'eau bouillante le transforme en une masse spongieuse, peu flexible et facile à briser. Il est insoluble dans l'eau froide ; cependant mis en contact avec elle, à la température ordinaire, il cesse bientôt d'être élastique, se putréfie et se prend en une bouillie d'un gris-noirâtre : telle est aussi l'altération qu'il éprouve à l'air humide ; il se conserve au contraire lorsqu'on l'expose à un courant d'air sec.

Les alcalis en opèrent la dissolution d'une manière sensible ; il en est de même des acides végétaux, de l'acide muriatique, de l'acide phosphorique et de quelques autres acides minéraux ; l'acide sulfurique le charbonne ; l'acide nitrique le décompose à la manière des substances animales.

Jusqu'à présent l'analyse n'en a point encore été faite. Seulement on sait qu'il donne à la distillation beaucoup d'ammoniaque, et que par conséquent il doit contenir beaucoup d'azote.

1663. Le gluten, tenu en macération dans l'eau jusqu'à ce qu'il soit réduit en bouillie, est propre à coller la porcelaine et toute espèce de poterie ; il suffit d'en appliquer une petite couche sur la cassure et de maintenir le vase dans une position fixe pendant 24 heures. Suivant M. Cadet, lorsqu'on triture dans l'alcool le gluten fermenté de manière à former une sorte de mucilage, et qu'on ajoute ensuite une nouvelle quantité de ce liquide, il en résulte un vernis qui jouit d'une grande élasticité, qui s'étend très-bien sur le bois et sur le papier, et qui, mêlé avec de la chaux, fait un lut excellent que l'on applique comme celui de blanc d'œuf et de chaux.

1664. C'est au gluten que la farine doit la propriété de faire pâte avec l'eau. La pâte n'est en effet, comme nous l'avons déjà dit, qu'un tissu visqueux et élastique de gluten dont les cellules sont remplies d'amidon, d'albumine, de sucre. L'on conçoit, d'après cela, que c'est aussi au gluten que la pâte doit la propriété de lever par son mélange avec la levure ou le levain. La levure, en agissant sur le sucre de la farine, donne lieu successivement aux fermentations spiritueuses et acides, et par conséquent à de l'alcool, de l'acide acétique et du gaz acide carbonique. Ce gaz tend à se dégager; mais le gluten s'y oppose : il cède, s'étend comme une membrane, forme une foule de petites cavités qui donnent de la légèreté et de la blancheur au pain et l'empêche d'être mat. Il suit delà 1° que dans la panification on ne saurait mettre trop de soin à bien mêler la levure avec la pâte ; car toutes les fois que le mélange ne sera point intime, le pain sera nécessairement mat ; que la pâte sera d'autant plus longue et susceptible de lever, et le pain d'autant plus blanc et plus léger que la farine contiendra plus de gluten (a) ; c'est pour cette raison que la farine de froment, indépendamment de ce qu'elle est plus nutritive, est préférée aux farines des autres graines céréales ; 3° qu'en détrempant, soit de l'amidon pur,

---

(a) Les boulangers le savent très-bien : aussi, quand ils veulent juger si une farine est bonne ou mauvaise, ils en forment une pâte et la tirent en sens contraire. La farine est d'autant meilleure que cette pâte s'allonge davantage.

soit de l'amidon entremêlé de parenchyme, telle que la farine de manioc, il en résultera une masse qui ne lèvera jamais, même en y ajoutant les matières propres à développer la fermentation, et qui ne fera qu'un pain très-mat.

Du Ferment.

1665. Le ferment est une substance qui se sépare, sous forme de flocons plus ou moins visqueux, de tous les fruits qui éprouvent la fermentation vineuse. C'est en faisant la bière qu'on se le procure ordinairement ; c'est pour cela que dans le commerce on le connaît sous le nom de levure de bière. Des hommes appelés *levuriers* le vendent à Paris sous forme d'une pâte d'un blanc-grisâtre, ferme et cassante. Nous allons en étudier les propriétés sous cet état.

Le ferment en pâte, abandonné à lui-même dans un vaisseau fermé, à une température de 15 à 20°, se décompose et éprouve en quelques jours la fermentation putride.

Mis en contact à cette même température avec le gaz oxigène dans une cloche placée sur le mercure, il absorbe ce gaz en quelques heures, et il en résulte du gaz carbonique et un peu d'eau (*a*).

Soumis à l'action d'une douce chaleur, il se dessèche, perd plus des deux tiers de son poids, devient dur et cassant, et peut alors se conserver indéfiniment. Chauffé plus fortement ensuite, il éprouve une décomposition

---

(*a*) Il est probable qu'il se forme de l'eau, parce que le volume du gaz carbonique ne représente pas celui du gaz oxigène.

complète et donne tous les produits provenant de la distillation des substances animales.

Il est insoluble dans l'eau et dans l'alcool. L'eau bouillante lui enlève promptement sa propriété fermentescible, du moins pour un grand nombre de jours. En effet, lorsqu'on le tient plongé dans cette eau pendant 10 à 12 minutes, et qu'on le met ensuite en contact avec une dissolution de sucre, la dissolution reste long-temps sans fermenter (*a*). Son action sur les acides, les alcalis et les sels n'a point encore été bien étudiée.

Le ferment n'est employé que pour faire lever le pain et que dans les lieux où il y a des brasseries; partout ailleurs on se sert de pâte aigrie.

1666. Outre le gluten et le ferment, l'on rencontre encore dans les végétaux plusieurs autres substances très-azotées; mais comme ces substances sont plus ou moins analogues à l'albumine et au caséum qui se trouvent surtout dans les fluides ou solides animaux, nous ne les examinerons qu'en traitant de ceux-ci.

SECTION VI.

Des Substances dont l'existence est douteuse ou mérite d'être constatée par de nouvelles expériences.

De l'Inuline.

1667. M. Rose, en examinant l'*inula helenium*, en a extrait une substance qu'il regarde comme nouvelle,

---

(*a*) Dans cette opération, le ferment ne paraît perdre aucun de ses principes, ni en acquérir d'autres.

et à laquelle M. Thomson donne le nom d'*inuline.*
Cette substance est blanche et pulvérulente comme
l'amidon. Projetée sur des charbons incandescens,
elle fond et répand une fumée blanche d'une odeur
semblable à celle du sucre qui brûle ; distillée
dans une cornue, on en retire tous les produits que
fournit la gomme. Elle se dissout facilement dans l'eau
chaude, et s'en précipite presque toute entière par le
refroidissement sous forme de poudre : toutefois, avant
de se précipiter, elle donne à la dissolution une consistance un peu mucilagineuse ; c'est ce qui a lieu surtout
lorsqu'on emploie une partie d'*inuline* sur quatre parties d'eau. En versant de l'alcool dans une dissolution
d'*inuline*, celle-ci ne tarde pas à se déposer. Enfin
traitée par l'acide nitrique, l'inuline se décompose
promptement, il en résulte de l'acide malique, de
l'acide oxalique, etc.

D'après toutes ces propriétés, il est évident que
l'amidon est la substance dont l'inuline se rapproche
le plus. C'est en faisant bouillir la racine d'aunée
dans trois ou quatre fois son poids d'eau, et en abandonnant la liqueur à elle-même, qu'on obtient l'inuline.

De la Sarcocolle.

1668. On donne ce nom à une substance qui exsude
spontanément du *penœa sarcocolla*, arbrisseau qui
croît dans l'Afrique septentrionale.

Cette substance, telle qu'on la trouve dans le commerce, est solide, sous forme de petits globules, demi-
transparente, d'une couleur jaune ; son odeur se
rapproche de celle de l'anis.

Elle paraît être composée 1° d'une substance que

M. Thomson propose d'appeler sarcocolle pure ; 2° de petites fibres ligneuses auxquelles adhère une matière d'un blanc-jaunâtre ; 3° d'une matière rougeàtre d'apparence terreuse ; 4° enfin d'une espèce de gelée qu'on obtient en petites masses molles et tremblantes, lorsqu'on dissout la sarcocolle du commerce dans l'esprit-de-vin ou dans l'eau. La sarcocolle pure est la plus abondante de ces matières ; on l'extrait en traitant la sarcocolle du commerce par l'eau ou l'alcool, et en évaporant la dissolution.

La sarcocolle pure est brune, cassante, incristallisable ; sa saveur est sucrée et un peu amère ; jetée sur un corps incandescent, elle se ramollit, exhale une odeur de caramel, prend la consistance du goudron, et brûle en ne laissant que peu de résidu ; elle a beaucoup d'analogie avec le suc de réglisse.

De la Gelée.

1669. Lorsqu'après avoir exprimé le suc des groseilles ou des mûres parvenues à leur maturité, on le garde en repos pendant quelque temps, il s'en dépose une substance tremblante que l'on connaît sous le nom de gelée, et qu'on obtient presque pure en la lavant avec de l'eau froide. La gelée n'existe pas seulement dans ces deux espèces de fruits ; on la trouve encore dans presque tous les autres, et surtout dans ceux d'une acidité marquée.

La gelée bien pure est presqu'incolore, mais il est fort difficile de l'obtenir dans cet état ; elle contient souvent une petite quantité de la matière colorante des fruits dont on l'a extraite. Exposée à l'action d'une douce chaleur, elle se dessèche et prend l'aspect et la dureté de la gomme. Par la distillation, on en retire tous les produits des substances végétales, et de plus un peu d'ammoniaque (*a*). Elle est presqu'insoluble dans l'eau froide ; elle se dissout au contraire très-bien dans l'eau bouillante, et s'en précipite par le refroidissement, en conservant l'aspect gélatineux : ce ne serait qu'autant qu'on la laisserait en contact pendant long-temps avec ce liquide, qu'elle perdrait cette propriété. C'est pourquoi il arrive souvent que les confitures ne peuvent plus se figer quand on a été obligé de les concentrer par une longue ébullition. La gelée est très-soluble dans les alcalis; l'acide nitrique la convertit en acide oxalique, etc.

De l'Extractif.

1670. Lorsqu'on évapore jusqu'à consistance de miel ou jusqu'à siccité, le suc, les infusions, ou les décoctions des végétaux, on obtient pour résidu une substance connue dans les pharmacies sous le nom d'*extrait*.

Il est évident, d'après cet aperçu, que la composition des extraits doit être très-compliquée et très-variable, puisqu'ils contiennent tous les corps solubles qui se trouvent dans le végétal d'où ils sont tirés. Les chimistes sont d'accord sur ce point ; mais plusieurs d'entr'eux pensent que les extraits renferment un principe particulier qu'ils proposent de nommer *extractif*, tandis que d'autres, dont nous partageons l'opi-

---

(*a*) L'ammoniaque provient sans doute de ce que la gelée contient une petite quantité de ferment.

nion, soutiennent au contraire que l'extractif n'existe
point : ce qu'il y a de certain, c'est que jusqu'à
présent il a été impossible de l'obtenir pur. Ceux
qui admettent son existence, disent, 1° qu'il est d'une
saveur amère, d'un brun foncé, brillant, fragile
et cassant lorsqu'il est sec; 2° qu'il donne à la distillation une liqueur acide et ammoniacale; 3° qu'il est
soluble dans l'eau et dans l'alcool; 4° qu'il se combine
avec la plupart des oxides métalliques; 5° enfin qu'il
s'unit à l'oxigène et devient insoluble dans l'eau, propriété que l'on peut constater en le traitant par les
acides très-oxigénés, ou en le dissolvant et l'évaporant un grand nombre de fois.

Du Tannin.

1671. Le tannin a été l'objet des recherches d'un
grand nombre de chimistes. MM. Deyeux, Séguin,
Proust, Bouillon-Lagrange, Davy, Wuttig, Richter,
Mérat-Guillot, Trommsdorff, Hatchett, Pelletier,
Chevreul, etc., s'en sont successivement occupés. Cependant c'est l'un des corps dont l'histoire
laisse le plus à désirer. En effet on le distingue seulement par la propriété d'être astringent, soluble dans
l'eau, et de précipiter la dissolution de colle forte. Or,
comme ces propriétés sont indépendantes de la nature
et du nombre des élémens, il s'ensuit qu'on peut
confondre, sous le nom de tannin, des corps de nature
très-différente.

Le tannin, tel que nous venons de le définir, existe
dans la noix de galle, dans le cachou, dans la gomme-
kino, dans le sumac, dans le thé, dans la plupart des
écorces et des fruits. On peut encore le former soit

en traitant le charbon, l'indigo, par l'acide nitrique;
soit en traitant la plupart des matières végétales par
l'acide sulfurique.

1672. *Tannin de la noix de galle (a).* — On a
proposé divers procédés pour extraire le tannin de la
noix de galle. Selon M. Proust, il faut verser du
muriate d'étain dans l'infusion de la noix de galle,
recueillir sur un filtre le précipité, qui est d'un blanc-
jaunâtre, le laver, le délayer dans l'eau froide, faire
passer un excès d'hydrogène sulfuré à travers la liqueur,
la filtrer et l'évaporer jusqu'à siccité : le résidu, d'après
M. Proust, est le tannin pur; mais il faudrait pour

(a) Les noix de galle sont des excroissances produites par la pi-
qûre que fait un insecte aux feuilles du chêne, afin d'y déposer ses
œufs. Ces excroissances se développent à la manière des fruits, et
se dessèchent après leur maturité; alors elles sont tuberculeuses,
de consistance ligneuse, de couleur grisâtre ou noirâtre; de la
grosseur d'une forte balle de plomb, creuses et souvent percées
d'un petit trou qui a servi d'issue aux insectes développés dans
leur intérieur.

Les noix de galle les plus estimées nous viennent du Levant;
elles sont connues sous le nom de *galles d'Alep.* Les chênes de nos
forêts nous offrent souvent de semblables excroissances; mais elles
ne mûrissent point, et restent lisses et spongieuses.

M. Davy s'est occupé de l'analyse des noix de galle; il a trouvé
que 500 parties de galle d'Alep donnaient 185 part. de matière soluble composée de

Tannin..130
Acide gallique uni à un peu d'extractif............ 31
Mucilage et matière rendue insoluble par l'évapora-
tion.. 12
Carbonate de chaux et substance saline........... 12

La partie ligneuse incinérée contenait beaucoup de carbonate de
chaux.

cela que le précipité formé par le muriate d'étain,
ne fût composé que de tannin et d'oxide d'étain. Or,
il contient en outre de l'acide muriatique et de l'acide
gallique ; d'où il suit que le tannin obtenu ainsi doit
être uni à une petite quantité de ces deux acides.

On peut encore, d'après le même chimiste, se contenter de verser une dissolution de sous-carbonate de
potasse dans l'infusion de noix de galle : il en résulte un
précipité floconneux très-abondant et d'un blanc-jaunâtre, que M. Proust regarde comme n'étant formé
que de tannin, et dans lequel de nouvelles recherches
ont démontré la présence de la potasse et de l'acide
gallique.

Au lieu de sous-carbonate de potasse, M. Bouillon-
Lagrange propose de verser le sous-carbonate d'ammoniaque dans l'infusion de noix de galle, de laver le
précipité à l'eau froide, et de le faire digérer, à plusieurs reprises, dans l'alcool à 0,817 de pesanteur spécifique.

Ces deux derniers procédés n'étant point exacts, il
est évident que le suivant ne doit pas l'être davantage.
Celui-ci consiste à verser de l'acide sulfurique ou muriatique dans une infusion de noix de galle, à laver à
l'eau froide le précipité très-abondant que l'on obtient,
et qui paraît être une combinaison de tannin, d'acide
gallique et de l'acide employé, à dissoudre ensuite
ce précipité dans l'eau chaude, et à verser du sous-
carbonate de potasse dans la dissolution pour en
séparer le tannin.

Le procédé de M. Mérat-Guillot ne me paraît pas
mériter plus de confiance. On l'exécute en versant de
l'eau de chaux dans une infusion de noix de galle,

lavant le précipité qui se forme, et le traitant par de l'acide nitrique ou muriatique étendu d'eau. Ces acides en séparent une substance noire, qui, selon M. Mérat, est le tannin pur, mais qui contient réellement de l'acide gallique et une certaine quantité d'acide nitrique ou d'acide muriatique.

Il en est de même de celui de M. Trommsdorf : nous ne le décrirons point en raison de sa complication.

Il suit de tout ce qui précède, qu'on ne sait point encore obtenir pur le tannin de la noix de galle, ce qui provient sans doute de ce que l'on emploie dans sa préparation des acides et des oxides, et que ce corps a beaucoup d'affinité pour eux.

Cependant, quel que soit le procédé que l'on suive, le tannin de la noix de galle jouit à peu près des mêmes propriétés. Sa saveur est astringente ; il est solide, brun, cassant et incristallisable.

Soumis à l'action du feu, le tannin se boursoufle, se décompose, donne un charbon très-volumineux et une liqueur acide qui noircit sensiblement les dissolutions de fer (a) ; il se dissout dans l'eau, la colore en brun, et s'en sépare, sous forme de pellicules, par l'évaporation ; il est au contraire absolument insoluble dans l'alcool.

Presque tous les oxides métalliques se combinent avec le tannin et le rendent insoluble dans l'eau, lorsqu'eux-mêmes sont insolubles ou peu solubles dans ce liquide : aussi l'eau de baryte, de chaux, de stron-

---

(a) Probablement, parce qu'une portion du tannin est entraînée.

tiane, forment-elles un précipité dans sa dissolution ; et la magnésie, l'alumine, l'oxide d'étain , l'oxide de plomb, sont-ils susceptibles d'en absorber le tannin, surtout à la température de l'eau bouillante, et de la décolorer complétement.

La plupart des acides ont aussi la propriété de s'unir au tannin. Plusieurs forment avec lui des composés peu solubles : tels sont surtout les acides sulfurique, muriatique, arsenique. L'acide nitrique et l'acide muriatique oxigéné le détruisent aisément.

La dissolution de tannin ne décompose aucun sel appartenant aux deux premières sections ; mais elle décompose un grand nombre de ceux qui appartiennent aux quatre dernières. Elle précipite facilement les dissolutions de cuivre, d'étain, de plomb, de titane, de fer, savoir : celle de cuivre à l'état de deutoxide, en couleur olive ; celle de mercure en jaune ; celle de titane en rouge de sang ; celle de deutoxide de fer en bleu, et celle de tritoxide en gris-noir.

Enfin, le tannin est susceptible de former des précipités plus ou moins abondans et imputrescibles dans les dissolutions d'albumine et de colle-forte.

1673. *Tannin du cachou (a)*. — M. Davy, à qui

(a) Il paraît que le cachou est un extrait du *mimosa catechu*, arbre qui croît dans la province de Bahar, dans l'Indostan. Selon Kerr et Garcias, c'est en faisant bouillir dans l'eau des copeaux de l'intérieur du tronc de cet arbre, réduisant la liqueur à un treizième de son volume, et l'exposant ensuite à l'air, jusqu'à ce qu'elle soit entièrement évaporée, qu'on extrait cette substance.

Le cachou se trouve dans le commerce sous forme de gâteaux de différentes grandeurs. Il est solide, cassant, compacte, d'une cassure mate, sans odeur, d'une saveur astringente et ensuite dou-

l'on doit l'analyse du cachou, l'a trouvé composé de
tannin, de mucilage et d'une matière végétale extractive. En traitant ce composé par l'alcool, on dissout
tout le tannin et la matière extractive; évaporant ensuite la dissolution jusqu'à siccité, et mettant le résidu
en contact avec l'eau froide, on ne dissout, pour ainsi
dire, que le tannin. Si donc on évapore la nouvelle
dissolution, on obtiendra le tannin du cachou, sensiblement pur. Ce tannin diffère principalement de celui de
la noix de galle, en ce qu'il est plus soluble dans l'eau et
qu'il est soluble dans l'alcool, qu'il précipite le fer en
olive, et que le composé qu'il forme avec la gélatine
passe peu à peu au brun.

1674. *Tannin de la gomme Kino (a), du Fustique*

---

ceâtre. L'eau le dissout facilement et en sépare une matière terreuse qui paraît avoir été ajoutée lors de sa préparation.

M. Davy distingue deux espèces de cachou, le cachou de Bombay et le cachou de Bengale : celui-ci est d'un brun de chocolat;
l'autre d'une couleur moins foncée. Leur composition est à peu près
la même. M. Davy a retiré de 200 parties de

Cachou de Bombay.

Tannin...................................	109 parties.
Extractif................................	68
Mucilage.....	13
Matière insoluble, formée de sable et de chaux....	10

Cachou de Bengale.

Tannin..................................	97 parties.
Extractif...........	73
Mucilage...	16
Résidu formé de chaux et d'alumine.............	14

(a) Cette substance, d'après le docteur Duncan, est un extrait
du *coccoloba uvifera*. Il nous vient principalement de la Ja-

et des Ecorces d'arbres du Sumac (a).—Tous ces tannins se rapprochent plus ou moins des tannins de la noix de galle et du cachou. Ceux des écorces d'arbres sont tout-à-fait analogues au tannin de noix de galle.

1675. *Tannin artificiel.* — C'est en traitant le charbon de terre, l'indigo, les résines par l'acide nitrique, ou le camphre et les résines par l'acide sulfurique, qu'on se procure le tannin artificiel. Nous nous contenterons de décrire le procédé qu'on emploie pour l'obtenir. Mettez dans un matras 1 partie de charbon de terre et 5 parties d'acide nitrique d'une pesanteur spécifique de 1,4, étendu de deux fois son poids d'eau; faites chauffer le mélange : bientôt il se produira une vive effervescence due principalement au dégagement du deutoxide d'azote. Après deux jours de digestion, ajoutez une nouvelle quantité d'acide, et laissez digérer jusqu'à ce que le charbon soit dissous; alors éva-

---

maïque. On en tire aussi de différentes espèces d'*encalyptus*, et particulièrement du *resinifera*, ou arbre à gomme brune de Botany-Bay. La gomme Kino a une saveur amère et astringente; elle est sous forme de masses noires, et devient d'un rouge-brun quand on la réduit en petits fragmens. L'eau chaude la dissout facilement; mais l'eau froide n'a que peu d'action sur elle. On la ramollit aisément en la tenant quelque temps dans la main. M. Vauquelin, qui s'est occupé de l'analyse de cette substance, a trouvé qu'elle était presqu'entièrement formée de tannin. (*Annales de Chimie*, vol. 46, p. 321.)

(a) Dans le commerce, on connaît sous le nom de sumac les jeunes branches réduites en poudre du *rhus coriaria*, arbrisseau qui croît dans nos jardins, mais que l'on cultive plus particulièrement dans le Levant. Tous les ans on coupe les branches, on les laisse sécher, ensuite on les monde et on les pile.

Le sumac est employé en teinture, en raison du tannin qu'il contient.

porez la liqueur jusqu'à siccité, et vous obtiendrez un peu plus d'une partie d'une masse brune : c'est le tannin artificiel.

Le tannin artificiel jouit de toutes les propriétés physiques et de presque toutes les propriétés chimiques du tannin naturel : il n'en diffère que par la manière dont il se comporte, lorsqu'on le traite par le feu ou par l'acide nitrique. Cet acide n'en opère point la décomposition, tandis qu'il décompose facilement le tannin naturel. Exposé au feu, il se boursouffle comme le tannin naturel, et donne un charbon très-volumineux ; mais on trouve, parmi les produits volatils, du deutoxide d'azote en assez grande quantité. C'est M. Chevreul qui, le premier, a fait cette observation ; elle l'a porté à faire sur les tannins artificiels des expériences dont nous citerons les principaux résultats.

Il observe d'abord que, dans la préparation du tannin artificiel, il se forme toujours une certaine quantité de matière jaune peu soluble, qu'on en sépare au moyen de l'eau; que, dans la liqueur, on trouve en dissolution non-seulement du tannin, mais encore un peu d'amer (*Voyez* l'action de l'acide nitrique sur les substances animales); que le tannin obtenu, comme nous venons de le dire, est un composé d'acide nitrique et d'une matière charbonneuse. Dans ses Mémoires, M. Chevreul prouve également que le tannin artificiel qui provient de l'action de l'acide nitrique sur les résines, contient aussi une certaine quantité de cet acide, et que la même chose a lieu pour le tannin qui résulte de l'action de l'acide sulfurique sur le camphre et sur les résines, c'est-à-dire, qu'il retient toujours une portion de l'acide employé. (*Voyez* le Mémoire de

M. Hatchett, Ann. de Chimie, t. 57, p. 113, et celui
de M. Chevreul, Ann. de Chimie, t. 72, p. 113, et
t. 73, p. 36.)

Puisque, d'après les expériences de M. Chevreul,
il est prouvé que certaines matières, en se combinant
avec les acides, acquièrent les propriétés caractéristiques du tannin, sans doute plusieurs espèces de
tannin naturel ne sont autre chose que des composés
de cette nature : c'est ce qu'autorisent encore à penser les observations faites dans ces derniers temps
par M. Pelletier. (Ann. de Chimie, t. 87, p. 103.).

Les tannins contenus dans les fruits sont ceux sur
la nature desquels il nous paraît qu'on peut élever le
plus de doute comme corps immédiats. Peut-être
même tous sont-ils dans ce cas : ce qu'il y a de certain,
c'est que l'on n'est point encore parvenu à obtenir sans
acide gallique le tannin de la noix de galle et des
écorces ; et que par conséquent, il est permis de croire
que c'est à cet acide qu'est due la propriété qu'a ce
tannin de précipiter en noir le tritoxide de fer.

Le tannin a plusieurs usages très-importans : c'est
en le combinant avec les peaux gonflées qu'on prépare
le cuir. Uni à l'acide gallique et au tritoxide de fer,
il forme la matière dont on se sert le plus souvent pour
teindre les étoffes en noir ou en gris, et pour former
l'encre (a). C'est en tannant tous les trois ou quatre

(a) L'encre est une combinaison de tannin, d'acide gallique et
d'oxide de fer ; les autres substances qui entrent dans sa composition servent seulement à lui donner de la consistance et du brillant. Rien de si facile que la préparation de l'encre. Il faut mêle
un tiers de copeaux de bois de campêche à deux tiers de noix de galle

jours leurs filets avec l'écorce de chêne que les pê-
cheurs parviennent à les conserver. Quelques médecins ont proposé l'emploi du tannin dans certaines
maladies. Enfin les chimistes s'en servent comme réactif pour distinguer les oxides métalliques ; mais alors il
est toujours associé à l'acide gallique. A cet effet ils
font une infusion de noix de galle, et versent une
portion de cette infusion dans les liquides où ils soup-
çonnent la présence de quelques sels métalliques susceptibles d'être décomposés par ce moyen.

De la Substance vénéneuse de la Coque du Levant.

1676. M. Boullay, en analysant la coque du Levant,
fruit du *memnispernum cocculus*, est parvenu à en isoler la substance vénéneuse. Cette substance, qu'il propose de nommer *picrotoxine* à cause de sa saveur et
de son action sur l'économie animale, est blanche,
brillante, demi-transparente, susceptible de cristalliser en prismes quadrangulaires, d'une amertume
excessive.

L'eau froide en dissout $\frac{1}{50}$ de son poids.
L'eau bouillante $\frac{1}{25}$

concassées, les faire bouillir dans 25 fois leur poids d'eau pendant
deux heures, et remplacer l'eau à mesure qu'elle s'évapore. D'autre
part, on sature de l'eau tiède avec de la gomme arabique concas-
sée, et l'on fait aussi une dissolution de sulfate de fer calciné ;
cette dissolution doit marquer 14 à 15 degrés à l'aréomètre ; on y
ajoute du sulfate de cuivre dans la proportion de un treizième de la
noix de galle employée. Cela étant fait, on mêle six mesures de décoction de noix de galle et de campêche à quatre mesures d'eau
gommée, et on y verse ensuite trois à quatre mesures de la solution
de sulfate de fer, en ayant soin d'agiter la liqueur, qui aussitôt devient d'un beau noir. (*Voyez*, pour plus de détails, la Chimie appliquée aux arts, par M. Chaptal, t. 4, p. 273 et suivantes.)

L'alcool bouillant d'une pesanteur
　　spécifique de 0,810　　　　　　0,33
L'éther sulfurique d'une pesanteur
　　spécifique de 0,700　　　　　　0,4
Les huiles d'olive, d'amandes douces,
　　de térébenthine　　　　　　　　o

La potasse, la soude et l'ammoniaque liquides, une assez grande quantité.

L'acide acétique *idem.*

L'acide nitrique en opère aussi la dissolution à froid; mais à chaud il la transforme en acide oxalique, etc.

L'acide sulfurique affaibli est sans action sur elle à la température ordinaire; concentré, il la dissout à cette température, et la charbonne à l'aide de la chaleur.

Les acides muriatique, muriatique oxigéné et sulfureux l'attaquent à peine.

Projetée sur des charbons incandescens, elle brûle sans se fondre ni s'enflammer, en répandant une fumée blanche abondante et une odeur de résine.

Soumise à la distillation, elle se décompose sans donner d'ammoniaque; d'où il suit qu'elle ne contient point d'azote.

Pour obtenir la picrotoxine pure, il faut faire bouillir dans une certaine quantité d'eau la coque du Levant, mondée de son péricarpe; filtrer la décoction, y verser de l'acétate de plomb, séparer par le filtre le précipité qu'occasionne ce sel, évaporer la liqueur en consistance d'extrait, traiter celui-ci par l'alcool très-concentré, rapprocher la dissolution alcoolique, traiter de nouveau le résidu par l'alcool, évaporer encore la dissolution, et ainsi de suite, jusqu'à ce que le résidu de l'évaporation soit entièrement soluble dans l'alcool et dans l'eau. Ce résidu n'est plus composé alors que de picrotoxine et d'une petite quantité de matière jaune; en le lavant avec un peu d'eau, on dissout la matière jaune qui est extrêmment soluble, et l'on obtient, sous forme de petits cristaux, la picrotoxine, qu'on peut achever de purifier par de nouvelles dissolutions et cristallisations alcooliques. (*Voyez* le Mémoire de M. Boullay; Ann. de Chimie, t. 80, p. 209.)

CHAPITRE QUATRIÈME.

1677. APRÈS avoir examiné la formation générale des végétaux et leurs différens matériaux immédiats, il serait nécessaire de rechercher quels sont ceux de ces matériaux qui constituent chaque organe ou chaque partie végétale; mais nos connaissances sur ce sujet sont si incomplètes et si bornées relativement à son étendue, que nous n'aurons presque rien à en dire. Nous nous contenterons donc de jeter successivement un coup d'œil : 1° sur la sève; 2° sur les sucs particuliers; 3° sur le bois et les racines; 4° sur l'écorce; 5° sur les feuilles; 6° sur les fleurs; 7° sur le pollen; 8° sur les semences; 9° sur les fruits; 10° sur les bulbes. Nous considérerons aussi les lichens, les champignons, plantes qui diffèrent des autres sous tant de rapports.

De la Sève.

1678. Les seules sèves qui aient été examinées jusqu'à ce jour sont celles de l'orme (*ulmus campestris*), du hêtre (*fagus sylvatica*), du charme (*carpinus sylvestris*), du bouleau (*betula alba*), du marronier, de la vigne (*vitis vinifera*). C'est à M. Vauquelin que l'on doit l'examen des quatre premières, et à M. Deyeux que l'on doit celui de la dernière ; la cinquième a été examinée par l'un et par l'autre. Toutes sont presqu'aussi liquides que l'eau. Leur nature varie.

1679. *Sève d'Orme.* — L'on en recueillit trois portions : l'une à la fin d'avril 1797 ; une autre quelque temps après ; et l'autre un mois plus tard.

La première avait une couleur rouge fauve, une saveur douce et mucilagineuse ; elle ne rougissait presque pas la teinture de tournesol.

1039 parties se sont trouvé formées de

Eau et matières volatiles...............	1027,905
Acétate de potasse...................	9,240
Matière végétale....................	1,060
Carbonate de chaux.................	0,796

La deuxième contenait un peu plus de matière végétale et un peu moins de carbonate de chaux et d'acétate de potasse que la première. La troisième contenait encore moins de carbonate de chaux et d'acétate de potasse que celle-ci.

En abandonnant la sève d'orme à elle-même dans un flacon ouvert, elle se décompose peu à peu, et l'acétate de potasse qu'elle contient se change en carbonate ; d'où l'on voit pourquoi ce carbonate fait partie de la matière que l'on recueille sur les ulcères de ces arbres.

1680. *Sève du Hêtre*.— L'analyse en fut faite en mars et un mois après. Sa couleur, à la fin d'avril, était d'un rouge-fauve ; sa saveur, analogue à l'infusion de tan ; son action sur le tournesol , faible. Elle était formée , en mars comme en avril, d'une grande quantité d'eau , et de petites quantités d'acétate de chaux , d'acétate de potasse , d'acétate d'alumine , de tannin , de matières muqueuse et extractive , d'acide acétique et d'acide gallique.

1681. *Sève de Charme.* — M. Vauquelin examina cette sève dans les mois d'avril et de mai. Elle était incolore et claire comme de l'eau. Sa saveur était légèrement sucrée et douceâtre , et son odeur un peu analogue à celle du petit-lait. Elle rougissait fortement le tournesol. On peut conclure des expériences auxquelles M. Vauquelin l'a soumise, qu'elle est composée au moins d'une grande quantité d'eau et de petites quantités de sucre, de matière extractive, d'acide acétique, d'acétate de chaux et sans doute d'acétate de potasse : aussi, lorsqu'on abandonne cette sève à elle-même dans un vase ouvert, donne-t-elle successivement des signes de fermentation alcoolique et de fermentation acide.

1682. *Sève de Bouleau.* — Cette sève rougit fortement la teinture de tournesol ; elle est incolore ; sa saveur est douce et sensiblement sucrée.

Au nombre de ses principes constituans sont l'eau, qui en fait la majeure partie, le sucre, une matière extractive, de l'acétate de chaux, de l'acétate d'alumine, et sans doute de l'acétate de potasse. Concentrée et mise en contact avec le ferment, elle ne tarde point à fermenter ; soumise ensuite à la distillation, elle fournit une assez grande quantité d'alcool.

1683. *Sève du Marronier.* — M. Vauquelin n'en ayant eu qu'environ 15 grammes à sa disposition, n'a point pu la soumettre à un grand nombre d'expériences. Il a reconnu qu'elle avait une légère saveur amère, qu'elle contenait du mucilage, une matière extractive, du nitrate de potasse. Il y soupçonne aussi la présence des acétates de potasse et de chaux. (Ann. de Chimie, t. 31, p. 20).

Des Sucs particuliers.

1684. La sève, parvenue jusqu'aux feuilles, s'y altère et se transforme en des liquides nécessaires à l'existence du végétal. Ces liquides, qui paraissent descendre des feuilles vers les racines dans des vaisseaux appropriés, prennent le nom de sucs particuliers ou propres. Les principaux sont les sucs laiteux, les sucs résineux et huileux, les sucs mucilagineux, les sucs sucrés.

1685. *Sucs laiteux.* — Ces sortes de sucs doivent, en général, leur aspect laiteux à une certaine quantité de résine ou de corps gras qu'ils tiennent en suspension : ils renferment souvent, d'ailleurs, différentes substances solubles dans l'eau, particulièrement du mucilage. Les sucs laiteux qui méritent le plus de fixer l'attention, sont ceux qui découlent par incision des plantes d'où on extrait les gommes résines, ceux qu'on extrait du *papayer* et des capsules du *papaver album*, ou pavot blanc, et le suc qui produit le caout-chouc.

1686. Le pavot blanc se cultive en grande quantité dans l'Inde et l'Orient. Après la floraison, l'on fait des incisions longitudinales aux capsules : il en découle un suc laiteux qui se concrète facilement. Ce suc, ainsi devenu concret, constitue l'opium que l'on apporte en Europe sous forme de masses de différentes grosseurs.

L'opium, si remarquable par ses propriétés médicales, est brun, dur; sa saveur est amère, âcre, nauséabonde; son odeur est toute particulière. Il se ramollit à une douce chaleur; celle de la main est même suffisante. Lorsqu'on le chauffe avec le contact de l'air, il s'enflamme promptement. Nous en avons déjà donné la composition (1368) : il est formé d'une substance cristallisable et narcotique, d'une matière extractive, de résine, d'huile, d'acide, d'un peu de fécule, de mucilage, de gluten, de débris de fibres végétales, et quelquefois d'un peu de sable et de petits cailloux. On n'en fait guère usage dans cet état qu'extérieurement ; donné à l'intérieur, il causerait des vertiges, des convulsions contre lesquelles le vinaigre et tous les acides convenablement affaiblis peuvent être employés avec succès : aussi les médecins n'ordonnent-ils que l'extrait fait en traitant l'opium par une grande quantité d'eau froide, extrait qui procure un sommeil paisible et qui paraît formé de la matière extractive, de mucilage et d'un peu de principe narcotique. Il semblerait, d'après cela, que le principe narcotique, uni à beaucoup de matières extractive et muqueuse, agirait sur l'économie animale d'une autre manière que quand il est pur ou prédominant ; car il est probable que toute la partie active de l'opium réside en lui. (Derosne, Annales de Chimie, t. 45, p. 257.)

1687. Le suc de papayer s'extrait par incision d'un végétal nommé *carica papaya*, qui croît à l'Isle-de-France, au Pérou, etc. Il a été analysé par M. Vauquelin et par M. Cadet-Gassicourt, qui le tenaient de M. de Cossigni et du docteur Roch. C'est surtout avec les échantillons de M. Roch que l'analyse a été faite. Ce suc avait été rapporté dans trois états : 1° à l'état solide, et sous forme de lames d'un blanc jaunâtre, formées au soleil dans des assiettes ; 2° à l'état de suc naturel renfermé dans des vases bien bouchés ; 3° à l'état de suc naturel mêlé au sucre. Le premier et le dernier s'étaient bien conservés ; l'autre avait fermenté. D'après M. Vauquelin, le suc de papayer est composé d'eau, d'une grande quantité de matière animale et d'un peu de graisse. Cette matière animale jouit de toutes les propriétés de l'albumine, si ce n'est qu'après la dessication elle est toujours très-soluble dans l'eau, tandis que l'albumine y devient insoluble. (Annales de Chimie, t. 49, p. 295.)

1688. *Sucs résineux et huileux.* — Nous comprenons, sous cette dénomination, les sucs qui sont formés de résines en dissolution dans une huile essentielle, et qui restent liquides long-temps après leur extraction, tels que la térébenthine ; ceux qui, contenant beaucoup plus de résine que les précédens, s'épaississent tout de suite, tels que le mastic, etc. ; enfin tous les sucs entièrement ou presqu'entièrement formés de corps gras. L'histoire en ayant été faite précédemment, nous ne nous en occuperons pas.

1689. *Sucs mucilagineux.* — Beaucoup de plantes contiennent des sucs qui sont sans saveur, sans odeur, dont la base est le mucilage : telles sont celles que nous avons indiquées en parlant de la gomme (1461).

1690. *Sucs sucrés.* — L'on peut désigner par ce nom le suc de la canne, celui du *fraxinus ornus*, qui, en s'épaississant, constitue la manne, etc., etc.

1691. Quoique la manne soit très-douce, elle ne contient qu'une très-petite quantité de sucre. Il paraît qu'elle est principalement formée de deux corps particuliers; l'un susceptible de cristalliser, que nous avons appelé mannite (1449), et dans lequel réside la saveur sucrée, et l'autre incristallisable et muqueux. Peut-être en renferme-t-elle encore un autre auquel elle devrait sa saveur et son odeur nauséabondes. On distingue dans le commerce trois espèces de manne : la manne en larmes, la manne en sorte et la manne grasse. La manne en larmes est solide, blanche, légère, douce et sucrée, quelquefois cristalline à la surface : toujours, sous forme de stalactites, elle contient beaucoup plus de mannite que de mucilage. La manne grasse consiste en un amas de fragmens agglutinés par un suc visqueux; elle est brune, molle, pesante; son odeur est nauséabonde; sa saveur l'est aussi; mais elle est en même temps sucrée : le mucilage domine dans cette manne. La manne en sorte tient le milieu entre la manne en larmes et la manne grasse. Toutes trois sont produites par différens arbres, surtout par les mélèzes : c'est du *fraxinus ornus* qu'on l'extrait en Calabre, et du *larix europea* (mélèze d'Europe) qu'on la retire à Briançon.

La manne n'est employée qu'en médecine; on l'administre comme purgatif; le plus souvent on l'associe au séné et au sulfate de magnésie ou de soude.

Des Bois.

1692. Les bois ont tous pour base la fibre ligneuse; ils en contiennent au moins les 0,95 à 0,96 de leur poids. Cependant il existe une grande différence entre leur pesanteur spécifique : les uns sont beaucoup plus légers que l'eau, et les autres beaucoup plus lourds : aussi les premiers, en raison de la division de leurs fibres, brûlent-ils bien plus facilement que les seconds.

On pourrait diviser les bois en colorans, en résineux, et en non colorans et non résineux : les bois ordinaires forment cette dernière section.

Les principaux bois colorans sont ceux de Brésil, de Campêche, de fustique, de sumac et de santal rouge : la matière colorante de ce dernier paraît être de nature résineuse ; elle n'avait été que très-peu examinée jusqu'à présent ; M. Pelletier vient d'en étudier les propriétés ; ses recherches seront bientôt imprimées dans les Annales de Chimie. Nous avons parlé de tous ces bois sous le rapport de leur matière colorante dans l'histoire de la teinture (1636). Quant aux bois résineux, ce sont ceux qui, incisés, laissent découler une plus ou moins grande quantité de résine dissoute dans une huile essentielle : tels sont les pins, les sapins.

C'est du bois que l'on extrait le charbon. Les charbonniers procèdent à cette opération de la manière suivante : Ils se procurent d'abord quelques bûches et 8 à 9 cordes de jeune bois de 3 centimètres à peu près de grosseur sur 24 décimètres de longueur ; ensuite, aplanissant la terre, ils forment un espace circulaire d'environ 5 mètres de diamètre, plantent verticalement au milieu de cet espace, appelé *aire*, une grosse bûche fendue en quatre par son extrémité supérieure, font entrer deux morceaux de bois dans les fentes, de manière qu'il en résulte une double croix dont les quatre angles sont destinés à recevoir l'extrémité supérieure de quatre gros rondins que l'on incline contre la bûche verticale ; après quoi ils placent horizontalement sur le sol, des bûches qui représentent les rayons d'un cercle dont la bûche verticale est le centre, fixent avec un piquet l'extrémité extérieure de ces bûches, et les couvrent de petit bois. Cet assemblage porte le nom de *premier plancher*. Alors ils rangent le bois contre la bûche verticale, en l'inclinant légèrement et ayant soin de mettre les plus gros morceaux au centre. Lorsqu'ils ont recouvert la surface du plancher, et qu'ils ont ainsi formé un cône tronqué, ils montent sur ce cône, plantent au milieu un long pieu, et établissent successivement autour de ce pieu, sur des planchers faits avec des rondins, un second et un troisième cônes semblables au premier : ces trois cônes superposés prennent le nom de fourneau.

Cela étant fait, ils répandent du petit bois sur la surface du fourneau, puis de l'herbe et de la terre, ne laissant à découvert que 16 centimètres à la base : un ouvrier monte au sommet du fourneau, enlève le pieu qui en fait le centre, et jette du petit bois sec et quelques tisons enflammés dans le trou qui sert de cheminée. Le fourneau ne tarde pas à s'allumer, la flamme s'élève, et dès qu'elle s'échappe par le haut de la cheminée, celle-ci est aussitôt bouchée avec du gazon. A partir de cette époque, les charbonniers doivent toujours rester auprès du fourneau ou du moins le visiter souvent, afin de boucher les crevasses qui peuvent se former. Si le vent souffle avec force et rend la combustion trop active, ils lui opposent des claies. Si le feu brûle inégalement, ils donnent de l'air en pratiquant des ouvertures du côté où il est moins actif.

Le second ou le troisième jour, le fourneau paraît entièrement rouge. Alors ils étouffent le feu en le couvrant d'une couche de terre très-épaisse. Quelque temps après, ils ratissent cette couche et en mettent une nouvelle, ce qui s'appelle *rafraîchir*. Enfin le quatrième jour ils ouvrent le fourneau et le démolissent, si le charbon est éteint.

De 100 parties de bois ils retirent ordinairement 16 à 17 parties de charbon.

En charbonnant le bois comme nous venons de le dire, on brûle non-seulement une portion du carbone en raison de l'air qui se renouvelle, mais encore l'on perd tout l'acide acétique, toute l'huile-goudron et tout le gaz hydrogène carboné qui se forment. Lorsqu'au contraire l'opération se fait dans des vases fermés, on peut la conduire de telle manière que tous les produits soient recueillis. C'est ce dernier genre de carbonisation que M. Mollerat a exécuté le premier à Nuits, et qu'on exécute actuellement à Choisy, près Paris. Nous allons donner une idée de l'appareil adopté dans l'une des fabriques de Choisy. Cet appareil se compose, 1° d'un fourneau dont le dôme est mobile; 2° d'une chaudière cylindrique en fonte, assez grande pour contenir une corde de bois, et sur laquelle s'adapte un couvercle qui est lui-même en fonte; on la descend dans le fourneau toute chargée au moyen d'une grue, et on l'enlève de même, pour la remplacer par une autre; elle est recouverte d'une légère couche de terre à four; 3° d'un tuyau en fonte adapté horizontalement à la partie supérieure et latérale de la chaudière, et long de quelques décimètres; 4° d'un tuyau en cuivre qui, en se courbant, va successivement plonger dans deux tonneaux pleins d'eau, et de là se rendre dans le fourneau. Arrivé au fond des tonneaux, il se dilate en boule; chaque boule est percée inférieurement d'un trou auquel correspond un tube dont l'extrémité plonge dans l'eau : c'est par ce tube qu'on retire le goudron et l'acide pyrolignique. Quant au gaz inflammable, il est conduit évidemment dans le fourneau, et sert à en entretenir la chaleur.

De 100 parties de bois, on retire environ 25 parties de charbon.

Des Ecorces.

1693 L'écorce est composée de trois parties : de l'épiderme, du parenchyme et de couches corticales.

L'épiderme est une membrane extrêmement mince, transparente, qui recouvre tout le végétal. On l'observe facilement dans le bouleau. Fourcroy a supposé qu'il était de même nature que le liège, et M. Chevreul a rendu cette supposition très-vraisemblable (*a*). Sous l'épiderme se trouve le parenchyme, substance verte, remplie de suc et qui présente une multitude de fibres se croisant en tous sens, comme celles d'un feutre.

Enfin sous le parenchyme sont les couches corticales qui paraissent formées de plusieurs membranes très-minces, placées les unes sur les autres. Chacune de ces membranes se compose de fibres longitudinales qui, se rapprochant et se séparant alternativement, donnent lieu à une sorte de réseau dont les mailles sont pleines de substance cellulaire verte.

On concevra facilement, d'après cela, que, quoique

_____

(*a*) M. Davy a reconnu que l'épiderme des graminées contenait une grande quantité de silice : 100 parties d'épiderme de cannebonnet contiennent 90 de silice ; 100 d'épiderme de bambou en contiennent 71,4 ; 100 de roseau commun en contiennent 48,1 ; 100 de tiges de blé en contiennent 5.

la fibre forme la majeure partie de l'écorce, celle-ci peut assez varier dans sa nature, en raison des autres substances qu'elle est susceptible de contenir, pour prendre des propriétés très-diverses. C'est en effet ce que prouve l'expérience. Contentons-nous de parler des écorces qui sont employées dans les arts ou en médecine.

1694. *Ecorce de Chêne.*—Cette écorce est astringente; réduite en poudre, elle constitue le tan dont on se sert en Europe ; elle contient donc une assez grande quantité de tannin. Presque toutes les autres en renferment aussi, de sorte que l'on pourrait les employer pour tanner.

1695. *Ecorce du Laurus cynnamomum.* — Le *laurus cynnamomum* est un arbre que l'on cultive principalement à Ceylan, pour en obtenir l'écorce intérieure. Cette écorce est la cannelle qui se trouve toujours dans le commerce sous forme de longs morceaux roulés sur eux-mêmes et très-cassans. La cannelle doit son odeur aromatique et sa saveur piquante à une huile essentielle que l'on peut extraire en faisant infuser l'écorce dans l'alcool, et en séparant ensuite celui-ci par une douce chaleur : d'environ 500 grammes d'écorce, Neumann n'a retiré que 3 grammes d'huile.

1696. *Ecorce du Chanvre, Cannabis sativa.* — Cette écorce est formée de filasse qui se rapproche beaucoup de la fibre végétale, de résine, d'une matière verte colorante et d'un suc glutineux : c'est par celui-ci qu'elle adhère fortement à la tige. Le rouissage a pour objet de la mettre dans le cas de pouvoir être facilement séparée. On l'exécute en plaçant le chanvre, pendant un certain nombre de jours, dans des routoirs ou fossés, placés sur le bord des rivières, et remplis d'eau qui se renouvelle peu à peu. Il paraît qu'alors le suc glutineux et la matière colorante se putréfient; car ils disparaissent en grande partie, en donnant lieu à un dégagement de gaz hydrogène carboné, de gaz carbonique, etc. L'opération se ferait moins bien dans une eau courante ou dans une eau stagnante : la première retarde trop la fermentation ; la seconde la rend trop active ; et d'ailleurs le chanvre prend une couleur brune, perd de sa solidité, et exhale des vapeurs dangereuses à respirer.

1697. *Écorce de Cinchona.* — Le quinquina ou kina, si remarquable par son amertume et par ses propriétés fébrifuges, n'est que l'écorce de diverses espèces de *cinchona*, arbres qui croissent en Amérique, au Pérou, etc.

Cette écorce, en raison de ses importans usages, a été examinée tout à la fois par un grand nombre de naturalistes et par un assez grand nombre de chimistes parmi lesquels on distingue Lagrange, Fourcroy et MM. Vestring, Deschamps, Séguin, Vauquelin ; cependant son histoire laisse beaucoup à désirer. Nous prendrons pour guide de ce que nous allons dire, la dissertation de M. Vauquelin. (Ann. de Chimie, t. 59, p. 113).

M. Vauquelin a d'abord recherché des caractères chimiques pour distinguer les meilleures espèces de quinquina. Pour cela, il a fait des infusions de toutes les espèces de quinquina qu'il a pu se procurer, en opérant toujours de la même manière ; c'est-à-dire, en employant une même quantité de poudre, même quantité d'eau également chaude, et laissant l'eau et la poudre en contact pendant le même temps. Il a vu : 1° que plusieurs de ces

infusions étaient précipitées abondamment par la dissolution de noix de galle, par celle de colle et par
celle d'émétique; 2° que quelques-unes l'étaient par la
colle, sans l'être par la noix de galle et l'émétique; 3° que
d'autres l'étaient au contraire par la noix de galle et
l'émétique, sans l'être par la colle; 4° qu'il y en avait
qui ne l'étaient ni par la noix de galle, ni par le tannin,
ni par l'émétique.

Or, les quinquinas qui avaient fourni la première infusion étaient d'excellente qualité; ceux qui avaient fourni
la quatrième n'étaient point fébrifuges, et ceux qui
avaient fourni la deuxième et la troisième l'étaient,
mais en général moins que les premiers. De là, les
trois sections dans lesquelles M. Vauquelin propose de
diviser les véritables quinquinas, et de là aussi les moyens
qu'il propose pour en déterminer la bonté; observant
toutefois qu'une espèce de quinquina que l'infusion
de noix de galle précipiterait abondamment serait
meilleure qu'une espèce qui serait précipitée par la
noix de galle, par la colle et par l'émétique, mais
faiblement.

M. Vauquelin s'occupe ensuite de l'analyse du quinquina, et il parvient à en séparer une matière résiniforme, qui paraît ne pas être identique dans toutes
les espèces de quinquina, du mucilage, du kinate de
chaux (sel découvert par M. Deschamps, pharmacien
de Lyon), et de la fibre ligneuse. Cette matière résiniforme est très-amère, très-soluble dans l'alcool,
dans les acides et les alcalis, peu soluble dans l'eau
froide, plus soluble dans l'eau chaude; c'est elle qui
donne aux infusions de quinquina la propriété d'être
précipitées par l'émétique, la noix de galle, la colle

forte ; et c'est en elle que semble résider la vertu fébrifuge.

C'est aussi cette matière qui se dépose en partie des décoctions de quinquina qu'on laisse refroidir, ou des infusions qu'on concentre. Il suit de là qu'on emploie un mauvais procédé pour se procurer le sel essentiel de quinquina : en effet, après avoir évaporé jusqu'à un certain degré l'infusion, on la laisse refroidir, et on la sépare du dépôt qui se forme pour l'évaporer de nouveau, et à plusieurs reprises, jusqu'à ce qu'elle reste limpide étant froide. Alors on la dessèche sur des assiettes dans une étuve, et le résidu est ce qu'on appelle sel essentiel. Mieux vaudrait évaporer tout de suite la liqueur jusqu'à siccité, et mieux encore serait de faire l'infusion avec de l'alcool ; l'extrait par ce moyen contiendrait une bien plus grande quantité de matière résiniforme : en raisonnant ainsi, on suppose, bien entendu, que la vertu fébrifuge réside dans cette matière.

M. Vauquelin n'assure point qu'il n'entre pas dans la composition du quinquina d'autres matières que celles que nous venons d'indiquer.

1698. *Liége*, ou partie extérieure de *l'écorce du Quercus suber.* — Ce corps, que Fourcroy considérait comme un des matériaux immédiats, est composé, selon M. Chevreul, d'un tissu cellulaire dont les cavités contiennent des matières astringentes, colorantes et résineuses.

Des Racines.

1699. Les racines sont ligneuses ou charnues. Les premières sont composées de bois et d'écorce, et ne contiennent presque toutes, pour ainsi dire, que de la fibre. Il n'en est pas de même des secondes ; celles-ci contiennent, outre la substance fibreuse, beaucoup d'eau, du mucilage, assez souvent du sucre, dans quelques circonstances de l'amidon, et quelquefois encore d'autres matières, par exemple, de la matière végéto-animale. Les racines qu'il est le plus utile de considérer et qui ont été le plus examinées, sont les suivantes.

1700. *Rac. de Viola Ipécacuanha.* — Cette racine, réduite en poudre, se prend à la dose de 14 à 15 grains, comme émétique, sous le nom d'*ipécacuanha :* elle est noueuse, inégale, de la grosseur d'une plume, et d'une couleur très-variable ; elle provient d'une plante qui croît spontanément au Brésil. On n'a commencé à l'employer en médecine que sous le siècle de Louis XIV, époque à laquelle elle fut essayée à l'Hôtel-Dieu. Suivant le docteur Irvine, elle doit sa vertu à une matière gommo-résineuse.

1701. *Racines de Convolvulus jalappa.* — Le jalap, purgatif si actif, est la racine de cette espèce de *convolvulus*, plante indigène de Xalapa, province de la Nouvelle-Espagne. Cette racine, qui nous est apportée en tranches minces et dures, a une saveur légèrement âcre ; elle s'enflamme aisément. On en attribue les propriétés à une résine.

1702. *Rac. de Rheum palmatum,* ou *Rhubarbe.* — C'est de la Chine que nous tirons cette racine, qu'on emploie en médecine comme purgative. Elle est grosse, oblongue ou orbiculaire, d'un brun foncé extérieurement, et d'un jaune rougeâtre intérieurement. On ignore quel est le principe auquel elle doit ses vertus. Schéele y a trouvé de l'oxalate de chaux.

1703. *Racine de Rubia tinctorum* ou *Garance.* — Nous en avons dit tout ce qu'on en sait, dans l'histoire des matières colorantes.

1704. *Rac. de Gentiana lutea.* — On sait seulement qu'elle est amère, qu'elle contient du mucilage, de la résine, qu'elle est fébrifuge, qu'elle croît spontanément dans les montagnes de la Suisse, de la France, etc.

1705. *Rac. de Curcuma longa.* — Cette racine nous vient des Indes orientales ; elle est riche en couleur ; on en tire le jaune orangé le plus éclatant que l'on connaisse, mais malheureusement il n'a point de solidité. On s'en sert quelquefois pour dorer les jaunes de gaude et donner plus de feu à l'écarlate. On l'emploie aussi pour préparer le papier de curcuma, avec lequel il est si facile de reconnaître la présence des alcalis, par la nuance rouge qu'il prend tout de suite.

1706. *Rac. de Glycyrrhiza glabra* ou *Réglisse.* — En traitant la réglisse par l'eau, on obtient une dissolution qui, évaporée convenablement, donne lieu à une matière sucrée que l'on appelle ordinairement *jus de réglisse.* Il était nécessaire de rechercher si la saveur de ce jus n'était point due à la présence d'un véritable sucre : c'est ce que M. Robiquet a fait dans ces derniers temps. Il résulte de ses expériences, que la réglisse est composée de fécule amilacée, d'albumine végétale, d'une matière sucrée qui se rapproche des résines, des acides phosphorique et malique combinés à la magnésie, d'une huile résineuse brune, épaisse et âcre, d'une matière cristalline qui a l'aspect d'un sel, et enfin d'un tissu ligneux.

Tome III. 24

De toutes ces matières, nous n'examinerons que celle qui a une saveur sucrée et celle qui est susceptible de cristalliser.

Matière sucrée. — Cette matière est incristallisable, d'un jaune sale ; sa saveur est semblable à celle de la réglisse. Projetée sur des charbons ardens, elle se boursouffle et répand une odeur de résine. L'eau froide l'attaque à peine ; l'eau bouillante, au contraire, la dissout facilement, et la dissolution, par le refroidissement, se prend en une gelée transparente et solide. L'alcool la dissout également bien, soit à froid, soit à chaud, et acquiert une couleur citrine foncée, une consistance sirupeuse, et une saveur très-sucrée : par une évaporation spontanée, la matière sucrée s'en sépare sous forme de plaques minces, élastiques comme de la cire. Mise en contact avec le ferment et l'eau, cette matière ne donne aucun signe de fermentation, même au bout de plusieurs jours. L'acide nitrique la décompose ; mais il ne résulte de cette décomposition, ni acide malique, ni acide oxalique ; il se forme seulement une masse visqueuse, jaune, transparente, qui ne se délaie point dans l'eau, susceptible de se diviser en petites masses opaques, tuberculeuses, et de brûler à la manière des résines : il paraît que cette masse renferme un peu d'amer.

On se procure la matière sucrée de la réglisse en faisant bouillir de l'eau sur la racine de cette plante pendant environ un quart-d'heure, filtrant la dissolution, et y ajoutant, après son entier refroidissement, un peu de vinaigre distillé ; bientôt il en résulte un magma gélatineux, transparent, formé de beaucoup de matière sucrée et d'une petite quantité de matière animale unie à l'acide acétique. Cette gelée, étant lavée et séchée, doit être mise en contact avec de l'alcool; celui-ci ne dissout que la matière sucrée, de sorte qu'en évaporant la dissolution on obtient cette matière parfaitement pure. On pourrait se dispenser de verser de l'acide dans la décoction; mais alors il faudrait la concentrer assez pour avoir une couleur brune, et l'abandonner à elle-même pendant 24 heures : ce n'est qu'au bout de ce temps qu'elle se prend en gelée.

Matière cristallisable. — Lorsque, après avoir versé un peu de vinaigre dans une décoction de réglisse pour en séparer la matière sucrée, on y ajoute de l'acétate de plomb jusqu'au point de la décolorer, qu'on filtre la liqueur, qu'on y fait passer du gaz hydrogène sulfuré, qu'on la filtre de nouveau, qu'on la concentre par l'évaporation et qu'on l'abandonne à elle-même, il s'y forme des cristaux très-réguliers qui d'abord sont sales, mais qui, purifiés par une nouvelle cristallisation, deviennent transparens : ces cristaux sont des octaèdres rectangulaires, dont les deux arrêtes les plus courtes sont remplacées par des facettes; ils n'ont presque point de saveur; jetés sur les charbons, ils se boursoufflent, répandent une odeur ammoniacale; les acides sulfurique, nitrique, les dissolvent, le premier sans les noircir, et le second sans dégagement d'oxide d'azote; broyés avec la potasse caustique, ils laissent dégager de l'ammoniaque au bout d'un certain temps; l'eau n'a que peu d'action sur eux, cependant elle en dissout une quantité sensible; la dissolution qui en résulte n'est troublée par aucun réactif. (*Voyez* Ann. de Chimie, t. 72, p. 143.)

1707. *Rac. du Jatropha manioc.* — Cette racine est

pivotante, pèse de 8 à 13 kilogrammes, contient beaucoup d'amidon, et appartient à un petit arbrisseau
que l'on cultive en Amérique. C'est avec elle qu'une
partie des habitans du Nouveau-Monde prépare le
pain dont ils se nourrissent. A cet effet, ils la pèlent,
l'enferment dans un sac d'écorce, fixé supérieurement
à un support et portant à sa partie inférieure un seau
destiné à exercer, par son poids, une pression sur le
sac, et à recevoir en même temps le suc laiteux qui en
découle. La racine ainsi exprimée, puis séchée au
soleil et passée à travers un tamis de crin, constitue
une sorte de farine appelée *cassave*. Pour la faire cuire,
ils en versent une légère couche sur une plaque de fer
chaude, en ajoutent une deuxième lorsque la première
est assez torréfiée, etc., et forment, de cette manière, des espèces de galettes auxquelles ils donnent le
nom de pain de cassave : ce pain est mat et se conserve
indéfiniment.

Le suc de la racine de manioc est un poison assez
violent, mais il suffit de l'exposer à la chaleur de l'eau
bouillante pour le priver du principe vénéneux qu'il
contient, tant ce principe est volatil ou facile à détruire. Il n'est laiteux que parce qu'il tient en suspension de l'amidon qui ne tarde point à se déposer.

1708. Rac. *De Brionia alba.*—Voyez ce qui en a été
dit 1456).

Racines potagères. — Ces racines contiennent toutes
une certaine quantité de mucilage et de sucre. Celle
qui a été le plus soigneusement examinée, est la betterave dont nous avons parlé (1439).

Des Feuilles.

1709. Toutes les feuilles renferment trois parties distinctes ; la première, celle qui les enveloppe, est l'épiderme ; sous cette épiderme se trouve une pulpe verte ; et sous cette pulpe, existe la fibre qui donne la forme à la feuille.

L'analyse de l'épiderme n'a point encore pu être faite : il est probablement de même nature que l'épiderme des arbres. La pulpe contient toujours de la résine, une sorte de gluten, souvent de la cire, et quelquefois encore d'autres substances. Nous ne dirons rien de la fibre, nous en avons parlé précédemment.

L'eau est sans action sur la matière colorante des feuilles ; l'alcool, les huiles, la dissolvent bien : il semble donc, d'après cela, que la couleur réside dans la résine même ; ce qu'il y a de certain, c'est qu'elle est très-fugace, qu'elle passe facilement au jaune-rougeâtre et qu'elle n'est point formée de jaune et de bleu. Nous ne parlerons que des feuilles du *nicotiana tabacum*, de l'*atropa belladona*, du *gratiola officinalis*, de l'*isatis tinctoria*, du *cassia senna*.

1710. *Feuilles du nicotiana tabacum latifolia.* — C'est avec les feuilles de certaines espèces des nicotianes, plantes que l'on cultive dans un grand nombre de pays, que l'on fait le tabac. Il s'obtient en général en faisant fermenter les feuilles jusqu'à un certain point, les séchant et les réduisant en rubans ou en poudre, selon l'usage auquel on le destine : il était donc intéressant d'analyser ces feuilles.

M. Vauquelin a fait l'analyse de celles du *nicotiana tabacum latifolia* (Ann. de Chim., t. 71, p. 139). Elles contiennent 1° une grande quantité d'albumine ; 2° une matière rouge soluble dans l'alcool et dans l'eau, qui se boursoufle considérablement lorsqu'on la chauffe, et dont la nature n'est point encore bien connue ; 3° un principe âcre, volatil, incolore, légèrement soluble dans l'eau, très-soluble dans l'alcool ; 4° de la résine verte, semblable à celle qui existe dans toutes les feuilles; 5° de la fibre ligneuse ; 6° de l'acide acétique; 7° du nitrate et du muriate de potasse; 8° du muriate d'ammoniaque ; 9° du malate acide de chaux, de l'oxalate et du phosphate de chaux ; 10° de l'oxide de fer ; 11° de la silice. C'est au principe âcre, principe très-voisin des huiles, que le tabac doit ses propriétés.

Après avoir fait cette analyse, M. Vauquelin s'est occupé de celle du tabac pour connaître la différence qui existe entre ce produit de la fermentation et les feuilles qui le fournissent; il a retrouvé dans le tabac les mêmes substances que celles qui existent dans la plante verte, et de plus du carbonate d'ammoniaque et du muriate de chaux, provenant, sans doute, de la décomposition mutuelle du muriate d'ammoniaque et de la chaux qu'on y ajoute pour lui donner du montant. (Ann. du Muséum d'Histoire naturelle, t. 14, p. 21).

1711. *Feuilles de l'Atropa belladona* ou *de la Belladone*. — C'est encore à M. Vauquelin que nous devons ce que nous savons de la belladone, plante de la même famille que les tabacs, et qui produit des effets narcotiques sur l'économie animale. N'ayant pour objet que de savoir s'il n'y retrouverait pas le principe âcre auquel le tabac doit ses principales propriétés, il n'en a examiné que le suc. Ce suc renferme, outre l'eau, 1° une substance animale dont une partie se coagule par la chaleur, et dont une autre reste en dissolution à la faveur d'un excès d'acide acétique ; 2° une substance soluble dans l'esprit-de-vin, qui a une saveur amère et nauséabonde, et à laquelle la belladone doit sa vertu narcotique ; 3° du nitrate, du muriate, du sulfate de potasse, de l'oxalate acide de potasse, de l'acétate de potasse et de l'acide acétique : le principe âcre du tabac ne s'y trouve pas en quantité sensible. (Ann. de Chimie, t. 72, p. 53).

1712. *Feuilles de la gratiole (gratiola officinalis).* — Le suc de gratiole est un purgatif assez violent. M. Vauquelin désirant connaitre le corps auquel il doit cette propriété, a soumis ce suc à l'analyse. Il en a retiré 1° une matière gommeuse, colorée en brun ; 2° une sorte de matière résineuse très-amère, très-soluble dans l'alcool, soluble dans l'eau surtout à la faveur des autres principes du suc de gratiole ; 3° une petite quantité de matière animale ; 4° un malate qui paraît être à base de potasse , et une assez grande quantité de sel marin. M. Vauquelin ne doute pas que ce ne soit dans la matière amère que réside la vertu purgative (Ann. de Chimie , t. 72 , p. 191).

1713. *Feuilles de l'Isatis tinctoria et de l'indigofera anil.* — Voyez ce qui en a été dit (1616).

1714. *Feuilles du Cassia senna.* — Ces feuilles sont employées en médecine sous le nom de séné, comme purgatives. Elles viennent principalement d'Egypte, où croît l'arbuste qui les produit ; elles ont été analysées par M. Bouillon-Lagrange ; mais les résultats qu'il a obtenus laissent beaucoup à désirer. (Ann. de Chimie, t. 24, p. 3).

Des Fleurs.

1715. Les fleurs sont surtout remarquables par la variété, par l'éclat de leurs couleurs, et par la diversité de leurs parfums. Ceux-ci sont dus à des huiles essentielles, et les couleurs à des combinaisons diverses entre les trois principes qui constituent la masse des végétaux. Le parfumeur met à profit les uns, il les extrait par la distillation. Les autres sont trop fugaces pour pouvoir être fixés ; aussi les fleurs séparées des branches qui les portaient ne tardent-elles point à se ternir.

1716. *Fleurs bleues, violettes ou purpurines.* — Ce sont les plus altérables ; les acides les rougissent et les alcalis les verdissent ; quelques-unes, en raison de cette propriété, nous servent de réactifs, telles que celles de violettes, de mauve, de guimauve. Leur principe colorant n'a point encore été isolé ; il est presque toujours soluble dans l'eau.

1717. *Fleurs rouges.* — Elles sont presqu'aussi altérables que les fleurs bleues ; les alcalis les jaunissent, les acides au contraire les avivent ; on n'a encore isolé que le principe colorant de l'une d'entr'elles, de celles du *carthamus tinctorius* (1611). Ce principe est insoluble dans l'eau, mais celui de presque toutes les autres fleurs s'y dissout.

1718. *Fleurs jaunes.* — Ce sont les fleurs qui s'altèrent le moins ; aussi, en se desséchant, ne perdent-elles que très-peu de leur teinte. Elles communiquent leurs matières colorantes à l'eau. Les acides en affaiblissent la nuance ; les alcalis la rendent presque orangée.

L'on n'a encore analysé aucune fleur, si ce n'est celle de carthame. (*Voyez* le Mémoire de M. Dufour et celui de M. Marchais, Ann. de Chimie, t. 48, p. 283, et t. 50, p. 73).

Du Pollen.

1719. Les seules expériences qui nous éclairent sur la nature du pollen ou de la matière fécondante végétale sont dues à Fourcroy et à M. Vauquelin. Ayant soumis à l'analyse le pollen du dattier (phœnix dactylifera), rapporté d'Egypte par M. Delisle, ils ont trouvé qu'il était composé d'une matière animale très-putrescible, insoluble dans l'eau, et tenant le milieu entre le gluten et l'albumine, d'acide malique, de phosphate de chaux et de phosphate de magnésie (Ann. du Muséum d'Histoire naturelle, t. 1, p. 417). Cette matière, en se putréfiant, répand l'odeur du vieux fromage. On n'a point encore examiné le pollen des autres végétaux ; il est probable qu'il est de même nature que le précédent.

Des Semences.

1720. Les semences ont été plus étudiées que la plupart des autres parties des plantes. L'amidon, le gluten, l'albumine, le mucilage sont les principes qu'on y rencontre le plus souvent : on y trouve assez souvent aussi du sucre. Quelques-unes, telles que celles des crucifères, contiennent de l'huile fixe ; quelques-unes même de l'huile essentielle ; toutes renferment divers sels. Einhoff est celui de tous les chimistes à qui on doit le plus d'analyses de ce genre. Celles que nous allons citer sont presque toutes tirées de ses mémoires,

Analyse des principales Graines céréales.

3840 parties de seigle se composent de

Enveloppe...................................... 930
Humidité.. 390
Farine.. 2520

La même quantité de farine contient :

Albumine.. 126
Gluten non desséché............................. 364
Mucilage.. 426
Amidon.. 2345
Sucre... 126
Enveloppe....................................... 245
Perte... 208

Le froment est formé des mêmes principes : il contient plus de gluten et moins de son.

L'orge est également formé des mêmes principes, mais dans d'autres proportions ; il en est probablement de même de toutes les graines céréales. (*Voyez* p. 41 et 42 de ce volume, l'analyse des cendres de ces graines).

1721. Le froment et l'orge sont sujets à une maladie appelée nielle, produite par un *fungus* qui tire sa nourriture de ces semences. Lorsqu'elles en sont attaquées, elles deviennent noires. Fourcroy et M. Vauquelin ont analysé la semence du froment dans cet état de maladie ; ils l'ont trouvé formée d'une huile âcre, de gluten putride, de charbon, d'acide phosphorique, de phosphate ammoniaco-magnésien et de phosphate de chaux ; elle ne contenait pas d'amidon. Einhoff a trouvé à peu près les mêmes principes dans l'orge niellée.

1722. *Analyse de quelques Semences des plantes papillonacées, toujours faite sur* 3840 *parties.*

	Pois, *Pisum sativum.*	Fèves, *Vicia faba.*
Matière volatile...............	540...........	600
Amidon.....................	1265...........	1312
Matière végéto-animale......	559...........	417
Albumine...................	66...........	31
Sucre......................	81...........	0
Mucilage...................	249...........	177
Matière amilacée fibreuse et enveloppe..............}	840	996
Extractif soluble dans l'alcool.	0...........	136
Sels.......................	11...........	37,5
Perte......................	229...........	133,5

1723. *Lycopode* (*Lycopodium clavátum*). — De mille parties de ces semences, Bucholz a retiré : 60 parties d'une huile fixe, soluble dans l'alcool; 30 parties de sucre; 15 parties de mucilage ; 895 parties d'une matière insoluble dans l'eau, l'alcool, l'éther, l'essence de térébenthine , les lessives alcalines froides. Ces semences brûlent facilement; pour les enflammer, il suffit de les projeter sur une bougie : aussi s'en sert-on pour produire subitement de grandes flammes dans les salles de spectacle.

Des Fruits charnus.

1724. Les fruits charnus sont toujours acides : ils doivent leur acidité le plus souvent aux acides malique et citrique, quelquefois à l'acide acétique, quelquefois aussi au tartrate acide de potasse. Ils contiennent

tous une certaine quantité de sucre et de matière
fermentescible ou du moins susceptible de le devenir
par le contact de l'air ; du mucilage ; de la fibre ; une
matière colorante : quelques-uns contiennent encore
de la gelée, du tannin et une matière animale analogue
à l'albumine ou au gluten. Il n'y a guère que le fruit
du tamarin (*tamarindus indica*) dont on ait déterminé la proportion des principes constituans. L'analyse en est due à M. Vauquelin (Ann. de Chimie, t. 5,
p. 92) ; il la fit sur la pulpe qu'on trouve dans le
commerce, c'est-à-dire qu'on apporte en Europe,
conservée dans le sucre ; il retira de cette pulpe sucrée :

Tartrate acide de potasse................ 300
Gomme................................ 432
Sucre................................. 1152
Gelée................................. 576
Acide citrique......................... 864
Acide tartarique....................... 144
Acide malique......................... 40
Matière féculente...................... 2880
Eau.................................. 3364
                                       ————
                                       9752

Des Bulbes.

1725. Les bulbes sont des tubercules séparables de
la plante mère et susceptibles de produire de nouveaux
individus ; le plus souvent elles sont attachées à la
racine. Les plus connues, les plus utiles sont la pomme
de terre, l'oignon, l'ail, la scille.

1726. *Oignon* (*Bulbes de l'allium cepa*). — L'on

doit l'analyse de l'oignon à Fourcroy et à M. Vauquelin ; il résulte de leurs expériences que l'oignon est
composé :

1° D'une huile blanche, âcre, volatile et odorante ;

2° De soufre uni à l'huile, qu'il rend fétide ;

3° D'une grande quantité de sucre incristallisable ;

4° D'une grande quantité de mucilage analogue à la
gomme arabique ;

5° D'une matière végéto-animale, coagulable par la
chaleur, et analogue au gluten ;

6° D'acide phosphorique en partie libre, en partie
combiné à la chaux, et d'acide acétique ;

7° D'une petite quantité de citrate calcaire ;

8° D'une matière fibreuse très-tendre, retenant de
la matière végéto-animale.

Le suc d'oignon leur a offert des phénomènes remarquables. Abandonné à lui-même, à une température
de 15 à 20 degrés, dans un flacon surmonté d'un tube,
il n'a pas éprouvé la fermentation vineuse ; cependant,
au bout de quelque temps, il ne restait plus de sucre
dans la liqueur ; l'on y trouvait alors beaucoup d'acide
acétique et de manne, d'où il suit que ces deux corps
sont probablement susceptibles de se former dans quelques circonstances par la réaction des principes du sucre
les uns sur les autres, réaction qui peut-être a besoin
d'être favorisée par un ferment particulier. De là,
MM. Fourcroy et Vauquelin sont en quelque sorte
tentés d'admettre que la manne se forme naturellement dans les arbres qui la produisent, par un procédé analogue. La sève de ces arbres contiendrait du
sucre et de la matière glutineuse : ces deux matières,
lorsque la sève sortirait de ses couloirs, agiraient l'une

sur l'autre , et il en résulterait du vinaigre qui s'évaporerait en grande partie , et de la manne qui cristalli-
serait peu à peu. Cette hypothèse , ainsi que le remar-
quent les auteurs , a besoin d'être vérifiée par l'expérience. Il faudrait examiner la sève des frênes , des
mélèzes, et voir si la manne s'y trouve formée ou non.
(Ann. de Chimie, t. 65 , p. 161).

1727. Pommes de terre (*Tubercules du solanum tu-
berosum*). — La pomme de terre , importée d'Amérique
en Europe depuis plus d'un siècle, n'est guère cultivée
généralement que depuis une trentaine d'années. C'est
surtout à Parmentier que nous sommes redevables de
cette culture importante.

Plusieurs chimistes, entr'autres Péarson, Einhoff,
Pfaff, ont analysé les pommes de terre. Tous y ont
trouvé beaucoup d'eau , de l'amidon, de l'albumine,
du mucilage et de la fibre. Nous citerons l'analyse
d'Einhoff , qui a été faite sur la pomme de terre dont
l'enveloppe est rougeâtre et le suc couleur de chair ;
il en a retiré ces cinq substances dans les proportions
suivantes :

Eau.	6,336
Amidon.	153
Albumine.	107
Mucilage en sirop épais.	312
Matière fibreuse amilacée.	540

Ayant calciné ensuite 1820 parties de pommes de
terre, desséchées, il obtint 96 parties de cendres qui
contenaient du sous-carbonate, du sulfate, du muriate, du phosphate de potasse, du sous-carbonate de
chaux, de la magnésie, de l'alumine, de la silice, des
oxides de fer et de manganèse.

Einhoff reconnut en outre la présence de l'acide tartarique dans la pomme de terre : cet acide s'y trouve peut-être à l'état de tartrate acide de potasse et de tartrate de chaux : ce qu'il y a de certain, c'est que le jus qu'on en extrait par la pression rougit le tournesol.

Lorsque les pommes de terre sont exposées à la gelée, elles se ramollissent et prennent une saveur sucrée ; bientôt ensuite elles deviennent aigres et éprouvent la fermentation putride. Suivant Einhoff, c'est alors le mucilage qui se change en sucre.

La chaleur jouit également de la propriété de développer une saveur sucrée dans les pommes de terre : aussi, pour faire l'eau-de-vie de pomme de terre, les fait-on d'abord cuire ; ensuite, après les avoir écrasées, on les mêle avec de l'eau chaude, et on détermine la fermentation par une addition de levure.

Cependant, il faut en convenir, ces diverses expériences ne démontrent pas que le sucre ne soit pas un des principes de la pomme de terre.

Des Lichens.

1728. Les lichens sont si différens des autres plantes, que nous devons les considérer en particulier. Jusqu'à présent, ils n'ont encore été l'objet que d'un petit nombre de recherches chimiques. Georgi, Amoreux, Proust, Westring et Berzelius, sont presque les seuls chimistes qui s'en soient occupés.

La plupart des lichens contiennent une grande quantité d'une matière susceptible de former gelée et analogue à la gomme selon les uns, et à la gélatine selon les autres. On en retire au moins 25 pour 100 des *lichens islandicus, farinaceus, glaucus, physodes, hir-*

tus, pulmonarius; le *lichen prunastri* en contient tant, que ses branches deviennent transparentes, comme une membrane, lorsqu'on les met en macération dans l'eau. Il paraît que tous les lichens à larges feuilles en contiennent aussi beaucoup.

On rencontre assez souvent encore de la résine et une matière colorante dans les lichens.

Enfin, tous renferment une certaine quantité de fibre et de matière terreuse.

Suivant M. Berzelius, le lichen d'Islande est composé de : sirop mêlé d'un peu d'extractif et de sel végétal, 1,5 ; principe amer, 0,1 ; extractif soluble dans l'eau, mêlé de sels à base de chaux, 0,58 ; extractif soluble dans le carbonate de potasse, 2,82 ; substance coagulable de la nature de la gélatine, 20,23 ; gomme formée par l'ébullition, 0,49 ; squelette insoluble, 14,00.

Les Islandais font leur principale nourriture de ce lichen : ils le trient, le lavent, le font sécher et moudre : après quoi ils en délaient la farine dans de l'eau, la laissent en contact avec celle-ci pendant 24 heures, la font bouillir ensuite avec du lait ou du petit-lait, et obtiennent ainsi une bouillie qu'ils mangent froide. Deux parties de farine de lichen sont aussi nourrissantes qu'une partie de farine de froment.

M. Westring est parvenu, au moyen des alcalis, à séparer l'amer de ce lichen, et par conséquent à rendre cet aliment meilleur et d'un usage plus général. M. Berzelius, qui a répété ses expériences, assure qu'il suffit pour cela de verser, sur 500 grammes de lichen divisé, 8 kilogrammes d'eau et 4 kilogr. de lessive contenant environ 32 grammes de sels ; d'abandonner ce mélange à lui-même pendant 24 heures, en ayant soin de le remuer de temps en temps ; de décanter ensuite la liqueur ; puis d'exprimer le lichen avec les mains, de le rincer 2 ou 3 fois, de le mettre en contact avec de l'eau pendant 24 heures comme avec la lessive , et de le sécher. (*Voyez* Ann. de Chimie, t. 90, p. 316).

Traités par divers corps, mais surtout par la chaux, le muriate d'ammoniaque et l'eau , les lichens prennent un grand nombre de teintes; quelques-unes de ces couleurs sont employées ; telle est celle du *lichen roccella*, qui est violette.

Des Champignons.

1729. Ce n'est que depuis quelques années qu'on a tenté de les soumettre à l'analyse. Les premiers essais en ce genre sont dus à M. Bouillon-Lagrange ; ils ont été faits sur le *boletus larix*, sur le *boletus igniarius* avec lequel on prépare l'amadou dans plusieurs pays, et sur le *tuber cibarium* (truffe) (Ann. de Chimie, t. 46 et 51). Bientôt ensuite, M. Braconnot a entrepris d'analyser les principales espèces ; ses résultats ont paru si curieux à M. Vauquelin, qu'il a désiré de les vérifier, et qu'il s'est trouvé ainsi engagé dans la même entreprise que M. Braconnot.

Les champignons analysés par M. Braconnot sont l'*agaricus volvaceus*, l'*agaricus acris*, l'*hydnum repandum*, l'*hydnum hybridum*, le *merulius cantharellus*, le *boletus viscidus*, le *boletus juglandis*, le *peziza nigra*, l'*agaricus stypticus*, le *tremella nostoc* (Ann. de Chimie, t. 79 et 87). Ceux dont on doit l'analyse à M. Vauquelin sont : l'*agaricus campestris*, l'*agaricus bulbosus*, l'*agaricus theogalus* et l'*agaricus muscarius*; il a trouvé que l'*agaricus campestris* était formé d'eau, de partie fibreuse, d'albumiue, de sucre, d'huile ou de graisse, d'adipocire, d'osmazôme, de substance animale insoluble daus l'alcool, d'acétate de potasse. (*Voyez*, pour les autres analyses, Annales de Chimie, tome 85).

CHAPITRE CINQUIÈME.

De la Fermentation.

1730. LA fermentation est un mouvement spontané qui s'excite dans les corps, et qui donne naissance à des produits qui n'y existaient point.

Il y a trois sortes de fermentations : la fermentation vineuse, spiritueuse ou alcoolique ; la fermentation acétique et la fermentation putride. La première est celle dans laquelle il se forme de l'alcool ; la seconde celle dont le principal résultat est l'acide acétique ; la troisième est distincte des deux précédentes, en ce que les produits auxquels elle donne lieu, sont plus nombreux et plus ou moins infects.

Plusieurs chimistes reconnaissent encore deux autres fermentations : la fermentation panaire et la fermentation saccharine. Nous avons prouvé que la fermentation panaire se composait de la fermentation spiritueuse et de la fermentation acide (1664) ; et il est facile de démontrer que l'existence de la fermentation saccharine est au moins douteuse : en effet, ceux qui l'admettent disent que, dans la germination des graines céréales, il se développe une certaine quantité de sucre ;

et ils se fondent sur ce qu'elles ont une saveur plus sucrée après avoir germé qu'auparavant, et sur ce qu'elles sont plus propres alors à subir la fermentation alcoolique. Mais puisqu'avant la germination, elles contiennent déjà du sucre, ne pourrait-on pas soutenir, avec quelque raison, que la germination ne fait que détruire un corps auquel le sucre était uni dans la graine ?

De la fermentation vineuse, spiritueuse ou alcoolique.

1731. La fermentation vineuse ne peut être produite que par le concours du sucre, du ferment, de l'eau et d'une certaine température. Que l'on dissolve 5 parties de sucre dans 20 parties d'eau ; que l'on ajoute à la dissolution 1 partie de ferment frais en pâte ; que l'on expose ensuite le mélange à une température de 15 à 30°, et bientôt la fermentation vineuse aura lieu ; il se formera tout autour du ferment une multitude de petites bulles ; ces bulles se réuniront 2 à 2, 3 à 3, 4 à 4, s'élèveront en emportant des petites masses de ferment auxquelles elles étaient adhérentes, resteront à la surface de la liqueur pendant quelque temps, et y formeront une écume plus ou moins épaisse : alors elles se dégageront dans l'air, tomberont au fond du vase pour s'élever une seconde fois par la production de nouvelles bulles, retomberont encore, et ainsi de suite. La fermentation sera très-forte pendant les 10 ou 12 premières heures, si l'on opère sur une centaine de grammes de sucre ; puis elle se ralentira, et ne se terminera que dans l'espace de plusieurs jours : à cette époque, toute la matière qui troublait la transparence de la liqueur, se déposera, et celle-ci deviendra très-claire.

Pour pouvoir apprécier les changemens chimiques qui surviennent dans cette opération, il faut la faire dans un flacon tubulé et surmonté d'un tube recourbé qui s'engage sous des flacons pleins de mercure. sCe changemens consistent : 1° dans la décomposition totale du sucre ; 2° dans la décomposition partielle du ferment ; 3° dans la production d'une quantité pondérable d'alcool et d'acide carbonique, à peu près aussi grande que la quantité de sucre sur laquelle on opère ; 4° dans celle d'une matière blanche, insoluble dans l'eau, composée d'hydrogène, de carbone et d'oxigène, équivalant à peu près à la moitié de la quantité de ferment décomposé. Le gaz carbonique passe dans les flacons pleins de mercure ; l'alcool reste en dissolution dans la liqueur qu'il rend vineuse, on peut l'en extraire par la distillation ; la matière blanche se dépose au fond du flacon avec le ferment non décomposé (a).

La quantité de ferment décomposé est très-petite : 100 parties de sucre n'exigent que 2 parties et demie de ce corps supposé sec, pour leur décomposition totale. En effet, pour le prouver, il suffit de prendre deux quantités égales de ferment frais ou en pâte, de faire dessécher l'une et de la peser, de mettre l'autre avec un excès de sucre et de l'eau, de filtrer la liqueur lorsqu'elle ne donne plus de signe de fermentation, et de la faire évaporer à siccité ; par ce moyen, l'on

_____

(a) Pour obtenir cette matière pure, il faut rendre le sucre prépondérant.

obtiendra pour résidu l'excès de sucre, et par conséquent, l'on connaîtra ce qu'il y en aura eu de décomposé : donc, l'on connaîtra aussi la quantité de matière
blanche produite ; elle restera sur le filtre à travers lequel on passera la liqueur.

Or, puisque 100 parties de sucre n'exigent que cette
quantité de ferment pour se décomposer, qu'il résulte
de cette décomposition presque 100 parties tant en
acide carbonique qu'en esprit-de-vin, qu'il ne se produit qu'environ 1 partie et $\frac{1}{4}$ de matière blanche ; il
doit devenir très-probable que le ferment, qui a beaucoup d'affinité pour l'oxigène, en enlève un peu à
chaque particule de sucre par une partie de son hydrogène et de son carbone ; et que dès-lors l'équilibre se
trouvant rompu entre les principes constituans du
sucre, ceux-ci agissent tellement les uns sur les autres,
qu'ils se transforment en esprit-de-vin et en acide carbonique. Ce qu'il y a de certain du moins, c'est que
ces deux corps se forment réellement aux dépens des
principes du sucre. Quant à la formation de la matière
blanche, il paraît qu'elle n'a lieu qu'aux dépens de
ceux du ferment ; car il est à présumer qu'on obtiendrait beaucoup plus de cette matière, si les principes
du sucre contribuaient à sa formation : on doit la regarder en un mot comme du ferment, moins l'azote et une
partie du carbone et de l'hydrogène qu'il contient.

Dans ce que nous venons de dire, l'on ne voit pas
ce que devient l'azote du ferment décomposé : il ne se
trouve point mêlé au gaz carbonique ; il n'entre point
dans la composition de la matière blanche insoluble ; il
ne fait point partie d'une très-petite quantité de matière
très-soluble, que l'on trouve dans la liqueur avec

l'alcool. Il n'y a donc plus qu'une supposition à faire, c'est de l'admettre au nombre des principes de l'alcool; c'est ce qu'avait fait M. Théodore de Saussure dans un premier Mémoire sur l'analyse de l'alcool; mais dans un second, publié tout récemment (Ann. de Chimie, t. 89, p. 278), il ne regarde plus l'alcool que comme composé d'hydrogène, de carbone et d'oxigène; de sorte que la question de savoir ce que devient l'azote du ferment, dans l'opération que nous venons de décrire, est encore à résoudre.

Jetons actuellement un coup d'œil général sur les arts de faire le vin, le cidre, la bière; et appliquons à chacun d'eux la théorie précédente.

1732. *Du Vin.* — C'est avec le jus de raisin qu'on fait le vin. Ce jus est formé de beaucoup d'eau, d'une assez grande quantité de sucre, d'une matière particulière très-soluble dans l'eau, et d'une petite quantité de mucilage, de tartrate acide de potasse, de tartrate de chaux, de sel marin, de sulfate de potasse. Privé du contact de l'air, il ne jouit point de la propriété de fermenter; il l'acquiert au contraire sur-le-champ par son contact avec ce fluide. En effet, que l'on introduise des raisins biens mûrs sous une éprouvette pleine de mercure, et que, pour chasser toutes les petites bulles d'air adhérentes à ses parois, on la remplisse successivement et à plusieurs reprises de gaz carbonique et de ce métal; qu'on écrase alors le raisin avec une tige que l'on aura bien dépouillée d'air, en la frottant dans le bain mercuriel, et l'on verra que le moût n'entrera point en fermentation, quelle que soit la température à laquelle on l'expose : mais si, la emp érature étant à 20 ou 25°, on fait passer dans la

cloche quelques bulles de gaz oxigène, la fermentation
s'établira tout à coup à tel point que, dans l'espace de
quelques minutes, la cloche se remplira d'acide carbonique (Gay-Lussac, Ann. de Chimie, t. 76, p. 245).
Il est probable qu'alors la matière particulière très-soluble qui entre dans la composition du moût de raisin,
absorbe l'oxigène, et se transforme en ferment; cette
opinion est d'autant plus vraisemblable que le moût
laisse déposer du ferment pendant la fermentation même:
aussi le moût que l'on mute, c'est-à-dire, que l'on
imprègne de gaz sulfureux ou de sulfite de chaux,
n'est-il plus susceptible de fermenter (1442).

Quoique l'art de faire le vin varie dans les différens
vignobles, il est assujetti à des règles générales dont on
ne doit point s'écarter.

Lorsque les raisins sont mûrs, on les cueille, et on
les met dans des tonneaux où ils sont foulés, et de-là
versés dans de grandes cuves en bois ou en pierre, à
la température de l'atmosphère, qui, dans nos climats,
vers le temps des vendanges, est à peu près de 10 à
12°. Peu à peu la fermentation s'établit, elle est en
pleine activité vers le quatrième ou cinquième jour ; la
matière s'échauffe d'une manière sensible ; la quantité
de gaz carbonique qui se dégage est si grande, qu'il en
résulte une sorte d'ébullition ; toutes les parties solides
sont soulevées et rassemblées en une masse presqu'hé-
misphérique qui prend le nom de chapeau ; la liqueur
de sucrée devient vineuse, se colore fortement si les
raisins sont rouges, et se recouvre çà et là d'une écume
composée de ferment et de la matière blanche dont nous
avons parlé précédemment. Vers le septième jour, tous
les signes de la fermentation diminuent d'intensité ;

alors on foule la cuve, soit avec un fouloir, soit en y faisant descendre un homme nu, afin de mêler toutes les matières et de ranimer la fermentation (*a*). Lorsque la liqueur ne bout plus, qu'elle a pris une saveur forte et vineuse, et qu'elle est devenue parfaitement claire, ce qui a lieu du dixième au treizième jour, on regarde le vin comme fait et on le tire.

Cependant la fermentation est loin d'être achevée; il s'en fait dans les tonneaux une très-faible qui se prolonge pendant plusieurs mois; elle est même encore assez active les premiers jours, pour former tout autour de la bonde une écume épaisse semblable à la précédente. Cette même écume continue à se former tant que la fermentation dure; mais, au lieu de rester à la surface de la liqueur, elle se précipite au fond, entraînant une certaine quantité de matière colorante, et mêlée avec du tartre qui, peu soluble dans l'eau, en est facilement séparé par l'esprit-de-vin (1398). C'est le mélange de toutes ces matières qui constitue la lie.

1733. Les vins sont rouges ou blancs; les vins rouges proviennent du moût des raisins noirs, fermentés avec l'enveloppe de leurs grains; et les vins blancs des raisins blancs, ou bien encore du moût des raisins noirs, fermentés sans cette enveloppe.

Pour les obtenir mousseux, il suffit de les mettre en bouteilles quelque temps après qu'ils sont tirés : alors la fermentation n'étant point encore achevée, il

---

(*a*) L'opération de fouler la cuve en descendant nu dedans n'est pas sans danger : il arrive quelquefois qu'on est asphyxié par le gaz carbonique qui se dégage.

se forme de l'acide carbonique qui, ne pouvant se dégager en raison de la pression à laquelle il est soumis, reste en dissolution dans le vin. Vient-on à déboucher la bouteille, cet acide reprend en partie l'état de gaz, il s'élance hors du vin, et le fait pétiller et mousser. C'est principalement en Champagne, comme tout le monde le sait, qu'on fait des vins mousseux : l'on a soin de tenir les bouteilles renversées, et de les déboucher de temps en temps dans les premiers mois, pour en extraire la lie qu'ils laissent déposer, et qui se rassemble dans le goulot.

1734. Tous les vins, soumis à l'analyse, donnent les mêmes produits; l'on en retire beaucoup d'eau, de l'esprit-de-vin en quantité très-variable, un peu de mucilage, de tannin, d'une matière colorante bleue qui devient rouge en s'unissant aux acides, une matière colorante jaune, du tartrate acide de potasse, du tartrate de chaux, de l'acide acétique, et quelquefois d'autres sels, tels que le sel marin et le sulfate de potasse. C'est à l'esprit-de-vin qu'ils doivent leur force ou leur propriété enivrante; plus il est abondant par rapport à l'eau, et plus ils sont généreux. Ils ne reçoivent du mucilage aucune propriété remarquable; peut-être est-ce lui qui, dans quelques circonstances, les rend filans. Le tannin leur donne une certaine âpreté, et les met dans le cas de pouvoir être clarifiés par une dissolution de colle ou de blanc d'œuf; il s'unit à la gélatine ou à l'albumine de ces substances, et se précipite avec elles en entraînant toutes les matières tenues en suspension. Le tartrate acide de potasse et l'acide acétique leur donnent de la verdeur : aussi les vins acquièrent-ils du prix avec le temps, non-seule-

ment parce que leurs principes reçoivent des modifications dans leurs combinaisons, mais encore parce qu'il
se dépose du tartre : les sels ne paraissent jouer aucun
rôle. Dans les pays chauds, les raisins étant très-sucrés,
les vins qui en proviennent sont très-généreux ou très-
riches en esprit ; et l'on observe en même temps qu'ils
ne contiennent presque pas d'acide. Les vins des pays
froids sont au contraire peu spiritueux et très-aigres ;
ils peuvent être améliorés en ajoutant au moût de la
craie et une matière sucrante ; la craie les désacidifie,
et la matière sucrante augmente la quantité d'alcool.

Il ne faut pas croire toutefois qu'un vin est d'autant
meilleur qu'il est plus généreux ou plus riche en esprit ;
les meilleurs vins de Bourgogne donnent à peine plus
d'eau-de-vie que les vins des environs de Paris, et en
donnent beaucoup moins que les vins du Midi ; et
cependant il existe une grande différence entre la qualité des uns et celle des autres. Nous ne pouvons attribuer la cause de cette différence au mucilage, au
tannin ; il faut la rechercher dans un corps qui nous a
échappé jusqu'à présent, et qui forme le *bouquet* du
vin ; *bouquet* que quelques chimistes attribuent à une
huile, mais qu'ils n'ont pu isoler.

1735. Les marchands étaient autrefois dans l'usage
d'adoucir les vins devenus aigres par la litharge ; il en
résultait de l'acétate de plomb, dont la saveur est douce,
mais dont l'action est vénéneuse. Aujourd'hui cette
falsification n'est plus employée, parce que, d'une part,
les lois la condamnent avec une juste sévérité, et que,
de l'autre, elle est facile à reconnaître : pour peu
qu'un vin contienne de litharge, il a une saveur
d'abord douceâtre, puis styptique ; et d'ailleurs l'hydro-

gène sulfuré ou l'hydro-sulfure de potasse, de soude ou d'ammoniaque y forment un précipité noir et floconneux.

Telles sont les notions générales que nous nous sommes proposé de donner sur la fabrication du vin: ceux qui voudront connaître tout ce qu'on sait à cet égard, devront consulter l'ouvrage de M. Chaptal sur l'art de faire le vin.

1736. *Cidre.* — Le cidre est une liqueur vineuse que l'on fait avec le jus de pommes. Les pommes que l'on sert sur nos tables ne donnent pas de bon cidre; le meilleur provient de celles qui sont aigres et âpres. En Normandie et en Picardie, on en fait la récolte depuis le mois de septembre jusqu'au mois de novembre ; on les laisse en tas pendant un certain temps pour en achever la maturité et les rendre plus sucrées ; après quoi elles sont écrasées, entre deux cylindres cannelés surmontés d'une trémie, ou dans une auge circulaire par deux meules verticales de bois, mues par un cheval ; ainsi réduites en une sorte de bouillie, on les soumet à une grande pression ; assez souvent on y ajoute auparavant une certaine quantité d'eau. Le jus coule à flots, il est reçu dans une grande cuve, et de là versé dans des tonneaux où il dépose toutes les matières qu'il tient en suspension. Sa fermentation est lente à se développer ; elle ne commence guère à se faire bien que vers le mois de mars : jusqu'à cette époque, le cidre est doux ; mais alors il devient piquant, et mis en bouteilles, il ne tarde point à mousser fortement.

On fait un cidre de qualité inférieure avec le résidu, en le coupant, l'imprégnant d'eau et le comprimant de nouveau. Quelquefois même on le recoupe encore pour obtenir une sorte de piquette ou petite boisson.

Le jus de pommes paraît être composé de beaucoup d'eau, d'une petite quantité de sucre analogue à celui du raisin, d'une très-petite quantité de matière fermentescible ou susceptible de le devenir par le contact de l'air, d'une assez grande quantité de mucilage et d'acides malique et acétique; on n'y trouve point de tartre; il contient toujours moins de sucre que le raisin : aussi est-il moins spiritueux que le vin.

Le cidre ne peut pas se conserver plusieurs années, à moins qu'il ne soit très-bon ; il passe promptement à l'aigre; on ne le colle jamais; il se clarifie de lui-même.

1737. *De la Bière.* — La bière, dont la découverte remonte à des siècles très-reculés, se fait ordinairement avec l'orge; on peut encore l'obtenir avec les autres graines céréales. Sa préparation n'est point aussi simple que celle du vin et du cidre; elle exige un grand nombre d'opérations qui toutes doivent être soigneusement exécutées.

Il faut d'abord faire tremper l'orge dans l'eau pendant 24 à 48 heures, afin de la ramollir, de l'imprégner d'humidité et de la disposer à la germination. On l'étend ensuite sur un plancher, et l'on en forme une couche d'environ 4 décimètres d'épaisseur, qu'on laisse en repos pendant un jour ; après quoi, pour qu'elle ne s'échauffe pas trop, on la retourne deux fois par jour, avec des pelles de bois, en ayant soin de diminuer l'épaisseur de la couche. La germination qui commence à être sensible extérieurement le cinquième jour, ne doit point être portée trop loin, parce que le principe sucré, qu'elle a pour objet de développer, se détruirait; aussi doit-on l'arrêter 24 ou 30 heures, après qu'elle s'est manifestée, en exposant l'orge à une chaleur d'environ 60°. Le lieu où s'exécute cette dernière opération s'appelle *touraille*; les germes qui se détachent par le frottement, prennent le nom de *touraillons*, et l'on connaît l'orge ainsi germée, séchée et séparée de ses germes sous celui de *drèche* ou *malt*.

L'orge étant convertie en drèche, est grossièrement moulue et versée dans une cuve en bois à double fonds; le fonds supérieur est très rapproché de l'inférieur, et percé de petits trous coniques, dont la pointe est en haut. Entre ces deux fonds, l'on fait arriver par un tuyau un volume d'eau un peu plus grand que celui de la drèche moulue, et dont la température est à 80°. A mesure que cette eau s'élève dans la cuve, on remue ou l'on brasse la matière; puis on recouvre la cuve: ce n'est qu'au bout de 2 ou 3 heures que l'on doit retirer la liqueur par un robinet correspondant à l'espace qui sépare les deux fonds, et la remplacer par de nouvelle eau chaude, de manière à pouvoir dissoudre toutes les substances solubles; ces substances sont du sucre, une matière fermentescible ou susceptible de le devenir par le contact de l'air, de l'albumine, du mucilage, et, selon M. Thomson, un peu de gluten, d'amidon, de tannin.

La liqueur ainsi obtenue est trop étendue d'eau pour pouvoir être convertie en bière; il faut la concentrer: de plus, on doit y ajouter du houblon qui contient un principe amer très-soluble; sans l'addition de ce principe, elle éprouverait tout de suite la fermentation acide. Pour cela, l'on se sert d'une grande chaudière de cuivre ; la quantité de houblon que l'on emploie , peut équivaloir en poids aux 2 ou 3 millièmes de la drèche.

Lorsque la liqueur, qui prend alors le nom de moût de bière , est suffisamment rapprochée, on la porte dans des cuves très-larges et peu profondes pour la refroidir promptement. Ramenée à la température de 12°, on la fait rendre dans une cuve très-grande , très-profonde , placée au-dessous des précédentes, appelée cuve à *fermentation*, et l'on y délaye une très-petite quantité de levure , matière écumeuse, très-riche en ferment, qui se rassemble à la surface de la bière pendant qu'elle fermente. Il en résulte bientôt un mouvement considérable. Dès que le mouvement s'appaise, la bière est en partie faite; elle est versée dans des petits tonneaux qu'on laisse ouverts plusieurs jours. Pendant ce temps , il s'en dégage beaucoup d'écume par la bonde, effet de la fermentation qui continue d'avoir lieu (a).

Lorsque la bière ne forme plus d'écume, on la vend; elle est collée de même que le vin, et mise en bouteilles 3 jours après le collage; 8 ou 10 jours plus tard,

---

(a) Cette écume, formée de bière , de ferment, d'un peu de matière blanche provenant de la décomposition de celui-ci, coule dans des baquets placés au-dessous des tonneaux : les brasseurs en séparent d'abord la bière autant que possible ; ils la vendent ensuite à des hommes appelés *levuriers*. Ceux-ci la mettent dans des sacs pour la laver à la rivière, et la dépouiller de la bière et du principe amer du houblon qu'elle contient; ils lui donnent par ce moyen la consistance d'une pâte ferme et cassante, que l'on connaît dans le commerce sous le nom de levure, substance que nous avons désignée sous celui de ferment, et dont les boulangers se servent pour faire lever la pâte.

elle commence à mousser. On doit la boire en peu de temps, car dans l'espace de six semaines à deux mois, il s'y développe tant d'acide acétique, qu'elle devient très-aigre. Elle contient moins d'alcool que le cidre, et à plus forte raison que le vin.

1738. *Liqueurs vineuses autres que les précédentes.* — Ce n'est pas seulement avec les raisins, les pommes, les poires, l'orge, le blé, qu'on peut faire des liqueurs vineuses; il est possible d'en obtenir encore avec tous les autres fruits, et en général avec toutes les plantes ou toutes les parties des plantes, sucrées. En effet, le suc de la canne fermente dans l'espace de quelques heures; il en est de même de celui de groseilles; celui de la cerise ne tarde point non plus à entrer en fermentation; et l'on sait qu'avec le jus de l'*acer montanum*, on prépare un vin assez agréable dans quelques parties de l'Allemagne : d'où il faut conclure que partout où se trouve le sucre, il existe du ferment, ou du moins une matière susceptible de le devenir par le contact de l'air. Mais cette matière, quelle qu'elle soit, perd presque toutes ses propriétés fermentescibles par la chaleur de l'ébullition; et voilà pourquoi le moût de raisin, le suc de la canne, le jus de groseilles, le moût de bière, etc, bouillis pendant quelque temps, n'entrent que difficilement en fermentation; pour l'exciter ensuite, il faut nécessairement ajouter à tous ces liquides une certaine quantité de ferment. On concevra encore facilement, d'après cela, comment il se fait qu'en dissolvant par exemple, 500 grammes de sucre dans un litre de jus de groseilles, versant la dissolution dans une bouteille, et l'exposant à la chaleur du bain marie pendant une demi-heure, il en résulte un sirop qui se

conserve bien. Ce sirop a tout l'*arome* de la gro-
seille.

1739. *Extraction de l'Alcool des liqueurs vineuses ou
fermentées.* — L'existence de l'alcool dans les liqueurs
vineuses, généralement admise d'abord par les chimistes, niée ensuite par M. Fabroni (Ann. de Chimie,
t. 30, p. 220), et admise de nouveau par M. Brande
(Phil. Trans., 1811, p. 337), n'est plus probléma-
tique depuis les dernières expériences de M. Gay-
Lussac (Ann. de Chimie, t. 86, p. 175). Ces expériences sont si démonstratives, que nous ne doutons pas
que M. Fabroni lui-même n'ait renoncé à croire que
l'alcool soit un produit de la distillation, ou de l'action
de la chaleur. L'une de ces preuves consiste à agiter le
vin avec de la litharge bien porphyrisée, jusqu'à ce
qu'il devienne limpide comme de l'eau, ce qui ne tarde
point à avoir lieu, et à le saturer ensuite de sous-
carbonate de potasse : aussitôt, l'alcool s'en sépare et
vient se rassembler à la partie supérieure. L'autre
consiste à le distiller dans le vide, à la température
de 15°, température inférieure à celle qui se développe
pendant la fermentation, et qui cependant suffit pour
donner un produit très-alcoolique.

Toutes les liqueurs vineuses ne contiennent point
la même quantité d'alcool : la bière ordinaire n'en
contient guère que la trentième partie de son poids ;
le cidre, la vingtième : il en existe davantage dans
tous les vins ; les plus généreux en donnent environ $\frac{1}{6}$,
et l'on en extrait au moins $\frac{1}{15}$ de ceux qui le sont
le moins.

1740. C'est sur la propriété qu'a l'alcool d'être plus
volatil que l'eau, et que toutes les substances qui

entrent dans la composition des liqueurs vineuses , qu'est fondé l'art de l'extraire.

Lorsqu'on soumet du vin à la distillation , et qu'on la suspend au moment où elle est à moitié faite, le produit que l'on obtient est de l'eau-de-vie plus ou moins forte, selon que le vin est plus ou moins généreux.

Soumise à une nouvelle distillation, que l'on arrête comme la première à une certaine époque, cette eau-de-vie prend beaucoup plus de force ; elle en acquiert davantage encore par une troisième distillation ; et par une quatrième , elle se trouve convertie en alcool presque pur : d'où l'on voit que celui-ci tend toujours à passer le premier et à se séparer de l'eau , qui, moins volatile , reste en partie dans les vases distillatoires.

C'était en opérant ainsi plusieurs distillations successives, que l'on se procurait, il n'y a pas plus de douze ans encore, toutes les eaux-de-vie et tous les esprits. Vers cette époque, Adam conçut le projet d'obtenir à volonté, en une seule distillation, de l'eau-de-vie ou de l'esprit à un degré donné. Il fit des essais ; et ses essais furent si heureux , que bientôt il forma un grand établissement à Montpellier. Tout lui présageait d'immenses bénéfices ; il pouvait verser dans le commerce des produits en bien plus grande quantité, et à bien meilleur marché que les autres fabricans : déjà il commençait à recueillir le fruit de son industrie , lorsque tout à coup il se trouva engagé dans des procès ruineux, en s'opposant à ce qu'on fît usage de son procédé, pour lequel il avait pris un brevet d'invention. Cependant il n'en a pas moins la gloire d'avoir fait une révolution dans l'art de distiller les vins ; art des plus importans , puisqu'il est, pour les contrées méridio-

nales de la France, l'une des sources de richesses les
plus fécondes.

Nous ne pouvons point décrire le procédé qu'il employait; il faudrait entrer dans de trop grands détails : on
les trouvera dans un Mémoire publié par M. Duportal,
qui s'est beaucoup occupé de la distillation, et qui a
simplifié le procédé d'Adam (Ann. de Chimie, t. 69,
p. 59). Nous n'en donnerons qu'une idée sommaire.
Que l'on se représente un alambic avec son chapiteau,
communiquant par le moyen de tubes de cuivre avec
trois ou quatre grands vases également en cuivre, de
même que, dans l'appareil de Woulf, une cornue
communique avec trois ou quatre flacons tubulés. Si
l'on remplit en grande partie la cucurbite et les deux
premiers vases de vin, et si l'on porte celui qui est
dans la cucurbite à l'ébullition, bientôt le vin du premier vase y entrera lui-même au moyen du calorique
latent de la vapeur qu'il recevra ; celui du second
s'échauffera beaucoup et même éprouvera une légère
ébullition : il arrivera donc, dans le troisième vase qui
est vide, une grande quantité de vapeurs alcooliques,
mêlées de vapeurs aqueuses. En maintenant ce vase à
une certaine température, l'esprit-de-vin passera plus
ou moins déphlegmé dans le quatrième ; et en maintenant également celui-ci à une température déterminée,
il n'en sortira à volonté que de l'eau-de-vie ou de
l'esprit. D'ailleurs cette eau-de-vie, cet esprit, encore
en vapeurs, se trouvent conduits dans un serpentin
plein de vin, où ils se condensent ; de là ils se rendent
dans un autre serpentin plein d'eau, où ils se refroi-
dissent complétement ; et enfin dans le tonneau qui
doit les renfermer. Le vin de l'alambic étant épuisé

d'esprit, s'écoule par un robinet , et est remplacé par celui du premier vase ; celui-ci l'est par celui du second ; et celui du second , par celui du serpentin, dans lequel on en met du nouveau. Les choses sont donc tellement arrangées , que l'on obtient tout de suite de l'eau-de-vie ou de l'esprit , que l'appareil marche toujours, et qu'on tire partie de tout le calorique , puisque l'on met à profit celui de la vapeur que l'on forme.

Non-seulement ce procédé a l'immense avantage d'être bien plus économique que l'ancien, mais encore, lorsqu'on l'applique à l'extraction des eaux-de-vie de grains et de marc , il donne des produits de qualité supérieure. Tout le monde sait que ces sortes d'eaux-de-vie, que l'on a généralement fait jusqu'à présent par les anciens procédés, laissent dans la bouche un arrière goût d'empyreume qui est très-désagréable. Il est certain qu'elles seraient bien meilleures, si on les extrayait par la vapeur d'eau ; c'est-à-dire , si on mettait de l'eau dans l'alambic , et les grains fermentés ou le marc, dans les premiers vases dont nous avons parlé précédemment. La chaleur que subiraient ces grains ou ce marc, ne serait jamais que de 100°, de sorte que, aucune de leur partie n'étant altérée par le feu, l'eau-de-vie ne pourrait pas contracter le goût qu'elle a ordinairement, ou du moins elle n'en prendrait qu'un très-faible.

1741. Les eaux-de-vie, en se dégageant, emportent quelquefois des principes appartenant aux substances avec lesquelles on les prépare : telles sont surtout celles que l'on connaît sous les noms de *rhum*, de *taffia*, de *kirch-wasser*, de *rack* , et que l'on obtient par la fermentation et la distillation : la première, du suc de canne; la deuxième, de la mélasse; la troisième, des cerises pilées sans en séparer les noyaux; la quatrième, des fruits de l'*areca catechu* et du riz.

De la Fermentation acide.

1742. Lorsqu'on expose une liqueur vineuse à l'air, à une température de 10 à 30°, elle cède une portion de son carbone au gaz oxigène de ce fluide, et de là résultent du gaz carbonique et un faible dégagement de calorique; en même temps elle se trouble; il s'y forme une foule de filamens qui s'agitent, se meuvent en tout sens, et finissent par se déposer en une masse semblable, pour la consistance, à de la bouillie : à cette époque, l'alcool qu'elle contient est décomposé, elle redevient transparente, et se trouve changée en vinaigre : on dit alors qu'elle a éprouvé la *fermentation acide.* Cette fermentation consiste donc dans la transformation spontanée des liqueurs vineuses en liqueurs acides, qui doivent leur acidité à l'acide acétique. Comment cet acide se forme-t-il? C'est une question à laquelle il est difficile de répondre complétement. On sait que les liqueurs vineuses qui contiennent le plus d'alcool, sont celles qui donnent le vinaigre le plus fort : or, comme l'alcool est décomposé, ce doit être principalement aux dépens de ses principes que se forme l'acide acétique. On est d'abord porté à croire que l'alcool passe à l'état d'acide acétique, en cédant une portion de son hydrogène et de son carbone au gaz oxigène de l'air; mais M. Théodore de Saussure nous assure que le volume du gaz carbonique formé est le même que celui du gaz oxigène absorbé; c'est-à-dire, que celui-ci s'unit entièrement au carbone. (Recherches

sur la Végétation, p. 9). Il faut donc, en admettant
ce résultat, renoncer à cette explication, et croire que
l'excès d'hydrogène de l'alcool se porte sur d'autres
corps.

1743. Quoi qu'il en soit, on sait d'ailleurs, 1° que
l'alcool pur ou étendu d'eau ne devient jamais acide
par lui-même ; 2° qu'il le devient, au contraire, lorsque, convenablement affaibli, on le mêle avec de la levure. Suivant M. Chaptal, un litre d'eau-de-vie à 12°,
dans laquelle on délaie, avec soin, 15 grammes de levure et un peu d'empois, produit du vinaigre extrêmement fort, qui commence à se développer le cinquième jour de l'expérience : même quantité de levure
et d'amidon délayés dans l'eau en produisent aussi,
mais plus lentement et de moins fort que par leur mélange avec l'esprit-de-vin (Art de faire le vin, p. 277);
3° que les vins vieux, dont toute la matière végéto-animale s'est précipitée avec le temps, n'éprouvent que
difficilement la fermentation acide : d'après M. Chaptal,
ils ne deviennent même nullement aigres ; ils perdent
seulement leur couleur, acquièrent un goût acerbe, et
ne recouvrent la propriété de fermenter, qu'en y faisant
digérer des ceps, des feuilles de vigne, de la grappe
de raisin; de la levure, etc. (Art de faire le vin, p. 275,
et Ann. de Chimie, t. 36, p. 246.); 4° qu'en mêlant
avec du sucre l'eau dans laquelle le gluten de froment
a fermenté, le liquide se convertit en vinaigre, sans le
contact de l'air et sans apparence de fermentation;
5° que le moût de bière, qui ne contient point une certaine quantité du principe amer du houblon, devient
acide en quelques jours, dans des vaisseaux parfaitement fermés; 6° que la bière et le cidre finissent par

s'aigrir également, dans des vaisseaux qui n'ont pas le contact de l'air.

De ce qui précède, l'on doit conclure que le ferment ou des matières analogues jouent un rôle important et encore inconnu dans la conversion du vin en vinaigre. Disons maintenant comment on se le procure.

Dans les pays vignobles, on le fait avec le vin; dans ceux du nord, avec la bière. Dans tous les cas, c'est en exposant ces liquides à l'air qu'on les acidifie; mais la manière de procéder n'est point la même partout : nous ne parlerons que de celle que l'on suit à Orléans, dont les vinaigres sont très-renommés, et nous en parlerons d'après MM. Prozet et Parmentier.

1744. Les tonneaux que l'on emploie contiennent à peu près 400 litres; ceux qui ont déjà servi à la fabrication du vinaigre sont préférés : on les appelle *mère de vinaigre.* Tous présentent à la partie supérieure une ouverture de 54 millimètres de diamètre, qu'on ne bouche jamais : on les place ordinairement sur trois rangs, les uns sur les autres, dans un atelier où l'on ne fait point de feu en été, mais où, dans l'hiver, l'on en fait de manière à porter la température à 18 ou 20°. On verse d'abord dans chaque mère 100 litres de bon vinaigre bouillant; huit jours après, on y ajoute 10 litres de vin soutiré à clair (*a*); huit autres jours après, l'on y en ajoute encore 10 litres, et ainsi de suite, jusqu'à ce que les tonneaux soient pleins. A dater de cette époque, le vinaigre se fait en quinze jours : toutefois,

(*a*) Ce vin est conservé dans des tonneaux, où se trouve une couche de copeaux de hêtre, sur lesquels la lie se dépose et s'attache.

au bout de ce temps, on n'en retire que la moitié de chaque *mère*, et dans chacune d'elles on ajoute de nouveau 10 litres de vin tous les huit jours, comme nous l'avons dit d'abord. Cependant il arrive quelquefois qu'on en ajoute plus ou moins et à des intervalles différens de ceux que nous venons d'indiquer. Tout cela dépend de la marche de la fermentation. Pour la connaître, les vinaigriers plongent une douve dans les tonneaux ; ils la jugent très-active, lorsque cette douve se charge de beaucoup d'écume ou de fleur de vinaigre : c'est alors qu'ils ajoutent une plus grande quantité de vin.

Il existe dans le commerce deux sortes de vinaigres ; le blanc, qui est fait avec le vin blanc ou le vin rouge aigri sur du marc de raisins blancs, et le rouge, qui provient de l'acidification du vin rouge. Celui-ci, passé à plusieurs reprises sur le charbon, ne tarde point à perdre sa couleur, et même à devenir plus limpide que le vinaigre blanc du commerce. M. Figuier a fait à cet égard des expériences intéressantes qu'on trouve. (Ann. de Chimie, t. 79, p. 71).

On clarifie facilement le vinaigre, sans lui faire perdre son arôme, en jetant, dans 25 à 30 litres de ce liquide, environ un verre de lait bouillant, et agitant le mélange. Cette opération rend paillé celui qui est rouge : le dépôt qui se forme est facile à séparer.

1745. Les principaux usages du vinaigre sont généralement connus. Tout le monde sait qu'il entre dans la préparation d'une foule de mets, et qu'on l'aromatise pour quelques-uns d'entr'eux avec le citron, l'estragon, le thym, le romarin, etc ; on s'en sert pour la conservation des viandes, des fruits et des légumes ;

c'est l'un des ingrédiens de l'art du parfumeur; il est souvent ordonné en médecine, associé ordinairement à d'autres corps; les fabricans d'acétate de plomb, de blanc de plomb en consomment des quantités considérables. (*Voyez*, pour plus de détails, l'Art de faire le vin par M. Chaptal).

De la Fermentation putride.

1746. Tout le monde sait que les végétaux et les animaux soustraits à l'influence de la vie, s'altèrent peu à peu, laissent dégager de leur sein des matières souvent dangereuses à respirer et d'une odeur désagréable, perdent leur forme et finissent même par se consumer ou disparaître entièrement : c'est cette sorte de décomposition, dont ne sont point susceptibles les minéraux, qu'on appelle *fermentation putride* ou *putréfaction*. Les plantes dont le tissu est toujours lâche, l'éprouvent plus promptement que les autres dont le tissu est serré; et les animaux en sont bien plus vite atteints que les plantes elles-mêmes. Aucuns ne l'éprouvent toutefois sans être soumis à une certaine température, et sans être en contact avec l'eau. En effet, les viandes bien enfumées, les légumes secs, se conservent indéfiniment, et il est probable que le sel et l'esprit-de-vin ne les empêchent de se putréfier que parce qu'ils s'emparent surtout de leur humidité. Personne n'ignore que les chairs, qui dans l'été se corrompent du jour au lendemain, se gardent très-long-temps en hiver. Combien de cadavres sains, absolument intacts, n'a-t-on point retirés de la neige où ils étaient ensevelis depuis plusieurs mois, peut-être même depuis plusieurs années : aussi profite-t-on des rigueurs de la

saison pour les dissections, et la police s'oppose-t-elle
à ce qu'il en soit fait par un temps trop chaud.

L'eau agit sans doute en ramollissant les fibres, en
détruisant leur cohésion et en tendant à s'unir avec
quelques produits de la putréfaction. Il n'est pas probable qu'elle se décompose ; car il paraît qu'il s'en
forme au contraire une certaine quantité. Quant à la
chaleur, elle agit évidemment en diminuant l'attraction des molécules unies, et les mettant dans le cas
de se dissocier ou de se combiner différemment : il
ne faut pas qu'elle soit trop grande, elle vaporiserait
l'eau, et alors, loin de favoriser la putréfaction, elle
l'empêcherait d'avoir lieu ; la plus convenable est de
10 à 25° ; au-dessous de zéro, terme où l'eau est
toujours congelée, il n'y a plus de décomposition
putride.

L'air a une influence marquée sur la fermentation
putride ; stagnant, il contribue à la développer, en
cédant une portion de son oxigène au carbone et à
l'hydrogène du corps qui doit l'éprouver ; libre et à
l'état de courant, il la retarde s'il se trouve immédiatement en contact avec ce corps, probablement
parce qu'il tend à le dessécher, et à emporter les
germes putrides qui se forment.

1747. Les causes de la fermentation étant connues,
nous allons en rechercher les produits : nous ne parlerons maintenant que de ceux qui proviennent des végétaux : il ne sera question des autres que dans l'Histoire de la Chimie animale.

Lorsque les végétaux sont impregnés d'humidité et
qu'ils ont le contact de l'air, ou bien lorsqu'ils sont
recouverts d'eau aérée, il s'en dégage peu à peu

du gaz carbonique, du gaz hydrogène carboné, du gaz azote; il se forme en outre de l'eau, de l'acide acétique, peut-être de l'huile, et enfin une substance noire dans laquelle le charbon prédomine. Les produits auxquels ils donnent lieu dans des vases purgés d'air, n'ont point encore été bien examinés; ils doivent être plus ou moins analogues aux précédens (a).

Ce ne sont point tous les matériaux immédiats des végétaux qui concourent à la formation de ces divers produits. En effet, ceux dans lesquels l'hydrogène et le charbon prédominent, tels que les huiles, les résines, l'alcool, ne sont point susceptibles d'éprouver la fermentation putride; ceux qui sont très-oxigénés, tels que les acides, ne l'éprouvent que difficilement; les seuls qui l'éprouvent plus ou moins bien, sont ceux qui contiennent l'oxigène et l'hydrogène dans les proportions nécessaires pour faire l'eau, et surtout ceux qui, contenant de l'azote, se rapprochent par cela même de la nature des matières animales : aussi le propre de la fermentation putride est-il de transformer, comme nous venons de le voir, les corps sur lesquels elle s'exerce en d'autres, les uns très-oxigénés et les autres très-hydrogénés et très-carbonés. Cependant plusieurs

---

(a) Cependant, suivant M. Th. de Saussure, le bois qui se décompose par la seule influence de l'eau, blanchit au lieu de noircir, et contient alors moins de carbone que celui dont la décomposition a lieu tout à la fois par l'influence de l'eau et de l'air.

Suivant lui aussi, l'action de l'oxigène de l'air se borne à enlever du carbone au bois, de sorte que l'eau qui se forme provient de l'union de l'oxigène et de l'hydrogène de ce végétal; il se produit proportionnellement plus d'eau que d'acide, et c'est par cette raison que le bois noircit.

d'entr'eux passent quelquefois par des états intermédiaires sous lesquels ils restent long-temps; par exemple, ils se recouvrent d'une sorte de moisissure, dont la nature et les propriétés n'ont point encore été bien examinées.

1748. La fermentation putride, que sont susceptibles d'éprouver les matières organiques, nous permet de concevoir la formation du terreau, de la tourbe, du lignite, et jusqu'à un certain point celle de la houille et des bitumes.

1749. *Terreau.* — Le terreau, engrais si excellent, n'est autre chose que la matière noire qui reste après la putréfaction, plus ou moins avancée, des substances organiques exposées au contact de l'air. Th. de Saussure et Einhoff en ont étudié les propriétés (Recherches sur la Végétation, p. 62; Gehlen, Jour. VI, p. 373). Il résulte principalement des recherches de Th. de Saussure, que le terreau végétal contient une très-petite quantité de matière soluble; que l'eau et l'alcool ne dissolvent qu'une très-petite quantité de la matière du terreau; que les alcalis la dissolvent complétement; que les acides n'ont que peu d'action sur lui; et que, à poids égaux, il contient plus de carbone et d'azote, et moins d'hydrogène et d'oxigène que les végétaux qui le fournissent. De 10 grammes, 614 de terreau de bois de chêne, et de quantité égale de bois de chêne soumis à la distillation, il a retiré, savoir :

	Du terreau. centimètres cubes.	Du bois de chêne. centimètres cubes.
Gaz hydrogène carboné.	2456	2293
Acide carbonique	673	575

	Du terreau.		Du bois de chêne.	
Eau contenant de l'acétate acide d'ammoniaque . .	2gram.,	81	4gram.,	25 (*a*)
Huile empyreumatique . .	0	, 53	0	,589
Charbon	2	,706	2	,200
Cendres	0	,424	0	,026

1750. *Tourbe.* — La tourbe est un combustible spongieux, léger et noirâtre, formé de végétaux entrelacés, en partie décomposés, souvent reconnaissables et toujours mêlés de terre : aussi fournit-elle, en brûlant, beaucoup de cendres. C'est au sein des eaux stagnantes qu'elle prend naissance. Il semble que toutes les plantes et toutes les parties des plantes qui croissent et se trouvent enfoncées dans ces eaux devraient être susceptibles de concourir à sa formation. Cependant il existe des marais, remplis de végétaux aquatiques, qui ne deviennent jamais tourbeux. De là quelques naturalistes ont pensé que la formation de la tourbe était due à la présence de quelques espèces de plantes particulières ; mais l'observation n'a point confirmé cette opinion. On n'est point d'accord sur le temps nécessaire à la formation de la tourbe : les uns admettent qu'elle se forme en trente ans ; d'autres en cent. M. van Marum rapporte qu'il a vu une couche de tourbe de 15 décimètres se former au fond d'un bassin de son jardin en

---

(*a*) Il y avait moins d'ammoniaque dans ces 4grammes,24, que dans les 2,81 grammes.

cinq ans. Dans ce bassin se trouvait le *conferva rivula-ris*, plante à laquelle il attribue ce phénomène. Tout cela peut être ; la nature des plantes, leur immersion plus ou moins prompte, le degré de chaleur, la profondeur de l'eau, sont autant de circonstances qui doivent faire varier le temps nécessaire pour la formation de la tourbe.

1751. Nous ne citerons point toutes les tourbières exploitées. Nous nous contenterons de nommer les plus remarquables : celles de Hollande qui sont si étendues, d'Écosse, de Westphalie, d'Hanovre, et celles de France ; celles-ci se trouvent principalement dans la vallée de la Somme, entre Amiens et Abbeville ; dans les environs de Beauvais ; sur la rivière d'Essonne, entre Corbeil et Villeroi ; dans les environs de Dieuze, département de la Meurthe.

1752. On trouve une foule de corps au milieu de la tourbe : 1° des petites couches d'argile, de sable, de craie, transportées par les alluvions ; 2° des amas considérables de coquilles fluviatiles ; 3° quelquefois des troncs d'arbres et des arbres entiers parfaitement conservés, et couchés dans le même sens auprès de leurs souches qui sont toutes coupées à la même hauteur et qui présentent souvent l'empreinte de la hache ; 4° des débris d'animaux, des bois de cerf, des squelettes de bœuf ; 5° enfin des armes, des outils de bûcheron, des bois de construction, des chaussées, etc. (*Voyez*, pour plus de détails, les ouvrages d'histoire naturelle).

1753. *Lignite.* — On désigne en minéralogie, par le nom de *lignite*, un corps solide et opaque, dont la couleur varie depuis le noir foncé et brillant jusqu'au brun terreux, dont la cassure est compacte, souvent résiniforme ou conçhoïde, et dont le tissu est presque toujours le même que celui du bois. En brûlant, il ne se boursouffle ni ne se colle point comme la houille, ni ne coule comme les bitumes solides; il répand une odeur âcre, fétide, et sa flamme est assez claire. Par la distillation, on en retire une liqueur acide.

On distingue plusieurs variétés de lignite.

1° Le *Lignite jayet*. Il est compact, d'un noir pur, susceptible de recevoir un beau poli : on s'en sert pour faire des bijoux de deuil.

2° Le *Lignite friable*. Il est d'un noir assez vif; son caractère distinct consiste dans sa grande friabilité et la propriété qu'ont ses masses de se diviser facilement en un grand nombre de pièces cubiques : on reconnaît encore quelquefois le tissu des végétaux qui l'ont formé; on l'emploie comme combustible dans les manufactures et la cuisson de la chaux.

3° Le *Lignite fibreux*. Sa couleur varie du brun noirâtre clair au brun de girofle. Sa forme et sa texture sont les mêmes que celles du bois : aussi sa cassure longitudinale est-elle fibreuse, et reconnaît-on, dans sa cassure transversale, les couches annuelles du bois.

4° Enfin le *Lignite terreux*. Il a pour caractère particulier d'être noir ou d'un brun noirâtre mêlé de roussâtre; d'avoir une cassure et un aspect terreux à grain fin; d'être tendre, friable, assez doux au toucher, presque aussi léger que l'eau, etc. C'est ce lignite qu'on appelle vulgairement *terre de Cologne*. Il a plusieurs usages : on s'en sert dans les environs de Cologne comme combustible, et la cendre qu'il donne et qui fait environ la cinquième partie de son poids, est regardée comme un excellent engrais. Ce lignite est aussi employé dans la peinture en détrempe, et même dans la peinture à l'huile : quelquefois on en ajoute au tabac pour lui donner de la finesse et du moelleux.

1754. Le lignite paraît provenir de la décomposition du bois, et se trouve dans un grand nombre de pays : on le rencontre toujours sous forme de couches plus ou moins considérables. Les trois premières variétés existent en France ; savoir : la première, dans la Provence, à Belestat dans les Pyrénées, dans le département de l'Aude, etc., en morceaux, dont les plus gros sont de 25 kilogrammes ; la seconde, dans le département de Vaucluse ; la troisième, dans l'île de Chatou près de Saint-Germain, dans le département de l'Arriège, etc. Quant à la quatrième, on la trouve aux environs de Cologne.

1755. *Houille.* — La houille ou charbon de terre est solide, opaque, noire, plus ou moins brillante, insipide, friable quelquefois, jamais assez tendre pour être rayée par l'ongle, d'une pesanteur spécifique moyenne de 1,3. On ne la trouve jamais cristallisée ; elle se rencontre toujours en masses, qui sont souvent susceptibles de se diviser en parallélipipèdes assez réguliers, et dont la surface a quelquefois des couleurs très-diverses et très-variées.

La houille brûle avec assez de facilité : sa flamme est blanche ; la fumée qu'elle répand est noire, et l'odeur qui s'en dégage n'a rien de piquant.

Par la distillation, on en retire beaucoup d'huile empyreumatique, beaucoup de gaz hydrogène carboné, de l'ammoniaque, et un charbon volumineux appellé *coack*. La meilleure laisse après la combustion au moins 3 pour 100 de résidu.

1756. On distingue plusieurs variétés de houille :

1° La houille grasse, remarquable par sa légèreté, sa friabilité, sa grande combustibilité, et surtout parce qu'elle produit une flamme blanche et longue, qu'elle se gonfle et qu'elle s'agglutine facilement; propriétés qu'elle doit à la grande quantité de matière *huileuse* qu'elle renferme : telle est celle de Valenciennes, de Mons, du Creusot, du Forez.

2° *La houille compacte.* Cette houille, quoique compacte, est fort légère; elle est d'un noir un peu grisâtre et terne; sa cassure est tantôt conchoïde et tantôt droite; on la taille et on la polit assez facilement; elle brûle très-bien; sa flamme est brillante, et le résidu qu'elle laisse peu considérable : telle est la houille du Lancashire.

3° *La houille sèche.* Celle-ci est d'un noir qui tire sur le gris-de-fer; elle est beaucoup plus lourde et plus solide que la précédente; elle brûle sans se gonfler, sans s'agglutiner, avec une flamme bleue, et en répandant une forte odeur de gaz sulfureux; le résidu qu'elle laisse après sa combustion est considérable, parce qu'elle contient beaucoup de pyrite : telle est celle de Saint-Etienne, d'Aix, de Toulon.

La France, l'Angleterre, l'Allemagne, le Brabant, sont très-riches en houillères.

1757. Plusieurs géologistes regardent la houille comme provenant de la décomposition de cette grande quantité de corps organisés enfouis dans le sein de la terre; mais d'autres objectent à cette opinion, 1° qu'on trouve souvent, au milieu des couches de houille, des végétaux à peine décomposés; 2° qu'il n'est pas démontré que les corps organisés donnent des bitumes dans leur décomposition spontanée : d'où l'on doit conclure que nous ignorons encore l'origine de cette sorte de substance.

1758. *Bitumes.* — Les bitumes varient par leur consistance : les uns sont solides et friables, d'autres mous, d'autres liquides. Les premiers sont noirs ou au moins bruns ; les derniers sont quelquefois jaunâtres, transparens et même limpides. Tous se liquéfient par la chaleur et répandent une odeur très-forte, mais qui n'a rien de piquant ou d'âcre. Tous aussi brûlent facilement et presque sans résidu, en laissant exhaler une fumée épaisse, très-odorante, qui n'a ni le piquant ni l'âcreté de celle du jayet. Aucun ne donne d'ammoniaque par la distillation. Leur pesanteur spécifique varie singulièrement.

Les minéralogistes admettent plusieurs variétés de bitume.

1° *Bitume naphte.* Liquide, transparent, d'un blanc légèrement jaunâtre, d'une odeur forte, tenant un peu de l'essence de térébenthine, pesant spécifiquement 0,80 au plus ; combustible à tel point qu'il prend feu par la présence d'un corps enflammé placé à peu de distance de lui.

On le trouve assez abondamment, dit-on, en Perse, sur les bords de la mer Caspienne près de Bakou, dans la presqu'île d'Apcheronn. Du sol qui le fournit, il se dégage continuellement des vapeurs inflammables et très-odorantes ; les habitans y mettent le feu et en profitent pour faire cuire des alimens, de la chaux, etc. Lorsqu'on creuse à 600 mètres environ de ces feux, des puits de 10 mètres de profondeur, bientôt il s'y rassemble une grande quantité de naphte : aussi est-ce de

Tome III. 27

cette manière qu'on se le procure; seulement pour l'avoir plus pur, on le distille.

On rencontre encore du naphte en Calabre, en Sicile, en Amérique, etc., et on en a découvert, en 1802, près du village d'Amiano, dans le duché de Parme, une source si abondante, qu'elle fournit à l'éclairage de la ville de Gènes.

Il est employé en médecine, comme calmant à l'intérieur, et en friction sur le bas-ventre dans les affections vermineuses des enfans. Les Indiens s'en servent pour faire des vernis.

2° *Bitume pétrole.* Moins fluide que celui de naphte, dont il semble n'être qu'une altération, d'un brun noirâtre, presque opaque, d'une odeur forte et tenace, onctueux au toucher; il pèse spécifiquement 0,854, brûle en laissant un peu de résidu, et donne, par la distillation, une huile semblable à celle de naphte.

On le trouve à Gabian près de Béziers, en Auvergne près de Clermont, en Angleterre à Omskirk dans le Lancashire, à Amiano en Italie, en Sicile, en Transylvanie, dans l'Inde, etc. Il flotte souvent sur les eaux; la mer en est quelquefois couverte près des îles volcaniques du cap Vert.

Il sert à l'éclairage, peut remplacer le goudron, et est employé en médecine, comme le naphte, lorsqu'il a été distillé.

3° *Bitume malthe.* Ce bitume ne diffère pour ainsi dire du précédent, que par sa consistance, qui est visqueuse; il se trouve dans les mêmes lieux que le pétrole, mais plus particulièrement près de Clermont, au lieu nommé *Puy de la Pège.* On l'appelle vulgairement *goudron minéral,* parce qu'on l'emploie, comme le goudron ordinaire, pour enduire les câbles et les bois. Il entre dans la composition de la cire noire à cacheter, et dans celle de certains vernis qu'on applique sur le fer. On peut aussi s'en servir pour graisser les essieux des charrettes. Les anciens en faisaient usage dans leur construction.

4° *Bitume asphalte.* Celui-ci est solide, sec et friable, ordinairement noir et opaque ; sa pesanteur spécifique est de 1,104 à 1,205 ; il ne répand d'odeur qu'en le chauffant ou le frottant ; il brûle facilement, mais laisse quelquefois jusqu'à 0,15 de résidu. On le trouve particulièrement à la surface du lac de Judée, dont les eaux sont salées. Il est versé dans ce lac par des sources, et porté par les vents sur les rives. Les historiens rapportent que les murs de Babylone étaient construits de briques cimentées par ce bitume. Il paraît que les Egyptiens s'en servaient ainsi que de malthe dans les embaumemens.

Les bitumes appartiennent aux terrains de sédiment ou de seconde formation. Quelques naturalistes pensent qu'ils proviennent de la décomposition spontanée des animaux et des végétaux enfouis dans le sein de la terre ; d'autres les attribuent aux houilles décomposées par des feux souterrains : ces opinions ne sont nullement prouvées.

1759. Il est une autre matière à laquelle on donne également le nom de *bitume*, mais qui diffère beaucoup des bitumes précédens. Ce bitume a ordinairement l'aspect, la mollesse et l'élasticité du caout-chouc : aussi l'appelle-t-on *caout-chouc minéral* ou *fossile*, ou *bitume élastique* ; quelquefois cependant il est mou, et, dans d'autres circonstances, presque sec. Il a été trouvé en

1785, près de Castleton en Derbyshire, dans les fissures d'un schiste argileux.

1760. *Succin.* Le succin, qu'on appelle aussi karabé, ambre jaune, est une matière dont les propriétés sont analogues à celles des résines, et particulièrement de la résine copal. Sa pesanteur spécifique est de 1,078 ; sa couleur, jaunâtre ; sa saveur et son odeur, nulles ; sa texture, compacte ; sa cassure, vitreuse : souvent il est diaphane, et toujours il est homogène et susceptible de recevoir un beau poli.

Soumis à l'action du feu dans une cornue, il fond, se décompose, donne de l'acide succinique et tous les produits qui proviennent de la décomposition des résines (1518). Il s'enflamme assez facilement ; l'air ne l'altère point à la température ordinaire ; l'eau et l'alcool sont presque sans action sur lui. Lorsqu'après l'avoir fondu, on le délaie dans les huiles grasses et les huiles essentielles, il s'y dissout facilement.

Il paraît formé d'une matière grasse particulière, unie à une petite quantité d'acide succinique.

On le trouve particulièrement dans les dunes sablonneuses qui bordent le rivage de la mer Baltique, entre Konigsberg et Memel. Il entre dans la composition des vernis gras, et sert à faire des bijoux recherchés par les Orientaux.

LIVRE II.
SECONDE PARTIE.

Corps organiques animaux, ou *Chimie animale*.

~~~~~~

1761. De même que les végétaux, les animaux sont composés de différentes parties. Ces parties le sont de diverses substances animales ; et ces substances elles-mêmes de plusieurs principes. L'objet de la chimie animale doit donc être le même que celui de la chimie végétale : en effet, il consiste à rechercher quels sont ces principes ; à examiner comment ils s'associent pour former les diverses substances animales ; à faire l'histoire de chacune d'elles ; à déterminer celles qui entrent dans la composition de toutes les parties solides et liquides des animaux, et à étudier successivement toutes ces parties.

CHAPITRE PREMIER.

Des Principes des Substances animales.

1762. C'est en exposant les substances animales à une très-haute température, de la même manière que nous y avons exposé les substances végétales (1240), qu'on parvient à déterminer la nature de leurs principes. Soumises à ce degré de chaleur, quelques unes donnent absolument les mêmes produits que celles-ci; d'autres donnent en outre de l'azote et un peu de phosphore ou de soufre; mais le plus grand nombre ne donne qu'une certaine quantité d'azote de plus. Par conséquent elles sont formées, presque toutes, d'azote, d'hydrogène, de carbone et d'oxigène.

Il ne nous est pas plus possible de faire des substances animales de toutes pièces, que des substances végétales. Nous savons même à peine en transformer quelques-unes dans d'autres. C'est dans l'acte de la digestion et dans ceux de la respiration, de la circulation et de l'assimilation, qu'elles se forment (*a*).

CHAPITRE SECOND.

Des Substances animales.

1763. Parmi les substances animales il en est qui sont acides, d'autres qui sont grasses, et d'autres qui ne possèdent ni les propriétés des acides, ni celles des graisses. De là résultent trois sections comparables, chacune dans leur genre, aux trois premières des six sections dans lesquelles nous avons partagé les substances végétales. Nous y en joindrons une quatrième

---

(*a*) Nous n'examinerons ces fonctions qu'après avoir examiné les substances animales en particulier.

pour comprendre les matières salines ou terreuses qu'on trouve dans les différentes parties des animaux, parce que plusieurs de ces matières sont évidemment nécessaires à l'existence de quelques organes, par exemple, à celle des os.

Les substances acides sont très-rares, et n'ont point encore été assez étudiées, pour qu'on puisse en faire l'histoire d'une manière générale.

Les substances grasses sont assez communes ; elles sont analogues, dans leur nature et leurs propriétés, aux huiles et aux résines.

Les substances les plus abondantes sont celles qui ne sont ni grasses ni acides. Leur histoire, constituant en quelque sorte celle de la chimie animale, doit être faite la première ; nous les considérerons d'abord en général, et ensuite en particulier.

SECTION Ire.

Des Substances qui ne sont ni acides, ni grasses.

1764. Les substances qui composent cette section sont au nombre de 10, savoir : la fibrine, l'albumine, la gélatine, la matière caséeuse, l'urée, le mucus, la matière extractive du bouillon, le picromel, le sucre de lait, le sucre de diabètes. Les sept premières contiennent beaucoup d'azote ; la huitième n'en contient que très-peu, les deux dernières n'en contiennent point. Ce que nous allons dire ne s'appliquera qu'à celles qui sont très-azotées.

1765. Soumises à la distillation, ces substances donnent de l'eau, du gaz carbonique, du sous-carbo-

nate d'ammoniaque dont une partie cristallise dans
les vases, de l'acétate d'ammoniaque, du prussiate
d'ammoniaque en très-petite quantité, du gaz oxide
de carbone, une huile épaisse, noire, lourde et très-
fétide, du gaz hydrogène carboné, du gaz azote et
un charbon volumineux, la plupart du temps brillant,
difficile à incinérer.

1766. Mises en contact avec l'eau et abandonnées à
elles-mêmes, à la température ordinaire, dans des vaisseaux ouverts ou fermés, elles éprouvent peu à peu la
décomposition putride, sur laquelle nous reviendrons
dans la suite (à la fin de la chimie animale).

1767. Projetées dans un creuset rouge ou sur des
charbons incandescens, elles se boursoufflent, s'enflamment et brûlent à la manière des corps combustibles. Si
la combustion était complète, il n'en résulterait que de
l'eau, du gaz carbonique et du gaz azote ; mais comme
elle ne l'est jamais, il se forme en outre une plus ou
moins grande quantité des produits qu'on obtient en
vases clos, produits toujours faciles à reconnaître par
leur fétidité.

1768. Le gaz hydrogène, le bore, le carbone, le
phosphore, le soufre, l'azote, sont sans action sur
elles.

Elles se comportent, avec l'iode et les métaux, de
même que les substances végétales de la deuxième
section (1279).

1769. L'eau n'agit jamais sur elles que comme dissolvant ; il en est presque toujours de même de l'alcool.

1770. Lorsqu'on les calcine avec la potasse ou la
soude, et qu'on lessive le résidu, on obtient une liqueur
très-chargée de prussiate (1837).

Les dissolutions alcalines, concentrées et bouillantes, les décomposent et les transforment en ammoniaque qui se dégage , et en acide carbonique, acide acétique et une autre matière de nature animale , qui restent unis à l'alcali.

L'action des oxides insolubles ne présente rien de général.

1771. Les acides faibles, tels que les acides carbonique, borique, tungstique, colombique , molybdique, n'attaquent pas les substances animales. Ceux qui sont forts s'y unissent ou en opèrent la décomposition. Nous ne parlerons que de l'action de l'acide nitrique et de celle de l'acide sulfurique ; ce sont les seules qui soient assez bien connues pour pouvoir être exposées dans ces généralités.

1772. Ces substances sont toutes décomposées par l'acide nitrique , de même que les substances végétales, si ce n'est à froid, du moins à chaud. Toutes, excepté l'urée peut-être, paraissent donner lieu, par des quantités convenables d'acide ,

qui se forment ou se dégagent.

A de l'eau et du gaz carbonique............... } *dans tout le cours de l'opération.*

A un peu d'acide prussique.................. } *idem.*

A du gaz azote......... *au commencement.*

A de l'oxide d'azote....
A de l'acide nitreux.... } *quelque temps après que l'opération est commencée.*

A de l'ammoniaque ....

A de l'acide acétique, de
l'acide malique.........} *vers le milieu.*

A de l'acide oxalique... *presqu'à la fin.*

A un composé jaune,
amer et détonnant......} *à la fin.*

Ce composé est formé d'acide nitrique et de matière
animale altérée, dont la nature n'est pas bien connue;
il reste dans la cornue; on l'obtient un évaporant la liqueur à siccité, pourvu que celle-ci contienne un assez
grand excès d'acide.

L'expérience se fait absolument de la même manière
que celle que nous avons décrite, au sujet de l'action
de l'acide nitrique sur les substances végétales : les
produits sont aussi les mêmes, si ce n'est qu'ici l'on
obtient de plus un peu d'ammoniaque peut-être et un
composé détonnant ; d'où on peut conclure que la
théorie de leur formation doit être analogue. Par conséquent, il faut concevoir que l'eau, le gaz carbonique
résultent de la combinaison d'une plus ou moins grande
quantité d'oxigène de l'acide nitrique avec une certaine
quantité d'hydrogène et de carbone de la substance
animale; que le gaz azote, l'oxide d'azote et l'acide
nitreux proviennent de la décomposition de l'acide
nitrique; que les acides acétique, malique et oxalique
ne sont que la substance animale elle-même *désazotée*
et convenablement *déshydrogénée* et *décarbonée*; que
l'ammoniaque, s'il s'en forme, n'est due qu'aux principes de cette substance ; que l'acide prussique, dont
la quantité est très-petite, a la même origine que celui
qu'on recueille dans le traitement des substances végétales ; qu'il se forme une matière particulière qui
s'unit intimément à l'acide nitrique, et donne naissance

à un composé qui s'enflamme facilement et avec une sorte d'explosion.

Dans tout ce que nous venons de dire, on ne voit pas ce que devient tout l'azote de la substance animale. A la vérité, une portion peut être employée pour faire de l'ammoniaque; et l'on peut supposer qu'une autre entre dans la composition de l'acide prussique (a). Mais la quantité d'azote qui appartient à ces deux produits est loin de représenter celle que contient toute la substance : il faut donc le chercher ailleurs. Peut-être est-ce l'un des principes constituans de la matière inconnue qui fait partie du composé détonnant ? Ce qu'il y a de certain, c'est que les substances végétales qui ne contiennent pas d'azote, ne donnent jamais lieu à ce composé. Il est probable aussi qu'il se dégage, soit à l'état d'oxide d'azote en s'emparant d'une portion de l'oxigène de l'acide nitrique, soit à l'état de gaz azote : cette dernière opinion est généralement reçue, et l'on pense même que le dégagement de l'azote a lieu au commencement de l'opération, par l'affinité qu'a, dit-on, la matière animale *désazotée* pour l'acide nitrique. Il est vrai que les premiers gaz qu'on recueille, lorsque l'acide nitrique est très-faible, contiennent beaucoup de gaz azote, et ne renferment point d'oxide d'azote; mais doit-on en conclure pour cela que cet azote provient entièrement de la substance animale ? Non sans doute : il peut provenir de l'acide nitrique; et ce qui prouve qu'il en provient, du moins en

---

(a) Hypothèse que nous n'admettons pas, parce que les substances végétales donnent autant d'acide prussique que les substances animales.

partie, c'est qu'il est toujours mêlé de gaz carbonique. D'ailleurs il est facile de concevoir pourquoi l'acide nitrique est complétement décomposé d'abord; c'est que la substance animale étant riche en hydrogène et carbone, les cède plus facilement que quand elle est transformée, par exemple, en acides acétique et malique.

1773. Il n'est aucune des substances que nous venons de considérer qui ne soit charbonnée par l'acide sulfurique concentré, à la température ordinaire. Comme ces substances sont formées de charbon, d'hydrogène et d'oxigène, dans les proportions nécessaires pour faire l'eau, et d'hydrogène et d'azote à peu près dans les proportions nécessaires pour faire l'ammoniaque, il serait possible qu'elles fussent transformées en ces sortes de produits. Quoi qu'il en soit, lorsque l'expérience se fait à l'aide de la chaleur, l'acide lui-même est décomposé, et il se dégage du gaz sulfureux.

1774. Les substances animales n'ont aucune action sur les sels à froid, sans l'intermède de l'eau : à chaud, elles agissent sur eux de même que les substances végétales, c'est-à-dire par l'hydrogène et le carbone qu'elles contiennent (1287).

1775. *Composition, etc.* — La fibrine, l'albumine, la gélatine et la matière caséeuse sont formées de carbone, d'hydrogène et d'oxigène dans les proportions nécessaires pour faire l'eau, et à peu près d'hydrogène et d'azote, dans les proportions nécessaires pour faire l'ammoniaque.

Il est probable que la composition des autres est soumise aux mêmes lois.

1776. Nous ne parlerons de leur état naturel, de leur préparation et de leurs usages, que dans l'histoire par-

ticulière de chacune d'elles , histoire dont nous allons
actuellement nous occuper.

De la Fibrine.

1777. *Etat naturel, Préparation.* — La fibrine
existe dans le chyle; elle entre dans la composition du
sang; c'est elle qui forme en grande partie la chair
musculaire : on peut donc la regarder comme la substance animale la plus abondante.

Pour l'obtenir, il suffit de battre le sang, à sa sortie de
la veine, avec une poignée de bouleau. Bientôt elle
s'attache à chaque tige, sous forme de longs filamens
rougeâtres qu'on décolore ou qu'on purifie par des lavages à l'eau froide.

1778. *Propriétés.* — La fibrine est solide, blanche,
insipide, inodore, plus pesante que l'eau, sans action
sur le tournesol et le sirop de violettes. Humide, elle
jouit d'une espèce d'élasticité ; par la dessication, elle
la perd, devient jaunâtre, dure et cassante.

On en retire par la distillation beaucoup de sous-
carbonate d'ammoniaque, etc. et un charbon très-volumineux, très-brillant, très-difficile à incinérer, qui
laisse un résidu contenant beaucoup de phosphate de
chaux, et un peu de phosphate de magnésie, de carbonate de chaux, de carbonate de soude (1765).

L'eau froide est sans action sur elle. Traitée par
l'eau bouillante, elle finit par s'altérer tellement, qu'elle
perd la propriété de se ramollir et de se dissoudre dans
l'acide acétique, et que la liqueur filtrée précipite par
l'infusion de noix de galle, et donne un résidu blanc,
sec, dur, d'une saveur agréable. C'est à M. Berzelius

que nous devons ces observations, ainsi que les suivantes. (Ann. de Chimie, t. 88, p. 26).

Conservée dans de l'alcool d'une pesanteur spécifique
de 0,81, elle donne lieu, au bout d'un certain temps, à
une matière adipocireuse, d'une odeur forte et désagréable. Cette matière reste en dissolution dans l'alcool,
et peut en être précipitée par l'eau.

Mise en contact avec l'éther, elle éprouve une altération analogue, mais moins lente et plus complète
que dans l'alcool.

Tenue en digestion dans de l'acide muriatique faible,
elle laisse dégager un peu d'azote, et il se forme un
composé dur, racorni, qui, lavé à plusieurs reprises
avec de l'eau, se transforme en un autre composé gélatineux. Celui-ci est un muriate neutre, soluble dans
l'eau tiède, tandis que le premier est un muriate acide,
insoluble même dans l'eau bouillante.

L'acide sulfurique, étendu de six fois son poids d'eau,
se comporte avec elle à peu près de la même manière
que l'acide muriatique.

Lorsqu'il n'est pas trop concentré, l'acide nitrique se
comporte tout autrement. Par exemple, lorsque sa pesanteur spécifique est de 1,25, il en résulte d'abord un
dégagement de gaz azote; en même temps la fibrine se
couvre de graisse, et la liqueur devient jaune (a). En

(a) Cette formation de graisse s'explique bien en considérant que
si l'on sépare l'azote de la fibrine, de l'albumine, de la gélatine, de
la matière caséeuse, les autres principes se trouveront dans les proportions nécessaires pour faire un corps gras. Par exemple, 100
parties de matière caséeuse privée d'azote seront formées de : 76 de
carbone; 14,5 d'oxigène; 9,5 d'hydrogène.

prolongeant le contact pendant 24 heures, toute la fibrine est attaquée et convertie en une masse pulvérulente d'un jaune citron, qui paraît être composée d'un mélange de graisse et de fibrine altérée et combinée intimément avec l'acide malique et l'acide nitrique ou nitreux. En effet, si l'on met cette masse sur un filtre, et qu'on la lave à grande eau, elle cédera à celle-ci une portion de son acide, conservera la propriété de rougir le papier de tournesol, et deviendra orange. Si on la traite ensuite par de l'alcool bouillant, on dissoudra la matière grasse : enfin, si l'on met le résidu en contact avec l'eau et le carbonate de chaux, il se fera une petite effervescence due à du gaz carbonique, et il se produira du malate et du nitrate ou nitrite de chaux qui se dissoudront.

L'acide acétique concentré rend la fibrine molle à la température ordinaire, et la convertit, à l'aide de la chaleur, en une gelée qui se dissout dans l'eau chaude avec émission d'une petite quantité d'azote. La dissolution de la fibrine, dans l'acide acétique, est sans couleur et peu sapide. Evaporée jusqu'à siccité, elle laisse un résidu transparent qui rougit le papier de tournesol, et qui ne peut se dissoudre, même dans l'eau bouillante, qu'à la faveur d'une nouvelle quantité d'acide acétique. Les acides sulfurique, muriatique, nitrique en précipitent la matière animale, et forment avec elle des combinaisons acides. La potasse, la soude, l'ammoniaque opèrent aussi la précipitation de cette matière, pourvu toutefois qu'on n'ajoute pas un trop grand excès d'alcali ; car alors les parties précipitées d'abord se redissoudraient.

La potasse et la soude, liquides, dissolvent peu à peu

la fibrine à froid, sans lui faire éprouver des altérations bien sensibles ; mais à chaud, ils la décomposent, occasionnent la formation d'une certaine quantité de gaz ammoniac et des autres produits dont il a été fait mention précédemment (1770).

1779. *Composition.* — Cent parties de fibrine sont composées de 53,360 de carbone, 19,685 d'oxigène ; 7,021 d'hydrogène ; 19,934 d'azote : ou de 53,360 de carbone ; 22,369 d'oxigène et d'hydrogène dans les proportions nécessaires pour faire l'eau ; 4,337 d'hydrogène ; 19,934 d'azote.

1780. *Usages.* — La fibrine, à l'état de pureté, est sans usage ; mais, puisqu'elle forme la base de la chair, elle ne doit pas en être moins considérée comme la substance animale nutritive la plus commune, elle est connue depuis un temps immémorial.

De l'Albumine.

1781. L'albumine est, de toutes les substances, la plus disséminée dans l'économie animale. C'est elle qui, unie à une plus ou moins grande quantité d'eau, et à une très-petite quantité de sels, forme le blanc d'œuf d'où elle tire son nom, le serum du sang, la liqueur du péricarde, des hydropiques, des ventricules du cerveau, l'humeur des vésicatoires, de la brûlure, des idatides : elle forme la majeure partie de la synovie ; elle existe aussi dans le chyle, dans le sang, dans la bile des oiseaux, et l'on ne saurait douter qu'on ne la trouve un jour dans plusieurs autres substances qui n'ont point encore été bien examinées.

Pour en faire plus facilement et plus complétement l'histoire, nous l'étudierons à l'état solide et à l'état liquide, parce que, sous ces deux états, elle jouit de propriétés diverses.

1782. *Albumine solide.* — L'albumine solide ou pure s'obtient en délayant et agitant le blanc d'œuf dans 10 à 12 fois son poids d'alcool. Celui-ci s'empare de l'eau qui tient la substance albumineuse en dissolution; et cette substance se précipite sous forme de flocons et de filamens blancs que la cohésion rend insolubles, et que par conséquent on peut laver à grande eau.

1783. L'albumine ainsi extraite, est, comme la fibrine, solide, blanche, insipide, inodore, plus pesante que l'eau, sans action sur le tournesol et sur le sirop de violettes, susceptible de donner dans sa décomposition par le feu, beaucoup de sous-carbonate d'ammoniaque, etc. (1765), et un charbon volumineux dont la cendre ressemble à celle qui provient de la calcination de la fibrine (1778.)

C'est aussi comme la fibrine, suivant M. Berzelius, qu'elle se comporte avec les acides, les alcalis, l'alcool, l'éther et l'eau; seulement elle se dissout moins facilement que celle-ci dans l'acide acétique et dans l'ammoniaque, et beaucoup mieux dans la potasse et la soude. Toutefois il est possible de les distinguer l'une de l'autre; car, lorsqu'on les dissout séparément dans la potasse, et qu'on sature les dissolutions par l'acide muriatique, celle d'albumine ne se trouble point, tandis que celle de fibrine se trouble sensiblement.

1784. *Albumine liquide.* — L'albumine liquide, que nous ne pouvons nous procurer en traitant par l'eau celle qui est solide, nous est offerte en grande quantité dans l'économie animale. A la vérité, elle y est mêlée à une certaine quantité de sels, mais ces sels n'ont au-

cune influence sur les résultats, du moins dans presque
tous les cas : elle est transparente, insipide, inodore,
plus pesante que l'eau, plus ou moins visqueuse, susceptible de mousser par l'agitation, et de verdir le sirop
de violettes en raison du peu de sous-carbonate de
soude qu'elle contient.

Soumise à l'action de la chaleur, elle ne tarde point
à répandre une odeur particulière et caractéristique,
et à se prendre, lorsqu'elle n'est unie qu'à une petite
quantité d'eau, en une masse dure, opaque et blanche :
nous citerons, pour exemple, le blanc d'œuf.

Plusieurs chimistes, et notamment Fourcroy, ont
attribué cette sorte de coagulation à une oxigénation
de l'albumine ; mais il est facile de démontrer que
l'oxigène n'y entre pour rien. En effet, 1° l'albumine se
coagule tout aussi-bien sans le contact, qu'avec le contact
de l'air ; 2° l'alcool la coagule sur-le-champ de même
que le feu ; 3° une fois coagulée, si on la traite par une
faible dissolution de potasse ou de soude, elle se redissout, et ne se précipite pas en saturant l'alcali par un
acide. La cohésion est réellement la seule cause du phénomène ; à mesure que la température s'élève, les molécules d'eau et d'albumine s'éloignent les unes des autres ; l'affinité diminue, et bientôt l'albumine se précipite : déjà nous avons fait la même observation sur
l'acétate d'alumine (1320). Toutefois, en unissant l'albumine à une plus grande quantité d'eau, on diminue
la propriété qu'elle a de se coaguler, à tel point qu'a-
lors la liqueur ne fait que se troubler et devenir laiteuse : voilà pourquoi les œufs frais, qui sont toujours
pleins, cuisent moins facilement que les œufs de 15,
20, 30 jours, qui offrent un petit vide dû à l'humidité
qu'ils ont laissé dégager à travers leurs coquilles.

Conservée surtout en vases clos, l'albumine éprouve au bout d'un certain temps la décomposition putride, et répand une odeur analogue à celle de l'hydrogène sulfuré.

La potasse et la soude s'opposent à sa coagulation par le feu.

Tous les acides d'un certain degré de force sont susceptibles de se combiner avec elle, et presque tous sont capables de former des composés blancs, acides, peu solubles (a). Il paraît même que celui qu'elle forme avec l'acide nitrique est tout-à-fait insoluble; car cet acide rend trouble une liqueur qui ne contient que des atomes d'albumine.

Quoi qu'il en soit, si, après avoir précipité l'albumine par un acide, l'on verse dans la liqueur de l'ammoniaque, ou de la potasse, ou de la soude, en quantité capable de saturer cet acide, le précipité disparaîtra : ce ne serait qu'autant qu'il se serait produit au moment de la combinaison un assez grand degré de chaleur, que ce précipité ne disparaîtrait pas ; c'est ce qui a lieu avec les acides sulfurique et nitrique peu étendus d'eau, et à plus forte raison concentrés, surtout, lorsque l'albumine est elle-même dans un grand état de concentration. Au reste, il suffira de faire quelques essais sur le degré le plus convenable de concentration des acides et de l'albumine, pour donner lieu à tous les phénomènes que nous venons de rapporter.

Il n'est presque point de dissolution de sels appartenant aux quatre dernières sections, qui ne soient décomposées et troublées par l'albumine liquide et même

---

(a) L'acide phosphorique et l'acide acétique sont du très-petit nombre de ceux qui s'y unissent sans la troubler.

très - étendue d'eau. Les précipités varient par leur nuance ; mais ils sont toujours floconneux et composés d'albumine, de l'oxide métallique et d'une certaine quantité d'acide. Souvent un très-grand excès d'albumine d'une concentration médiocre les fait disparaître, du moins en partie.

- Parmi les substances végétales, celles qui agissent sur l'albumine sont les acides, l'alcool et le tannin : les acides et l'alcool y agissent comme nous l'avons dit précédemment ; le tannin s'unit à elle et la précipite.

1785. *Composition.* — Cent parties d'albumine sont formées de 52,883 de carbone ; 23,872 d'oxigène ; 7,540 d'hydrogène ; 15,705 d'azote : ou bien de 52,883 de carbone ; 27,127 d'oxigène et d'hydrogène dans les proportions nécessaires pour faire l'eau ; 4,285 d'hydrogène ; 15,705 d'azote.

Cependant, outre ces principes, il semble qu'elle contient une petite quantité de soufre ; car elle noircit les vases d'argent dans lesquels on la fait cuire, et elle finit par exhaler du gaz hydrogène sulfuré, lorsqu'on l'abandonne à elle-même.

1786. *Usages.* — Lorsqu'on fait bouillir une liqueur qui contient de l'albumine, bientôt celle-ci, comme nous l'avons dit précédemment, se coagule et entraîne tous les corps tenus en suspension, même les plus divisés : de là l'usage qu'on en fait pour clarifier les sirops. On l'emploie aussi, mais à la température ordinaire, pour clarifier les vins, la bière ; elle s'unit alors au tannin, et forme un composé insoluble qui agit comme l'albumine coagulée. Elle entre dans la composition du cirage. On s'en sert quelquefois dans les laboratoires pour composer, par son mélange avec la

chaux, un lut très-siccatif. Enfin elle doit être considérée comme substance nutritive, puisqu'elle fait
partie des œufs, du sang, de la chair musculaire.

De la Gélatine ou Colle-forte.

1787. *Etat naturel.* — La gélatine ne fait jamais
partie des humeurs des animaux; mais toutes leurs parties molles et solides contiennent la matière propre à la
former. On la trouve, sous cet état, dans la chair musculaire, les peaux, les cartilages, les ligamens, les tendons, les aponévroses; les membranes en contiennent
une grande quantité; les os en renferment environ la
moitié de leur poids. (*Voyez* les parties blanches).

1788. *Propriétés.* — La gélatine est, de même que
la fibrine et l'albumine, plus pesante que l'eau, sans
saveur, sans odeur, sans couleur, sans action sur la
teinture de tournesol et sur le sirop de violettes.

Décomposée par le feu, elle nous offre encore les
mêmes phénomènes que ces substances; mais elle s'en
distingue facilement par les propriétés suivantes.

Elle est très-soluble dans l'eau bouillante, et très-
peu dans l'eau froide. Lorsqu'on en dissout 2 parties et
demie dans 100 parties d'eau chaude, la liqueur se
prend en gelée par le refroidissement : cette gelée,
surtout en été, s'aigrit en quelques jours, se liquéfie, et
ne tarde point ensuite à éprouver tous les phénomènes
de la fermentation putride.

Aucun alcali, aucun acide, aucun sel, excepté le
nitrate de mercure, d'après Thomson, et l'acide muriatique oxigéné, ne précipite la gélatine de sa dissolution. L'alcool ne la précipite qu'en partie, le tannin la précipite toute entière, le premier en agissant

sur l'eau, et le second sur la substance elle-même. Le précipité que forme le tannin est abondant, d'un blanc-gris; il se réunit promptement en une masse collante, élastique, qui, par son exposition à l'air, se dessèche et devient friable; sous ces deux états, il est imputrescible; c'est un composé analogue qui se produit dans l'intérieur des peaux lorsqu'on les tanne : on n'a point encore déterminé exactement combien il contient de gélatine et de tannin. Celui que forme l'alcool est blanc, disparaît dans l'eau; il n'est composé que de gélatine. Celui que forme le nitrate de mercure est analogue à la matière caséeuse; il résulte sans doute de la gélatine et de l'oxide mercuriel. Enfin celui que forme l'acide muriatique oxigéné est blanc, floconneux, formé de filamens nacrés très-flexibles, très-élastiques : il a pour propriétés caractéristiques d'être insipide, insoluble dans l'eau et dans l'alcool, imputrescible, faiblement acide, de dégager spontanément pendant plusieurs jours du gaz muriatique oxigéné, d'en dégager beaucoup plus par la chaleur, enfin d'être soluble dans les alcalis et de former des muriates. On peut le regarder comme composé de gélatine, peut-être altérée, d'acide muriatique et d'acide muriatique oxigéné.

Les oxides métalliques ne paraissent pas susceptibles de former de combinaisons intimes avec la gélatine. Les acides affaiblis, à part l'acide muriatique oxigéné, en favorisent la dissolution dans l'eau; concentrés, ils se comportent comme nous l'avons dit dans l'histoire des propriétés générales.

L'alcool, l'éther, les huiles sont sans action sur elle.

1789. *Préparation.* — C'est avec les rognures de peaux, de parchemins et de gants, avec les sabots et les oreilles de bœufs, de chevaux, de moutons, de veaux, qu'on prépare ordinairement la gélatine ou colle-forte pour les besoins du commerce.

Ces substances étant bien nettoyées et séparées de leur graisse et de leurs poils, on les fait bouillir dans une grande quantité d'eau pendant très-long-temps, en ayant soin d'enlever les écumes à mesure qu'elles se forment, et dont on favorise quelquefois la formation par l'addition d'un peu d'alun ou de chaux. Ensuite, on passe la liqueur à travers un filtre à claire-voie, et on la laisse reposer : après quoi elle est décantée, écumée de nouveau, concentrée fortement et versée dans des espèces de moules découverts et humectés où elle se solidifie et prend la forme de plaques molles. Enfin, lorsque ces plaques sont refroidies, ce qui a lieu en 24 heures, elles sont enlevées, coupées en tablettes, et l'on termine l'opération en les plaçant sur des cordes dans un endroit chaud et aéré.

Ce n'est point ainsi qu'on l'extrait des os : ceux-ci, contenant beaucoup de phosphate de chaux, doivent être mis d'abord en contact avec de l'acide muriatique liquide, qu'on renouvelle au besoin dans l'espace de huit jours ; par ce moyen ils sont dépouillés de toutes leurs matières salines et deviennent souples, flexibles, demi-transparens. Si alors on les traite par l'eau bouillante, ils se convertissent presqu'entièrement en colle ; 2 heures d'ébullition suffisent ; du reste, l'opération se fait comme nous venons de le dire tout à l'heure.

Toutes les colles sont plus ou moins transparentes : les unes sont d'un brun-noirâtre, d'autres d'un brun-rougeâtre, d'autres enfin d'un blanc légèrement jaune. Les plus pures sont celles qui ont le plus de transparence et le moins de couleur. Celles qu'on extrait des os par le procédé que nous venons d'indiquer, procédé que M. Darcet vient d'exécuter en grand, et pour lequel il a pris un brevet d'invention, l'emportent de beaucoup sur toutes les autres : elles sont aussi belles que celles qu'on pourrait faire avec la meilleure colle de poisson elle-même.

La colle de poisson n'est autre chose que la partie intérieure de la vessie natatoire de différentes espèces de poissons. La meilleure provient de certains esturgeons. La préparation en est simple : elle consiste à laver la vessie de ce poisson, la couper en long, en détacher et rejeter la pellicule extérieure qui a une couleur brune, faire sécher jusqu'à certain point la partie restante, la rouler et en achever la dessication à l'air. Cette colle est blanche, même demi-transparente, et n'est presque formée que de gélatine. Le prix en est bien plus élevé que celui de la colle-forte ordinaire, parce qu'elle est sans odeur, sans saveur, sans couleur.

On prépare encore la colle en faisant bouillir dans l'eau la tête, la queue et les mâchoires de plusieurs baleines, et de presque tous les poissons sans écailles, mais cette colle est bien moins estimée que la précédente ; elle se confond pour ainsi dire avec la colle-forte ordinaire.

1790. *Composition.* — La gélatine est composée de 47,881 de carbone ; de 7,914 d'hydrogène ; de 27,207 d'oxigène ; de 16,998 d'azote.

1791. *Usages.* — Les usages de la gélatine ou de la colle sont très-nombreux ; nous ne citerons que les principaux. Elle entre dans la composition de la peinture en détrempe. Les menuisiers, les ébénistes, etc. en emploient une grande quantité pour coller le bois. Les fabricans de papier en font aussi une grande consommation. C'est avec la gélatine qu'on prépare le taffetas d'Angleterre. C'est elle qui constitue toutes les gelées animales. Elle fait plus des $\frac{5}{6}$ de la substance nutritive du meilleur bouillon : aussi a-t-on proposé d'en ajouter une certaine quantité à celui-ci afin de le rendre plus nourrissant. (*Voyez* Chair musculaire.)

De la Matière caséeuse.

1792. *Etat naturel, préparation.* — La matière caséeuse n'existe que dans le lait. Pour l'en extraire, il faut abandonner le lait à lui-même, à la température ordinaire, jusqu'à ce qu'il soit coagulé ; enlever la crême qui se rassemble à la surface ; laver le caillé à grande eau et à plusieurs reprises ; le faire égoutter sur un filtre et le dessécher : le résidu qu'on obtiendra sera la matière caséeuse pure.

1793. *Propriétés.* — Cette matière est blanche, insipide, inodore, plus pesante que l'eau, sans action sur le tournesol et le sirop de violettes.

Décomposée par le feu, elle donne beaucoup de sous-carbonate d'ammoniaque, etc. (1765), et un charbon volumineux, difficile à incinérer, dont la cendre contient beaucoup de sous-phosphate de chaux. Placée sur un filtre à claire-voie, ou sur une claie en osier, à l'état de caillé, et exposée à l'air, elle prend peu à peu de la consistance, finit par s'altérer et se transformer en une sorte de fromage.

L'eau froide ou chaude ne la dissout point ; elle est au contraire soluble dans les dissolutions alcalines, et particulièrement dans l'ammoniaque, à la température ordinaire ou à une température peu élevée. Elle se dissout aussi à cette température dans la plupart des acides

forts appartenant au règne végétal et au règne minéral,
pourvu toutefois que les premiers soient concentrés et
les seconds étendus d'une certaine quantité d'eau, etc.

1794. *Composition, etc.* — La matière caséeuse est
composée, sur 100 parties ; de 59,781 de carbone ;
11,409 d'oxigène ; 7,429 d'hydrogène ; 21,381 d'azote
ou bien de 59,781 de carbone ; 12,964 d'oxigène et
hydrogène dans les proportions nécessaires pour faire
l'eau ; 5,874 d'hydrogène ; 21,381 d'azote.

Elle forme la base de toutes les espèces de fromages,
et constitue presqu'entièrement ceux qui sont de qualité inférieure : nous devons donc la considérer comme
substance nutritive, d'autant plus qu'elle entre pour
une grande quantité dans la composition du lait.

De l'Urée.

1795. *Propriétés.* — L'urée la plus pure que l'on
puisse obtenir est une substance cristallisée en lames
carrées ou en feuilles quadrilatères allongées, dont
l'épaisseur varie de 1 à 3 millimètres ; elle est sans
couleur, transparente, assez dure, d'une saveur fraîche,
un peu piquante et urineuse ; son odeur rappelle aussi
celle de l'urine ; sa pesanteur spécifique est plus grande
que celle de l'eau ; elle est sans action sur les couleurs
bleues végétales.

Lorsqu'on l'introduit dans une cornue et qu'on l'expose à une chaleur progressive, elle se fond d'abord,
se boursoufle ensuite, bientôt se décompose et se transforme en une grande quantité de sous-carbonate d'ammoniaque, en un gaz inflammable dont l'odeur est
insupportable et en charbon : elle ne fournit point ou
que très-peu du moins, d'eau, d'acide acétique,

d'acide prussique, d'oxide de carbone et d'huile, propriété qu'elle seule possède parmi toutes les matières animales.

Mise en contact avec l'air, elle en attire l'humidité et se résout en liqueur : aussi est-elle très-soluble dans l'eau et dans l'alcool. Sa dissolution aqueuse nous présente des phénomènes qu'il est important de faire connaître.

Abandonnée à elle-même, cette dissolution se décompose peu à peu, donne lieu à de l'acétate et du souscarbonate d'ammoniaque, et laisse dégager des gaz très-fétides.

En la mélant à une certaine quantité d'acide sulfurique, d'acide nitrique, d'acide muriatique, étendus d'eau, ou à tout autre acide fort dans un état convenable de concentration, et soumettant le mélange à la température de l'ébullition, il en résulte, par la réaction de ses principes les uns sur les autres, de l'ammoniaque, de l'acide acétique et d'autres produits variables, en raison de la nature de l'acide employé ; savoir: 1° avec l'acide muriatique et l'acide sulfurique, du gaz carbonique et une sorte de matière grasse noirâtre ; 2° avec l'acide nitrique, du gaz carbonique, de l'acide prussique et un dégagement d'azote ou d'oxide d'azote; à la fin de l'opération, la matière s'épaissit et s'enflamme avec une violente explosion.

Les acides nitrique, nitreux, muriatique oxigéné, sont les seuls qui aient à froid de l'action sur la dissolution d'urée.

En versant une grande quantité d'acide nitrique à 24° dans cette dissolution concentrée, il se forme tout à coup un grand nombre de cristaux brillans, prove-

nant de la combinaison de l'acide nitrique avec l'urée.
Cette combinaison, qu'on pourrait appeler jusqu'à un
certain point nitrate acide d'urée, est très-acide, peu
soluble dans l'eau, décomposable par les bases salifiables, et susceptible de détonner quand on la distille, parce qu'il se produit, à une basse température,
du nitrate d'ammoniaque qui se décompose subitement
à une chaleur rouge.

L'acide nitreux ne paraît pas pouvoir se combiner
avec l'urée; il la décompose avec violence lorsqu'il est
concentré et qu'elle l'est elle-même, et donne lieu aux
mêmes produits que ceux qui proviennent de l'action
de l'acide nitrique sur cette substance, à l'aide de la
chaleur.

Quant au gaz muriatique oxigéné, il se combine
d'abord avec la dissolution, produit des flocons qui s'attachent peu à peu comme une huile concrète aux parois du vase, détruit l'urée, et donne lieu, en se décomposant lui-même, à du gaz carbonique, du gaz
azote, du muriate et du sous-carbonate d'ammoniaque.

La dissolution d'urée ne décompose aucun sel; elle
change seulement la cristallisation de quelques-uns :
par exemple, elle fait cristalliser le sel marin en oc-
taèdre, et le sel ammoniac en cube.

L'infusion de noix de galle ne la trouble pas; les alcalis n'y produisent non plus aucun précipité; mais,
pour peu qu'on la chauffe avec les matières alcalines,
l'urée qu'elle contient ne tarde point à se transformer
en ammoniaque, acide carbonique, acide acétique.

1796. *Etat naturel, Extraction.* — L'urée existe
dans l'urine de l'homme, dans celle de tous les quadrupèdes, et probablement d'un grand nombre d'autres

ânimaux : on ne la trouve dans aucune autre humeur ; elle ne fait jamais partie des substances molles ou solides.

De tous les procédés qu'on peut employer pour l'obtenir, le meilleur est le suivant : Il faut évaporer l'urine en consistance de sirop, ayant soin de ménager le feu, surtout à la fin de l'évaporation ; ajouter peu à peu à ce sirop son volume d'acide nitrique à 24° ; agiter le mélange et le plonger dans un bain de glace, afin de durcir les cristaux de nitrate acide d'urée qui se précipitent ; laver ces cristaux avec de l'eau à 0 ; les faire égoutter et les comprimer entre des feuilles de papier joseph. Lorsqu'on les a ainsi séparés des matières étrangères auxquelles ils étaient adhérens, on les redissout dans l'eau, et on y ajoute assez de carbonate de potasse pour en séparer l'acide nitrique ; puis on évapore la nouvelle liqueur, à une douce chaleur, presque à siccité : on traite le résidu par de l'alcool très-pur qui ne dissout que l'urée ; on concentre la dissolution alcoolique, et l'urée cristallise.

1797. *Composition.* — L'urée, suivant Fourcroy et M. Vauquelin, est composée de

Oxigène........................... 28,5
Azote............................. 32,5
Carbone........................... 14,7
Hydrogène......................... 11,8

Ils sont parvenus à ces résultats en distillant une certaine quantité d'urée, observant que 217 parties de cette substance donnaient 200 parties de sous-carbonate d'ammoniaque cristallisé, 10 parties de gaz hydrogène carboné et 7 de charbon, calculant la pro-

portion des principes de chacune de ces substances, et
supposant que dans les 200 parties de sous-carbonate
d'ammoniaque, il entrait 24 parties d'eau contenue
dans l'urée avant sa distillation. Cette analyse n'est point
rigoureuse sans doute, mais elle prouve toutefois que
l'urée est, de toutes les substances animales, la plus
azotée.

1798. *Usages, etc.* — L'urée pure est sans usages;
mais c'est elle qui, en se décomposant et formant du
sous-carbonate d'ammoniaque, rend l'urine propre à
être employée dans plusieurs arts. C'est à Rouelle le
cadet que nous en devons la découverte, et à Fourcroy
et M. Vauquelin que nous devons la connaissance du
plus grand nombre de ses propriétés. (Ann. de Chimie,
t. 32, p. 80).

Du Mucus animal.

1799. Le mucus a été connu de tout temps par les
médecins, mais l'étude chimique n'en a été faite que
dans ces derniers temps, par Fourcroy et M. Vauquelin,
et par M. Berzelius. Il n'est renfermé dans aucun organe, dans aucun vaisseau, dans aucun réservoir; il
se forme sans cesse à la surface de toutes les membranes muqueuses, et paraît destiné à les lubréfier : on le
trouve constamment dans les fosses nasales, la bouche,
l'arrière-bouche, l'œsophage, l'estomac, les intestins,
la bile, etc. C'est lui qui, en se desséchant à la surface
de la peau, forme les petites écailles qu'on détache par
le frottement. Les durillons et les couches épaisses de
la plante des pieds, les ongles, les parties cornées, ne
contiennent pour ainsi dire que du mucus. Les cheveux, les poils, la laine, les plumes, les écailles

des poissons, en renferment une très-grande quantité.

Uni à l'eau, tel qu'on le trouve dans les fosses nasales, il est transparent, visqueux, filant, sans odeur, sans saveur. Exposé à une douce chaleur, il perd peu à peu l'eau qu'il contient, diminue beaucoup de volume, et se transforme en une masse demi-transparente et cassante, susceptible de se fondre sur les charbons ardens, de s'y boursoufler et de brûler en répandant l'odeur de la corne. Conservé dans un vase ouvert, il finit par se dessécher et prendre l'aspect que lui donne une douce chaleur long-temps continuée. L'eau n'en dissout qu'une petite quantité. Son véritable dissolvant, ce sont les acides.

A l'état sec, il est entièrement insoluble dans l'eau: celle qui est chaude ne fait que le gonfler et le ramollir. Sous cet état les acides n'en opèrent eux-mêmes la dissolution qu'avec beaucoup de peine.

On n'a point encore déterminé la proportion des principes constituans du mucus : on sait seulement qu'il est très-animalisé, puisque, par la distillation, on en retire une assez grande quantité de sous-carbonate d'ammoniaque. (Ann. de Chimie, t. 67, p. 26, et t. 88). M. Berzelius en admet plusieurs variétés (1904).

De la Matière extractive du Bouillon.

1800. La chair de bœuf est composée de fibrine, d'albumine, de gélatine, de graisse, d'une matière extractive et de quelques sels. Pour se procurer cette matière, on divise la chair et on la met d'abord en contact avec deux ou trois fois son volume d'eau froide pendant une à deux heures, en ayant soin de la malaxer de temps en temps ; ensuite on décante cette première eau, que l'on remplace par une seconde, et même par une troisième : l'albumine, la matière extractive et divers sels se dissolvent. Toutes les eaux étant réunies sont soumises à l'évaporation dans une capsule de porcelaine. Bientôt l'albumine commence à se coaguler, et le coagulum continue d'avoir lieu pendant presque tout le temps de l'évaporation, qu'il faut ménager, surtout lorsqu'elle touche à sa fin. On enlève les écumes à mesure qu'elles se forment, et l'on ne filtre qu'à l'époque où il ne se sépare plus sensiblement d'albumine. Alors la liqueur, très-réduite et déjà très-colorée, doit être exposée à une douce chaleur, jusqu'à ce qu'elle soit en consistance sirupeuse. L'extrait qu'on obtient ainsi n'est plus qu'un mélange de matière extractive et de sels primitivement dissous. En le traitant par l'alcool, à la température ordinaire, et faisant évaporer la dissolution alcoolique, on en sépare la matière extractive presque pure.

Dans cet état, cette matière est d'un brun-jaunâtre ; jamais elle ne se prend en gelée comme la gélatine ; sa saveur et son odeur sont les mêmes que celles du bouillon : aussi le bouillon est-il d'autant meilleur, qu'il en contient davantage ; elle s'y trouve, par rapport à la gélatine, à peu près dans la proportion de 1 à 7.

Soumise à l'action du feu, elle se fond, se boursoufle, se décompose, donne du sous-carbonate d'ammoniaque, et un charbon très-volumineux contenant du sous-carbonate de soude qui provient, selon M. Berzelius, du lactate de soude qu'elle renferme. Elle ne se putréfie que très-lentement. L'eau et l'alcool la dissolvent avec facilité. Sa dissolution aqueuse est troublée tout à coup par l'infusion de noix de galle, par le nitrate de mercure, par l'acétate et le nitrate de plomb.

En supposant que cette matière extractive soit réellement particulière, on pourrait l'appeler *osmazôme*.

Du Picromel.

1801. *État naturel.* — Le picromel, ainsi appelé à cause de sa saveur, est une substance propre à la bile de la plupart des animaux, mais que ne renferme point toutefois celle de l'homme.

Il est sans couleur, et a le même aspect et la même consistance que la térébenthine épaisse ; sa saveur est d'abord âcre et amère, puis elle devient sucrée ; son odeur est nauséabonde et sa pesanteur spécifique plus grande que celle de l'eau.

Soumis à l'action du feu, le picromel perd une partie de sa viscosité, se boursoufle, se décompose en ne donnant point ou que très-peu de carbonate d'ammoniaque. Il est susceptible de se conserver très-long-temps, sans subir la moindre altération. Exposé à l'air, il en attire légèrement l'humidité : par conséquent il est très-soluble dans l'eau. L'alcool est aussi susceptible de le dissoudre. Chauffé légèrement avec les acides muriatique, nitrique, sulfurique, convenablement affaiblis, il forme un composé visqueux sur lequel l'eau n'a que très-peu d'action. Les alcalis et la plupart des sels n'en troublent point la dissolution ; et il n'y a guère que le nitrate de mercure, l'acétate avec excès d'oxide de plomb et les sels de fer qui jouissent de cette propriété. L'infusion de noix de galle ne la possède point. De tous ces caractères, le plus saillant réside dans les phénomènes qu'il nous offre avec la résine de la bile et la soude.

Lorsqu'on dissout 2 parties et demie de picromel et 1 partie de résine dans l'alcool, que l'on fait évaporer la dissolution jusqu'à siccité, l'on obtient un composé qui est soluble dans l'eau. Si l'on ajoute du sel marin à la dissolution, elle deviendra plus stable ; si on l'évapore ensuite et si l'on calcine le résidu, il en résultera un charbon très-alcalin et qui contiendra évidemment du sous-carbonate de soude : d'où l'on doit conclure 1° que la résine de la bile est soluble dans le picromel; 2° que la résine, le picromel et la soude sont susceptibles de former un composé très-intime ; 3° que le picromel et la résine peuvent décomposer le sel marin. Ces différens faits nous seront très-utiles par la suite pour expliquer le plus grand nombre des résultats qui nous sont offerts par la bile.

1802. *Préparation.* — C'est de la bile de bœuf qu'on extrait le picromel : cette bile, outre le picromel, la matière résineuse et un peu de matière jaune, renferme beaucoup d'eau et une petite quantité de soude, de phosphate, de muriate, de sulfate de soude, de phosphate de chaux et d'oxide de fer. Il faut d'abord y verser un excès de dissolution d'acétate de plomb du commerce : par ce moyen, on précipite toute la matière jaune et toute la résine unie à l'oxide de plomb; on précipite également l'acide phosphorique et l'acide sulfurique du phosphate et du sulfate de soude. La liqueur étant filtrée, on y verse du sous-acétate de plomb : à l'instant le picromel s'empare de l'excès d'oxide de ce sel, et se dépose sous forme de flocons blancs. Ces flocons doivent être lavés à grande eau par décantation, recueillis sur un filtre, dissous dans le vinaigre distillé. Alors, à travers la dissolution, l'on fait passer du gaz hydrogène sulfuré pour séparer le plomb; l'on filtre la liqueur, l'on en chasse l'acide acétique par l'évaporation, et on obtient pour résidu le picromel pur.

Le picromel n'a point encore été analysé. Il est sans usage.

Du Sucre de Lait.

1803. *Propriétés.* — Le sucre de lait est une substance qu'on appelle ainsi, parce qu'elle a une saveur douce et qu'elle n'existe que dans le lait. On ne doit point la confondre avec le sucre proprement dit, car elle ne fermente point.

Le sucre de lait est solide, sans odeur, spécifiquement plus pesant que l'eau; il est susceptible de cristalliser en parallélipipèdes réguliers, terminés par des pyramides à 4 faces, blancs, demi-transparens, durs, croquant sous la dent, et qui, projetés sur les charbons incandescens, décrépitent, se boursoufflent et se charbonnent. Comme il ne contient point d'azote, et qu'il est composé de carbone, et d'oxigène et d'hydrogène dans les proportions nécessaires pour former de l'eau, il donne, dans sa décomposition par le feu, les mêmes produits que les substances végétales appartenant à la seconde section. Exposé à l'air, il n'en attire point l'humidité et ne s'altère en aucune manière. L'eau en dissout plus à chaud qu'à froid, de sorte que, par le refroidissement, elle en laisse déposer sous forme de cristaux. L'alcool n'en dissout pas la plus petite quantité. Traité par l'acide nitrique, il donne absolument les mêmes produits que la gomme, c'est-à-dire, des acides acétique, malique, mucique, oxalique, etc. (1460). Il n'est précipité de sa dissolution aqueuse par aucun sel, par aucun alcali, par aucun acide; l'infusion de noix de galle ne produit non plus aucun nuage dans cette dissolution; mais l'alcool, en raison de son affinité pour l'eau, la trouble sensiblement.

1804. *Préparation.* — C'est en Suisse que le sucre de lait se prépare; là, existe une grande quantité de petit-lait provenant de la fabrication du fromage de gruyère; on l'évapore jusqu'à un certain point et on en retire, par le refroidissement, des couches épaisses d'environ 20 millimètres, de cristaux de sucre de lait, qu'on purifie par de nouvelles dissolutions et cristallisations. Ces couches cristallines sont brisées en morceaux de différentes grosseurs et versées dans le commerce. En traitant de la même manière toute autre espèce de petit-lait provenant de la coagulation spontanée du lait ou de sa coagulation par les acides, on en retirerait également du sucre de lait. Dans tous les cas, cette préparation sera facile à concevoir, en observant que le petit-lait n'est autre chose qu'une assez grande quantité d'eau tenant en dissolution une grande quantité de sucre de lait, et une petite quantité de matière caséeuse, d'acide et de sels.

1805. *Composition.* — Le sucre de lait est formé de 38,825 de carbone; 53,834 d'oxigène; 7,341 d'hydrogène : ou bien de 38,825 de carbone; 61,175 d'hydrogène et d'oxigène, dans les proportions nécessaires pour faire l'eau.

1806. *Usages.* — Le sucre de lait est employé en médecine, mais seulement par quelques médecins. On s'en sert aussi quelquefois pour falsifier la cassonade ; il est toujours facile de reconnaître la fraude au moyen de l'alcool faible qui dissout le sucre proprement dit , et n'a point d'action sur le sucre de lait : le résidu sera véritablement du sucre de lait , si , par l'acide nitrique , il se convertit en partie en acide mucique.

Du sucre de Diabètes.

1807. Le sucre de diabètes ne se produit que dans les urines des individus attaqués d'une maladie connue sous le nom de *diabètes sucré*. Ce sucre est analogue au sucre proprement dit ; l'histoire de ses propriétés ayant été faite précédemment (1443) , nous ne devons plus nous en occuper.

SECTION II.

Des Acides à radicaux binaires et ternaires, qu'on rencontre tout formés dans les animaux, et de ceux qu'on peut former en traitant les substances animales par divers corps.

1808. Ces acides sont au nombre de 11 ; savoir : l'acide urique, l'acide rosacique, l'acide amniotique, l'acide sébacique, l'acide prussique, l'acide prussique oxigéné, l'acide lactique, et les acides acétique, malique, oxalique, benzoïque. Les quatre derniers ont été examinés dans la chimie végétale ; nous allons exposer les propriétés des sept autres.

De l'Acide urique.

1809. *Etat naturel.* — L'acide urique ne se trouve que dans les urines de l'homme et des oiseaux : c'est cet acide qui se dépose, de certaines urines, sous forme de poudre jaunàtre, peu après qu'elles sont rendues, et qui s'attache tellement aux vases, qu'on a peine à l'enlever, même par le frottement ; c'est lui qui constitue tous les calculs et toutes les couches de calculs urinaires de l'homme, qui sont jaunàtres et dont la poussière ressemble à la sciure de bois ; c'est également lui qui forme toute la partie blanche qu'on distingue dans les excrémens des oiseaux (*a*) ; enfin, il paraît que c'est ce même acide qui, uni à la soude, compose les calculs arthritiques.

1810. *Préparation.* — Le meilleur moyen d'obtenir l'acide urique pur est de se procurer des dépôts d'urines non putréfiées, ou des calculs urinaires jaunàtres, de les broyer, de les traiter à chaud par un excès de dissolution de potasse ou de soude caustique, de filtrer la liqueur et d'y verser de l'acide muriatique : à l'instant, l'acide urique, qui est peu soluble, se précipite en flocons blancs qui perdent peu à peu de leur volume et se transforment en petites paillettes brillantes ; aussitôt qu'il est précipité, on le rassemble sur un filtre et on le lave jusqu'à ce que l'eau qui passe à travers ne trouble plus la dissolution de nitrate d'ar-

---

(*a*) Classe d'animaux d ont l'organisation est telle, qu'ils rendent leurs urines avec leurs excrémens.

gent : dans cet état, il est pur, il ne reste plus qu'à le dessécher à une douce chaleur.

1811. *Propriétés.* — L'acide urique ainsi préparé est solide, d'un blanc jaunâtre, en poudre lamelleuse, sans odeur, sans saveur, spécifiquement plus pesant que l'eau et sans action, bien sensible du moins, sur la teinture du tournesol.

Soumis, dans une cornue, à l'action du feu, il donne tous les produits qui proviennent de la distillation des matières animales, et de plus, un sublimé jaunâtre qui se rapproche : suivant Schéele, de l'acide succinique ; suivant le docteur Pearson, de l'acide benzoïque ; suivant d'autres chimistes, de l'acide urique même, et qui, suivant M. William Henry, est un composé d'ammoniaque et d'un acide particulier.

L'air n'exerce aucune action sur lui, à la température ordinaire. L'eau, à celle de 15 à 16°, n'en dissout que la 1720ème partie de son poids ; bouillante, elle en dissout la 1150ème partie et en laisse déposer, par le refroidissement, sous forme de petites lames : il est absolument insoluble dans l'alcool.

Les sels qu'il est susceptible de former avec les bases salifiables, ne sont solubles, d'une manière très-sensible, qu'autant que ces bases le sont elles-mêmes, et qu'elles sont en excès. Presque tous les acides sont susceptibles de les décomposer. En effet, si l'on verse un excès d'acide qui ait tant soit peu de force dans une dissolution de sous-urate alcalin, dissolution que l'on peut toujours obtenir à froid, et à plus forte raison à chaud, l'acide urique en sera précipité tout à coup, comme nous l'avons dit précédemment.

Lorsqu'on traite l'acide urique par l'acide nitrique

bouillant, ces deux acides se décomposent réciproquement, et de cette décomposition résultent de l'eau, du gaz carbonique, de l'azote et de l'oxide d'azote, de l'acide prussique, du nitrate d'ammoniaque, et peut-être des acides acétique, malique et oxalique. A une certaine époque, la liqueur devient très-rose et comme carminée.

Si l'on projette de l'acide urique dans un flacon plein de gaz muriatique oxigéné, il se forme en peu de temps du muriate d'ammoniaque, de l'oxalate d'ammoniaque, de l'acide carbonique, de l'acide muriatique et de l'acide malique : on obtient le même résultat en faisant passer ce gaz à travers de l'eau, tenant l'acide urique en suspension.

Enfin, quand on fait chauffer un mélange d'acide urique et d'un excès de muriate suroxigéné de potasse, il se dégage du gaz azote, et il se produit non-seulement de l'eau, du gaz acide carbonique, mais encore du gaz acide nitreux : la combustion a peu d'activité.

1812. *Composition, etc.* — L'acide urique n'a point encore été analysé. Il est sans usages. C'est à Schéele que la découverte en est due; il la fit en 1776, en analysant les calculs de la vessie de l'homme. Croyant que les calculs étaient toujours formés de cet acide, il le nomma acide *lithique*; dénomination à laquelle on a renoncé, depuis qu'on sait que ces concrétions contiennent beaucoup d'autres substances. Bergman, M. Pearson, Fourcroy et M. Vauquelin, et surtout M. William Henry, sont ceux qui, après Schéele, ont étudié avec le plus de soin les propriétés de l'acide urique.

De l'Acide rosacique.

1813. *Historique, Propriétés.* — L'acide rosacique, qui tire son nom de sa couleur, fut découvert par M. Proust il y a treize à quatorze ans, et étudié par M. Vauquelin en 1811.

Cet acide est solide, d'un rouge de cinabre très-vif, inodore ; sa saveur est faible : cependant il rougit d'une manière très-sensible la teinture de tournesol.

Mis sur les charbons incandescens, il se décompose et donne lieu à une vapeur piquante qui n'a rien des matières animales : il paraît donc qu'il ne contient pas d'azote, ou du moins qu'il n'en contient que peu. Il est très-soluble dans l'eau ; il est même déliquescent, car il se ramollit à l'air. Sa dissolution dans l'alcool s'opère facilement. Il se combine avec les bases salifiables, et forme des sels solubles, non-seulement avec la potasse, la soude et l'ammoniaque, mais avec la barite, la stron-tiane et la chaux ; il forme un précipité légèrement rose dans l'acétate de plomb : enfin il se combine avec l'aci-cide urique, et cette combinaison est si intime, que l'acide urique, en se précipitant de l'urine, entraîne tout l'acide rosacique, encore bien que celui-ci soit dé-liquescent.

1814. *État naturel, Préparation.* — L'acide rosa-cique est très-rare : on ne le trouve que dans quelques urines. C'est lui qui, uni à l'acide urique, se dépose de celles qu'on rend dans le cours des fièvres intermit-tentes et des fièvres nerveuses, souvent sous forme de sédiment rosacé, et quelquefois sous forme de cristaux rougeâtres. Peut-être est-ce lui qui colore les urines que l'on connaît sous le nom d'urines ardentes.

On l'obtient pur en se procurant une certaine quantité du dépôt coloré dont nous venons de parler, lavant ce dépôt avec de l'eau, pour en séparer le liquide urinaire, traitant ensuite ce même dépôt par l'alcool bouillant, et faisant évaporer la dissolution.

L'analyse n'en a point encore été faite; il est sans usages.

De l'Acide amniotique.

1815. *Historique, Propriétés.* — MM. Buniva et Vauquelin, en analysant l'eau de l'amnios de la vache, il y a à peu près quinze ans, ont trouvé un acide particulier, auquel ils ont donné le nom d'acide amniotique.

Cet acide est solide, blanc et brillant, sans odeur; sa saveur est faible; il rougit légèrement la teinture de tournesol, et est susceptible de cristalliser en aiguilles.

Exposé au feu, il se boursoufle, se décompose, et donne du sous-carbonate d'ammoniaque, un charbon volumineux, etc. L'air ne l'altère point. Il est peu soluble dans l'eau et dans l'alcool, à la température ordinaire; il l'est beaucoup plus dans ces liquides bouillans : aussi en laissent-ils déposer une partie par le refroidissement, sous forme de cristaux.

Il forme, avec tous les alcalis, des sels solubles que la plupart des acides décomposent : c'est pourquoi, lorsqu'on dissout ces sels dans l'eau, et qu'on verse un acide tant soit peu fort dans la dissolution, on voit tout à coup l'acide amniotique se déposer sous forme de poudre blanche cristalline. Il ne trouble point les dissolutions de nitrate d'argent, de plomb, de mercure,

et ne décompose celles des carbonates alcalins que par
la chaleur.

1816. *État naturel, Préparation.* — L'acide amniotique n'existe point dans les eaux de l'amnios de
femme : on ne sait point d'ailleurs s'il existe dans d'autres eaux d'amnios que celles de vache.

Les eaux d'amnios de vache étant composées d'eau
proprement dite, d'une matière animale jaunâtre, visqueuse, très-soluble dans l'eau, incristallisable, insoluble dans l'alcool, d'acide amniotique, de sulfate de
soude, de phosphate de chaux et de magnésie, il faut,
pour en extraire l'acide amniotique, les faire évaporer
jusqu'en consistance de sirop très-épais, et traiter à
plusieurs reprises le résidu par l'alcool bouillant : l'a-
cide se dissout dans celui-ci et s'en sépare presqu'entièrement par le refroidissement.

On peut encore se le procurer en réduisant, par l'é-
vaporation, les eaux de l'amnios au quart de leur volume, et les laissant refroidir : l'acide qu'elles contiennent cristallise en grande partie. A la vérité, l'acide
que l'on obtient ainsi est coloré en jaune par un peu de
matière animale, mais il suffit de le laver dans une
petite quantité d'eau pour enlever cette matière qui est
très-soluble, et le rendre blanc.

La proportion des principes de l'acide amniotique
n'a point encore été déterminée. Il est sans usages.

De l'Acide sébacique.

1817. L'acide sébacique tire son nom du mot latin
sebum, suif : c'est un produit de la distillation des
graisses.

Cet acide est sans odeur; sa saveur est faible; sa pesanteur spécifique, plus grande que celle de l'eau; il rougit d'une manière très-sensible la teinture de tournesol; il cristallise en petites aiguilles blanches qui n'ont que très-peu de consistance.

Soumis à l'action du feu, il fond comme une espèce de graisse, se décompose et se vaporise en partie.

L'air ne l'altère point.

Il est bien plus soluble dans l'eau à chaud qu'à froid : aussi de l'eau bouillante qui en est saturée, se prend-elle en masse par le refroidissement. L'alcool en dissout, à la température ordinaire, une grande quantité.

Il forme, avec les alcalis, des sels neutres solubles : si l'on verse de l'acide sulfurique, nitrique ou muriatique dans une dissolution concentrée de sébate, il s'en dépose tout à coup une très-grande quantité d'acide sébacique.

Enfin il précipite les dissolutions d'acétate et de nitrate de plomb, d'acétate et de nitrate de mercure, et celle de nitrate d'argent. Telles sont les propriétés qui le caractérisent.

Pour en obtenir une quantité très-sensible, il faut distiller 3 à 4 kilogrammes de suif ou d'axonge dans une cornue de grès de 7 à 8 litres, recevoir dans un ballon, par le moyen d'une allonge, les produits qui sont susceptibles de se condenser, et qui sont formés d'une grande quantité d'huile et de graisse altérée, et d'une petite quantité d'acide acétique et d'acide sébacique; traiter à plusieurs reprises ce produit par de l'eau bouillante, agiter la liqueur pendant quelques minutes, la laisser refroidir, la décanter à chaque fois, et y verser un excès de dissolution d'acétate de plomb : il en résulte sur-le-champ un précipité blanc et floconneux de sébate de plomb, qui doit être réuni sur un filtre, lavé et séché. Alors on introduit le sébate dans une fiole avec son poids d'acide sulfurique étendu de 5 à 6 parties d'eau ; on expose cette fiole à une température d'environ 100 degrés ; l'acide sulfurique s'empare de l'oxide de plomb, et met en liberté l'acide sébacique qui reste en dissolution ; on jette le tout sur un filtre, et l'acide sébacique cristallise par refroidissement : mais, comme il est imprégné d'acide sulfurique, il faut le laver jusqu'à ce qu'il ne communique plus à l'eau la propriété de précipiter par le nitrate de barite. Amené à ce point, il ne s'agit plus que de le faire sécher à une douce chaleur.

1818. —*Composition.* — L'acide sébacique n'a point encore été analysé ; mais il est évident qu'il ne doit pas contenir d'azote, puisque le suif n'en contient point : il n'est donc formé que d'hydrogène, de carbone et d'oxigène. Je présume que, dans cet acide, l'hydrogène est en excès par rapport à l'oxigène.

Il est sans usages, et connu seulement depuis douze à treize ans.

1819. Cet acide ne doit point être confondu avec celui qui était connu sous ce nom avant l'époque que nous venons de citer. Celui-ci, auquel on attribuait une odeur forte et repoussante, n'est que de l'acide acétique, ou de l'acide muriatique, ou de la graisse gazéifiée ou altérée, suivant le procédé que l'on emploie pour le préparer. (Ann. de Chimie, t. 39, p. 193).

Acide prussique.

1820. *Propriétés.* — L'acide prussique pur, à la température ordinaire, est liquide, transparent, sans couleur ; sa saveur, d'abord fraîche, devient bientôt âcre et irritante ; sa densité à 7 degrés est de 0,70583. Il rougit légèrement la teinture de tournesol. Son odeur est si forte, qu'elle produit presque sur-le-champ des maux de tête et des étourdissemens ; elle ne devient supportable qu'autant que l'acide est répandu dans une très-grande quantité d'air ; alors elle est la même que celle des amandes amères.

Sa volatilité est très-grande. En effet, il bout à 26,5 degrés sous une pression de 0m.,76 ; et à 10 degrés, il soutient une colonne de mercure de 0m.,38. Cependant sa congélation est facile à opérer ; elle a lieu à —15 degrés : aussi, lorsqu'on verse quelques gouttes de cet acide sur du papier, la portion qui se vaporise presqu'instantanément produit-elle assez de froid pour faire cristalliser l'autre : c'est le seul liquide qui jouisse de cette propriété. On l'obtient bien plus facilement cristallisé en plongeant le vase qui le contient dans un mélange de 2 parties et demie de glace et d'une partie de sel : alors il affecte quelquefois la forme du nitrate d'ammoniaque.

Il résiste à l'action de la chaleur rouge-cerise ; et cependant, abandonné à lui-même dans un vaisseau fermé, à la température ordinaire, il se décompose en quelques jours et se convertit en une masse noire, pulvérulente, et probablement en ammoniaque, etc. ; car tels sont les produits dans lesquels il se transforme lorsqu'il est dissous dans l'eau, suivant M. Proust. (Aunales de Chimie, t. 60, p. 233). Mis en contact avec les gaz, à la température de 20 degrés, il en quintuple le volume. Il prend feu sur-le-champ dans l'air par l'approche d'un corps en combustion. Il est peu soluble dans l'eau : c'est pourquoi, lorsqu'on l'agite avec 10 à 12 fois son volume de ce liquide, il se rassemble à la surface, à la manière des huiles et des éthers. L'alcool le dissout facilement. Les métaux sont sans action sur lui.

Il se combine avec la plupart des bases salifiables, et forme des composés salins que nous examinerons plus bas.

On ne connaît point encore l'action qu'il est susceptible d'exercer sur les acides : il décompose les sels de mercure protoxidés, en sépare l'acide, une portion de mercure, et forme un deuto-prussiate soluble ; il précipite la dissolution de nitrate d'argent en blanc, celle de carbonate acide de fer, en vert de mer qui devient bientôt bleu ; il trouble aussi les dissolutions de sulfures hydrogénés et de savon ; mais il paraît qu'il n'agit point sur les autres combinaisons salines.

1821. *État naturel, Préparation.* — Jusqu'à présent cet acide n'a point été trouvé dans la nature ; cependant il se forme dans un grand nombre de nos opérations. On ne peut décomposer aucune substance végétale ou animale azotée sans en produire une certaine quantité ; il s'en produit beaucoup plus, lorsque, avant la calcination, ces matières sont mêlées avec de la potasse ou de la soude ; on en obtient également beaucoup en chauffant ces alcalis avec les charbons animaux ; les charbons végétaux, traités de la même manière, en donnent aussi des quantités très-sensibles : c'est l'un des produits constans de l'action de l'acide nitrique sur les matières végétales et animales, et, suivant Clouet, de celle du gaz ammoniacal sur le charbon incandescent.

On l'obtient en décomposant le prussiate de mercure cristallisé par les deux tiers d'acide muriatique liquide et légèrement fumant, dans un appareil qui se compose : d'une cornue tubulée ; d'un flacon à deux tubulures contenant des fragmens de muriate de chaux et de craie ; d'un petit flacon et de deux tubes destinés à établir une communication, le premier entre la cornue et le flacon tubulé, et le second entre celui-ci et le petit flacon : ces flacons doivent être entourés d'un mélange de glace et de sel marin. L'appareil étant monté, on introduit successivement le prussiate de mercure et l'acide par la tubulure de la cornue, on bouche cette tubulure et on fait un peu de feu dans le fourneau ; bientôt il se produit une légère ébullition due en partie à la vaporisation de l'acide prussique, qui se rend et se condense dans le flacon tubulé avec un peu d'acide muriatique et d'eau. Lorsque la quantité d'eau devient très-sensible, il faut suspendre l'opération pour purifier le produit déjà obtenu, cette opération se fait en retirant le tube de la cornue, le bouchant avec du lut, enlevant la glace qui entoure le premier flacon et la remplaçant par de l'eau à environ 32 ou 33 degrés ; par ce moyen, l'acide prussique passe seul dans le petit flacon, puisque l'eau et l'acide muriatique, qui s'étaient d'abord volatilisés avec lui, sont retenus dans le premier flacon ; savoir, l'eau par le muriate calcaire, et l'acide muriatique par la chaux.

Nous devons observer : 1° qu'il vaut mieux verser l'acide muriatique par partie que tout à la fois ; 2° que le premier tube doit pénétrer dans le flacon tubulé jusqu'auprès de la surface des sels qui y sont contenus ; 3° que le second tube doit s'enfoncer jusqu'au fond du petit flacon ; 4° que, pour avoir une quantité notable d'acide prussique, il faut opérer au moins sur 2 ou 300 grammes de prussiate de mercure.

1822. *Composition, etc.*—L'analyse de l'acide prussique n'a point encore été faite, de sorte que la nature de ses principes constituans n'est point encore bien connue. Il paraît bien certain qu'il contient du carbone, de l'azote et de l'hydrogène : mais il n'est pas démontré qu'il contienne de l'oxigène ; les chimistes sont à cet égard partagés d'opinion. (*Voyez* Statique chimique, tom. 2, p, 265).

1823. *Usages, Historique.* — Ses usages sont nuls. C'est Schéele qui le découvrit en 1780 ; mais cet illustre chimiste ne le connut qu'uni à une grande quantité d'eau (*a*) : M. Gay-Lussac est le premier qui soit pervenu à l'obtenir pur. Presque tout ce qui précède est tiré de son Mémoire. (Ann. de Chim. t. 77, p. 128).

(*a*) Pour se le procurer, il dissolvait une partie de deuto-prussiate de mercure dans 7 à 8 parties d'eau ; il versait la dissolution dans un flacon, y ajoutait une partie et demie de limaille de fer, trois huitièmes de partie d'acide sulfuriqu e concentré, agitait bien le tout pendant quelques minutes, le laisait reposer; décantait ensuite la liqueur et en retirait le quart par la distillation. Cette portion de liqueur distillée était celle qu'il considérait comme l'acide prussique. Dans cette opération, l'oxigène du deutoxide de mercure se porte sur le fer, et le protoxide de fer qui en résulte s'unit à l'acide sulfurique, en sorte que le mercure devient libre, et que la liqueur contient tout à la fois un sel ferrugineux et de l'acide prussique.

1824. Après avoir examiné, comme nous venons de le faire, les propriétés de l'acide prussique, occupons-nous maintenant de l'histoire de ses combinaisons salines, et traitons séparément, pour plus de clarté, des sels simples et des sels doubles qu'il est susceptible de former.

Des Prussiates simples.

1825. Les prussiates de potasse, de soude, de barite, de chaux, d'ammoniaque, de magnésie, n'ont, pour ainsi dire, été étudiés que dissous dans l'eau: le moins soluble est le prussiate de barite. Dans cet état de dissolution, ils sont incolores et verdissent le sirop de violettes. Exposés à la chaleur de l'ébullition, les prussiates de magnésie et de chaux laissent dégager tout leur acide; les prussiates de potasse et de soude en laissent dégager une partie; celui d'ammoniaque se volatilise. Ils sont décomposés par tous les acides, même par l'acide carbonique, ce qui prouve que l'acide prussique est très-faible: aussi passent-ils peu à peu à l'état de carbonates par leur contact avec l'air. Tous, principalement ceux de potasse et de soude, sont susceptibles de dissoudre le deutoxide de fer et de former des sels doubles jaunâtres, beaucoup plus stables que les prussiates simples (a).

Enfin, lorsqu'on verse l'un d'eux dans une eau chargée d'un sel appartenant aux quatre dernières sections, il se forme souvent un précipité de prussiate dont la couleur est variable. Par exemple,

(a) Il est probable que plusieurs autres oxides des quatre dernières sections jouissent aussi de cette propriété.

le précipité formé dans les sels de fer protoxidé est orangé, très-abondant; il absorbe peu à peu l'oxigène de l'air, et devient d'abord d'un vert sale, puis d'un bleu foncé. Celui qu'on obtient avec les sels de fer deutoxidé, est abondant comme le premier, et d'un bleu pâle; comme lui aussi, il absorbe l'oxigène de l'air, et devient d'un beau bleu. Quant aux sels de fer tritoxidé, ils sont à peine troublés par les prussiates.

1826. *État naturel, Préparation, etc.* — Aucun de ces prussiates n'existe dans la nature : on les obtient directement en agitant l'acide prussique avec les bases salifiables et l'eau dans un flacon bouché, et en filtrant ensuite la liqueur, si la base est insoluble. L'on peut aussi à la vérité se procurer ceux de soude et de potasse en faisant un mélange de parties égales de sous-carbonate de potasse, ou de sous-carbonate de soude et de matières animales, par exemple, de sang desséché, calcinant le mélange dans un creuset jusqu'à ce qu'il soit devenu pâteux, le délayant dans l'eau, et passant la dissolution à travers un filtre; mais les prussiates ainsi préparés contiennent toujours un grand excès d'alcali, et peut-être même quelques traces de fer, provenant de la matière animale.

Ces prussiates n'ont point encore été analysés.

Ce sont d'excellens réactifs pour reconnaître la présence de quelques sels et particulièrement des sels de fer; car ce n'est qu'avec les sels ferrugineux qu'ils se comportent, comme nous l'avons vu précédemment. Toutefois, lorsque ces sels sont à l'état de tritoxide, ce qui arrive souvent, il faut, avant d'y verser le prussiate, les ramener à l'état de deutoxide, par une certaine quantité d'hydrogène sulfuré.

Du Deuto-Prussiate de Mercure.

1827. *Préparation.* — Ce sel s'obtient en faisant bouillir dans un matras 8 parties d'eau, 2 parties de bon bleu de Prusse (*a*) réduit en poudre fine, et 1 partie de deutoxide de mercure. Lorsque le mélange, de bleu qu'il est d'abord, est devenu jaune, on filtre la liqueur, et le prussiate s'en dépose par le refroidissement sous forme de prismes tétraèdres qui sont opaques et blancs. Ensuite on réunit les eaux mères aux eaux de lavage, et on retire tout le sel qui s'y trouve par des évaporations et refroidissemens successifs. Mais comme, dans cet état, le prussiate contient une certaine quantité d'oxide de fer, il faut, pour le séparer de celui-ci, suivant M. Proust, le redissoudre dans l'eau et le faire bouillir à plusieurs reprises sur du deutoxide de mercure, en filtrant la liqueur à chaque fois, et la mettant en contact avec de nouvel oxide mercuriel. Ainsi purifié, ce sel ne cristallise plus en prismes, mais en petites aiguilles fines et groupées. Sa saveur est très-stiptique et très-désagréable. Il excite fortement la salivation. Son action vénéneuse est telle qu'il serait dangereux de le prendre à la dose de quelques grains. Sa pesanteur spécifique est très-grande. Il est sans odeur et ne rougit pas le tournesol.

Chauffé graduellement dans une cornue, il se décompose, donne de l'ammoniaque, de l'huile, du gaz carbonique, de l'acide prussique, de l'hydrogène carboné (*b*), du mercure, et un résidu charbonneux. Le

---

(*a*) Prussiate ferrugineux, mêlé d'alumine.

(*b*) M. Proust prétend que le prussiate de mercure donne du gaz oxide de carbone, et il ne parle point du gaz hydrogène carboné.

mercure forme les 0,72 du sel employé, et le résidu en forme les 0,8 à 0,9.

La dissolution concentrée de potasse ne décompose point le prussiate de mercure; elle le dissout seulement à l'aide de la chaleur, et le laisse cristalliser par le refroidissement: aussi le deutoxide de mercure enlève-t-il facilement l'acide prussique à cet alcali. Il est probable qu'il l'enlève de même aux autres bases salifiables alcalines, et que par conséquent aucune d'elles n'opère la décomposition du prussiate de mercure.

De tous les acides dont on a éprouvé l'action sur le prussiate de mercure, il n'y a que l'acide muriatique qui puisse en dégager l'acide prussique. L'acide nitrique même, par l'ébullition, ne fait que le dissoudre; il en est de même de l'acide sulfurique faible. L'acide sulfurique concentré agit à la vérité sur lui; mais en même temps qu'il s'unit à son oxide, il détruit l'acide prussique et passe en partie à l'état de gaz sulfureux.

La plupart des sels sont sans action sur le prussiate de mercure; il n'y a guère que le proto-muriate d'étain qui le décompose; il s'empare de l'oxigène de l'oxide de ce sel, et rend son acide libre. L'hydrogène sulfuré en met également l'acide en liberté, en agissant sur l'oxide de mercure à la manière ordinaire. (*Voyez* l'action du fer et de l'acide sulfurique sur ce sel (1823).

1828. *Etat naturel, Composition.* — Le prussiate de mercure n'existe point dans la nature : on l'obtient comme nous l'avons dit précédemment. L'analyse n'en a point encore été faite : on pourrait cependant, jusqu'à un certain point, en conclure la composition, d'après les produits de sa décomposition par le feu (*a*).

_____

(*a*) Le prussiate de mercure résiste tant à l'action des acides et des

1829. *Usages, etc.* — Quelques médecins emploient ce sel dans le traitement des maladies siphillitiques ; les chimistes s'en servent pour extraire l'acide prussique.

C'est Schéele qui l'a obtenu le premier. Après lui, M. Proust est celui de tous les chimistes qui l'a le plus et le mieux étudié ; c'est même de son Mémoire que nous avons tiré presque tout ce qui précède. (Ann. de Chimie , t. 60, p. 227).

Des autres espèces de Prussiates simples.

1830. Les autres espèces de prussiates simples ont été à peine étudiées : on ne sait autre chose de leur histoire, sinon, 1° qu'il n'existe point de prussiate d'alumine, de prussiate de zircône, de prussiate de silice, de proto-prussiate de mercure ; 2° qu'en versant une dissolution de prussiate de potasse ou de soude dans la plupart des dissolutions salines appartenant aux quatre dernières sections, il en résulte des précipités diversement colorés, qui contiennent presque tous une certaine quantité d'acide prussique et d'oxide de la dissolution saline ; mais ne renferment-ils pas de la potasse ? Ne serait-ce pas, en d'autres termes, des prussiates doubles ? C'est ce qu'on n'a point encore examiné généralement : on en reconnaîtrait facilement la nature en les calcinant.

Pour en faire exactement l'histoire, il faudrait es-

alcalis, qu'on serait porté à croire que ce sel serait un sel double, si Schéele ne nous assurait qu'on peut l'obtenir directement, c'est-à-dire, en mettant l'acide prussique avec du deutoxide de mercure et de l'eau. (*Voyez* Mémoire de Schéele, 2e partie, p. 271).

sayer de les préparer directement en présentant les
bases salifiables dissoutes ou suspendues dans l'eau ,
à l'acide prussique. Schéele a bien fait quelques ten-
tatives à cet égard, mais il les a peu variées , et
d'ailleurs il n'employait jamais que de l'acide très-
étendu d'eau. Il nous apprend que cet acide ne produit aucun effet sur les oxides de plomb , de bismuth,
de fer , de manganèse , de platine , d'étain et d'antimoine ; qu'il rend blanc l'or précipité par les carbonates
alcalins ; qu'il dégage avec une légère effervescence le
gaz carbonique de l'argent précipité de la même manière ; qu'il agit de même sur les carbonates de cuivre ,
de fer , de cobalt, provenant des dissolutions de ces
métaux, décomposées par le carbonate de potasse, et
qu'il rend le premier jaune citrin, le second jaune
foncé, et le troisième jaune brun ; enfin qu'il est sans
action sur le carbonate de manganèse, préparé de la
même manière.

Des Prussiates doubles.

1831. Les prussiates alcalins jouissent tous de la propriété de se combiner avec le deutoxide de fer, et de
former des prussiates doubles, bien plus stables que
les prussiates simples. Il est probable que beaucoup
d'autres prussiates jouissent également de cette propriété.

De tous les prussiates doubles il n'y a que le prussiate de potasse ferrugineux et le bleu de Prusse qui
aient été examinés avec un grand soin. Nous ne parlerons en particulier que de ceux-là, d'autant plus que,
en faisant leur histoire, nous dirons ce qui est connu
de celle des autres.

Du Prussiate de potasse ferrugineux.

1832. *Préparation.* — C'est en traitant convenablement le bleu de Prusse du commerce, qu'on obtient le prussiate de potasse ferrugineux (*a*).

Après avoir broyé ce bleu, on en dissout l'alumine et les autres matières étrangères, en le faisant chauffer avec son poids d'acide sulfurique étendu de cinq à six parties d'eau. Au bout de demi-heure, le tout est mis sur un filtre et lavé à grande eau. Lorsque celle-ci ne précipite plus le nitrate ou le muriate de barite, on verse le résidu par partie dans une dissolution d'hydrate de potasse bouillante et suffisamment étendue, et on en ajoute jusqu'à ce qu'il cesse d'être décoloré, ou de passer du bleu au brun jaunâtre : alors on filtre la liqueur, on sature le petit excès d'alcali qu'elle contient par l'acide acétique, on la concentre, on la laisse refroidir, et peu à peu le prussiate s'en dépose sous forme de cristaux cubiques ou quadrangulaires ; on le purifie en le dissolvant et le faisant cristalliser de nouveau.

1833. *Propriétés.* — Ce sel, ainsi obtenu, est transparent, de couleur citrine, sapide, inodore, plus pesant que l'eau.

Exposé à l'action d'une chaleur rouge dans une cornue, il se décompose, donne de l'acide prussique, de l'ammoniaque, de l'acide carbonique, etc., et un résidu formé de charbon, de fer métallique et de potasse.

(*a*) Le bleu de Prusse, pur, est un prussiate de trioxide et de deutoxide de fer, selon M. Proust, et un prussiate de fer potassé, selon M. Berthollet. Celui du commerce contient toujours beaucoup d'alumine et une petite quantité d'autres corps (1835).

L'air ne l'altère point ; l'eau en dissout plus à chaud qu'à froid ; il est insoluble dans l'alcool.

Les acides sont sans action sur lui, à la température ordinaire ; il n'en est point ainsi à chaud : en effet, lorsqu'on le fait bouillir avec de l'acide sulfurique ou de l'acide muriatique, affaibli, ou même de l'acide acétique, il s'en dégage du gaz prussique, et il se forme un précipité blanc très-abondant de proto-prussiate de fer et de potasse qui, traité par l'acide muriatique oxigéné, passe à l'état de bleu de Prusse, et qui, séché, équivaut aux 0,34 ou aux 0,35 du sel employé (*a*).

Il n'éprouve aucun changement, ni par l'hydrogène sulfuré, ni par les hydro-sulfures, ni par l'infusion de noix de galle.

L'oxide rouge de mercure le décompose complétement à l'aide de l'eau et de la chaleur ; il se produit alors du deuto-prussiate de mercure, et il se dépose une certaine quantité de métal et de tritoxide de fer ; d'où l'on voit qu'une partie de l'oxide mercuriel est réduit pour porter le fer au summum d'oxidation.

Sa dissolution n'est point troublée par les alcalis ; elle l'est au contraire par presque toutes les dissolutions des sels appartenant aux quatre dernières sections. Les précipités qui en résultent sont autant de prussiates insolubles, qui ont pour base l'oxide du sel décomposé, de l'oxide de fer, et peut-être une certaine quantité de potasse. Leur couleur est très-variable, comme on le verra dans le tableau suivant.

(*a*) Le fer étant à l'état de protoxide dans ce précipité, n'est-il point aussi à cet état d'oxidation dans le prussiate de potasse ferrugineux.

Tableau des Couleurs des Précipités obtenus.

Dans les dissolutions de	Par le prussiate de potasse ferrugineux.	Par le prussiate simple (a).
Manganèse.........	Blanc.............	Jaune sale.
Fer protoxidé......	Blanc, abondant...	Orangé, abondant.
Fer deutoxidé......	Bleu clair, abondant	Vert bleuâtre, abon.
Fer tritoxidé.......	Bleu foncé, abond..	Presqu'insensible.
Etain	Blanc............	Blanc.
Zinc...............	Blanc.............	Blanc.
Antimoine.........	Blanc...	Blanc.
Urane.............	Couleur de sang....	Blanc jaune.
Cérium............	Blanc.............	»
Cobalt............	Vert d'herbes.......	Canelle clair.
Titane............	Vert..............	»
Bismuth..........	Blanc.............	Blanc.
Cuivre protoxidé...	Blanc............ .	Blanc.
Cuivre deutoxidé...	Cramoisi.	Jaune.
Nickel............	Vert-pomme.... ..	Blanc-jaunâtre.
Plomb............	Blanc.............	»
Mercure deutoxidé.	Blanc.............	Jaune.
Argent............	Blanc. Il bleuit à l'air	Blanc, soluble dans un excès de prussiate
Palladium.........	Olive.............	»
Rhodium..........	o...............	»
Platine...........	o............	o.
Or...............	o...............	Blanc. Il devient d'un beau jaune.

1834. Que l'on traite les précipités provenant du prussiate de potasse ferrugineux, par exemple, ceux de manganèse et de cuivre, par une dissolution de potasse, et l'on obtiendra un prussiate semblable en tout à celui qui se forme lorsqu'on traite le bleu de Prusse par cet alcali : ces précipités contiennent donc

(a) Plusieurs des précipités formés par le prussiate simple, ne sont peut-être que de simples oxides; car ces précipités ont lieu avec dégagement d'acide prussique et sont de la même nuance que ceux que forment les alcalis. Il n'y a guère que ceux de fer, de cobalt, de cuivre, d'argent qui soient certainement de véritables prussiates.

une certaine quantité d'oxide de fer. C'est au moyen de cet oxide que l'affinité de l'acide prussique devient si grande pour les bases salifiables ; car nous avons vu que les simples prussiates alcalins sont susceptibles d'être décomposés, même par l'acide carbonique, et qu'ils résistent à l'action des acides les plus forts, du moins à la température ordinaire, lorsqu'ils sont unis à une certaine quantité d'oxide de fer. Cet oxide entre sans doute pour une quantité constante dans leur composition.

Du Bleu de Prusse.

1835. *Composition.* — Les chimistes ne sont point d'accord sur la composition du bleu de Prusse. La plupart le regardent comme du trito-prussiate de fer : M. Berthollet met la potasse au nombre de ses principes constituans ; et selon M. Proust, il est formé d'une certaine quantité de tritoxide de fer uni à la quantité d'acide prussique et de deutoxide de fer qui entre dans la composition du prussiate de potasse ferrugineux. Les expériences suivantes, puisées dans les Mémoires de Schéele et de ces deux derniers chimistes, nous permettront de fixer notre opinion à cet égard.

1º L'acide prussique n'exerce aucune action sur le tritoxide de fer ; mis en contact avec le deutoxide, il s'y unit et forme un composé verdâtre, qui absorbe l'oxigène de l'air, et devient bleu.

2º Le prussiate de potasse pur forme un précipité jaune à peine sensible dans le trito-muriate de fer ; il en forme au contraire un très-abondant et d'un beau bleu dans ce même sel mêlé à une petite quantité de deuto-muriate de fer.

3° Le prussiate de potasse ferrugineux donne tout à coup un bleu très-abondant et très-beau avec tous les sels de fer à l'état de tritoxide.

4° Lorsqu'on verse du prussiate de potasse ferrugineux dans une dissolution d'un sel de manganèse, de cuivre, etc., il se produit un précipité qui contient le deutoxide de fer propre au prussiate; car ce précipité, mis en contact avec une dissolution de potasse, est susceptible de reformer un prussiate alcalin ferrugineux. Le même phénomène doit avoir lieu, et a lieu en effet avec les sels de fer, puisque c'est en traitant le bleu de Prusse par la potasse, qu'on se procure le prussiate de potasse, chargé de fer.

5° Le précipité blanc et bien lavé que le prussiate de potasse ferrugineux produit dans les dissolutions de fer protoxidé, donne un résidu alcalin, lorsqu'on vient à le calciner : il en est de même du précipité bleu formé par ce même prussiate dans les dissolutions de fer à l'état de tritoxide.

On voit donc, d'après cela, que le bleu de Prusse n'est pas seulement formé d'acide prussique et de tritoxide de fer ; qu'il contient toujours une certaine quantité de deutoxide de ce métal ; que, préparé de toutes pièces, il n'est réellement qu'un composé d'acide prussique et de ces deux oxides ; mais que, préparé en versant du prussiate de potasse dans les sels de fer, comme on le fait dans le commerce, il renferme en outre de la potasse (a).

_____

(a) J'ai lavé trente grammes de bleu de Prusse, récemment précipité, dans plus de 12 litres d'eau, en ayant le soin de n'employer qu'un litre par lavage ; en le calcinant ensuite, j'en ai retiré de la

1836. *Propriétés.* — Le bleu de Prusse pur est d'un bleu extrêmement foncé, insipide, inodore, beaucoup plus pesant que l'eau.

Soumis à l'action du feu dans une cornue, il se décompose et donne de l'acide prussique, du sous-carbonate d'ammoniaque, de l'acide carbonique, de l'oxide gazeux de carbone, de l'hydrogène carboné, point d'huile, et un résidu considérable. 3o grammes et demi de bleu de Prusse du commerce, de bonne qualité, en fournissent un dont le poids est de 18 gram.; il contient du charbon, du fer metallique, de l'alumine; il est noir, attirable à l'aimant; il s'embrase rapidement par le contact de l'air, propriété qu'il perd en le conservant pendant quelque temps dans un flacon mal bouché, et qu'il recouvre sur—le—champ lorsqu'on l'arrose avec un peu d'acide nitrique. (M. Proust, Ann. de Chimie, t. 60, p. 210.)

Exposé à l'air, il en absorbe peu à peu l'oxigène et passe à l'état de prussiate oxigéné, dont la couleur est verte.

L'eau et l'alcool sont absolument sans action sur lui. Lorsqu'on le traite par des dissolutions bouillantes de potasse, de soude, il est décomposé, et il en résulte, d'une part, un prussiate alcalin ferrugineux soluble, et d'une autre part, un résidu de tritoxide de fer, qui est

---

potasse: cet alcali était certainement à l'état de combinaison dans le résidu. Cependant il paraît que plus on multiplie les lavages, et moins le bleu retient de potasse. M. Proust assure même qu'il est possible de parvenir à l'en dépouiller totalement. L'eau, dans ce cas, n'agirait-elle point en enlevant du prussiate de potasse ferrugineux?

d'un brun marron, ou de sous-prussiate, qui est d'un brun jaunâtre (*a*).

L'ammoniaque, la barite, la strontiane, la chaux, la magnésie, le deutoxide de mercure, ont aussi la propriété de décomposer le bleu de Prusse par l'intermède de l'eau, de lui enlever la majeure partie de son acide, et par conséquent de le décolorer. Lorsque le bleu de Prusse a été seulement transformé en sous-prussiate, état sous lequel il est d'un brun jaunâtre, les acides sulfurique, nitrique, muriatique, etc., dissolvent l'excès d'oxide qu'il contient, et le font redevenir bleu.

Parmi tous les acides, il n'en est qu'un qui agit, à la température ordinaire, sur le bleu de Prusse; c'est l'acide muriatique oxigéné; il le rend vert et le transforme en prussiate oxigéné. Ce changement a lieu en quelques minutes, si le prussiate est récemment précipité et encore mou.

Les acides nitrique et sulfurique n'agissent sur ce sel qu'autant qu'ils sont concentrés et que la température est très-élevée.

L'acide muriatique, faible ou concentré, ne l'attaque à aucune température.

L'eau chargée d'hydrogène sulfuré le ramène à l'état de prussiate blanc ou de proto-prussiate de fer, en s'emparant d'une portion de l'oxigène de l'oxide.

Il est également transformé en prussiate blanc dans son contact avec l'eau et des lames d'étain ou de fer. (M. Proust).

(*a*) M. Proust prétend que quand le résidu a été bien lavé, il ne contient plus d'acide prussique. (Ann. de Chimie, t. 60, p. 186).

Il paraît qu'il n'est altéré que par un très-petit nombre de sels. De ce nombre sont le proto-muriate d'étain et le proto-sulfate de fer; ils rendent sa couleur moins intense.

1837. *Etat naturel, Préparation.* — Le bleu de Prusse n'existe point dans la nature.

Dans les laboratoires on se le procure en versant une dissolution de prussiate de potasse ferrugineux dans une dissolution de trito-sulfate ou trito-muriate de fer. A l'instant même le bleu se précipite sous forme de flocons : on le lave à grande eau par décantation, puis on le rassemble sur un filtre et on le sèche.

Dans les arts, voici le procédé que l'on suit : Après avoir fait un mélange de parties égales de potasse du commerce et d'une matière animale, qui est ordinairement du sang desséché ou des rognures de corne (a), l'on calcine le mélange jusqu'à ce qu'il devienne pâteux; ce qui n'a lieu qu'à la température rouge (b) : alors on le projette par parties dans 12 à 15 fois son poids d'eau , on l'y délaie, et on le laisse en contact

_____

(a) Au lieu de matières animales, on peut employer, avec le même succès, les charbons qui en proviennent , pourvu qu'ils n'aient pas été trop calcinés; de sorte que , dans une fabrique de sel ammoniac, l'on peut faire en même temps du bleu de Prusse sans que l'une des opérations nuise à l'autre.

(b) Cette calcination s'opère dans un fourneau à réverbère ou dans un grand creuset de fonte : ce creuset est placé dans un fourneau surmonté d'un dôme dont la partie antérieure est munie d'une porte par laquelle on introduit le combustible et la matière; la partie supérieure est surmontée d'un long tuyau qui se rend dans une cheminée : de cette manière, on évite toute mauvaise odeur dans l'atelier.

En petit, la calcination se fait dans un creuset ordinaire.

avec elle pendant environ demi-heure, en le remuant de temps en temps : après quoi l'on filtre sur une toile la liqueur qui contient du sous-prussiate de potasse, du sous-carbonate de potasse, un peu d'hydro-sulfure, de sulfite et de muriate de potasse (*a*). La liqueur étant filtrée, on l'agite avec un bâton, et on y verse en même temps de l'eau dans laquelle on a fait dissoudre 2 parties d'alun (*b*) et une partie de sulfate de fer du commerce. Il se fait aussitôt, d'une part, une effervescence due à du gaz carbonique et à un peu de gaz hydrogène sulfuré ; et d'autre part, un précipité très-abondant, formé de beaucoup d'alumine, de beaucoup de proto-prussiate de fer et de potasse, d'un peu de deuto-prussiate des mêmes bases, et d'une petite quantité d'hydro-sulfure de fer qui colore le tout en brun noirâtre. Ce n'est que quand la liqueur n'est plus susceptible d'être troublée par l'alun et le sulfate de fer, qu'on doit cesser d'y ajouter de ces sels (*c*). Ce préci-

---

(*a*) Au lieu de faire agir l'eau à froid, il vaut mieux la chauffer ; mais pour prévenir la décomposition d'une certaine quantité de prussiate, il faut y verser une petite quantité de sulfate de fer qui le transforme en prussiate de potasse ferrugineux, indécomposable à cette température.

(*b*) Au lieu de 2 parties d'alun, on en emploie souvent 4.

(*c*) Pour se préserver du gaz hydrogène sulfuré, toujours très-incommode et très-dangereux à respirer, il faut faire l'opération en vases clos. On peut employer à cet effet, avec succès, l'appareil qui a été décrit par M. Darcet dans les Annales de Chimie, tome 82, page 165. Cet appareil consiste dans une tonne fermée par les deux bouts et présentant, d'une part, à sa partie inférieure et latérale, un robinet servant à retirer la liqueur et le précipité ; d'autre part, à la partie supérieure, 1° un entonnoir muni d'un robinet par lequel on verse la liqueur ; 2° un bâton qui plonge dans

pité est ensuite lavé par décantation avec une grande quantité d'eau limpide, qu'on renouvelle toutes les 12 heures. Par ce moyen, il passe successivement du brun noirâtre au brun verdâtre, du brun verdâtre au brun bleuâtre, de cette couleur à un bleu plus prononcé, et de celle-ci à un bleu très-foncé. Lorsqu'il est devenu aussi bleu que possible, ce qui n'a lieu qu'au bout de 20 à 25 jours de lavage, on le rassemble sur une toile, on le laisse égoutter, enfin on le partage en masses cubiques que l'on fait sécher, et on le verse dans le commerce. Que se passe-t-il dans cette opération ? C'est ce que nous allons examiner.

1º Par la calcination, la matière animale est décomposée ; il s'en dégage de l'eau, du gaz carbonique, de l'ammoniaque, du gaz oxide de carbone, de l'huile, du gaz hydrogène carboné, enfin tous les produits de la décomposition des matières animales par le feu : l'on obtient, pour résidu, un composé de potasse et de charbon, retenant une certaine quantité d'azote et d'hydrogène en combinaison, et mêlé d'ailleurs à du sulfure et du muriate de potasse, provenant de ce que la potasse du commerce renferme toujours des sulfate et muriate qui ont cet alcali pour base.

2º Ce n'est qu'au moment où l'on projette le résidu dans l'eau, que le prussiate de potasse se forme, puisque ce sel ne saurait supporter la chaleur rouge cerise.

---

la tonne, et dont l'extrémité supérieure est reçue dans un petit sac de peau servant à boucher le trou par lequel ce bâton passe : c'est avec ce bâton qu'on agite les liqueurs ; 3º un tube de fer blanc, dont l'extrémité inférieure va se rendre au-dessous de la grille du fourneau de calcination.

Dans cette opération, l'eau est sans doute décomposée. Si l'on n'admet point d'oxigène dans cet acide, il faudra concevoir que tout l'hydrogène de l'eau décomposée se combine avec la matière destinée à devenir prussiate, et que tout l'oxigène passe à l'état d'acide carbonique en se combinant avec une certaine quantité de carbone; dans le cas contraire, cette matière absorbera non-seulement tout l'hydrogène de l'eau, mais encore une portion de son oxigène, tandis que l'excédent de celui-ci s'unira au carbone comme dans le cas précédent.

Quant à la petite quantité d'hydro-sulfure, de sulfite et de muriate de potasse qui entrent dans la composition de la liqueur, elle provient évidemment du sulfure et du muriate de potasse que contient le résidu de la calcination.

3° L'on concevra facilement les phénomènes que nous présente la dissolution d'alun et de sulfate de fer, en se rappelant : que la potasse décompose l'alun, s'empare de son acide et en précipite la base; qu'il en est de même du sous-carbonate et de l'hydro-sulfure de potasse, si ce n'est que, dans ce cas, il y a de plus un dégagement de gaz carbonique et de gaz hydrogène sulfuré; que le prussiate de potasse forme avec le proto-sulfate de fer un précipité blanc de prussiate de fer et de potasse, insoluble; enfin, qu'avec ce même sulfate, l'hydro-sulfure de potasse en forme un noir composé d'hydrogène sulfuré et de protoxide.

4° Enfin les lavages ont pour objet non-seulement de dissoudre les sels solubles étrangers au bleu de Prusse, tels que le sulfate de potasse, mais surtout de faire passer, au moyen de l'air contenu dans l'eau, le

protoxide à l'état de tritoxide, degré d'oxidation nécessaire pour que ce métal puisse former un bleu foncé avec
l'acide prussique.

Il est probable aussi que, par ce moyen, on parvient
à détruire la petite quantité d'hydro-sulfure de fer qui
se forme au moment où l'on mêle les liqueurs.

1838. *Usages.*—Les usages du bleu de Prusse sont assez
nombreux : les fabricans de papiers peints en emploient
une grande quantité ; il en est de même des peintres en
bâtimens ; on en fait aussi usage dans la peinture à
l'huile, mais à tort, parce qu'il devient peu à peu verdâtre ; uni à la soie, il lui donne la belle teinte connue
sous le nom de *bleu Raymond*, bleu que l'on prépare
aujourd'hui en grand à Lyon dans plusieurs ateliers
(1658); enfin, dans les laboratoires, l'on s'en sert pour
préparer l'acide prussique et les prussiates.

1838 *bis. Historique.* — La découverte du bleu de
Prusse date de 1704 : elle est due à Diesbach et à Dippel, le premier fabricant de couleurs, et le second
pharmacien, à Berlin. Le procédé par lequel on le
prépare resta caché jusqu'en 1724 : à cette époque,
Woodward en donna une description dans les Transactions philosophiques. Un grand nombre de chimistes s'occupèrent ensuite d'en rechercher la nature.
Mais, pendant long-temps, toutes ces recherches furent
vaines ; ce n'est qu'en 1752 qu'il parut un Mémoire remarquable de Macquer sur ce sujet, mémoire dans lequel
il annonça que le bleu de Prusse était une combinaison
d'oxide de fer et d'un principe colorant qu'il ne put
point isoler, et que, par cette raison sans doute, il
crut être le phlogistique. (84) (*Voy.* son dictionnaire de
Chimie). Cette opinion fut adoptée et soutenue exclu-

sivement jusqu'en 1772. Alors M. Guyton, et, bientôt
après, Bergman, soupçonnèrent que ce principe pouvait être un acide ; ce que Schéele démontra dans le
beau Mémoire qu'il publia sur le bleu de Prusse en
1782. (Seconde partie des Mémoires, de Schéele,
page 141). Enfin M. Proust et M. Berthollet soumirent
ce corps à de nouvelles recherches. Celles de M. Proust
surtout sont très-étendues, et ne permettent point de
douter que le bleu de Prusse ne contienne une certaine
quantité d'oxide de fer qui n'est point au summum
d'oxidation. (*Voyez* Annales de Chimie, tome 60,
page 185, et Statique chimique, 2ᵉ vol.)

De l'Acide prussique oxigéné.

1839. Lorsqu'on traite une dissolution d'acide prussique dans l'eau par une certaine quantité d'acide muriatique oxigéné, celui-ci se convertit en acide muriatique ordinaire, et l'acide prussique devient plus volatil, plus odorant, et susceptible, en s'unissant aux alcalis, de précipiter en vert les dissolutions de fer à l'état
de tritoxide. Mais, pour produire ce résultat, il ne faut
pas que la quantité d'acide muriatique oxigéné soit trop
grande ; car s'il est en grand excès, il donne lieu à une
sorte de matière oléagineuse, spécifiquement plus pesante que l'eau, insoluble dans ce liquide, et incapable
de s'unir au fer ainsi qu'à la potasse. M. Berthollet, à
qui ces observations sont dues, pense que, dans le premier cas, l'acide prussique passe à l'état d'acide prussique oxigéné.

1839 *bis.* L'acide prussique oxigéné n'a encore été
que très-peu étudié. Tout ce que nous en savons est dû à
M. Berthollet, qui le fit pour la première fois en trai-

tant l'acide prussique en dissolution dans l'eau par l'acide muriatique oxigéné.

Cet acide est sans couleur, plus volatil et d'une odeur plus piquante que l'acide prussique. Uni à la potasse, il forme un prussiate oxigéné qui, versé dans les dissolutions de fer, donne lieu à un précipité bleu, lorsqu'elles contiennent le métal à l'état de protoxide, et à un précipité vert, lorsqu'elles le contiennent à l'état de tritoxide. Celui qui est bleu est un prussiate ordinaire, et celui qui est vert un prussiate oxigéné de tritoxide.

Le prussiate oxigéné de potasse, qui est soluble, s'obtient en traitant le prussiate oxigéné de fer par une dissolution de potasse, et en filtrant ensuite la liqueur.

Quant au prussiate oxigéné de fer qui est insoluble, on se le procure en traitant le bleu de Prusse pur, récemment précipité et encore mou, par un grand excès d'acide muriatique oxigéné liquide, à la température ordinaire : bientôt ce bleu devient vert, surtout en ayant soin de l'agiter dans la liqueur ; alors on le laisse déposer, on le lave à grande eau par décantation, puis on le rassemble sur un filtre et on le fait sécher à une douce chaleur. Si, lorsqu'il est encore mou et en suspension dans l'eau, on le met en contact avec une dissolution de proto-muriate d'étain, de proto-sulfate de fer, d'acide sulfureux, de sulfite, de nitrite de potasse, de soude, et en général de toutes matières très-désoxigénantes, il redeviendra sur-le-champ d'un beau bleu, pour repasser au vert par une nouvelle quantité d'acide muriatique oxigéné, et reprendre encore sa couleur primitive par de nouvelles quantités de dissolutions désoxigénantes.

Le bleu de Prusse passe également à l'état de prussiate oxigéné, lorsqu'on le laisse pendant long-temps exposé au contact de l'air : on peut en acquérir la preuve directement, et elle ne s'offre que trop souvent à nos yeux dans les tableaux des peintres qui ont osé l'employer pour faire des ciels , etc.

De l'Acide lactique.

1840. L'acide lactique, dont Schéele annonça l'existence dans le petit - lait aigri, en 1780, jouit, suivant cet illustre chimiste, des propriétés suivantes. Concentré le plus possible, il ne cristallise point, il reste sous forme de sirop ou d'extrait. Sa saveur n'est point forte; cependant il rougit le tournesol d'une manière très-sensible.

Soumis à l'action du feu dans une cornue, il fond, se boursouffle, se décompose, et donne les mêmes produits que les acides végétaux. L'eau et l'alcool le dissolvent facilement. Il forme, avec la potasse, la soude, l'ammoniaque, la barite, la chaux, la magnésie, l'alumine, l'oxide de plomb, des sels déliquescens; lorsqu'on le met en contact avec le zinc et le fer, il les attaque et les dissout, en donnant lieu à un dégagement de gaz hydrogène. Son action sur le bismuth, le cobalt, l'antimoine, l'étain, le mercure, l'argent et l'or, est nulle.

L'acide lactique existe non–seulement dans le lait, mais encore libre ou combiné, d'après M. Berzelius, dans tous les fluides animaux et la chair musculaire. Voici le procédé par lequel Schéele l'obtient : Après avoir réduit le petit-lait à un huitième, et séparé par le filtre le fromage qui se dépose dans le cours de l'évaporation, il sature la liqueur par l'eau de chaux, précipite par ce moyen le phosphate de chaux qu'elle tient en dissolution, la filtre de nouveau, y ajoute peu à peu de l'acide oxalique très-étendu d'eau, jusqu'à ce qu'elle cesse de se troubler, la fait évaporer en consistance de sirop, et traite le résidu par l'alcool rectifié, qui ne dissout que l'acide lactique. Pour l'avoir plus pur encore, M. Berzelius conseille de faire digérer la dissolution alcoolique avec du carbonate de plomb, de la décanter au bout de quelque temps, et d'y faire passer un courant de gaz hydrogène sulfuré. Ce gaz précipite le plomb du lactate de plomb qui se forme et qui reste seul uni à l'alcool; évaporant ensuite celui-ci jusqu'en consistance de sirop, on a l'acide lactique aussi pur que possible.

L'acide que M. Braconnot a proposé d'appeler acide nancéique, a beaucoup de rapports avec l'acide lactique (1426).

SECTION III.

Des Matières grasses.

1841. *État naturel.* — Les matières grasses se trouvent dans un grand nombre de tissus animaux; elles sont très-abondantes sous la peau, aux environs des reins et dans la duplicature membraneuse de l'épiploon : la surface des muscles et des intestins, la base du cœur, les médiastins en présentent encore des quantités considérables. Leur consistance, leur couleur et leur odeur varient suivant les animaux qui les fournissent : ainsi, elles sont généralement fluides dans les cétacés, molles et d'une odeur forte dans les carnivores, solides et inodores dans les ruminans, ordinairement blanches et abondantes dans les jeunes animaux, jaunâtres et moins abondantes dans un âge avancé. Leur consistance varie encore suivant la région qu'elles occupent; elles sont plus fermes sous la peau et aux environs des reins, que dans le voisinage des viscères mobiles. Elles font environ la vingtième partie du poids du corps de l'homme.

1842. *Préparation.* — Les matières grasses dans les animaux ne sont jamais complétement isolées; elles sont toujours enveloppées de tissu cellulaire, de sang, de membranes, de vaisseaux lymphatiques, etc. Pour les purifier, on les sépare, d'abord mécaniquement, d'une partie des corps étrangers qu'elles contiennent; ensuite on les fait fondre, le plus souvent avec une certaine quantité d'eau; et on les décante ou on les passe à travers une toile.

1843. *Composition.* — L'on n'a fait jusqu'ici l'analyse exacte d'aucune matière grasse; mais il est probable qu'elles sont toutes formées d'une grande quantité de carbone et d'hydrogène, et d'une petite quantité d'oxigène. Ce qu'il y a de certain, c'est qu'elles ne contiennent point d'azote.

1844. *Propriétés.* — Les matières grasses sont, en général, blanches ou jaunâtres, presque toujours inodores, d'une saveur douce et fade, plus légères que l'eau, d'une consistance qui varie, depuis celle du blanc de baleine qui est solide, jusqu'à celle de l'huile de poisson qui est tout-à-fait liquide.

Toutes, excepté celle des calculs biliaires de l'homme, entrent en fusion au-dessous de 100°. Chauffées fortement avec le contact de l'air, elles se décomposent, répandent des fumées blanches et piquantes, prennent une couleur plus ou moins foncée, et s'enflamment. Soumises à la distillation, on en retire ordinairement un peu d'eau, de gaz carbonique, d'acide acétique, d'acide sébacique, beaucoup de gaz hydrogène carboné, une grande quantité de matière grasse même, altérée et devenue plus molle ou plus fluide, et un très-petit résidu charbonneux : ce résidu est spongieux, assez facile à incinérer ; et les produits gazeux et liquides ont une odeur si forte et si piquante, qu'il est impossible de la supporter. Lorsqu'au lieu de recevoir directement ces produits dans des récipiens, on les fait passer dans un tube de porcelaine exposé à une haute température, ils se transforment seulement en gaz hydrogène carboné, en gaz oxide de carbone et en charbon. La quantité de charbon qu'on obtient alors est très-considérable.

Le soufre et le phosphore, à l'aide de la chaleur, sont susceptibles de se dissoudre, d'une manière sensible, dans les matières grasses. L'hydrogène, le bore, le carbone et l'azote, n'ont point d'action sur elles. Elles se comportent avec l'iode, comme nous l'avons dit précédemment (1279). Exposées au contact de l'air, elles rancissent plus ou moins promptement ; il est probable qu'elles absorbent alors une portion d'oxigène. L'eau n'en dissout aucune ; l'alcool en dissout plusieurs. Leur action sur les métaux, les bases salifiables et les acides, est presque toujours analogue à celle qu'exercent les huiles sur ces différens corps.

1845. *Usages.* — Considérés physiologiquement, les usages des matières grasses sont de garantir les organes, d'entretenir leur température, de diminuer la susceptibilité nerveuse, et de servir à la nutrition, comme on l'observe dans les animaux dormeurs, tels que les loirs, les marmottes, etc.

Leurs usages, dans l'économie domestique et dans les arts, sont très-variés. Nous indiquerons les principaux en traitant de chaque matière grasse en particulier.

1846. Les matières grasses qui doivent nous occuper, sont le beurre, la graisse de porc, le suif, le blanc de baleine, le gras des cadavres, la matière grasse des calculs biliaires, l'huile de poisson et l'huile de pied de bœuf.

1847. *Graisse de porc.* — La graisse de porc, qu'on connaît encore sous les noms d'axonge, de saindoux, est blanche, molle, presqu'inodore, d'une saveur fade, sans action sur le tournesol, fusible à environ 27° ; elle s'obtient par le procédé suivant : On coupe par morceaux la panne (graisse enveloppée de membranes et de portions de tissu cellulaire, qu'on trouve vers la région des reins et à la surface des intestins du cochon); on la débarrasse des matières sanguinolentes, en la lavant à plusieurs reprises; on la fond avec de l'eau, en ayant soin de presser de temps en temps les cellules adipeuses, et on la passe à travers un linge. Lorsqu'elle est refroidie, on l'enlève couche par couche pour en séparer une petite quantité d'eau qui se trouve ordinairement rassemblée au fond du vase; puis on la fait fondre de nouveau, mais au bain-marie, et on la coule dans des pots.

1848. M. Chevreul a fait sur cette graisse des recherches neuves et remarquables : nous nous contenterons de rapporter les principaux résultats qu'il a obtenus.

1° La graisse est composée de deux matières grasses, l'une fusible à 7°, et l'autre à 38°. On parvient à séparer presqu'entièrement ces deux matières en traitant la graisse dans un matras par 7 à 8 fois son poids d'alcool bouillant, décantant la liqueur et traitant le résidu par de nouvel alcool, jusqu'à ce que toute la graisse soit dissoute. Chaque portion d'alcool laisse déposer par le refroidissement, sous forme de petites aiguilles, la matière la moins fusible, et retient l'autre qui, en réduisant par la chaleur la dissolution à 1 huitième de son volume, se rassemble en une couche semblable à de l'huile d'olive.

Ces deux matières jouissent séparément de propriétés différentes et caractéristiques; réunies, elles possèdent celles de la graisse.

2° La graisse ne se saponifie qu'avec assez de difficulté. Dans sa saponification, elle éprouve une véritable décomposition, d'où résultent, 1° deux matières grasses particulières, que M. Chevreul désigne, l'une sous le nom de *margarine*, parce qu'elle a l'aspect de la nacre de perle, et l'autre sous le nom de *graisse fluide*, parce qu'elle ne se congèle qu'à environ +6°. 2° Une petite quantité de principe doux des huiles. 3° Quelques traces d'huile volatile et d'un corps orangé. En effet, lorsqu'on traite 250 grammes de graisse par un litre d'eau et 150 grammes d'hydrate de potasse, à la température de 70 à 90°, on obtient au bout de deux jours une dissolution qui, soustraite à l'action du feu, se convertit en une masse savonneuse contenant la margarine, la graisse fluide, l'huile volatile, le corps orangé, et en une liqueur renfermant le principe doux. Si l'on fait bouillir cette masse dans un litre et demi d'eau, elle se dissoudra, et la dissolution se prendra de nouveau en une masse gélatineuse, à mesure qu'elle se refroidira ; mais en délayant la gelée dans 10 litres d'eau froide, et l'abandonnant à elle-même pendant quelques jours, il ne s'en déposera qu'une matière nacrée ou bien un savon insoluble de margarine et de potasse. Il faudra, pour retirer le plus possible de cette matière de la liqueur, évaporer celle-ci jusqu'à ce qu'elle puisse prendre encore une consistance gélatineuse, traiter le résidu par l'eau froide, et répéter cette double opération jusqu'à ce que la dernière dissolution reste transparente. Alors versant de l'acide tartarique dans cette dissolution concentrée, on en séparera, sous la forme de grumeaux blancs, 120 grammes d'un corps gras formé de beaucoup de graisse fluide et d'un peu de margarine. Enfin faisant chauffer ces 120 grammes avec 31 grammes de potasse et 420 gram. d'eau, et traitant d'ailleurs par l'eau, comme nous l'avons dit, la masse savonneuse qui ne tarde point à se former, toute la margarine se précipitera à l'état de matière nacrée ; de sorte que l'acide tartarique versé dans la nouvelle dissolution isolera une matière qui sera la graisse fluide pure. Quant à la margarine, on l'obtiendra en traitant la matière nacrée par l'acide muriatique faible, et le résidu lavé, par l'alcool bouillant ; l'acide s'emparera de la potasse, l'alcool dissoudra la margarine et la laissera déposer peu à peu.

1849. La margarine est d'un blanc nacré, plus légère que l'eau, sans saveur, d'une odeur faible et qui tient un peu de celle de la cire blanche ; elle rougit la teinture de tournesol ; elle fond à 56°, et forme un liquide incolore qui cristallise par refroidissement, en aiguilles blanches et brillantes.

Distillée dans une cornue, elle se volatilise en grande

partie sans se décomposer. L'eau est sans action sur elle : l'alcool en dissout une grande quantité. Elle s'unit facilement aux alcalis, et forme avec la potasse deux savons, l'un avec excès d'huile, et l'autre neutre. Le premier, formé de 100 de margarine et de 8,88 de potasse, constitue la matière nacrée; il est insoluble dans l'eau. Le second, formé de 100 de margarine et de 18,14 de potasse, est décomposé par ce liquide, et transformé en potasse et en matière nacrée.

La graisse fluide a une odeur et une saveur, rances; sa pesanteur spécifique est de 0,898 à 190; elle se solidifie à environ +6° en aiguilles blanches; sa couleur, à l'état liquide, est d'un blanc-jaunâtre; elle rougit la teinture de tournesol, est insoluble dans l'eau et très-soluble dans l'alcool, de même que la matière nacrée. De même que cette matière aussi, elle s'unit aux alcalis et forme deux savons avec la potasse. Celui qui est avec excès d'huile est insoluble; l'autre, au contraire, est soluble.

Les deux matières grasses qui constituent la graisse ne peuvent être confondues, ni avec la margarine, ni avec la graisse fluide, parce qu'elles sont peu solubles dans l'esprit-de-vin, qu'elles ne rougissent point le tournesol, et qu'elles ne se saponifient que difficilement.

1850. La graisse de porc est employée comme aliment. Elle entre dans les pommades cosmétiques et dans plusieurs préparations pharmaceutiques: l'onguent napolitain ou pommade mercurielle double n'est que du mercure qui a été trituré, à parties égales, avec de la graisse, jusqu'à ce qu'on n'aperçoive plus de globule métallique; l'onguent gris est ce même onguent divisé dans 7 parties de graisse. C'est en faisant chauffer la graisse avec la dixième partie de son poids d'acide nitrique, que l'on prépare celle qu'on appelle *graisse oxigénée*; enfin c'est en fondant un kilogramme de graisse, y versant 90 grammes de mercure dissous à chaud dans 120 grammes d'acide nitrique et agitant le tout, qu'on obtient l'onguent citrin. (*Voyez* le Codex).

La graisse est encore employée dans la corroierie, la hongroierie, pour l'éclairage, pour graisser les roues des voitures, etc.

1851. *Suif.* — Substance grasse, insipide, inodore, de consistance ferme, insoluble dans l'eau et l'alcool, qu'on trouve autour des reins et près des viscères mobiles du bœuf, du mouton, du bouc et du cerf. Le suif présente des variétés dans sa blancheur, sa consistance et sa combustibilité. Celui du mouton est très-blanc, très-solide et le plus en usage : on le purifie comme la graisse (1849).

On en fait du savon, de la chandelle, etc. : les chandeliers mêlent, dit-on, de l'alun avec le suif pour lui donner de la blancheur et augmenter sa consistance. Quelquefois aussi on l'emploie en médecine.

1852. *Beurre.* — La matière butireuse ne se trouve que dans le lait : c'est toujours par le procédé suivant qu'on l'extrait. On commence par abandonner le lait à lui-même dans des terrines. Bientôt il se rassemble à sa surface de la crême qui est formée de beaucoup de beurre et d'une certaine quantité de serum et de matière caséeuse : on l'enlève avec une écumoire, et lorsqu'on en a une suffisante quantité, on la bat dans une barate, au moyen d'un disque de bois attaché à l'extrémité d'un long bâton, ou dans un tonneau, par des ailes fixées à son axe qui est mobile. En agitant ainsi la crême, on en met successivement toutes les parties en contact, les unes avec les autres : celles qui sont similaires finissent par se réunir, de sorte qu'au bout d'un certain temps, la crême se trouve transformée en beurre et en lait de beurre, liquide blanc qui n'est que du serum tenant en suspension intime du beurre et de la matière caséeuse. Aussitôt que ce départ est fait, on cesse de battre : on retire le beurre et on le sépare du lait de beurre qu'il renferme, en le lavant à grande eau et le malaxant jusqu'à ce qu'il ne la blanchisse plus sensiblement. C'est alors qu'on le verse dans le commerce. Il est plus ou moins bon, selon qu'il a été préparé avec plus ou moins de soin, et en raison des alimens que prennent les animaux qui le fournissent.

1853. Toutefois, quelque multipliés que soient les lavages, le beurre retient toujours une petite quantité de matière caséeuse et de serum, qu'on ne peut en séparer que par la fusion. C'est à ces substances étrangères qu'il doit la propriété de rancir si vite en été ; car, lorsqu'il est pur, il se conserve pendant très-longtemps. En effet, que l'on expose du beurre à une température d'environ 60 à 66°, il fondra, deviendra limpide s'il est de bonne qualité, et laissera déposer le serum à l'état liquide, et la matière caséeuse sous forme de flocons blancs. Qu'on le décante alors, il sera tout aussi bon qu'avant d'être fondu, et l'on verra que, privé du contact de l'air, il n'éprouvera que de légères altérations, même après plusieurs mois.

1854. La théorie que nous venons de donner de la préparation du beurre, n'est point celle qui a été admise jusque dans ces derniers temps : on pensait que non-seulement le beurre n'était point tout formé dans la crême, mais encore que la crême n'était point toute formée dans le lait; l'on prétendait que le lait ne pouvait donner de crême, et que la crême ne pouvait donner de beurre que par une absorption d'oxigène : de là, disait-on, la nécessité d'employer des terrines très-évasées, et de battre la crême pour multiplier leurs points de contact avec l'air ; mais les expériences que nous allons rapporter sont entièrement contraires à cette manière de voir, et prouvent que l'autre est la seule que l'on puisse admettre.

1° Si l'on remplit un flacon de lait, qu'on le bouche et qu'on l'abandonne à lui-même, la crême se séparera tout aussi bien que s'il avait le contact de l'air.

2° Si ce flacon est exposé au soleil, la crême commencera à s'élever tout de suite, et formera en très-peu de temps une couche assez épaisse ; au bout de 24 heures, le lait sera entièrement caillé.

3° Lorsque l'on met de la crême dans une bouteille jusque près du goulot, qu'on remplit celui-ci de gaz carbonique, qu'on le bouche et qu'on agite la bouteille, le beurre se fait comme dans des vaisseaux ouverts.

Il faut donc conclure de là, que la matière butireuse existe dans le lait, et que celui-ci n'est que du serum, tenant, pour ainsi dire, en suspension intime cette matière et la matière caséeuse, de telle sorte que, quand le lait est abandonné à lui-même, ces diverses matières se séparent les unes des autres, en vertu de leur pesanteur spécifique.

1855. Les propriétés physiques du beurre sont connues de tout le monde. On sait qu'il est d'une consistance molle à la température ordinaire ; que sa couleur varie du jaune au blanc ; que sa saveur est plus ou moins agréable ; qu'il a une odeur légèrement aromatique ; que sa pesanteur spécifique est moindre que celle de l'eau, et qu'il est très-fusible.

L'air l'altère beaucoup plus promptement en été qu'en hiver ; l'eau ne le dissout point ; il en est de même de l'alcool ; il est susceptible de se combiner avec les alcalis, et de former d'excellens savons.

Pour le conserver, on le sale ou on le fond. Au lieu de le fondre en le soumettant à une température élevée comme on le fait ordinairement, il vaudrait mieux en opérer la fusion à une chaleur de 60 à 66° ; il en résulterait un grand avantage : c'est qu'alors il ne contracterait point de saveur âcre, et serait aussi propre que le beurre frais à la préparation des alimens.

1856. *Huile de Poisson.* — Graisse fluide, blanche ou d'un brun-rougeâtre, d'une odeur désagréable, qu'on retire de plusieurs poissons de mer, et surtout des cétacés.

Cette graisse s'obtient pure en la faisant fondre, la coulant à travers une toile dans des tonneaux, et la séparant, par la décantation, d'une matière blanche qu'elle laisse déposer par le refroidissement. Cette matière est le blanc de baleine.

L'huile de poisson est employée pour faire le savon vert et pour l'éclairage.

1857. *Blanc de Baleine.* — Cette matière grasse est solide, blanche, douce au toucher, cassante, sans action sur le tournesol. Elle entre en fusion à environ 45 degrés. Soumise à la distillation, elle donne un peu d'eau acide et un produit solide, cristallisé, dont le poids est égal aux neuf dixièmes du blanc de baleine.

Tome III.

Cent parties d'alcool bouillant en dissolvent 7 parties, et en laissent déposer une certaine quantité par le refroidissement, sous forme de lames cristallines. Elle ne se saponifie qu'avec la plus grande difficulté. Le savon qui en résulte se divise par l'eau, comme celui de graisse, en deux parties, dont l'une est soluble, et l'autre insoluble et nacrée : celle-ci contient un corps gras particulier qui, dissous dans l'alcool, rougit le tournesol comme la margarine. (Chevreul).

Le blanc de baleine fait partie, non-seulement de la graisse de plusieurs cétacés, mais il se trouve aussi, et même en bien plus grande quantité que partout ailleurs, dans le tissu cellulaire interposé entre les membranes du cerveau de diverses espèces de cachalot, surtout du *physeter macrocephalus*. Dans tous les cas, on le sépare de la majeure partie de l'huile avec laquelle il est naturellement mêlé par la pression, et on le purifie, dans les laboratoires, par des fusions et cristallisations successives.

1858. *Substance cristalline des calculs biliaires de l'homme.*—Inodore, insipide, sans action sur le tournesol, plus légère que l'eau, fusible seulement à 137 degrés, donnant à la distillation un produit huileux qui n'est point acide, tandis que celui qui provient des autres graisses l'est toujours, insoluble dans l'eau, soluble dans six fois son poids d'alcool bouillant, dont elle se sépare en grande partie par le refroidissement sous forme d'aiguilles blanches et brillantes, ne jouissant pas de la propriété de se saponifier et même d'être altérée par les alcalis. (Chevreul.)

1858 *bis. Gras des Cadavres.* — Lorsqu'on conserve les substances animales dans l'eau ou la terre humide, elles se décomposent peu à peu et se transforment en un composé gras que l'on obtient pur en le fondant dans l'eau bouillante et le passant à travers un linge. Ce composé, regardé par Fourcroy comme un savon ammoniacal avec excès de graisse, vient d'être soumis à un nouvel examen par M. Chevreul. Il l'a trouvé formé d'une petite quantité d'ammoniaque, de potasse et de chaux, unies à beaucoup de margarine et à très-peu d'une autre matière grasse différente de celle-ci. Par l'acide muriatique faible, il s'empare des trois bases alcalines; traitant ensuite le résidu par une dissolution de potasse, la margarine se précipite à l'état de matière nacrée, tandis que l'autre matière grasse reste dissoute.

Fourcroy, persuadé que le gras des cadavres, la matière grasse des calculs biliaires et le blanc de baleine étaient pour ainsi dire identiques, avait proposé de les désigner sous le nom d'*adipocire*; mais il est évident, d'après les recherches de M. Chevreul, que ces substances sont différentes les unes des autres.

1859. *Huile de Pied de Bœuf.* — Graisse liquide, jaunâtre, inodore, que l'on obtient en faisant bouillir dans l'eau, jusqu'à parfaite cuisson, les pieds de bœuf séparés de leurs cornes; bientôt elle vient se rassembler à la surface de la liqueur; on l'enlève et on la met dans de grands réservoirs, où elle se dépure par le repos.

L'huile de pied de bœuf ne s'épaissit et ne se fige que difficilement, ce qui la fait rechercher pour le graissage des mécaniques; on s'en sert aussi comme aliment dans l'économie domestique, et particulièrement pour faire des fritures.

Section IV.

Des Matières salines et terreuses, mélées ou combinées avec les humeurs et les parties molles ou solides des animaux.

1860. Toutes les humeurs, toutes les parties molles et solides des animaux renferment une certaine quantité de matières salines et terreuses.

On y trouve :

Parmi les sels minéraux....
- Le sous-phospate de chaux,
- Et peut-être le phosphate acide de chaux;
- Les sous-phosphates de soude, de magnésie, d'ammoniaque;
- Les sous-carbonates de soude, de potasse, de chaux, de magnésie;
- Les sulfates et muriates de potasse, de soude.

Parmi les sels végétaux......
- Les benzoates de soude, de potasse;
- L'acétate de potasse;
- L'oxalate de chaux.

Parmi les sels animaux......
- L'urate d'ammoniaque;
- Le lactate de soude, suivant M. Berzelius.

Parmi les oxides
- Celui de fer;
- Celui de silice;
- Celui de manganèse.

Ces différentes matières ne sont pas toutes contenues, il s'en faut beaucoup, dans la même humeur ou la même partie animale. Celles qu'on y rencontre le plus fréquemment sont le phosphate de chaux, le sel marin, le carbonate de soude.

M. Berzelius n'admet pas toujours ces matières toutes formées dans les substances animales ; il pense qu'elles sont quelquefois des produits de la combustion. Il s'appuie sur ce que le charbon de la matière colorante du sang est susceptible de donner autant de cendres, après avoir été traité par l'acide nitro-muriatique bouillant, qu'auparavant. Or, ces cendres sont composées de phosphate de chaux, de carbonate de chaux, d'oxide de fer, de magnésie, et par conséquent sont très-solubles dans l'acide précédent. S'il ne les dissout point, dit le célèbre chimiste suédois, c'est que le charbon ne contient que leurs radicaux en combinaison intime ; savoir : le phosphore, le calcium, le fer. Nous ne pouvons partager cette opinion ; car l'acide nitro-muriatique agit bien plus fortement sur le fer, et surtout sur le calcium, que sur le phosphate de chaux et l'oxide de fer. A la vérité, M. Berzelius suppose que ces métaux, par leur union avec le carbone, deviennent beaucoup moins combustibles ; mais rien n'empêche qu'on ne suppose également le charbon étroitement uni au phosphate de chaux et au carbonate de chaux, et qu'on explique ainsi pourquoi ils résistent à l'action des acides. (Annales de Chimie, t. 88, p. 47).

CHAPITRE III.

Des différentes parties composant les animaux.

1861. LES alimens se changent en chyle et en excrémens ; le chyle se transforme en sang, et le sang donne lieu à toutes les autres parties animales : de là l'ordre que nous allons suivre dans l'étude de ce chapitre.

SECTION Ire.

De la Digestion et de ses Produits immédiats.

1862. Lorsque les alimens se trouvent introduits dans la cavité buccale de l'homme et de la plupart des animaux, ils y sont broyés, divisés par les dents, mêlés à la salive, aux mucosités abondamment sécrétées par les glandes muqueuses, à la sérosité que laissent exhaler les parois de la bouche, et ils sont portés par l'effet de la déglutition dans le pharynx ou arrière-bouche ; du pharynx, ils arrivent dans l'œsophage, et de l'œsophage dans l'estomac : parvenus dans ce viscère, ils s'y imprègnent, dit-on, de suc gastrique, et ils y séjournent plus ou moins long-temps, selon leur nature, l'âge, l'appétit, les forces, l'état de santé de l'individu, et ses dispositions physiques et morales. Dans tous les cas, ils s'y altèrent, s'y dénaturent, et finissent par se convertir en une matière molle, et une sorte de bouillie que l'on appelle *chyme*.

Cette matière molle, cette sorte de bouillie, le chyme, en un mot, passe de l'estomac dans les intestins grèles, où arrivent sans cesse de la bile et du suc pancréatique; il y subit de nouveaux changemens, et bientôt il est transformé en chyle et en substance excrémentitielle : cette transformation faite, la digestion est achevée. Le chyle est absorbé par une multitude de vaisseaux capillaires qui recouvrent les intestins grèles, et la matière excrémentitielle se rend par les gros intestins au-dehors de l'animal.

1863. Comment le mucus, la salive, la bile, le suc pancréatique et le suc gastrique concourent-ils à la digestion ?

L'un des effets de la salive est de ramollir les alimens, de les dissoudre quelquefois, et de les rendre, par cela même, d'une plus facile digestion ; cet effet peut être attribué à l'eau qu'elle contient : elle en exerce probablement un autre dû aux matières animales qui entrent dans sa composition.

L'on a beaucoup écrit sur l'action digestive du suc gastrique ; l'on prétend qu'il a le pouvoir de dissoudre les alimens, de quelque nature qu'ils soient; mais les expériences faites à cet égard ne sont encore, ni assez multipliées, ni assez précises, pour pouvoir admettre ces résultats : l'existence du suc gastrique n'est pas prouvée.

On ignore complétement la manière d'agir de la bile et du suc pancréatique : ce qu'il y a de bien probable, c'est qu'ils concourent à la transformation du chyme en chyle et en excrémens.

Quoique ces différens liquides soient les seuls corps au moyen desquels la digestion s'opère, il ne faut pas croire toutefois qu'il suffirait de mettre les alimens d'abord avec de la salive et du suc gastrique, et ensuite avec de

la bile et du suc pancréatique, pour les convertir successivement en chyle et en excrémens; il est une cause
secrète qui préside à toutes ces transformations et qui
réside dans les nerfs : aussi les affections morales in-
fluent-elles singulièrement sur la digestion.

1864. Toutes choses égales d'ailleurs, ce sont les
matières animales qui sont les plus faciles à digérer,
parce qu'elles se rapprochent le plus de notre nature :
et c'est pourquoi sans doute les carnivores ont un tube
digestif beaucoup moins long que les herbivores; ceux-
ci ont même souvent plusieurs estomacs.

Du Chyle.

1865. Il est impossible d'obtenir le chyle pur : en
effet, on se le procure en ouvrant un animal quelques
heures après lui avoir donné à manger, liant la partie
supérieure du canal thorachique, et faisant une ouverture à la partie inférieure ou aux branches sous-
lombaires. Or, il y a sans cesse de la lymphe versée
dans le canal thorachique par une multitude de vaisseaux qui la puisent dans les différentes cavités du
corps : donc le chyle est mêlé de lymphe.

Le plus pur que l'on connaisse est un liquide, blanc
comme le lait, sans odeur, sans saveur, plus pesant
que l'eau; plusieurs physiologistes avaient avancé que
toutes les fois qu'on mêlait de l'indigo ou du jus de
betteraves aux alimens, le chyle était bleu ou rouge,
mais ce fait n'est nullement d'accord avec les observations de M. Hallé.

Abandonné à lui-même, le chyle ne tarde point à
se coaguler à la manière du sang, et à se transformer
en deux parties, dont l'une est solide et l'autre li-

quide. Assez souvent aussi, il s'en sépare une petite quantité d'huile qui se rassemble à la surface.

La partie liquide n'est que du serum semblable à celui du sang, tenant en suspension une certaine quantité d'un corps gras soluble dans l'alcool et insoluble dans les alcalis : aussi est-elle coagulée par la chaleur, les acides et l'alcool lui-même. Lorsqu'on traite le coagulum par la potasse, l'albumine est dissoute et la matière grasse ne l'est point : le contraire a lieu quand on le traite par l'alcool bouillant.

La partie solide, ou le caillot, est un mélange de fibrine, de matière grasse et de serum : si l'on enlève celui-ci par l'eau, et si l'on traite ensuite le résidu par l'alcool, la matière grasse se dissoudra et la fibrine restera pure.

Cette fibrine est un peu différente de la fibrine proprement dite, elle n'en a ni la contexture fibreuse, ni la force, ni l'élasticité ; elle est dissoute plus promptement et plus complétement par la potasse caustique, et ne laisse point, comme elle, de parties insolubles dans cet alcali : il semble enfin que ce soit de l'albumine qui commençait à prendre le caractère de fibrine.

Il faut ajouter, en outre, qu'on rencontre dans le chyle les mêmes sels que ceux qui existent dans le sang, c'est-à-dire, de la soude ou du sous-carbonate de soude, du sous-phosphate de chaux, etc. (1871).

Tels sont les résultats que nous offre l'analyse du chyle, ou du moins tels sont ceux que M. Vauquelin a obtenus en analysant le chyle de cheval, et que M. Dupuytren a observés en partie le premier dans le chyle de chien. (Ann. de Chimie, t. 81, p. 115;

Thèse soutenue à l'Ecole de Médecine). Ils prouvent que le chyle peut être considéré, jusqu'à un certain point, comme du sang, moins de la matière colorante, et plus de la graisse.

De la Matière fécale.

1866. Les matières fécales doivent varier dans leur composition, en raison de la nature des alimens, de leur quantité, de la manière dont se fait la digestion, etc., etc. : toutes renferment encore une certaine quantité de matière nutritive, mais d'autant moins sous le même poids, toutes choses égales d'ailleurs, qu'elles sont prises en moindre quantité. Par exemple, lorsque les chiens ne se nourrissent que d'os, leurs excrémens sont blancs et ne sont, pour ainsi dire, formés que de la partie terreuse contenue dans ces organes.

1867. *Matière fécale humaine.* — M. Berzelius a retiré de 100 parties de ces matières (Ann. de Chimie, t. 61, p. 321) : eau 73,3 ; débris de végétaux et animaux 7,0 ; bile 0,9 ; albumine 0,9 ; matière extractive particulière 2,7 ; matière visqueuse, composée de résine, de bile un peu altérée, de matière animale particulière et de résidu insoluble 14,0 ; sels 1,2.

17 parties de ces sels contiennent : carbonate de soude 5 ; muriate de soude 4 ; sulfate de soude 2 ; phosphate ammoniaco - magnésien 2 ; phosphate de chaux 4.

1868. *Excrémens des Oiseaux.* — C'est à MM. Fourcroy et Vauquelin que nous devons ce que nous savons de plus précis sur les excrémens des oiseaux ; ils y ont trouvé une grande quantité d'acide urique. C'est cet acide

qui en forme la partie blanche et comme cristalline;
il ne provient point de la matière fécale proprement
dite, mais de l'urine qui, dans ces sortes d'animaux,
se confond avec cette matière, en raison de leur organisation. Il est facile de l'extraire; il suffit pour cela
de traiter les excrémens par l'eau alcaline; de filtrer
la liqueur et d'y verser de l'acide muriatique (1810).

1869. La présence de l'acide urique dans les excrémens des oiseaux a permis d'expliquer l'origine du
guano, matière que l'on emploie comme engrais avec
tant d'avantage au Pérou, et qui a été rapportée de ce
pays par MM. Humboldt et Bonpland: qu'il nous soit
permis de citer ici ce que disent ces savans voya-
geurs.

« Le guano se trouve très-abondamment dans la
« mer du Sud, aux îles de Chinche, près de Pisco;
« mais il existe aussi sur les côtes et îlots plus méri-
« dionaux, à Ilo, Iza et Arica. Les habitans de Chan-
« cay, qui font le commerce du guano, vont et
« viennent des îles de Chinche en 20 jours : chaque
« bateau en charge 1500 à 2000 pieds cubes. Une
« vanega vaut à Chancay 14 livres, à Arica 15 livres
« tournois.

« Il forme des couches de 50 à 60 pieds d'épais-
« seur, que l'on travaille comme des mines de fer
« ocracé : ces mêmes îlots sont habités d'une multi-
« tude d'oiseaux, surtout d'*ardea*, de *phenicopterus*,
« qui y couchent la nuit; mais leurs excrémens n'ont
« pu former depuis trois siècles que des couches de
« 4 à 5 lignes d'épaisseur. Le guano serait-il un pro-
« duit des bouleversemens du globe, comme les char-
« bons de terre et les bois fossiles? La fertilité des

« côtes stériles du Pérou est fondée sur le guano, qui
« est un grand objet de commerce. Une cinquantaine
« de petits bâtimens, qu'on nomme *guaneros*, vont
« sans cesse chercher cet engrais, et le porter sur les
« côtes; on le sent à un quart de lieue de distance. Les
« matelots, accoutumés à cette odeur d'ammoniaque,
« n'en souffrent pas : nous éternuions sans cesse en nous
« en approchant. C'est le maïs surtout pour lequel le
« guano est un excellent engrais. Les Indiens ont
« enseigné cette méthode aux Espagnols. Si l'on jette
« trop de guano sur le maïs, la racine en est brûlée et
« détruite. »

Frappé de l'existence de l'acide urique dans les excrémens des oiseaux, et voyant qu'il servait de caractère à ces excrémens, M. Humboldt remit une certaine
quantité de guano à MM. Fourcroy et Vauquelin pour
en faire l'analyse et y rechercher l'acide urique. Il
résulte de leurs expériences que le guano est formé :

1° D'acide urique qui en fait le quart, et qui est
en partie saturé d'ammoniaque et de chaux; 2° d'a-
cide oxalique saturé en partie par l'ammoniaque et
par la potasse; 3° d'acide phosphorique combiné aux
mêmes bases et à la chaux ; 4° de petites quantités de
sulfates et de muriates de potasse et d'ammoniaque;
5° d'un peu de matière grasse ; 6° de sable en partie
quartzeux et en partie ferrugineux. (*Voyez* Ann. de
Chimie, t. 56, p. 258).

On peut en conclure que cet engrais n'est, pour
ainsi dire, autre chose que des excrémens d'oiseaux.

On rencontre dans plusieurs grottes des dépôts semblables de fientes formées par des chauvess-ouris. Nous
citerons, pour exemple, les grottes d'Arcis-sur-la-
Cure, près d'Auxerre.

1870. *Excrémens de Poules.* — M. Vauquelin, en comparant, sous le rapport de leur nature et de leur quantité, les parties terreuses des excrémens des poules à celles des alimens qu'elles prenaient, est parvenu à des résultats remarquables qu'il a consignés dans le 29e volume des Ann. de Chimie, p. 3.

La poule, sur laquelle il fit ses expériences, mangea en 10 jours 483grammes,838 d'avoine contenant :

	grammes.
Phosphate de chaux............................	5,944
Silice...	9,182

Elle pondit 4 œufs, dont les coquilles pesaient... 19,988

et étaient formées de carbonate de chaux.. 17,910

| Phosphate de chaux............................ | 1,139 |
| Gluten... | 0,939 |

Elle rendit des excrémens qui donnè-rent.. 22,558 de cendres, et qui étaient composés de

Carbonate de chaux........................	2,547
Phosphate de chaux........................	11,944
Silice..	8,067

Ainsi la poule a donc rendu, soit par les excrémens, soit par les coquilles,

Carbonate de chaux........................	20,457
Phosphate de chaux........................	13,083
Silice..	8,067

grammes.

C'est-à-dire, 1,115 de silice de moins qu'elle n'a pris.

Et $\begin{cases} 7,139 \text{ de phosphate de} \\ \quad\quad\quad \text{chaux......} \\ 20,457 \text{ de carbonate de} \\ \quad\quad\quad \text{chaux......} \end{cases}$ de plus qu'elle n'a pris.

D'où M. Vauquelin conclut, en supposant que les expériences soient exactes, qu'une portion de chaux, d'acide phosphorique et de carbonate de chaux doit être formée dans l'acte de la digestion et de l'animalisation de l'avoine.

Nous nous permettrons de faire une observation à cet égard : c'est que pour arriver à des résultats rigoureux, il aurait fallu nourrir la poule pendant longtemps d'avoine, avant d'analyser ses excrémens et les coquilles de ses œufs ; car l'on peut supposer avec vraisemblance que le carbonate de chaux et l'excès de phosphate de chaux que l'analyse y démontre, provenaient des alimens que la poule avait pris, et des matières terreuses qu'elle avait avalées la veille ou quelques jours auparavant (*a*). L'on pourrait encore les attribuer à quelques parties de son corps, puisque le corps de tous les animaux est susceptible de se renouveler dans un certain espace de temps (*b*).

(*a*) On sait que les poules avalent continuellement, en mangeant, des petits fragmens de terre et de pierre. En général, les oiseaux ne peuvent produire d'œufs qu'autant qu'ils prennent une certaine quantité de terre calcaire. Il paraît même qu'à défaut de chaux à l'époque de la ponte, les serines meurent, parce que les œufs ne peuvent aboutir à terme. Le docteur Ferdyce ayant mis des serines dans une cage avec des fragmens de vieux mortier, elles vécurent toutes et pondirent, tandis que d'autres, auxquelles il n'avait point donné de chaux, moururent presque toutes.

(*b*) Dans le Mémoire cité, il y a des erreurs de nombre qu'il est facile d'apercevoir avec un peu d'attention.

Section II.

Du Sang.

1871. *Composition, etc.* Le sang est un composé d'eau, d'albumine, de fibrine, d'une substance animale colorée, et de différens sels; savoir : de muriates de potasse et de soude; de sous-phosphate de chaux; de sous-carbonates de soude; de chaux, de magnésie; d'oxide de fer; et, suivant M. Berzelius, de lactate de soude uni à une matière animale.

1871 *bis.* Il n'est point de corps qui ait été plus étudié que le sang. Dans tous les temps, les médecins, les physiologistes et les chimistes s'en sont occupés; tous ont essayé d'en déterminer la nature, et cependant on ne savait presque rien à cet égard avant les expériences de Rouelle le cadet; expériences qui ont été répétées dans tous les laboratoires, et auxquelles Lavoisier, Fourcroy, Parmentier, MM. Deyeux, Brand et Berzelius, etc., ont beaucoup ajouté.

1872. *Propriétés.* — Ses propriétés physiques sont généralement connues. Il est toujours à l'état liquide dans l'économie animale; sa couleur est rouge dans les artères, et d'un rouge-brun dans les veines; son odeur est fade; sa saveur légèrement salée, et sa pesanteur spécifique variable, mais toujours un peu plus grande que celle de l'eau. Haller a trouvé celle du sang humain de 1,0527, terme moyen, et Fourcroy, celle du sang de bœuf de 1,056, terme moyen aussi, à la température de 15 à 16°.

Soumis à la température de l'eau bouillante, le sang se coagule en raison de l'albumine qu'il contient. La matière coagulée est d'un brun-violet, et donne, par la calcination, un charbon volumineux difficile à incinérer. Lorsqu'on l'abandonne à lui-même, il ne tarde point à se prendre en une masse qui se divise peu à peu en deux parties; l'une liquide, transparente, jaunâtre, qu'on appelle *serum;* l'autre molle, opaque, d'un brun-rougeâtre, nommée *cruor* ou *caillot.* Le serum n'est que de l'eau tenant en dissolution beaucoup d'albumine, et la plupart des sels du sang. Le caillot renferme toute la fibrine, toute la matière colorante, un peu de serum et une certaine quantité de sels. Or, puisque par le repos la fibrine et la matière colorante se séparent entièrement, il faut en conclure qu'elles ne sont pour ainsi dire que suspendues dans le sang (*a*). D'autres phénomènes se présentent, lorsqu'au sortir de la veine on agite le sang au lieu de l'abandonner à lui-même: alors il ne se prend plus en masse; il conserve l'état liquide, et il s'en sépare seulement une certaine quantité de fibrine, sous forme de longs filamens qu'il est facile de blanchir par l'eau : aussi a-t-on soin de battre le sang à mesure qu'on l'extrait pour pouvoir le convertir en boudin.

Mis en contact avec les gaz et agité dans ceux-ci, le sang se comporte diversement : c'est ce qu'on verra dans le tableau suivant.

(*a*) Cependant, comme la matière colorante est soluble, et que la fibrine ne l'est pas, on pourrait admettre aussi que la première ne se dépose que parce qu'elle est entraînée par la seconde au moyen de l'affinité.

Sang veineux.

GAZ.	COULEUR.	OBSERVATIONS.
Oxigène............	Rouge-rose.	Le sang dont on s'est servi avait été battu, et par conséquent dépouillé de fibrine.
Air atmosphérique..	*Idem.*	
Ammoniaque......	Rouge-cerise.	
Gaz oxide de carbone...........	Rouge un peu violet.	
Deutoxide d'azote..	*Idem.*	
Hydrogène carboné.	*Idem.*	
Gaz azote..........	Rouge-brun.	
Gaz carbonique....	*Idem.*	
Gaz hydrogène.....	*Idem.*	
Protoxide d'azote...	*Idem.*	
Hydrogène arseniqué............ Hydrogène sulfuré..	Violet foncé, passant peu à peu au brun-verdâtre.	
Gaz muriatique....	Brun-marron......	Ces trois gaz coagulent en même temps le sang.
Gaz sulfureux......	Brun-noir.........	
Gaz muriatique oxigéné...........	Brun-noirâtre passant peu à peu au blanc-jaunâtre...	

Il est probable que le sang artériel, agité dans ces gaz, finirait par prendre les mêmes teintes que le sang veineux.

Une très-petite quantité de sang suffit pour colorer
en rouge une grande quantité d'eau.

Versées dans le sang, la potasse et la soude s'opposent
à sa coagulation, parce qu'elles ont la propriété de dissoudre la fibrine, qui tend à se précipiter. La plupart
des acides, au contraire, pour peu qu'ils soient forts,
l'opèrent sur-le-champ en s'unissant à l'albumine.

Les dissolutions salines des deux premières sections
n'y occasionnent aucun précipité ; mais presque toutes
celles des quatre dernières sections y en produisent un
qui est très-abondant, et qui provient principalement
de la combinaison de l'albumine avec l'oxide et une
partie de l'acide.

Enfin l'alcool le coagule sur-le-champ ; il en précipite tout à la fois la fibrine, la matière colorante (a),
et même plusieurs sels.

_____

(a) La matière colorante du sang n'a encore été examinée que
par M. Brand et M. Berzelius, (Trans. philos. 1812, pag. 90 ;
et Ann. de Chimie, tom. 88, p. 45). M. Brand l'obtient en agitant le sang à sa sortie de la veine, enlevant la fibrine qui se
sépare, sous forme de longs filamens, abandonnant à elle-même
la liqueur restante, qui est d'un rouge-brun très-foncé, jusqu'à ce
qu'il s'y soit formé un dépôt très-coloré ; et décantant le serum qui
surnage. Ainsi obtenue, elle contient encore une petite quantité
d'albumine, et jouit des propriétés suivantes : examinée au micros-
cope, elle paraît composée de globules ; elle forme avec l'eau une
dissolution qui ne se putréfie que difficilement, qui conserve sa
couleur au-dessous de 90° de chaleur, mais qui au-delà se trouble,
laisse déposer un sédiment brun et devient incolore ; enfin qui est
susceptible d'être précipitée par l'alcool et l'éther.

L'acide muriatique, l'acide sulfurique étendu de 8 fois son poids
d'eau, l'acide acétique, l'acide tartarique, l'acide oxalique, l'acide
citrique, sont tous susceptibles de la dissoudre très-facilement à
l'aide d'un peu de chaleur. Tous, excepté l'acide sulfurique, la

1873. *Analyse.* — De toutes les analyses animales, celle du sang est, sans contredit, l'une des plus difficiles, en raison de la difficulté qu'on éprouve à isoler

dissolvent même à froid. Les dissolutions paraissent d'un rouge-cerise ou d'un cramoisi foncé, vues par réflexion, et verdâtres, vues par transmission.

Les alkalis et les carbonates alkalins dissolvent la matière colorante plus facilement encore que les acides ; aussi prennent-ils une teinte si foncée, qu'ils paraissent opaques.

L'acide nitrique, au contraire, la détruit sur-le-champ.

Il paraît que l'oxide de plomb ne peut point se combiner avec elle ; le proto et le deuto-nitrate de mercure, le sublimé corrosif, la précipitent de sa dissolution aqueuse, et donnent lieu à des composés qui adhèrent aux étoffes.

L'alumine l'entraîne dans sa précipitation ; mais la laque qui en résulte ne résiste ni à l'action de l'air, ni à l'action de la lumière. Il en est de même de celles que l'on peut préparer, soit avec l'oxide, soit avec le muriate d'étain.

Cependant elle est susceptible de former avec le coton engallé une teinte rouge solide.

M. Berzelius n'obtient point la matière colorante par le même procédé que M. Brand ; il coupe le caillot en tranches très-minces, le place sur du papier brouillard, pour en absorber le sérum ; et le triture dans une petite quantité d'eau, qui prend bientôt une couleur brune si foncée, qu'elle n'offre pas la moindre transparence dans un tube de verre de 7 millimètres de diamètre ; il expose ensuite la dissolution à l'action de la chaleur et en précipite, par ce moyen, la matière colorante en une masse brune qu'il lave avec soin, qu'il presse fortement et qu'il sèche à la température de 70° ; c'est dans cet état qu'il examine les propriétés de cette matière. Calcinée avec le contact de l'air, elle se fond, se boursoufle, brûle avec flamme et donne un charbon qu'on ne peut incinérer qu'avec la plus grande difficulté ; qui, pendant sa combustion, laisse continuellement dégager du gaz ammoniac, et qui fournit la centième partie de son poids d'une cendre composée, d'environ : 55 parties d'oxide de fer ; 8 parties et demie de phosphate de chaux et d'un peu de magnésie ; 17

l'albumine de la matière colorante. Le meilleur procédé consiste à abandonner le sang à lui-même pour le transformer en caillot et en serum, à les séparer l'un de l'autre par décantation, et à traiter chacun d'eux en particulier, comme nous allons le dire.

1° La quantité de fibrine peut être déterminée en lavant le caillot dans un nouet de linge jusqu'à ce que toute la matière colorante soit dissoute.

2°. On appréciera, jusqu'à un certain point, celle de la matière colorante par les méthodes que nous venons d'exposer.

3° Quant à l'analyse du serum, on la fera en évaporant ce liquide jusqu'à siccité, traitant le résidu par l'eau, évaporant de nouveau la liqueur et traitant successivement le nouveau résidu par l'alcool et une nouvelle quantité d'eau, puis procédant à la séparation des matières salines dissoutes par ces deux agens.

Suivant M. Berzelius, 1000 parties de serum contiennent; savoir :

---

parties et demie de chaux pure, et 16 parties et demie d'acide carbonique, y compris la perte dont l'analyse est inséparable.

Il est vrai qu'en traitant cette cendre par un acide, et versant ensuite de l'ammoniaque dans la liqueur, on obtient du sous-phosphate de fer; mais ce sous-phosphate est évidemment un produit de l'opération, puisqu'en traitant de la même manière l'oxide de fer et le phosphate de chaux, on obtient de semblables résultats : aussi M. Berzelius est-il loin d'admettre, avec Fourcroy et M. Vauquelin, que l'oxide de fer soit à l'état de sous-phosphate dans le sang; ce qu'il prouve par beaucoup d'autres expériences.

D'ailleurs, la matière colorante jouit des mêmes propriétés que la fibrine; elle n'en diffère donc que par sa couleur, que par sa solubilité dans l'eau, et par la grande quantité d'oxide de fer que contient sa cendre.

	Serum du sang de bœuf.	Serum du sang humain.
Eau......................	905,00	905,0
Albumine (a)...............	79,99	80,0

Substances solubles dans l'alcool ; savoir :

Lactate de soude et ma-tière extractive.. 6,175	}	 4	}
	8,74......	} 10,0	
Muriates de soude et de potasse.... 2,565	}	 6	}

Substances solubles seulement dans l'eau ; savoir :

Soude sans doute carbo-natée et un peu de ma-tière animale (b)......	}	1,52	4,0 (c)
Perte.....................		4,75	0,0

M. le docteur Marcet, à qui nous devons aussi l'analyse du serum du sang humain, et qui l'avait faite avant M. Berzelius, le regarde comme composé de 900 d'eau ; 86,8 d'albumine ; 6,6 de muriates de po-

---

(a) Cette albumine incinérée donne à peu près autant de cendres que la matière colorante : ces cendres ne renferment point d'oxide de fer ; elles ne sont composées que de phosphate de chaux, de carbonate de chaux, et d'un peu de magnésie et de carbonate de soude. Il en est de même de celles de la fibrine.

(b) Il paraît que cette matière provient de l'action de l'eau chaude sur l'albumine.

(c) Outre le sous-carbonate de soude et la matière animale, cette partie du serum du sang humain renferme un peu de phosphate de soude.

tasse et de soude ; 4 de matière muco-extractive (*a*) ;
1,65 de sous-carbonate de soude ; 0,35 de sulfate de
potasse ; 0,60 de phosphate terreux.

1874. *Usages.* — Le sang forme la majeure partie
du boudin ; il est employé dans toutes les raffineries
de sucre pour clarifier les sirops ; en le calcinant avec
la potasse, et lessivant le résidu, l'on obtient le prussiate de potasse dont on se sert ensuite pour fabriquer
le bleu de Prusse ; c'est le liquide qui joue le plus
grand rôle dans l'économie animale, puisqu'il donne
lieu à toutes les substances qu'on y rencontre, excepté
le chyle et la matière fécale.

SECTION III.

De la Circulation, de la Respiration et de la Nutrition,

1875. Quoique l'examen de ces fonctions soit presque
tout entier du ressort de la physiologie, nous devons les
considérer d'une manière générale pour pouvoir apprécier les phénomènes chimiques qu'elles nous offrent. Nous les suivrons surtout dans les animaux les
plus parfaits.

1876. Nous avons vu que le chyle était absorbé par
un grand nombre de vaisseaux capillaires qui recouvrent les intestins grêles, et surtout le duodenum ; que
ces vaisseaux, en s'anastomosant, le portaient dans le
canal thorachique, situé le long de l'épine du dos, et
que ce canal le versait dans la veine sous-clavière gau-

(*a*) Cette matière est le lactate de soude impur de M. Berzelius.

che, quelquefois dans la veine sous-clavière droite, où il se mêlait au sang.

Le nouveau liquide qui résulte de ce mélange pénètre par la veine cave supérieure dans les cavités droites du cœur, d'abord dans l'oreillette, et ensuite dans le ventricule (*a*). Le ventricule droit, par l'artère pulmonaire qui se bifurque, le distribue aux poumons, et ceux-ci, par les veines qui leur sont propres, le transmettent successivement à l'oreillette et au ventricule gauches ; de ce ventricule il passe dans l'artère aorte ; de l'artère aorte dans l'aorte ascendante et dans l'aorte descendante, qui, en se ramifiant, le portent dans toutes les parties du corps.

Arrivé aux dernières ramifications artérielles, il passe dans celles des veines ; bientôt il arrive dans les principales branches veineuses qui le portent dans la veine cave supérieure ou la veine cave inférieure : de là il rentre dans l'oreillette droite, puis dans le ven-

---

(*a*) Le cœur est un muscle susceptible de se contracter et de se dilater, et composé de quatre cavités, dont deux sont [situées à droite et deux à gauche : les deux premières prennent les noms d'oreillette et de ventricule droits, et les autres ceux d'oreillette et de ventricule gauches. Chaque oreillette est placée au-dessus de son ventricule, qui est terminé inférieurement en pointe. Du ventricule gauche et de l'oreillette droite partent de gros vaisseaux qui se distribuent, se ramifient et s'abouchent dans les poumons : les vaisseaux qui partent des ventricules s'appellent artères, et ceux qui partent des oreillettes s'appellent veines. Les cavités droites ne communiquent avec les cavités gauches que par les artères et les veines pulmonaires. Chaque ventricule est séparé de son oreillette par une valvule ; il en est de même des veines et des artères par rapport aux oreillettes et aux ventricules, auxquelles elles correspondent. (*Voyez*, pour plus de détails, les ouvrages d'anatomie).

tricule droit, pour être de nouveau transmis aux poumons, ramené aux cavités gauches du cœur, distribué à
toutes les parties du corps, rapporté au cœur, etc. C'est
dans ce mouvement que consiste la circulation.

Quels sont les phénomènes auxquels elle donne lieu?
Voilà ce qu'il s'agit d'examiner.

1877. Le sang, parvenu à l'extrémité des artères, se
décompose par la puissance de la vie, nourrit tous les
organes au milieu desquels il se trouve en leur cédant
une portion de ses principes, donne lieu à toutes les
sécrétions (1892), et se change ainsi en sang veineux et
en lymphe qui retournent, l'un et l'autre, au centre
de circulation par des canaux différens.

Or, comme les organes diffèrent par leur nature, et
qu'il en est de même des sécrétions, il s'ensuit donc
que partout il éprouve des modifications différentes.
Pour plus de clarté, que l'on considère, par exemple,
le lait et l'urine, et l'on verra : que ces deux fluides ne
contiennent ni albumine, ni fibrine, ni matière colorante, qui sont les seules matières animales qu'on rencontre dans le sang; que le premier est un composé
d'eau, de matière caséeuse, de matière butireuse, de
sucre de lait et de différens sels, et que l'autre est principalement formé d'eau, de différens sels, d'acide
urique et d'urée. Cependant leur formation est due au
sang artériel (a) : il faut donc que les reins dans lesquels
se forme l'urine, et les glandes mammaires dans lesquelles se forme le lait, aient sur le sang chacun

_____

(a) Il paraît que celle du lait est due aussi à la lymphe; car l'on
observe qu'une grande quantité de vaisseaux lymphatiques entre
dans la composition des mamelles.

une manière d'agir qui leur soit propre; et ce que nous disons ici de ces glandes, il faut le dire de toutes les autres, et en général de tous les organes, d'où l'on peut penser aussi que le sang veineux, résidu produit par l'action d'un organe sur le sang artériel, n'est point identique avec celui qui provient de l'action d'un autre organe sur ce même sang artériel.

1878. En même temps que ces phénomènes ont lieu, il s'en produit d'autres non moins remarquables.

Puisque les organes s'assimilent continuellement de la matière nutritive, cette matière ne doit faire partie de leur composition que pendant un certain temps. Sans cela ils finiraient par devenir d'un volume très-considérable. La rénovation totale du corps se fait en trois ans, selon certains physiologistes; d'autres en portent la durée à sept : la plupart pensent qu'elle dépend d'un si grand nombre de circonstances, qu'il est impossible d'en fixer la révolution. L'on cite généralement, à l'appui de cette rénovation, une expérience que nous devons rapporter. Lorsque l'on donne des alimens mêlés de garance aux animaux, leurs os, dit-on, se teignent uniformément en rouge; en supprimant ensuite la garance, la couleur rouge disparaît dans un espace de temps qui n'est pas très-long. Mais il nous semble que ce temps devrait être de plusieurs années, et que, s'il n'en est point ainsi, l'expérience ne prouve point la rénovation, à moins qu'on admette, ce qui n'est nullement probable, que celle-ci n'ait lieu beaucoup plus promptement qu'on ne le croit.

1879. Lorsque le sang a passé des artères dans les veines, il n'est plus rouge comme il était d'abord; il est devenu noir, et a perdu ses qualités nutritives :

s'il rentrait dans les artères, sans les avoir recouvrées, ou être redevenu sang artériel, il ne tarderait point à produire la mort : c'est dans l'acte de la respiration, au sein des poumons, que cette importante transformation s'opère.

1880. Les poumons contiennent non-seulement des vaisseaux sanguins, mais encore des vaisseaux aériens: ceux-ci, en nombre infini comme ceux-là, proviennent de la division et de la subdivision des bronches qui, par leur réunion, forment la trachée. Les injections ne nous ont encore appris rien de positif sur la disposition relative des uns par rapport aux autres ; mais on peut les concevoir accolés de telle sorte que le sang veineux ne soit séparé de l'air que par une cloison extrêmement fine et perméable aux fluides élastiques.

1881. De tout temps on a su que la respiration de l'air était nécessaire à l'entretien de la vie ; depuis long-temps on sait aussi qu'un animal qui respirerait toujours le même air serait bientôt suffoqué ; mais ce n'est que depuis que les principes de ce fluide nous sont connus, que l'on a pu acquérir des notions précises sur sa manière d'agir. Schéele, Priestley, et surtout Lavoisier sont ceux qui nous ont d'abord éclairés à cet égard.

1882. L'analyse prouve que l'air, à sa sortie des poumons, au lieu de contenir 0,21 d'oxigène n'en contient que de 0,18 à 0,19 ; donc il y en a une portion qui est absorbée : cette portion, dans les animaux à sang chaud, se combine toute entière avec le carbone du sang ; car le gaz expiré renferme autant d'acide carbonique en plus que d'oxigène en moins. On peut s'en convaincre en faisant passer 5 à 600 parties de ce gaz dans un tube gradué, absorbant l'acide carbonique par une dissolution de potasse, mesurant le résidu et déterminant l'oxigène qui s'y trouve, dans l'eudiomètre à gaz hydrogène : aussi, lorsqu'on insufle, au moyen d'un tube, de l'air des poumons dans de l'eau de chaux, celle-ci se trouble-t-elle promptement, ce qui n'a point lieu, à beaucoup près, dans le même temps avec l'air atmosphérique.

Priestley, qui reconnut l'un des premiers l'absorption de l'oxigène dans l'acte de la respiration, admit aussi qu'il y avait une certaine quantité d'azote absorbée ; M. Davy partage également cette opinion ; il en est de même du docteur Henderson : toutefois c'est ce que ne confirment point les expériences faites depuis, soit par MM. Allen et Pepis sur les mammifères, soit par M. Berthollet dans le manomètre. M. Berthollet a même observé que la quantité d'azote, loin de diminuer, semblait augmenter (2ᵉ vol. d'Arcueil). L'absorption de l'acide carbonique et de l'air, que plusieurs physiologistes supposent avoir lieu dans quelques circonstances, n'est pas plus prouvée (*a*).

1883. M. le docteur Menzies estime à 850 décimètres cubes l'oxigène qu'un homme consume en un jour. Lavoisier et M. Séguin la portent seulement à 754, et M. Davy à 745. Or, puisque l'oxigène fait

(*a*) Nous ne parlons ici, comme nous l'avons dit précédemment (1875), que de la respiration des animaux les plus parfaits ; car tous ne nous présentent point les mêmes phénomènes. En effet la respiration, dans les mammifères, et probablement les oiseaux, a lieu sans absorption d'azote ; tandis que, dans les poissons, elle ne peut se faire, suivant MM. Humboldt et Provençal, qu'avec une grande absorption de ce gaz. (Mémoires d'Arcueil, t. 2, p. 359).

les 0,21 de l'air atmosphérique, un homme rend donc irrespirables plus de 3 mètres et demi cubes d'air par jour ; et si, depuis quinze ans qu'on en a fait l'analyse exacte, la proportion de ses principes n'a pas changé, c'est parce que le gaz carbonique, qui se forme sans cesse, est continuellement décomposé par les végétaux, et que ceux-ci mettent en liberté la majeure partie de son oxigène.

1884. Nous devrions maintenant considérer les parties du sang veineux sur lesquelles l'oxigène se porte, ou auxquelles il enlève du carbone ; mais nous ne savons rien de positif à cet égard : le changement de couleur qu'il éprouve nous autorise seulement à soupçonner que c'est principalement sur la matière colorante qu'il agit.

1885. Le carbone n'est point le seul principe que le sang perde dans la respiration ; il perd encore une certaine quantité d'eau par la transpiration pulmonaire. Cette eau, suivant le docteur Hales, est, terme moyen, de 634 grammes par jour. Lavoisier en estime la quantité un peu plus grande, et M. Thomson l'a trouvée sur lui, seulement de 590 grammes.

1886. Ainsi donc, il n'existe pour nous d'autre différence entre le sang veineux et le sang artériel, qu'en ce que celui-ci contient à sa sortie du cœur moins d'eau que celui-là, et que l'un ou plusieurs de ses matériaux contiennent plus de carbone que les matériaux correspondans de l'autre.

N'y en a-t-il point d'autre réellement ? Nous sommes loin de pouvoir l'assurer.

Toutefois, il est certain que dans le poumon, le sang, par l'influence de l'air, prend toutes les nouvelles propriétés que nous avons énoncées précédemment; qu'il les perd, en passant à travers les organes, pour les reprendre dans les poumons et les perdre de nouveau dans la circulation.

S'il ne recevait point de matière nutritive, bientôt il serait épuisé : c'est le chyle, dont la sanguification a lieu probablement dans les poumons, qui est destiné à réparer toutes les pertes qu'il fait à cet égard.

SECTION IV.

Sources de la chaleur dans l'économie animale.

1887. Nous avons fait voir précédemment qu'il se formait sans cesse du gaz acide carbonique dans le poumon par la combinaison du carbone du sang veineux avec le gaz oxigène de l'air. Nous avons dit aussi que le sang artériel, parvenu aux extrémités des artères, subissait une décomposition et cédait une portion de ses principes aux organes qu'il traversait. Or, nous savons que, dans toutes combinaisons intimes, il y a dégagement de calorique; il doit donc s'en dégager dans les poumons par l'effet de la respiration, et dans toutes les parties du corps par l'effet de la nutrition. C'est à ces deux causes, et surtout à la première, que l'on doit attribuer la chaleur animale : aussi observe-t-on qu'elle est toujours d'environ 40° dans les mammifères et les oiseaux, qui consomment tous beaucoup d'air, tandis que, dans les reptiles et les autres classes d'animaux qui en consomment très-peu, elle n'est presque pas plus élevée que celle du milieu qu'ils habitent. Dans les poumons d'un homme, par exemple, il doit se produire chaque jour, par le seul effet de la respiration, une quantité de calorique capable de fondre 38kil.18 de glace, puisqu'il s'y consume 750 décimètres cubes d'oxigène (a). Cependant la température de ces organes n'est pas sensiblement plus élevée que celle des autres parties du corps ; mais c'est parce que, d'une part, le sang circule très-rapidement, et que, de l'autre, le sang artériel a peut-être, ainsi que l'a annoncé Crawford, plus de capacité pour le calorique que le sang veineux (b).

Jusque dans ces derniers temps, l'on avait cru que la chaleur animale, dans les animaux à sang chaud, était

---

(a) En effet, 750 décimètres cubes d'oxigène représentent 750 décimètres cubes ou 750 litres de gaz carbonique, lesquels contiennent 395 grammes de charbon, à la température et à la pression ordinaires ; et nous savons que le charbon fond, en brûlant, 96 fois et demie son poids de glace.

La quantité d'oxigène consumé par une tanche n'est que la 50000eme partie de celle qui est consumée par l'homme, suivant M. Humboldt.

(b) La capacité du sang artériel, suivant Crawford, est à celle du sang veineux comme 23 à 20. S'il en est ainsi, la nutrition contribue à la chaleur animale non-seulement en fixant les principes du sang artériel dans les organes, mais encore en diminuant sa capacité.

Un physiologiste anglais, en répétant les belles expériences de M. Legallois sur la respiration dans les animaux décapités, observa que ceux que l'on faisait vivre en les faisant respirer artificiellement, se refroidissaient plus vite que ceux qu'on abandonnait à eux-mêmes, et dont l'existence n'était pas prolongée, d'où il conclut que la chaleur animale ne dépendait pas de la respiration. Mais M. Legallois a fait voir que ce phénomène provenait de ce que l'air insufflé dans le poumon emportait alors, pour s'échauffer, plus de calorique que l'acide carbonique produit n'en pouvait dégager. (Bulletin de la Société philomatique).

toujours à 40°, quelle que fût celle de l'atmosphère qui les environnât. De Laroche, dans une thèse soutenue à l'Ecole de Médecine, a prouvé le contraire ; néanmoins, d'après ses propres expériences, il paraît qu'elle ne s'éloigne pas beaucoup de ce terme, parce que dans un lieu très-froid l'animal transpire peu, et que dans un lieu très-chaud il transpire beaucoup.

Section V.

De l'action des Gaz autres que l'Oxigène sur l'économie animale.

1888. Lorsque, au lieu de respirer le gaz oxigène ou l'air, qui n'agit dans la respiration que par l'oxigène qu'il contient, un animal respire tout autre gaz, il périt plus ou moins promptement : tous les gaz, excepté l'oxigène, sont donc contraires à la vie. Les uns produisent la mort, seulement parce que privant le sang veineux du contact du gaz oxigène, ils s'opposent à sa transformation en sang artériel, et les autres la produisent non-seulement par cette cause, mais surtout par l'action qu'ils exercent sur les organes de l'économie animale : les premiers ne sont réellement que l'occasion de la mort, tandis que les seconds la donnent ; ils sont véritablement délétères.

1889. *Gaz de la première classe.* — A cette classe appartiennent l'azote, le protoxide d'azote, l'hydrogène, et sans doute quelques autres.

Lorsque l'on plonge un oiseau dans une cloche pleine de l'un de ces gaz, et qu'on la recouvre d'un obturateur, il tombe en asphyxie en moins d'une minute ; en le retirant de la cloche presqu'aussitôt que l'asphyxie a lieu et l'exposant à l'air, il reprend bientôt ses forces premières ; il meurt, au contraire, s'il reste exposé trop long-temps à l'action du gaz méphitique : quelques centièmes d'oxigène suffisent pour prolonger son existence.

Plusieurs chimistes ont osé respirer une assez grande quantité de protoxide d'azote pur. Les premiers essais en ce genre furent faits en Angleterre par M. Davy; les effets qu'il en éprouva sont si extraordinaires qu'ils méritent d'être rapportés. Écoutons ce savant chimiste en faire le récit :

« Après avoir expiré l'air de mes poumons, dit-il,
« et m'être bouché les narines, je respirai environ
« 4 litres de gaz oxide nitreux; les premiers sentimens
« que j'éprouvai furent, comme dans la première ex-
« périence, ceux du vertige et du tournoiement; mais
« en moins d'une demi-minute, continuant toujours
« de respirer, ils diminuèrent par degrés et furent
« remplacés par des sensations analogues à une douce
« pression sur tous les muscles, accompagnée de fré-
« missemens très-agréables, particulièrement dans la
« poitrine et les extrémités; les objets, autour de moi,
« devenaient éblouissans, et mon ouïe plus subtile :
« vers les dernières inspirations, l'agitation aug-
« menta, la faculté du pouvoir musculaire devint plus
« grande, et il acquit à la fin une propension irré-
« sistible au mouvement. Je ne me souviens qu'indis-
« tinctement de ce qui suivit, je sais seulement que
« mes mouvemens furent variés et violens. Ces effets
« cessèrent dès que j'eus discontinué de respirer ce
« gaz, et dans dix minutes je me retrouvai dans mon
« état naturel : la sensation de frémissement dans les

« extrémités se prolongea plus long-temps que les
« autres. »

Tels sont aussi les effets que le protoxide d'azote
produisit sur M. Tennant et M. Onterowd. Cependant
tous ceux à qui je l'ai vu respirer s'en sont trouvés mal :
je citerai M. Vauquelin, deux jeunes gens chargés de
préparer mes leçons, et je me citerai moi-même.
M. Vauquelin fit l'expérience de la même manière que M. Davy : à peine avait-il inspiré ce gaz,
qu'il tomba presque sans force ; son pouls était extrêmement agité, un bourdonnement considérable avait
lieu dans ses oreilles, ses yeux étaient hagards et rou-
laient dans leurs orbites, sa figure était décomposée,
sa voix ne pouvait se faire entendre, et sa souffrance
était extrême : il resta dans cet état pendant environ
deux minutes. Mes deux préparateurs s'y prirent autrement ; ils remplirent de protoxide d'azote une vessie
d'environ 15 pintes ; ils en embouchèrent le robinet,
en la soutenant d'une main et pressant le nez de
l'autre, de manière que le gaz passait alternativement
de la vessie dans leurs poumons, et de leurs poumons
dans la vessie, mêlé avec la quantité d'air que leur poitrine pouvait contenir ; leur respiration devint bientôt
très-précipitée, et leur figure blême et bleuâtre ; on les
aurait cru pleins de force, à ne consulter que l'espèce
d'ardeur avec laquelle ils respiraient le gaz ; et cependant, aussitôt que la vessie leur fut arrachée, ils tom-
bèrent en défaillance et restèrent quelques secondes
sans mouvement, les bras pendans et la tête penchée
sur les épaules.

Pour moi, je fis l'expérience, tantôt comme mes
préparateurs, et tantôt en chassant une portion de

l'air de ma poitrine, inspirant alors le gaz et l'expirant dans l'atmosphère, puis en inspirant de nouveau, le rejetant comme le premier, et ainsi de suite, jusqu'à ce que j'en eusse consommé à peu près 15 litres; je devins successivement pâle et légèrement violet, j'étais presque sans force, je ne voyais plus qu'à travers un nuage les objets qui m'environnaient; tous me semblaient être en mouvement, et je suis persuadé que si j'avais respiré un peu plus de gaz, je serais tombé en défaillance comme mes préparateurs : j'en fus quitte pour un mal de tête qui se dissipa en quelques heures (a).

1890. *Des Gaz de la deuxième classe.* — Dans cette classe se trouvent : tous les gaz acides, moins l'acide carbonique peut-être; le gaz ammoniac; le gaz hydrogène sulfuré; le gaz hydrogène arseniqué; le deutoxide d'azote; et probablement plusieurs autres sur lesquels l'expérience n'a point prononcé. Lorsqu'on plonge un animal dans une atmosphère de l'un de ces gaz, il y périt tout à coup; il y périt même encore, lorsque le gaz est mêlé à une grande quantité d'air atmosphérique. Le plus délétère est le gaz hydrogène sulfuré; son action est si grande qu'on a peine à la concevoir. L'air contenant $\frac{1}{1500}$ de son volume d'hydrogène sulfuré donne promptement la mort à un verdier; celui qui en contient $\frac{1}{800}$ la donne à un chien de moyenne taille, et un cheval finit par succomber dans un air où on en a ajouté $\frac{1}{250}$.

_____

(a) M. Davy, à qui j'ai communiqué ces observations, pense que si nous n'avons point obtenu les mêmes effets que lui, c'est parce que nous n'avons point respiré assez de gaz.

Ces expériences, qui datent de dix ans et que j'ai faites avec M. Dupuytren, ont été précédées de celles du docteur Chaussier, qui prouvent qu'il suffit même de faire agir le gaz hydrogène sulfuré sur la surface cutanée pour faire périr les animaux, parce qu'alors il est absorbé par les bouches inhalantes du derme. Que l'on prenne une vessie munie d'un robinet, au fond de laquelle on aura pratiqué une ouverture; que l'on y introduise un jeune lapin jusqu'au cou; que l'on colle hermétiquement, avec un emplâtre de poix et de térébenthine, les bords de la vessie sur le cou épilé du lapin; que l'on fasse alors le vide dans la vessie par la succion, et qu'on la remplisse ensuite de gaz, l'animal périra en 15 à 20 minutes. En général, tous les jeunes animaux succombent assez promptement à cette épreuve; les adultes résistent beaucoup plus long-temps. (Nysten.)

1891. M. Nysten a fait, sur les gaz injectés dans l'éco-nomie animale, des observations intéressantes qui se rattachent immédiatement à ce qui précède.

Les gaz dont il a examiné les effets sont: l'air atmos-phérique, l'oxigène, l'azote, l'hydrogène, l'hydrogène carboné, l'hydrogène phosphoré, l'acide carbonique, l'oxide de carbone, le protoxide d'azote, l'hydrogène sulfuré, le deutoxide d'azote, l'acide muriatique oxi-géné et l'ammoniaque: les quatre derniers sont les seuls qu'il regarde comme délétères (a).

_____

(a) Cependant plusieurs des gaz que M. Nysten regarde comme non délétères, n'agissent point tous de la même manière dans la respiration. Le gaz oxide de carbone fait périr les animaux bien plus vite que le protoxide d'azote et l'azote; ils périssent aussi plus

Il résulte de ses expériences, 1° que l'on peut in-jecter dans le système veineux d'un chien de moyenne taille, sans le faire périr, une assez grande quantité de gaz non délétère, pourvu qu'on n'en introduise que peu à la fois, par exemple, 15 à 20 centimètres cubes, et qu'on mette un certain intervalle entre deux injections consécutives.

2° Que ceux dont on peut introduire le plus sont: l'acide carbonique, le protoxide d'azote, sans doute en raison de leur solubilité.

3° Que tous, injectés en grande quantité à la fois, distendent fortement l'oreillette et le ventricule droits, s'opposent à leur contractibilité, arrêtent tout à coup la circulation et donnent promptement la mort. Leur action est donc entièrement mécanique : aussi quand, après avoir injecté successivement une assez grande quantité d'air pour mettre l'animal dans un état de mort apparente, on ouvre la veine sous-clavière et qu'on comprime le thorax, l'animal est rappelé peu à peu à la vie, parce que l'air est chassé des cavités pulmonaires du cœur et que la circulation se ré-tablit.

4° Qu'aucun d'eux, injecté dans la plèvre, ne pro-duit d'effet nuisible, excepté le gaz hydrogène phos-phoré qui, en s'enflammant, occasionne une phleg-masie de cette membrane.

5° Que lorsque l'animal résiste aux injections de ces gaz, une petite partie de ceux-ci se dégage du sang par

promptement dans le gaz hydrogène proto-phosphoré, et je crois même dans le gaz carbonique, d'où il suit qu'ils doivent être au moins un peu délétères.

les voies de la respiration (*a*), tandis qu'une autre reste en dissolution, pendant un certain temps, dans le sang artériel dont elle diminue toujours plus ou moins la teinte vermeille, pourvu toutefois que le gaz soit tout autre que le protoxide d'azote ou l'oxigène.

6° Qu'on peut aussi injecter de très-petites quantités de gaz délétères dans le système veineux des animaux, sans occasionner la mort (*b*); qu'ils la produisent promptement lorsque ces quantités sont trop fortes; qu'introduits dans la plèvre, mais à une plus haute dose que dans le système veineux, ils la causent également; que le deutoxide d'azote et l'hydrogène sulfuré la causent encore, lorsqu'on les porté dans le tissu cellulaire sous-cutané, mais que le premier ne jouit point, comme le second, de la propriété de la déterminer par son seul contact avec la peau; que ces différens gaz ne la produisent point de la même manière; qu'ils la produisent tous en

---

(*a*) Et probablement par la sueur, la transpiration, les urines; car lorsqu'on injecte dans le système veineux toute autre matière que des gaz, et que l'animal ne périt point, c'est par la transpiration pulmonaire et cutanée, par les urines, que la nature s'en débarrasse. M. Magendie a fait à ce sujet des expériences fort intéressantes.

(*b*) M. Nysten a fait trois injections d'hydrogène sulfuré de 10 centimètres cubes chacune, dans le système veineux, d'un chien-loup de moyenne taille et du poids de 8 kilogrammes et demi, sans que ce chien mourût. Après la première, l'animal s'est agité un peu et a fait de grandes inspirations; la deuxième lui a donné des mouvemens convulsifs qui se sont calmés peu à peu; la troisième l'a jeté dans une mort apparente: il est resté long-temps faible et chancelant; le lendemain il était aussi-bien portant qu'auparavant. Il n'aurait pas résisté à cette dose d'hydrogène sulfuré, porté dans les organes de la respiration et disséminé dans 5 à 600 fois son volume d'air.

raison de leur nature et jamais mécaniquement ; savoir : le gaz ammoniac et le gaz muriatique oxigéné en irritant violemment les organes avec lesquels ils sont en contact ; le gaz hydrogène sulfuré, en portant atteinte à la vie de tous les organes par sa puissance débilitante ; et le deutoxide d'azote, en s'unissant au sang, le rendant noir et le mettant hors d'état de pouvoir se transformer en sang artériel. En effet, 1° lorsqu'on injecte de l'acide muriatique oxigéné et de l'ammoniaque dans le système veineux, le sang reste liquide ; on n'aperçoit aucune lésion dans le cœur et on n'y trouve point de gaz ; si l'injection a lieu dans la plèvre, celle-ci se recouvre de fausses membranes qui contiennent beaucoup de sérosité, et les autres organes n'offrent rien de remarquable ; d'où M. Nysten conclut que c'est probablement en irritant vivement les fibres du cœur qu'ils occasionnent la mort, après leur introduction dans le système veineux ; 2° lorsqu'on injecte du deutoxide d'azote dans les veines, dans la plèvre ou dans le tissu cellulaire cutané, la mort a lieu sans qu'on observe de lésion dans les organes, ou qu'on trouve de gaz dans le cœur (a) ; le sang seul devient noir, il conserve cette teinte dans les artères. Par conséquent, dans tous les cas, la cause morbifique doit être la même : c'est donc le gaz qui arrive par voie d'absorption du tissu cutané ou de la plèvre dans le sang, il se combine avec celui-ci et s'oppose à sa transformation en sang artériel. Est-ce en s'emparant de l'oxigène qu'il produit cet effet ? On est tenté de le croire

----

(a) Ou du moins le cœur est seulement marbré de rouge livide par les injections dans le système veineux.

d'abord ; mais cette opinion devient peu probable en considérant que, si l'on injecte 15 centimètres cubes de deutoxide d'azote dans le système veineux d'un chien, il ne périt souvent que plus d'un jour après et que, pendant tout ce temps, il y a circulation sans que le sang devienne vermeil ; 3° lorsqu'on injecte du gaz hydrogène sulfuré dans les veines, dans la plèvre, dans le tissu cutané, l'animal éprouve bientôt une grande prostration de force, qui le fait succomber et dans laquelle le système nerveux est profondément atteint : après la mort, l'on ne trouve point de gaz dans les cavités pulmonaires, et si, pendant que l'animal est vivant, on retire du sang de ses artères, on le trouve vermeil. Ce gaz arrive donc, par voie d'absorption, de même que le deutoxide d'azote, du tissu cutané, de la plèvre et de la peau, dans le cours de la circulation, et son action débilitante se porte sur les principaux organes.

SECTION VI.

Des Liqueurs des Sécrétions.

1892. On entend, par le mot sécrétion, une fonction par laquelle un organe, en décomposant le sang, donne lieu à une liqueur particulière : c'est ainsi que se forment toutes les liqueurs animales, excepté le sang et le chyle. La plupart de ces liqueurs restent en totalité ou en partie dans le corps, et y remplissent des fonctions qui ont pour objet la nutrition et l'accroissement de l'animal : trois seulement en sont rejetées, l'urine, la sueur et le lait ; elles ne pourraient y être conservées long-temps sans danger : dans l'homme celles-ci sont toujours acides, tandis que, dans tous les animaux, les autres sont presque toujours alcalines.

1893. *Des Liqueurs alcalines.* — Ces liqueurs doivent leurs propriétés alcalines à une petite quantité de soude : elles sont toutes composées d'eau, des mêmes matières salines que celles qui existent dans le sang, et de substances animales particulières. M. Berzelius les divise en deux espèces. Suivant lui, les premières contiendraient les mêmes quantités d'eau, de sels, et de matière animale que le sang : les secondes contiendraient aussi les mêmes quantités d'eau et de sels que ce fluide, mais moins de matière animale ; d'où il s'ensuivrait que, dans la sécrétion des liqueurs alcalines, les matières animales seraient les seules qui éprouveraient des changemens, soit dans leur nature, soit dans leur proportion. Par conséquent, dans la formation des unes, l'influence nerveuse ne ferait que combiner autrement les principes de la fibrine, de l'albumine et de la matière colorante du sang ; tandis que, dans la formation des autres, cette influence non-seulement les combinerait autrement, mais les éliminerait en partie. Il pense aussi que chaque liqueur alcaline est caractérisée par une matière animale particulière, et que les autres substances qu'elle renferme n'en font partie que parce qu'elles se trouvaient dans le sang qui a servi à la former. (Ann. de Chimie, t. 88, p. 113).

1894. Nous nous permettrons quelques observations à cet égard :

1° Il serait fort extraordinaire que certaines liqueurs alcalines renfermassent présisément la même quantité de matières animales que le sang, propriété que d'autres ne possèdent bien sûrement pas.

2° La bile, que M. Berzelius cite comme un fluide de la première espèce, ne contient presque point de matière azotée : il faut donc que, au moment de sa formation, l'azote ait été séparé du sang qui lui a donné naissance ; il faut aussi qu'une certaine quantité d'hydrogène en ait été éliminée, car la fibrine, l'albumine et la matière colorante, privées seulement d'azote, donneraient lieu à une sorte de graisse ; à la vérité, l'on trouve de la matière grasse dans la bile, mais en petite quantité.

3° La plupart du temps, il est vrai, les liqueurs alcalines ne contiennent qu'une substance caractéristique, mais il en est qui en contiennent plusieurs : nous citerons encore, pour exemple, la bile.

4° Les matières salines font quelquefois une partie tellement intégrante des liqueurs animales, que, sans leur présence, ces liqueurs auraient un tout autre caractère : telle est la soude. Dans la bile que nous citerons de nouveau, il en existe une plus grande quantité que dans la salive, l'eau des ventricules, etc. ; elle est destinée à favoriser la dissolution de la matière résineuse et du mucus : la bile de porc n'est même qu'une combinaison de soude et de matière grasse.

Ces diverses observations nous empêchent de partager l'opinion du savant chimiste suédois : nous admettrons seulement avec lui que la plupart des sels paraissent étrangers aux liqueurs alcalines, et que les fonctions de l'économie animale ne s'exécuteraient pas moins bien sans leur existence dans ces liqueurs ;

encore peut-être, sont-ils destinés à stimuler les parties avec lesquelles ils sont en contact.

1895. *Des Liqueurs acides.* — Ces liqueurs, au nombre de trois dans l'homme, l'urine, la sueur et le lait, sont légèrement acides : les deux premières le sont plus que la dernière. M. Berzelius en attribue l'acidité à l'acide lactique. Pour moi, je la crois due à l'acide acétique, du moins en partie, surtout dans la sueur acide. Existe-t-il du phosphate de chaux dans l'urine, comme on le croit généralement ? j'en doute fort (*a*). Le lait est destiné à la nourriture des jeunes animaux : quant à la sueur et à l'urine, elles sont destinées à porter au dehors les matières qui pourraient être nuisibles à l'économie animale. La sueur n'est que de l'eau légèrement acide, tenant en dissolution une très-petite quantité de matières animales et de sels. Le lait renferme, outre un acide, des sels et de l'eau, trois substances particulières, de la matière caséeuse, du sucre de lait et du beurre. L'urine est le liquide dont la composition est la plus compliquée ; on y trouve différens acides, de l'urée et un grand nombre de sels, dont plusieurs n'existent pas dans le sang et qui doivent se former dans les reins.

Des Liquides provenant des membranes séreuses.

1896. La surface des membranes séreuses est toujours humectée d'un liquide qui est connu sous le nom de sérosité : ce liquide, dans l'état de santé, est en si petite quantité, qu'il est impossible de s'en pro-

---

(*a*) L'urine contient à la vérité de l'acide urique, mais qui change à peine la couleur du tournesol.

curer assez pour en faire l'analyse. Il n'en est pas de même dans l'affection morbifique, connue sous le nom d'hydropisie: alors il s'épanche à travers le tissu cellulaire, on remplit, en partie du moins, les cavités tapissées par les membranes dont il s'exhale. Quelques-unes de ces cavités, savoir : le bas-ventre et la poitrine en contiennent souvent plusieurs litres. Dans tous les cas, il ne diffère du serum du sang qu'en ce qu'il est moins albumineux ; celui qui existe dans les ventricules du cerveau l'est ordinairement très-peu.

Telle est encore exactement la nature de l'humeur de la brûlure et de celle des vésicatoires.

De la Lymphe.

1897. La lymphe est un liquide incolore et transparent qui circule dans un ordre de vaisseaux qui semblent partir des extrémités artérielles, et dont les troncs viennent se rendre dans le canal thorachique. Cette humeur est l'une des plus abondantes, l'une de celles qui jouent le plus grand rôle dans l'économie animale, et cependant sa nature ne nous est pas bien connue. On sait seulement qu'elle est susceptible de se coaguler par la chaleur ; ce qui l'a fait regarder, par plusieurs physiologistes, comme étant semblable au serum du sang. Il me semble en avoir vu se coaguler spontanément.

De la Synovie.

1898. Des capsules synoviables, des articulations et des coulisses des tendons, il suinte un liquide visqueux destiné à lubréfier ces parties, et que l'on désigne sous le nom de *synovie*.

La synovie du bœuf est la seule qui ait été examinée : c'est à M. Margueron que nous devons tout ce que nous en savons. (Annales de Chimie, t. 14, p. 123). Au sortir des articulations, cette substance a une demi-transparence, une couleur d'un blanc-verdâtre, une fluidité visqueuse, une odeur animale telle que celle du frai de grenouille, une saveur salée : bientôt elle prend une consistance gélatineuse, reprend ensuite son premier état, perd de sa viscosité, et dépose une matière filandreuse.

M. Margueron la regarde comme formée de : 80,46 d'eau ; 4,52 d'albumine ; 11,86 de matière fibreuse; 1,75 de muriate de soude ; 0,71 de soude ; 0,70 de phosphate de chaux. Elle contient sans doute, en outre, les autres sels qui entrent dans la composition du serum du sang.

Pour séparer la matière fibreuse, il faut, suivant M. Margueron, verser un acide faible dans la synovie, par exemple, du vinaigre ; à l'instant cette matière se dépose en une masse filandreuse qu'il est facile d'enlever avec un tube : l'acide agit sans doute alors en s'unissant à l'albumine, la rendant plus liquide et la dégageant du réseau fibreux qui l'enveloppait. D'ailleurs, on procède à l'analyse de la liqueur restante comme à celle du serum du sang (1873).

M. Margueron pense que la matière filandreuse est de l'albumine dans un état particulier. Ne serait-elle point la même que celle qui se dépose en petite quantité du blanc d'œuf traité par l'eau ?

De l'Eau de l'Amnios de femme.

1899. L'amnios, membrane interne du sac ovoïde

qui contient le fœtus, sécrète une liqueur dans laquelle
nage celui-ci. Cette liqueur est un peu laiteuse ; son
odeur est douce et fade ; sa saveur légèrement salée ;
sa pesanteur spécifique de 1,005. Elle verdit le sirop
de violettes.

MM. Vauquelin et Buniva, qui en ont fait l'analyse, la
regardent comme composée d'une très-grande quantité
d'eau et d'une très-petite quantité d'albumine, de
soude, de muriate de soude, de phosphate de chaux,
de carbonate de chaux, et de matière caséiforme à laquelle elle doit son aspect laiteux. L'albumine et les
sels ne forment que les 0,0012 de l'eau.

La matière caséiforme est blanche, brillante, douce
au toucher ; son aspect est celui d'un savon nouvellement préparé ; l'eau, l'alcool, les huiles, n'ont sur elle
aucune action ; elle s'unit aux alcalis, et paraît former
une sorte de savon ; placée sur les charbons ardens,
elle décrépite comme le sel, se dessèche, répand des
vapeurs huileuses empyreumatiques, et laisse un charbon abondant et difficile à brûler. Chauffée dans un
creuset de platine, elle décrépite aussi, et laisse exhuder de l'huile : puis elle se racornit et s'enflamme. Sa
cendre est grise et presqu'entièrement composée de
carbonate de chaux. MM. Vauquelin et Buniva regardent cette matière caséiforme comme une substance
particulière dont ils attribuent l'origine à la dégénéra-
tion de la matière albumineuse.

Les eaux de l'amnios de la vache, que MM. Vauquelin et Buniva ont aussi examinées, diffèrent beaucoup de celles de la femme ; elles s'en distinguent :
1° par une couleur rouge-fauve ; 2° par une saveur
acide mêlée d'amertume : 3° par une odeur analogue à

certains extraits de végétaux ; 4° par une pesanteur spécifique égale à 1,028 , et par une viscosité qui approche
de celle d'une dissolution de gomme. Nous en avons
donné la composition précédemment (1816). (*Voyez*,
pour plus de détails, les Annales de Chimie, t. 33,
p. 269.)

De la Salive.

1900. La salive est un fluide, inodore, sans saveur,
limpide, visqueux, dont la pesanteur spécifique est un
peu plus grande que celle de l'eau, que l'agitation rend
écumeux, qui est sécrété du sang par diverses glandes
qui environnent la bouche, et versé dans celle-ci par des
canaux particuliers : c'est surtout à la vue des alimens,
et lorsque le besoin d'en prendre se fait sentir, que la
sécrétion de la salive s'opère abondamment. L'un des
meilleurs moyens de s'en procurer consiste à faire jeûner un animal, par exemple, un chien, à lui mettre un
bâillon dans la gueule, à l'approcher de viande rôtie et
encore fumante : tout à coup les glandes salivaires sont
excitées ; elles se gonflent et sécrètent tant de salive,
que celle-ci forme, pendant un certain temps, un filet
presque continu.

La salive est composée, suivant M. Berzelius, de
992,9 d'eau ; 2,9 de matière animale particulière; 1,4
de mucus ; 1,7 de muriates de potasse et de soude ; 0,9
de lactate de soude et matière animale ; 0,2 de soude.

En desséchant la salive, et la traitant successivement
par de l'alcool pur et de l'alcool aiguisé d'acide acétique,
on dissout les muriates, la soude, le lactate et la matière
animale à laquelle il est uni, et il ne reste que la matière particulière qui est soluble dans l'eau, et le mu-

cus, qui y est insoluble. La solution de la matière particulière, évaporée à siccité, donne une masse transparente que l'eau froide dissout de nouveau : cette solution n'est troublée, ni par la chaleur, ni par les alcalis, ni par les acides, ni par le sous-acétate de plomb, le muriate de mercure et le tannin.

Il suffit, pour obtenir le mucus, de mêler de l'eau à la salive : par ce moyen, il se rassemble peu à peu à la partie inférieure, et lorsqu'il est déposé, on le recueille sur un filtre et on le lave.

Ainsi préparé, il est blanc. L'eau ne le dissout point. Les acides acétique et sulfurique, étendus, le rendent seulement transparent et corné ; il est en grande partie soluble dans la potasse et la soude, et en est précipité par les acides ; la partie qui échappe à l'action de l'alcali disparaît promptement dans l'acide muriatique, et ne reparaît point par un excès de dissolution alcaline.

Exposé à une chaleur rouge, il donne un charbon facile à incinérer, de la cendre qui contient beaucoup de phosphate calcaire et une certaine quantité de phosphate de magnésie.

M. Berzelius pense que ces phosphates se forment au moment de l'incinération, parce que les acides ne peuvent les séparer du mucus. Nous ne pouvons partager cette opinion. (*Voyez* ce qui a été dit à ce sujet, 1860).

Il pense aussi que le mucus est plutôt le produit des membranes muqueuses de la bouche, que des glandes salivaires ; mais, si telle était l'origine du mucus, l'on devrait à peine en retrouver dans la salive, surtout lorsqu'elle coule abondamment et qu'elle ne séjourne point dans la bouche.

Quoi qu'il en soit, c'est ce mucus et celui de la bouche qui, en se déposant sur les dents et en s'y décomposant peu à peu, forment le tartre qui y adhère si fortement : ce tartre est formé, d'après l'analyse de M. Berzelius, de 79 de phosphate terreux ; 12,5 de mucus non décomposé ; 1 de matière particulière à la salive ; 7,5 de matière animale soluble dans l'acide muriatique.

Du Suc pancréatique.

1901. Le pancréas est une glande située dans la région épigastrique, et qui sécrète un fluide que l'on appelle *suc pancréatique*. Ce fluide, conduit par des canaux dans le duodénum, se mêle à la matière nutritive et contribue, selon toute apparence, à la digestion duodénale.

L'impossibilité qu'il y a, pour ainsi dire, à se le procurer, a empêché jusqu'à présent d'en faire l'analyse. Il est probable qu'il ressemble beaucoup à la salive, du moins si l'on en juge par l'analogie qui existe entre l'organe qui le sécrète et les glandes salivaires.

Des Humeurs de l'œil.

1902. Les humeurs de l'œil sont au nombre de trois : 1° l'humeur aqueuse, placée dans la chambre antérieure de l'œil, entre la cornée transparente et l'iris, et dans la chambre postérieure entre l'iris et le cristallin ; 2° le cristallin ou l'humeur cristalline, qui est épaisse, diaphane, semblable à une lentille, et formée de couches concentriques dont la densité va en augmentant de la circonférence au centre ; 3° l'humeur vitrée, qui est derrière le cristallin et qui occupe la

plus grande partie de l'œil. Elles sont toutes trois très-
limpides. MM. Chenevix, Nicolas et Berzelius sont les
seuls chimistes qui en aient fait l'analyse. (Bibliothèque
britannique, vol. 34, p. 51; Annales de Chimie, t. 53,
p. 307, et t. 88, p. 138). MM. Chenevix et Nicolas ont
fait leurs expériences sur les yeux de bœuf, de mouton
et d'homme; M. Berzelius ne nomme point ceux sur
lesquels il a opéré. Les résultats de MM. Chenevix et
Nicolas sont à peu de chose près les mêmes.

M. Chenevix regarde l'humeur aqueuse et l'humeur
vitrée comme composées d'une grande quantité d'eau
et d'une très-petite quantité d'albumine, de gélatine et
de sel marin : M. Nicolas y admet en outre un peu de
phosphate de chaux. Suivant M. Chenevix, la pesanteur
spécifique de ces deux humeurs est égale dans le bœuf à
1,0088, et dans l'homme à 1,0053 : mais, suivant
M. Nicolas, l'humeur vitrée est un peu plus dense
que l'humeur aqueuse; il trouve que la densité de
celle-ci est de 1,0009.

Tous deux pensent, d'ailleurs, que le cristallin ne
diffère des humeurs vitrée et aqueuse qu'en ce qu'il
ne contient point de sel marin, et qu'il contient beaucoup plus d'albumine et de gélatine, ce qui rend sa
pesanteur spécifique plus considérable. M. Chenevix a
trouvé celle du cristallin de bœuf de 1,0765, celle du
cristallin de l'homme de 1,0790, et celle du cristallin
de mouton de 1,1000.

Tous deux aussi n'ont admis de gélatine dans ces
diverses humeurs, que parce qu'elles sont susceptibles
de précipiter la dissolution de noix de galle; mais cette
propriété ne suffit point pour en reconnaître la pré-

sence, puisque la noix de galle précipite plusieurs autres substances animales, et particulièrement l'albumine.

Il s'en faut beaucoup que les résultats de M. Berzelius s'accordent avec ceux de MM. Chenevix et Nicolas. En effet, M. Berzelius a trouvé que les humeurs aqueuse et vitrée étaient composées de :

	Humeur aqueuse.	*Humeur vitrée.*
Eau	98,10	98,40
Albumine	un peu	0,16
Muriates et lactate	1,15	1,42
Soude avec une matière animale soluble seulement dans l'eau	0,75	0,02
	100,0	100,0

Et que le cristallin était formé de :

Eau	58,0
Matière particulière	35,9
Muriates, lactate, et matière animale soluble dans l'alcool	2,4
Matière animale seulement soluble dans l'eau avec quelques phosphates	1,3
Portions de la membrane cellulaire, qui restent insolubles (a)	2,4
	100,0

(a) Ici l'auteur ne parle point d'acide lactique ; et cependant il le met, dans la suite de ses observations, au rang des matériaux du cristallin.

On voit donc qu'il n'admet de gélatine dans aucune des humeurs de l'œil.

La matière particulière est soluble dans l'eau ; elle se coagule par la chaleur et jouit alors, à la couleur près, de toutes les propriétés chimiques de la matière colorante du sang : on en retire par la calcination un peu de cendre qui contient une petite portion de fer. M. Berzelius, qui a examiné en même temps le pigment noir de la choroïde, a trouvé que cette substance était une poudre insoluble dans l'eau et dans les acides, légèrement soluble dans les alcalis, très-combustible, et dont la cendre contenait beaucoup de fer.

Des Larmes.

1903. Les larmes, fluides et limpides comme l'eau, destinées à faciliter les mouvemens du globe oculaire et des paupières, sont sécrétées par une petite glande qui a son siége dans la fossette externe de la paroi supérieure de l'orbite. Il s'en produit constamment une petite quantité, laquelle, après avoir mouillé le globe de l'œil, passe dans les conduits lacrymaux qui les portent dans un petit sac, d'où elles se rendent par un autre conduit dans les fossés nasales : arrivées là, elles se mêlent au mucus, dont elles entretiennent la fluidité.

L'analyse en a été faite par Fourcroy et M. Vauquelin : ils les regardent comme formées de beaucoup d'eau; de quelques centièmes de mucus; et d'une très-petite quantité de soude, muriate de soude, phosphates de chaux et de soude. (Annales de Chimie, t. 10, p. 113).

L'alcool en précipite facilement le mucus.

Des différentes espèces de Mucus.

1904. Fourcroy et M. Vauquelin ont considéré le mucus des différens organes, comme une substance toujours identique, et nous en avons décrit les propriétés, d'après eux, dans l'histoire des substances animales de notre première section. M. Berzelius le considère, au contraire, comme un corps dont les propriétés chimiques varient, suivant les fonctions qu'il doit remplir.

Mucus des narines. — Ce mucus, qui a pour objet de protéger la membrane muqueuse des fosses nasales contre l'action de l'air, est formé, sur 1000 parties, de 933,9 d'eau ; de 53,3 de matière muqueuse ; de 5,6 de muriates de potasse et de soude ; de 3 de lactate de soude, uni à une substance animale ; de 0,9 de soude ; de 3,5 de phosphate de soude, d'albumine et d'une matière animale insoluble dans l'alcool, mais soluble dans l'eau. A quelque chose près, M. Berzelius lui attribue les mêmes propriétés que Fourcroy et M. Vauquelin.

Mucus de la trachée. — Le mucus de la trachée paraît être le même que celui des narines.

Mucus de la vessie du fiel. — Celui-ci est plus transparent que celui des narines ; mais il a toujours une teinte jaune provenant de la bile. Desséché, il se ramollit de nouveau dans l'eau, mais en perdant une partie de ses propriétés muqueuses. Il est très-soluble dans les alcalis, et en est séparé par les acides. L'alcool le coagule en une masse grenue, jaunâtre, qui ne peut pas reprendre les propriétés du mucus.

Mucus des intestins. — Lorsqu'il est desséché, on

ne saurait lui rendre par l'eau ses propriétés muqueuses. Les alcalis produisent cet effet sans le rendre transparent.

Mucus des conduits de l'urine. — Ce mucus est très-rare. Les alcalis le dissolvent facilement, et la dissolution n'est point troublée par les acides. Il est précipité de l'urine par une infusion de noix de galle sous forme de flocons blancs. (Annales de Chimie, t. 88, p. 127.)

De la Liqueur spermatique, ou séminale.

1905. La liqueur séminale, au moment de l'émission, se compose de deux substances différentes : l'une, liquide et laiteuse, que l'on attribue à la glande prostate ; et l'autre, blanche, épaisse comme du mucilage, que l'on croit provenir des testicules.

M. Vauquelin est le seul qui, jusqu'ici, ait examiné et analysé cette liqueur. (Ann. de Chimie, t. 9, p. 64.) (a). Ses expériences ont été faites sur la liqueur séminale humaine ; il l'a trouvée formée de 900 d'eau ; de 60 de mucilage animal ; de 10 de soude ; de 30 de phosphate calcaire.

Abandonnée à elle-même, dans des vases ouverts ou fermés, la liqueur séminale se liquéfie complétement en 20 ou 25 minutes : nous ne connaissons point encore la cause de ce phénomène. Une douce chaleur en favorise la liquéfaction ; en la chauffant fortement, elle se décompose et fournit beaucoup de sous-carbonate d'ammoniaque.

(a) Cependant M. Berzelius annonce (Annales de Chimie, t. 88, p. 115), que la liqueur séminale est composée d'une matière animale particulière et de tous les sels du sang : je ne sais où il a consigné son analyse.

Exposée à l'air, elle présente divers phénomènes, selon que l'atmosphère est plus ou moins chaude et humide ; dans une atmosphère chaude et sèche, elle s'épaissit, laisse déposer des cristaux de phosphate de chaux et se prend en écailles solides, cassantes et demi-transparentes comme de la corne : mais dans une atmosphère chaude et humide, elle s'altère avant de se dessécher ; elle devient jaune, acide, répand une odeur de poisson pourri, et se couvre d'une grande quantité de *byssus septica.*

La liqueur séminale n'est soluble dans l'eau froide ou chaude qu'après sa liquéfaction ; elle en est précipitée par l'alcool et l'acide muriatique oxigéné en flocons blancs.

La potasse et la soude la dissolvent, mais moins facilement que la plupart des acides : ces dissolutions ne sont point troublées ; savoir : les premières par les acides, et les secondes par les alcalis.

Du Suc gastrique.

1906. Le suc gastrique est regardé comme un liquide sécrété par l'estomac, et comme l'agent principal de la digestion stomacale : trois procédés ont été indiqués pour se le procurer ; le premier consiste à tuer un animal, après l'avoir fait jeûner ; le second à faire avaler, par des animaux, des petits tubes métalliques percés de trous et attachés à un fil; et le troisième, à exciter le vomissement le matin, lorsque l'estomac est vide d'alimens. Spallanzani a pratiqué le premier sur un mouton, le second sur cinq corbeaux, le troisième sur lui-même : il a retiré ainsi 37 cuillerées de suc des deux estomacs de mouton, et seulement 51 grammes de celui des corbeaux. C'est ce célèbre physiologiste et

Sennebier qui se sont le plus occupés d'en étudier les propriétés ; ils l'ont soumis à un grand nombre d'expériences. Voici les résultats auxquels ils sont parvenus :

1° Le suc gastrique est un vrai dissolvant des alimens, même hors du corps vivant, pourvu qu'il en conserve la chaleur.

2° A la chaleur tempérée de l'atmosphère, il est seulement anti-septique.

3° Il peut se conserver long-temps à une température qui ne dépasse pas celle du corps humain, sans éprouver de décomposition putride (un mois, par exemple).

4° Le suc gastrique n'est jamais, ni acide, ni alcalin : du moins, quand cet état se développe, il tient à la nature des alimens, et s'évanouit bientôt.

M. le docteur Montègre, qui a la propriété de vomir à volonté, en a profité dans ces derniers temps pour répéter les expériences de Spallanzani, et en tenter de nouvelles. Les résultats qu'il a obtenus sont bien différens de ceux que nous venons de rapporter. Suivant M. Montègre,

1° Dans l'état de santé parfaite, l'on trouve très-fréquemment dans l'estomac un liquide plus ou moins abondant, transparent, filant, ordinairement écumeux ; tantôt absolument semblable à la salive, soit par les caractères extérieurs, soit par les altérations qu'il éprouve, et tantôt en différant, parce qu'il est acide et qu'il ne se putréfie que difficilement : il contient très-souvent, en quantité plus ou moins grande, des flocons de mucus qui paraît n'être que du mucus des narines.

2° Les matières, soumises à la digestion, passent naturellement à l'état acide par suite de ce qu'elles éprouvent dans l'estomac et indépendamment de leur nature particulière.

3° Le suc non acide de l'estomac ne jouit pas seulement de la propriété de s'opposer à la putréfaction des matières animales, mais il se putréfie de lui-même avec autant de promptitude que la salive, lorsqu'il est exposé à une chaleur à peu près égale à celle du corps humain.

4° Le suc acide de l'estomac ne préserve pas de la putréfaction les viandes peu animalisées qui s'y sont conservées, par une propriété qui lui soit particulière.

5° Le suc de l'estomac n'agit point sur les alimens, à la manière d'un dissolvant chimique.

De là, M. Montègre conclut que le suc non acide n'est autre chose que de la salive récemment introduite dans l'estomac, ou n'ayant pas encore éprouvé l'action de ce viscère, et que le suc acide n'est que de la salive altérée à la manière des autres alimens, et véritablement digérée.

Ces résultats rendent l'existence du suc gastrique au moins très-douteuse ; s'il existe, il doit se produire surtout au moment de la digestion, et il n'est pas probable qu'on puisse jamais l'obtenir autrement que mêlé à beaucoup de mucus, et peut-être de bile.

De la Bile.

1907. La bile est une liqueur amère, jaunâtre ou d'un jaune verdâtre, plus ou moins visqueuse, d'une pesanteur spécifique un peu plus grande que celle de l'eau, commune à un grand nombre d'animaux : c'est dans le foie qu'elle se forme.

La plupart des physiologistes pensent que ses matériaux proviennent non point du sang artériel, mais de

celui que les veines rapportent de la rate, du pancréas, de l'estomac et du tube intestinal. Ces veines
se réunissent en un gros tronc que l'on appelle *veine-
porte*, laquelle se partage en deux branches qui pénètrent dans le foie, s'y divisent à l'infini, et dont les
dernières ramifications s'abouchent, d'une part, avec
les conduits biliaires, et de l'autre avec les veines hépatiques simples chargées de rendre à la circulation le
sang qui n'est point employé à la confection de la bile.
Celle-ci arrive directement dans le duodénum par les
canaux hépatique et cholédoque, lorsque les animaux
n'ont point de vésicule ; lorsqu'au contraire ils en ont
une, ce qui a lieu le plus souvent, elle y reflue,
en grande partie du moins, par le canal cistique ; elle
y séjourne plus ou moins long-temps, et y éprouve
quelquefois des altérations remarquables : sa fonction
principale paraît être de favoriser la digestion duodénale, de concert avec le suc pancréatique. Con-
tribue-t-elle par ses principes à la formation du
chyle ? Nous ne le savons point encore ; ce qu'il y a
de certain, c'est que la matière fécale en contient
presque constamment, et parfois une assez grande
quantité pour avoir une saveur d'une amertume insupportable.

1908. Beaucoup de physiologistes et de chimistes
s'en sont successivement occupés ; mais, parmi ceux
dont les travaux ont fixé l'idée qu'on a prise de sa
nature à diverses époques, on doit citer surtout Boerrhaave, Verheyen, Baglivi, Burgrave, Hartman,
Makbride, Gaubius, Cadet, Vanbochaute, Poulletier
de la Salle et Fourcroy.

Boerrhaave, par une erreur inconcevable, regar-
dait la bile comme un des liquides les plus putres-

cibles : et de là sont sorties plusieurs théories plus ou moins hypothétiques sur les maladies et leur traitement.

Verheyen, Burgrave et Hartman ont tous annoncé l'existence d'un alcali dans la bile; Makbride a entrevu qu'elle contenait quelque chose de sucré; Gaubius en a séparé le premier une matière huileuse d'une grande amertume; et Cadet, guidé par les recherches de ces divers savans, a été conduit, en 1767, à la regarder comme un savon à base de soude, mêlé avec du sucre de lait.

Dix ans s'écoulèrent ensuite sans qu'il parût rien de remarquable sur la bile : ce n'est même qu'en 1778 que, dans sa dissertation, Vanbochante y annonça une matière fibrineuse, qui depuis a été prise pour de l'albumine; mais, malgré ses efforts, il n'a pu réussir à isoler le corps sucré, et cependant il conclut de ses expériences que ce corps entre dans la composition de la bile.

Quoique le travail de Poulletier de la Salle n'ait point eu pour objet la bile même, il n'a pas moins contribué à en éclairer l'histoire; il a jeté le plus grand jour sur les concrétions qui se forment dans celle de l'homme surtout, et ce travail, repris ensuite par Fourcroy, a bientôt reçu un nouveau degré de précision.

L'opinion de Cadet a prévalu jusqu'en 1805. A cette époque, ayant eu occasion de faire des expériences sur la bile d'un grand nombre d'animaux, je crois avoir démontré que ce liquide ne doit point être considéré comme un savon; que sa composition, dans les différens animaux, n'est point toujours la même; que, le plus souvent, il renferme toutefois une grande quantité de picromel uni à un corps gras et à de la soude.

1909. *Bile de Bœuf.* — La bile de bœuf, toujours déposée en quantité considérable dans une sorte de poche ou sac, est ordinairement d'un jaune-verdâtre, rarement d'un vert foncé. Elle agit principalement, par sa couleur, sur le bleu de tournesol et de la violette, qu'elle change en jaune-rougeâtre. Très-amère et légèrement sucrée tout à la fois, on n'en supporte la saveur qu'avec répugnance. Son odeur, quoique faible, est facile à distinguer; et s'il est permis de la comparer à quelqu'autre, ce ne sera qu'à l'odeur nauséabonde que nous offrent certaines matières grasses, lorsqu'elles sont chaudes. Sa pesanteur spécifique varie peu, et est en général de 1,026 à 6°. Sa consistance est plus variable : tantôt elle coule à la manière d'un léger mucilage, tantôt comme la synovie. Quelquefois elle est d'une limpidité parfaite, quelquefois aussi elle est troublée par une matière jaune dont il est facile de la séparer par l'eau (a).

(a) Il existe dans la bile de presque tous les animaux une matière jaune que l'on peut considérer, jusqu'à un certain point, comme différente de celles qui sont connues jusqu'ici. Cette matière constitue entièrement les calculs de la vésicule du bœuf. Elle entre dans la composition de presque tous ceux de la vésicule de l'homme. On la trouve aussi déposée dans cette vésicule, ainsi que dans la précédente et beaucoup d'autres, sous forme de magma. Dans quelques circonstances même elle obstrue les canaux biliaires. Nous citerons pour exemple un éléphant mort au Jardin des Plantes, il y a environ douze à treize ans. L'on a retiré des canaux hépatiques plus de 500 grammes de cette matière.

La matière jaune est solide, pulvérulente lorsqu'elle est sèche, insipide, inodore, plus pesante que l'eau. Décomposée par le feu, elle donne du sous-carbonate d'ammoniaque, du charbon, etc. Elle est insoluble dans l'eau, dans l'alcool, les huiles; elle est au contraire soluble dans les alcalis, dont elle est précipitée en flocons

1910. Cent parties de cette bile sont composées à peu près de :

Eau.................... 700

Matière résineuse......... 15

Picromel............... 69

Matière jaune............. { quantité variable, ici supposée égale à 4.

Soude.................. 4

Phosphate de soude...... 2

Muriates de soude et de potasse..................... 3,5

Sulfate de soude.......... 0,8

Phosphate de chaux et peut-être de magnésie........... 1,2

Oxide de fer............. quelques traces.

1911. Distillée jusqu'à siccité, elle se trouble d'abord légèrement ; il s'y forme ensuite une écume considérable par le mouvement que produit l'ébullition ; et, bientôt après, il passe dans le récipient une liqueur incolore, précipitant légèrement en blanc l'acétate de plomb, d'une saveur fade, d'une odeur toute particulière analogue à celle de la bile, et qui, distillée de nouveau, conserve encore toutes ces propriétés, qu'elle doit sans doute à une portion de résine qu'elle entraîne. Le résidu solide et bien sec qui tapisse le fond de la cornue, forme depuis le $\frac{1}{8}$ jusqu'au $\frac{2}{5}$ de la bile employée. Toujours d'un vert-jaunâtre, très-amer, lé-

bruns-verdâtres par les acides. L'acide muriatique ne l'attaque qu'avec peine ; il ne la dissout point ou en dissout très-peu, mais il la rend d'un beau vert. Elle paraît provenir d'une altération du mucus.

gèrement déliquescent, ce résidu se dissout presqu'entièrement dans l'eau et dans l'alcool; il se fond à une basse température et se décompose par une forte chaleur, en donnant tous les produits des matières animales, plus d'huile, et seulement très-peu de carbonate d'ammoniaque; un charbon très - volumineux renfermant diverses espèces de sels, particulièrement de la soude. Pour ne rien perdre dans cette décomposition, il est quelques précautions à prendre : il faut projeter la matière par fragmens du poids de quelques grammes, dans un creuset de platine ou d'argent, porté à peine au rouge-cerise; autrement, la calcination serait longue et inexacte. Un coup de feu plus fort opérerait la sublimation d'une partie du résidu; un coup de feu moindre volatiliserait une partie de la matière même sans la décomposer; et, dans l'un et l'autre cas, si cette matière était trop abondante, le boursoufflement considérable qui a toujours lieu, la porterait promptement hors du creuset. Dans le premier mode d'opération, au contraire, tous ces inconvéniens disparaissent; et de 100 grammes d'extrait, on retire 22 grammes de résidu charbonneux et de matières salines.

Abandonnée à elle-même dans un vase ouvert, la bile se corrompt peu à peu, et laisse déposer une petite quantité de matière jaunâtre; le mucilage seul qu'elle contient se décompose alors en partie : aussi la fermentation qu'elle éprouve n'est-elle point active, et l'odeur qu'elle exhale n'est-elle point insupportable : on prétend même que cette odeur finit par se rapprocher beaucoup de celle du musc.

L'eau et l'alcool se combinent en toutes proportions avec la bile.

Pour peu qu'on verse d'acide dans la bile, elle se trouble légèrement ét rougit le papier de tournesol : si on en ajoute davantage, le précipité augmente, mais beaucoup plus par l'acide sulfurique que par l'acide nitrique ou tout autre. Dans tous les cas, il est toujours formé d'une matière animale jaune et de très-peu de résine, et ne correspond jamais, à beaucoup près, aux quantités réunies qu'on trouve de ces deux matières dans la bile : aussi la liqueur filtrée a-t-elle une saveur amère très-forte, et donne-t-elle par l'évaporation un résidu à peu près égal au $\frac{24}{25}$ de celui que donnerait la bile elle-même.

La potasse et la soude, loin de troubler la bile, en augmentent la transparence et en diminuent la viscosité.

La dissolution d'acétate de plomb précipite la matière jaune, la matière résineuse, et les acides sulfurique et phosphorique de la bile ; la dissolution de sous-acétate précipite non-seulement ces différens corps, mais encore le picromel et l'acide muriatique. L'acide acétique resté toujours dans la liqueur, uni à la soude ; dans tous les cas, l'oxide de plomb fait partie des précipités.

La plupart des matières grasses sont susceptibles de se dissoudre dans la bile : cette propriété n'a pas peu contribué à la faire regarder comme un savon ; elle la doit à la soude et au composé ternaire de soude, de résine et de picromel qu'elle contient. Les dégraisseurs s'en servent même de préférence au savon pour dégraisser les étoffes de laine.

1912. D'après ce que nous venons de dire, il sera facile de concevoir le procédé par lequel on parvient à déterminer la proportion des différentes substances qui entrent dans la composition de la bile.

1° La quantité d'eau se détermine en évaporant une certaine quantité de bile jusqu'à siccité, et prenant le poids de la bile soumise à l'évaporation.

2° Par l'acide nitrique, l'on en précipite toute la matière jaune et une très-petite quantité de résine que l'on redissout par l'alcool.

3° Dans la liqueur filtrée et réunie aux eaux de lavage, l'on verse un petit excès d'acétate de plomb fait avec 8 parties d'acétate de plomb du commerce et 1 partie de litharge; l'on recueille sur un filtre le précipité qui est formé de résine et d'oxide de plomb, et, lorsqu'il est bien lavé, on le traite à froid par de l'acide nitrique faible. L'oxide de plomb se dissout, et la résine reste sous forme de glèbes molles et vertes (a).

4° La matière jaune et la matière résineuse étant séparées, on procède à la séparation du picromel. On l'opère par une dissolution de sous-acétate de plomb, comme nous l'avons dit précédemment (1802).

5° C'est en calcinant l'extrait de bile avec les précautions que nous avons indiquées (1911), qu'on obtient les sels: on les sépare, d'ailleurs, par les méthodes ordinaires (b).

(a) Il paraît aussi qu'une portion de résine se dissout dans l'eau à la faveur de l'acide.

(b) Suivant M. Berzelius, la bile est formée de 907,4 d'eau; de 80,0 d'une matière analogue au picromel; de 3 de mucus de la vessie

1913. *Bile de Chien, de Mouton, de Chat, de Veau.* — Les biles de ces divers animaux, soumises à l'analyse, donnent les mêmes résultats que celle du bœuf, dont nous venons de faire l'histoire.

1914. *Bile de Porc.* — Cette sorte de bile n'est véritablement qu'un savon : on n'y trouve, ni matière albumineuse, ni matière animale, ni picromel; elle ne contient que de la résine en très-grande quantité, de la soude, et quelques sels dont je n'ai point cru devoir rechercher la nature ; aussi est-elle subitement et entièrement décomposée par les acides et même par le vinaigre.

1915. *Bile des Oiseaux.* — Quoique la bile des oiseaux ait une grande analogie avec la bile des quadrupèdes, elle en diffère essentiellement sous les rapports suivans : 1° elle contient une grande quantité de matière albumineuse ; 2° le picromel qu'on en retire n'est pas sensiblement sucré, et est au contraire très-âcre et amer ; 3° on n'y trouve que des atômes de soude ; 4° l'acétate de plomb du commerce n'en précipite point la résine ; du moins telles sont les propriétés que nous offrent les biles de poulet, de chapon, de dindon et de canard.

1916. *Bile de quelques espèces de Poissons.* — Les biles de raie, de saumon, de carpe et d'anguille, sont les seules qui aient été examinées, et encore n'en a-t-on

___

du fiel ; de 9,5 d'alcali et sels communs à tous les fluides des sécrétions. Il n'y admet point de résine, et regarde le corps d'apparence résineuse qu'on obtient, comme un composé d'acide et de la matière particulière qu'elle renferme. Je n'ai point encore répété les expériences de ce célèbre chimiste ; voilà pourquoi je me contente de rapporter ses résultats et ceux que j'ai obtenus, il y a neuf à dix ans. (Ann. de Chimie, t. 89).

pas fait un examen approfondi. On sait seulement que la bile de raie et celle de saumon sont d'un blanc-jaunâtre; qu'elles donnent, par l'évaporation, une matière très-sucrée, légèrement âcre, et qu'elles ne paraissent point contenir de résine; que celle de carpe et celle d'anguille sont très-vertes, très-amères, non ou peu albumineuses, et qu'on peut en retirer de la soude, de la résine, et une matière sucrée et âcre semblable à celle qui forme la bile de raie et de saumon. Cette matière âcre et sucrée est probablement du picromel.

1917. *Bile humaine.* — La bile humaine varie en couleur; tantôt elle est verte, presque toujours d'un brun-jaunâtre, quelquefois presque sans couleur; la saveur n'en est pas très-amère. Il est rare que, dans la vésicule, elle soit d'une limpidité parfaite; elle contient souvent, comme celle du bœuf, une certaine quantité de matière jaune en suspension; parfois cette matière est en assez grande quantité pour rendre la bile comme grumeleuse. Filtrée et soumise à l'ébullition, elle se trouble fortement et répand l'odeur de blanc d'œuf. Si on l'évapore jusqu'à siccité, il en résulte un extrait brun, égal en poids à la onzième partie de la bile employée. En calcinant 100 parties de cet extrait, on en retire tous les sels qu'on trouve dans la bile de bœuf; savoir : de la soude, du muriate, du sulfate, du phosphate de soude, du phosphate de chaux et de l'oxide de fer.

Tous les acides décomposent la bile humaine et y déterminent un précipité abondant d'albumine et de résine, qu'on sépare l'un de l'autre par l'alcool. Il ne faut qu'un gramme d'acide nitrique à 25 degrés pour en saturer 100 de bile.

Enfin, lorsqu'on y verse de l'acétate de plomb du commerce, on la transforme en une liqueur légèrement jaune, dans laquelle on ne trouve point de picromel, et qui ne contient que de l'acétate de soude et quelques traces de matière animale.

1918. La bile humaine paraît formée d'eau, d'une petite quantité de matière jaune, d'albumine, d'une sorte de résine, et des mêmes sels que ceux qui entrent dans la composition de la bile de bœuf.

1919. Ce n'est que dans certaines maladies du foie qu'elle change de nature : quand cet organe passe au gras, la bile qu'il sécrète est moins résineuse que dans l'état sain ; et quand l'affection est tellement avancée que le foie contient les $\frac{5}{6}$ de son poids de graisse, alors elle n'est réellement qu'albumineuse : tel est au moins le résultat de six analyses de bile de foie presqu'entièrement gras ; l'une de ces biles contenait seulement un peu de résine, et par conséquent était très-sensiblement amère.

De la nature et de la formation des Calculs de la vésicule du Bœuf et de l'Homme.

1920. Il se forme quelquefois des concrétions au sein de la bile : ces concrétions prennent le nom de calculs biliaires et plus souvent celui de calculs de la vésicule, parce qu'on les rencontre bien plus souvent dans cette sorte de réservoir que dans les canaux avec lesquels elle communique.

1921. *Calculs de Bœuf.* — Les calculs de la vésicule de bœuf sont rares ; ils sont assez gros, et on n'en trouve ordinairement qu'un seul dans la même vésicule.

Lorsqu'on examine intérieurement les calculs de la vésicule du bœuf, on voit, avec un peu d'attention, qu'ils ne sont composés que de grumeaux légèrement agglutinés ou adhérens à peine les uns aux autres. Mais comme ces grumeaux ne sont formés que par le seul principe de la bile, que nous avons désigné sous le nom de matière jaune, il faut en conclure, 1° qu'il est des circonstances dans lesquelles cette matière jaune peut se précipiter de la bile; 2° qu'il n'en est point dans lesquelles la bile peut en abandonner d'autres. En effet, on sait que la matière jaune est insoluble par elle-même, et que, dans la bile, elle est tenue en dissolution par la soude, pour laquelle elle n'a pas une grande affinité. Or, si l'on fait attention que la bile ne contient que très-peu de soude, dont la majeure partie est même unie avec le picromel et l'huile; si, de plus, on remarque qu'elle contient une quantité variable de matière jaune, on concevra aisément que celle-ci pourra quelquefois, par rapport à son dissolvant, s'y trouver en excès et s'en déposer. Enfin, si l'on observe que dans la bile, outre la matière jaune, il n'y a que la résine qui soit insoluble dans l'eau, et qui partant puisse contribuer à la formation des calculs; mais que, d'une part, cette résine y est tellement combinée avec le picromel et la soude, que les acides même les plus forts ne peuvent l'en séparer, et que, de l'autre, ces deux derniers corps s'y trouvent dans de tels rapports qu'ils sont loin d'en être saturés, il ne restera plus aucune espèce de doute sur l'exactitude des conséquences précédentes : la formation des calculs biliaires de bœuf est donc facile à expliquer.

1922. *Calculs de la Vésicule de l'homme.* — Les calculs biliaires de l'homme sont beaucoup moins rares que les calculs biliaires du bœuf : ils sont plus petits et plus nombreux. On en trouve quelquefois un très-grand nombre dans la même vésicule ; alors ils s'usent les uns contre les autres et présentent ordinairement quatre faces. M. Dupuytren en ayant mis à ma disposition plus de 300, j'ai eu occasion de faire sur ces calculs un travail assez complet.

Parmi ces 300, dont les uns ont eu pour siége la vésicule, d'autres les canaux chargés de verser la bile dans le duodénum, et d'autres dans le foie, un petit nombre était formé de lames blanches, brillantes et cristallines, entièrement adipocireuses ; beaucoup, formés de lames jaunes, contenaient depuis 88 jusqu'à 94 cent. d'adipocire, et de 12 à 6 de la substance qui les colorait ; quelques-uns, verdis extérieurement par un peu de bile, étaient du reste jaunes dans l'intérieur et semblables aux précédens ; plusieurs, recouverts en grande partie, au moins, d'une croûte brune-noirâtre, dans laquelle on ne trouvait que peu d'adipocire, étaient intérieurement encore dans le même cas que ceux-ci ; quelquefois c'était la matière noire qui était au centre, et la matière jaune lamelleuse à la partie supérieure ; deux ou trois, enfin, étaient depuis le centre jusqu'à la circonférence, bruns-noirs, sans aucun point brillant ou cristallin, et presque sans adipocire. Il faut ajouter que dans tous, excepté dans ceux qui étaient blancs, il y avait quelques traces de bile qu'on pouvait en séparer par l'eau.

Les calculs qu'on trouve quelquefois dans les intestins de l'homme sont encore semblables à ceux de la vésicule : du moins, j'en ai analysé deux qui n'en différaient en rien ; tous deux contenaient beaucoup d'adipocire en lames grises et jaunes.

Depuis que ces recherches sont faites, M. Orfila, ayant eu occasion d'examiner différens calculs biliaires, en a trouvé un qui ne contenait point d'adipocire, et qui était formé d'une grande quantité de matière jaune et d'une petite quantité de picromel et de matière grasse de la bile ; ce qui est d'autant plus remarquable, que, jusqu'à présent, l'on n'a point pu extraire de picromel de la bile humaine. (Annales de Chimie, t. 84, p. 34).

La formation des calculs de la vésicule de l'homme présente quelques incertitudes, parce qu'on y rencontre le plus souvent deux matières : la matière jaune et l'adipocire. Or, on conçoit très-bien, à la vérité, le dépôt de la matière jaune dans la bile humaine, puisque cette matière s'y trouve placée dans les mêmes circonstances, et seulement en moindre quantité que dans la bile de bœuf. Mais comment concevoir le dépôt d'adipocire ? Si l'adipocire était un des principes constituans de la bile de l'homme, toute espèce de difficulté serait levée ; mais on n'y en trouve point, pas même dans celle où se sont formés beaucoup de calculs. Il faut donc admettre, ou que l'adipocire se forme dans le foie, et qu'il se dépose aussitôt ou presqu'aussitôt sa formation, ou que la résine de la bile humaine peut passer, dans quelques circonstances, à l'état d'adipocire. Dans l'un et l'autre de ces cas également possibles, on ne saurait douter que le noyau de tous les calculs ne prenne naissance dans les canaux biliaires, et ne soit ensuite entraîné par la bile, quelquefois dans les intestins , et le plus souvent dans la vésicule, où ils continuent à s'accroître ; c'est ce qu'atteste le grand nombre qu'en contient celle-ci, et ceux qu'on rencontre dans les canaux du foie.

Un de mes grands désirs était aussi de soumettre à l'analyse des calculs biliaires de quelques autres animaux , et je regrette bien , faute d'en avoir pu trouver , de ne pouvoir présenter que des conjectures sur leur nature. Toutefois ces conjectures acquerront un grand degré de probabilité, si on observe qu'elles reposent sur la connaissance exacte des principes constituans de la bile au sein de laquelle ces calculs peuvent prendre naissance. Je dirai donc que s'il existe des calculs biliaires dans le chien, dans le chat, dans le mouton , ainsi que dans la plupart des quadrupèdes, il est probable qu'ils sont tous de la nature des calculs du bœuf, puisque la bile de tous ces animaux se ressemble ; que pourtant celle du cochon doit faire exception ; et j'ajouterai que, dans tous les cas, les calculs qui peuvent se former dans la bile des divers animaux ne doivent point ressembler aux calculs adipocireux de l'homme , si ce n'est peut-être ceux des oiseaux, à cause de la petite quantité de soude qu'on rencontre dans leur bile.

Qu'on réfléchisse maintenant sur ce qu'on a dit de la dissolution des calculs dans la vésicule, et l'on avouera, je pense , qu'on regarde comme bien positif ce qui n'est qu'incertain. Comment croire, en effet , que les calculs de la vésicule du bœuf disparaissent au printemps , lorsque ces animaux se nourrissent d'herbes fraîches? On pouvait admettre cette opinion , lorsqu'on supposait que ces calculs n'étaient que de la bile épaissie, et encore ne voit-on pas pourquoi ils ne seraient pas dissous en hiver par l'eau de la bile ; mais maintenant qu'on sait qu'ils sont formés d'une matière insoluble dans l'eau, et qui résiste pendant long-temps à l'action des réactifs les plus forts, si on ne la rejette point, du moins est-il bien permis de la mettre au nombre de celles qui sont peu fondées ; car on ne peut la soutenir qu'en l'appuyant de l'observation faite par les bouchers, savoir : de l'absence en été, et de la présence en hiver de calculs dans la vésicule du bœuf. Or, doit-on avoir une grande confiance dans cette observation ? J'en fais plus que douter, 1° parce que les bouchers, pour la plupart au moins, ont l'habitude de ne jamais tater les vésicules des bœufs en été ; 2° parce que, de leur aveu, ces calculs sont très-rares en hiver ; et enfin, parce qu'il m'est arrivé d'en trouver deux en été dans deux vésicules différentes. Il me semble donc que tout ce qu'on peut dire de plus raisonnable à cet égard, c'est qu'il s'en forme peut-être moins en été qu'en hiver.

La dissolution des calculs, dans la vésicule humaine, par l'éther uni à l'huile essentielle de térébenthine, ne doit pas paraître plus vraisemblable que celle des calculs du bœuf qu'on nourrit d'herbes fraîches, si l'on considère : qu'à la température de 32°, l'éther doit se séparer en grande partie de l'huile essentielle et se volatiliser ; que d'ailleurs on ne peut prendre cette mixtion qu'en petite quantité ; et que, quand bien même on la prendrait à forte dose, il ne saurait en arriver jusqu'à la vésicule, ou qu'il en arriverait si peu que l'action dissolvante serait nulle. Cependant il paraît, d'après l'observation de M. Guyton, que l'huile de

térébenthine éthérée, plus d'une fois a fait disparaître
tous ceux qui se trouvaient dans ce viscère (3ᵉ vol. de
la Chimie de Dijon, page 322); mais n'est-ce point
en favorisant le transport de la pierre dans les intestins ? Ce qui tend à le faire croire, c'est que M. Guyton
a remarqué que deux malades guéris par ce remède,
avaient rendus de véritables calculs par le bas, quelque
temps après en avoir fait usage.

Des Liqueurs acides.

1923. Les liqueurs acides sont au nombre de trois
dans l'homme : l'humeur de la transpiration, l'urine et
le lait ; la première est celle qui est la moins compliquée dans sa composition ; et l'urine, celle qui l'est
le plus.

De l'Humeur de la transpiration.

1924. L'humeur de la transpiration est séparée du
sang dans la peau par des vaisseaux exhalans : tantôt
elle se dégage d'une manière insensible, et tantôt en
assez grande quantité pour apparaître sous la forme de
gouttelettes ; dans ce dernier cas, elle prend le nom
de sueur.

1925. La sueur de l'homme, dans l'état de santé,
rougit d'une manière très-sensible le papier et la teinture de tournesol. Cependant la saveur en est toujours
plutôt franche et semblable à celle du sel marin, qu'a-
cide. Quoiqu'incolore, elle fait tache sur les tissus qui
la reçoivent. Son odeur est toute particulière et devient insupportable lorsqu'elle est concentrée : c'est ce
qui a lieu surtout lorsqu'on la distille. Elle est formée

de beaucoup d'eau, d'une petite quantité d'acide acétique, de muriate de soude et peut-être de potasse; de
très-peu de phosphate terreux, d'un atome d'oxide de
fer, et d'une quantité inappréciable de matière animale.

M. Berzelius la regarde comme de l'eau tenant en
dissolution des muriates de potasse et de soude, de
l'acide lactique, du lactate de soude et un peu de matière animale. (Ann. de Chimie, tom. 89, p. 20).

Sanctorius est le premier qui se soit occupé de constater la quantité d'humeur que nous rendons par la
transpiration : son travail est remarquable surtout par
le nombre d'années qu'il y consacra. Pendant 30 ans,
il eut la patience de peser tous les alimens qu'il prenait,
tous les excrémens solides et liquides qu'il rendait, et
de se peser lui-même, tous les jours, plusieurs fois. Il
trouva que toutes les 24 heures son corps revenait sensiblement au même poids, et qu'il perdait la totalité des
alimens qu'il prenait; savoir : les $\frac{5}{8}$ par la transpiration,
et les $\frac{3}{8}$ par les excrémens. Ces expériences furent répétées dans presque toutes les parties du monde, en y consa-
crant toutefois beaucoup moins de temps que Sanctorius;
mais c'est en France seulement que l'on a considéré
séparément la transpiration cutanée et la transpiration
pulmonaire : cette recherche est due à Lavoisier et à
M. Séguin. M. Séguin se renfermait dans un sac de
taffetas gommé, lié au-dessus de la tête et présentant une
ouverture dont on collait les bords autour de sa bouche
avec un mélange de térébenthine et de poix. Au moyen
de cette disposition, l'humeur seule de la transpiration
pulmonaire était rejetée dans l'air : pour en connaître
la quantité, il lui suffisait donc de se peser avec le sac,
dans une balance très-sensible, au commencement et à

la fin de l'expérience. En répétant l'expérience hors du sac, il déterminait la quantité totale de l'humeur transpirée; de sorte que, en retranchant de celle-ci la quantité d'humeur transpirée par le poumon, il obtenait la quantité d'humeur transpirée par la peau : il tenait compte d'ailleurs des alimens qu'il prenait, des excrémens solides et liquides qu'il rendait, et, en général, autant que possible, de toutes les causes qui pouvaient avoir de l'influence sur la transpiration.

Voici les résultats auxquels ces deux chimistes sont parvenus : nous les citerons tels que M. Séguin les a rapportés. (Ann. de Chimie, t. 90, p. 14.)

« *Premier Résultat.* — Quelque quantité d'alimens
« que l'on prenne, quelles que soient les variations de
« l'atmosphère, le même individu, après avoir aug-
« menté en poids, de toute la quantité de nourriture
« qu'il a prise, revient tous les jours, après la révo-
« lution de 24 heures, au même poids, à peu près,
« qu'il avait la veille, pourvu toutefois qu'il soit d'une
« forte santé, que sa digestion se fasse bien, qu'il
« n'engraisse pas, qu'il ne soit pas dans un état de
« croissance, et qu'il évite les excès.

« *Deuxième Résultat.* — Lorsque, toutes les au-
« tres circonstances étant les mêmes, la quantité
« d'alimens varie, ou lorsque, les quantités d'alimens
« étant semblables, les effets de la transpiration dif-
« fèrent entr'eux, la quantité de nos excrémens aug-
« mente ou diminue, de telle sorte que, tous les jours
« à la même heure, nous revenons à péu près au
« même poids, ainsi que nous l'avons dit ci-dessus;
« ce qui prouve que, pourvu que la digestion se fasse

« bien, les causes qui concourent à la perte de nos
« alimens se secourent mutuellement, et que, dans
« l'état de santé, l'une se charge de ce que l'autre ne
« peut pas faire.

« *Troisième Résultat.* — Le défaut de bonne di-
« gestion est une des causes les plus directes de la
« diminution de transpiration.

« *Quatrième Résultat.* — Lorsque la digestion se
« fait bien, et que les autres causes sont semblables,
« la quantité d'alimens n'influe que peu sur la trans-
« piration : il m'est arrivé très-souvent de prendre à
« mon dîner deux livres et demie d'alimens solides et
« liquides, d'en prendre d'autres fois quatre livres, et
« d'obtenir, dans ces deux cas, des résultats peu diffé-
« rens entr'eux.

« Il faut cependant observer que cet énoncé n'est
« vrai qu'autant que la quantité de boisson ne varie
« pas considérablement dans ces deux circonstances.

« *Cinquième Résultat.* — C'est immédiatement après
« le dîner que la transpiration est à son minimum.

« *Sixième Résultat.* — Lorsque toutes les autres
« circonstances sont semblables, c'est pendant la di-
« gestion que la perte de poids occasionnée par la
« transpiration insensible est à son maximum.

« Cette augmentation de transpiration pendant la
« digestion, comparativement avec la perte qui existe
« lorsqu'on est à jeûn, est, terme moyen, de deux
« grains $\frac{3}{10}$ par minute.

« *Septième Résultat.* — Lorsque les circonstances
« sont les plus favorables, la perte de poids la plus
« considérable qu'occasionne la transpiration insen-
« sible, est, suivant nos observations, de 32 grains

« par minute , conséquemment de 3 onces 2 gros
« 48 grains par heure, et de 5 livres en 24 heures,
« en supposant toutefois que notre perte de poids soit
« égale pendant tous les momens de la journée, ce
« qui pourtant est démenti par les faits. Cependant,
« pour ne pas entrer dans des détails trop étendus,
« on peut dire que la perte de poids la plus consi-
« dérable qu'occasionne la transpiration insensible est
« de 5 livres en 24 heures.

« *Huitième Résultat.* — Lorsque toutes les circons-
« tances accessoires sont les moins favorables, pourvu
« toutefois que la digestion se fasse bien, notre perte
« de poids la moins considérable est, suivant nos expé-
« riences, de 11 grains par minute; conséquemment
« de 1 once 1 gros 12 grains par heure, et de
« 1 livre 11 onces 4 gros en 24 heures.

« *Neuvième Résultat.* — Immédiatement après les
« repas, la perte de poids occasionnée par la trans-
« piration insensible est de 10 grains 2 dixièmes par
« minute, dans les temps où toutes les causes exté-
« rieures sont les plus défavorables à la transpiration,
« et de 19 grains 1 dixième par minute lorsque ces
« causes sont les plus favorables et que les causes inté-
« rieures sont égales.

« Ces différences dans la transpiration, après les
« repas, suivant que les causes qui y influent sont
« plus ou moins favorables, ne sont pas dans le même
« rapport que les différences qu'on observe dans tout
« autre moment, lorsque les autres circonstances sont
« semblables ; mais nous ne savons pas à quoi tient ce
« phénomène.

« *Dixième Résultat.* — La transpiration cutanée

« dépend immédiatement et de la vertu dissolvante de
« l'air environnant ; et de la faculté dont jouissent les
« vaisseaux exhalans de porter jusqu'à la surface de la
« peau l'humeur transpirable.

« *Onzième Résultat.* — Si nous prenons le terme
« moyen de toutes nos expériences, nous trouvons
« que la perte du poids occasionnée par la transpi-
« ration insensible est de 18 grains par minute ; et
« que, sur ces 18 grains, il y en a, terme moyen,
« onze qui dépendent de la transpiration cutanée,
« et sept qui doivent être attribués à la transpiration
« pulmonaire.

« *Douzième Résultat.* — La transpiration pulmo-
« naire, relativement au volume des poumons, est bien
« plus considérable que la transpiration cutanée com-
« parativement à la surface de la peau.

« *Treizième Résultat.* — Lorsque toutes les autres
« circonstances sont égales, la transpiration pulmo-
« naire est à peu près la même avant et immédiate-
« ment après le repas.

« Si l'on prend un terme moyen, l'on trouve que
« lorsque la transpiration pulmonaire est avant le
« dîner de 17 grains 2 dixièmes par minute, elle est
« après le dîner de 17 grains 7 dixièmes.

« *Quatorzième Résultat.* — Toutes les circonstan-
« ces intérieures étant égales, c'est dans l'hiver que
« le poids de nos excrémens solides est le moins
« considérable. »

Du Lait.

1926. Le lait est un liquide, opaque, blanc, d'une
pesanteur spécifique un peu plus grande que celle de

l'eau, et d'une saveur douce ; ce liquide est sécrété par les glandes mammaires des femelles des animaux connus sous le nom de mammifères ; il est destiné à nourrir leurs petits : aussi sa formation a-t-elle lieu immédiatement après leur naissance.

1927. En général, il est toujours composé d'eau, de matière caséeuse, de sucre de lait, de différens sels et d'une très-petite quantité d'acide (*a*). Toutefois dans quelques circonstances, il doit contenir d'autres matières ; car l'on sait que les alimens ou les matières qu'on introduit dans l'estomac, et l'état moral des nourrices, ont beaucoup d'influence sur ses propriétés ; les alliacées, les crucifères, lui communiquent leur odeur; la gratiole le rend purgatif; l'absinthe, amer; la tithymale, âcre, etc.; on prétend même que certaines matières colorantes, telles que la garance, l'indigo, peuvent en modifier la teinte. Le chagrin, la peur, le saisissement, etc., sont susceptibles d'en arrêter le cours.

La matière caséeuse et la matière butireuse ne sont pour ainsi dire que suspendues dans le lait, et de là sans doute la cause pour laquelle il est opaque et susceptible de se cailler.

Les chimistes qui ont le plus étudié le lait sont : Schéele, Parmentier, M. Deyeux, Fourcroy, M. Vauquelin, M. Berzélius. (*Voyez* les Mémoires de Schéele, t. 2, p. 51 ; le Traité de MM. Parmentier et Deyeux sur le lait; les Mémoires de l'Institut, tom. 6, p. 22 ; et les Ann. de Chimie, tom. 89, p. 41).

Le lait de vache étant le plus commun et celui dont les propriétés sont le mieux connues, nous en parlerons d'abord.

_____

(*a*) Du moins le lait de vache est toujours légèrement acide.

1928. *Lait de Vache.* — Soumis à l'évaporation, il se forme à sa surface une pellicule composée principalement de matière caséeuse et qui, lorsqu'on l'enlève, est bientôt remplacée par une autre; c'est cette pellicule qui, s'opposant au libre dégagement de la vapeur, donne au lait la propriété de se soulever à la température de l'ébullition.

Lorsqu'on le distille, il s'en dégage de l'eau qui emporte avec elle une petite quantité de la substance du lait.

Abandonné à lui-même, à la température ordinaire, en vases ouverts ou fermés, il se sépare peu à peu en trois parties : l'une supérieure, blanche, opaque, molle, onctueuse, d'une saveur agréable, formée de beaucoup de matière butireuse, d'une certaine quantité de matière caséeuse et de serum ou petit lait, c'est la crême; la seconde, plus blanche que la première, opaque comme elle, sans onctuosité, sans saveur, c'est la matière caséeuse; la troisième, liquide, d'un jaune verdâtre, transparente, d'une saveur douce, susceptible de rougir légèrement la teinture de tournesol, c'est le serum ou petit lait. La crême est celle qui se sépare la première, et le lait prend alors un aspect d'un blanc bleuâtre; puis il se coagule, et c'est en brisant le coagulum que le petit lait se sépare. Ce petit lait est composé d'eau, d'acide, d'une petite quantité de matière caséeuse dissoute à la faveur de l'acide, de sucre de lait et de tous les sels du lait : en le conservant surtout en contact avec l'air, son acidité augmente de plus en plus jusqu'à une certaine époque, et si on le distille alors, on en retire une quantité très-sensible de vinaigre.

Si l'on met du lait dans un flacon, et qu'on l'y laisse pendant 7 à 8 jours, il se caillera d'abord comme nous venons de le dire; mais ensuite ses principes réagiront les uns sur les autres, et il s'en dégagera beaucoup de gaz. En le faisant chauffer tous les jours un peu, on préviendra tout à la fois sa coagulation et sa décomposition; M. Gay-Lussac est parvenu à en conserver par ce moyen pendant plusieurs mois.

Le lait se mêle en toutes proportions à l'eau.

Tous les acides, pour peu qu'ils aient de force, le coagulent à la température ordinaire et surtout à l'aide de la chaleur : quelques gouttes d'un acide fort suffisent même pour en coaguler un litre. L'acide agit toujours en s'unissant à la matière caséeuse, et en formant un composé insoluble. C'est sur cette propriété qu'est fondée la préparation du petit lait artificiel. L'on prend du lait écrémé; lorsqu'il est presque bouillant, l'on y jette une cuillerée de vinaigre par litre. A l'instant même, la liqueur se coagule et le petit lait se sépare : mais comme, dans cet état, le petit lait est trouble, il faut le passer à travers un tamis de crin très-serré; y ajouter un blanc d'œuf délayé dans 4 à 5 fois son poids d'eau, en supposant toujours qu'on n'opère que sur un litre, porter la liqueur à l'ébullition, et la jeter tout de suite sur un filtre de papier gris.

L'alcool versé en grande quantité dans le lait, le coagule aussi à la température ordinaire; ce n'est point sur la matière caséeuse que se porte son action, c'est sur la matière aqueuse.

Il en est de même de tous les sels neutres très-solubles, du sucre, de la gomme, pourvu toutefois que l'opération se fasse à chaud.

Il serait possible cependant que quelques sels coagulassent le lait par leurs oxides qui s'uniraient à la matière caséeuse : l'acétate de plomb paraît être dans ce cas, car il n'en faut que très-peu pour produire le coagulum.

La potasse, la soude, et surtout l'ammoniaque, loin de coaguler le lait, font disparaître sur-le-champ le coagulum formé par les acides, propriétés que ces bases alcalines doivent à l'action dissolvante qu'elles exercent sur la matière caséeuse.

1929. Mille parties de lait écrêmé, d'une pesanteur spécifique de 1,033, contiennent, suivant M. Berzelius : eau 928,75 ; matière caséeuse avec quelques traces de beurre 28,00 ; sucre de lait 35,00 ; muriate de potasse 1,70 ; phosphate de potasse 0,25 ; acide lactique, acétate de potasse avec un vestige de lactate de fer 6,00 ; phosphate terreux 0,5 (a).

Suivant le même chimiste, 100 parties de crême, d'une pesanteur spécifique de 1,0244, sont formées de : beurre 4,5 ; fromage 3,5 ; petit-lait 92,0 ; lesquels 92 renferment 4,4 de sucre de lait et de sels. (Annales de Chimie, t. 89, p. 41).

1930. *Lait de Femme.* — Le lait de femme diffère du lait de vache en ce qu'il contient plus de sucre de lait et de crême, et beaucoup moins de matière caséeuse que celui-ci : aussi sa saveur est-elle plus douce,

---

(a) La matière caséeuse donne, par l'incinération, 6,5 pour 100 de son poids de cendres formées de phosphate terreux et d'un peu de chaux pure. M. Berzelius pense, comme nous l'avons déjà fait remarquer, que cette cendre est un produit de l'incinération. Pour nous, nous admettons qu'elle est toute formée dans cette matière.

ne peut-on point le coaguler, et a-t-il peu de consistance, surtout lorsque la crème en est séparée. Cette crème, qui s'en sépare peu à peu, jouit d'une propriété remarquable, c'est qu'elle ne donne point de beurre, quel que soit le temps pendant lequel on l'agite.

1931. *Lait de Chèvre.* — Le lait de chèvre a la plus grande analogie avec celui de vache : il se comporte de même avec tous les réactifs ; il ne paraît en différer que par une plus grande consistance et une odeur particulière.

1932. *Lait de Brebis.* — Le lait de brebis contient plus de crème que celui de vache ; mais cette crème donne un beurre qui n'a pas beaucoup de consistance. Le lait de brebis diffère encore du lait de vache en ce que la matière caséeuse qu'il contient a un aspect graisseux et visqueux : c'est avec cette sorte de lait et celui de chèvre qu'on fait les fromages de Roquefort. (Mémoire de M. Chaptal, Ann. de Chimie, t. 4, p. 31).

1933. *Lait d'Anesse.* — Ce lait se rapproche plus de celui de femme que de tout autre ; il en a la consistance, l'odeur et la saveur ; comme lui, il est très-doux et contient beaucoup de sucre de lait, mais il renferme un peu moins de crème et un peu plus de matière caséeuse : aussi est-il susceptible d'être coagulé par l'alcool et les acides ; la crème qu'on en retire fournit, par une longue agitation, un beurre mou, blanc et insipide ; ce beurre jouit de la propriété remarquable de pouvoir se mêler facilement avec le lait de beurre, et d'en être de nouveau séparé par l'agitation, pourvu, toutefois, qu'on tienne le vase dans l'eau froide.

1934. *Lait de Jument.* — Ce lait a une consistance qui tient le milieu entre celle du lait de femme et celle

du lait de vache; la crême qui s'en sépare peu à peu
ne fournit point de beurre par l'agitation; les acides
le coagulent facilement.

C'est avec cette espèce de lait qu'on prétend que les
Tartares préparent une sorte de liqueur vineuse.
Pallas dit même que, à defaut de lait de jument, ils se
servent de celui de vache, mais qu'alors ils obtiennent
une liqueur moins forte : ils y ajoutent sans doute
quelque matière particulière; car le lait, abandonné à
lui-même, n'éprouve point de fermentation spiritueuse.

1935. *Usages.* — Les usages du lait sont très-nombreux : il est employé comme aliment dans une foule
de circonstances; il fournit la crême, le beurre, le
petit-lait, le sucre de lait; évaporé jusqu'à siccité et
mêlé aux amandes et au sucre, il constitue la franchi-
pane; quelquefois on s'en sert pour clarifier les liqueurs, par exemple, on s'en est servi avec succès
pour clarifier le sirop de betterave; M. Cadet Devaux
en a proposé l'emploi dans la peinture en détrempe
(Traité sur les Vernis, par Tingry, t. 2, p. 273); enfin
l'on s'en sert surtout pour faire toutes les espèces de fromages connues jusqu'ici : dans ceux qui sont mous ou
nouvellement faits, la matière caséeuse n'a point subi
d'altération; mais il n'en est pas de même dans les autres : nous ne pouvons pas rapporter tous les détails de
leur fabrication, nous nous contenterons de citer ceux qui
sont relatifs à la préparation du fromage de Brie. Aussitôt que le lait est tiré du pis de la vache, on le coule à travers un tamis de soie très-fin, et on le porte à la laiterie
où il est versé dans une terrine; ensuite on y ajoute un
peu de présure délayée dans une petite portion de

lait, et on l'abandonne à lui-même : par ce moyen, il se caille en 24 heures ; alors on le fait égoutter, sur une claie d'osier, dans un moule cylindrique en bois, jusqu'à ce qu'il ne s'en sépare plus de serum, ce qui a lieu au bout de quelques jours ; à cette époque, on le sale et on l'emporte de la cave pour l'exposer au grand air, à la température de 15 à 20° ; là, on le retourne au moins tous les deux jours, en ayant soin d'en saler la partie supérieure. Lorsqu'il est bien imprégné de sel et qu'il est sec, on le reporte à la cave et on le dépose sur un lit de foin, où, de temps en temps, on le retourne de nouveau jusqu'à ce qu'il soit fait ou qu'il soit devenu gras. Dans cet état, on y rechercherait en vain la matière caséeuse ; elle a éprouvé une véritable décomposition : aussi, en traitant le fromage, surtout celui qui est très-avancé par les alcalis, en dégage-t-on de l'ammoniaque qui paraît s'y trouver uni à l'acide acétique.

De l'Urine.

1936. L'urine est un liquide sécrété du sang artériel par les reins ; conduite par les uretères dans la vessie, elle est bientôt portée au dehors par le canal de l'urètre. Elle a pour fonction, ainsi que la sueur, de débarrasser les animaux des matières qui pourraient leur être nuisibles : la quantité qu'on en rend est d'autant plus grande qu'on prend plus de boissons et qu'on transpire moins.

Sa composition est très-variable dans les divers animaux. On y rencontre toujours de l'eau et du mucus, et presque toujours de l'urée.

L'urine humaine est celle qui a été le plus examinée : aussi est-ce de cette urine que nous nous occuperons principalement.

1937. *Urine humaine.* — L'urine humaine est composée d'eau, d'urée, de mucus de la vessie, d'une très-petite quantité d'une autre matière animale difficile à isoler, d'acide urique, d'un autre acide que les uns regardent comme de l'acide phosphorique ; les autres comme de l'acide acétique, et d'autres comme de l'acide lactique, de muriates de soude et d'ammoniaque, de phosphates de soude, d'ammoniaque, de chaux et de magnésie, de sulfates de potasse et de soude, et, selon M. Berzelius, de lactate d'ammoniaque et de silice.

On distingue deux espèces d'urine : celle que l'on rend immédiatement après le repas, et celle qu'on rend le matin ; celle-ci est bien plus chargée que celle-là.

1938. L'urine a été l'objet des recherches d'une foule de chimistes. Ceux qui ont le plus contribué à en éclairer l'histoire sont : Rouelle le cadet, Schéele, Cruickshanks, Bergman, M. Wollaston, Fourcroy et M. Vauquelin, M. Proust, M. Berzelius. Rouelle le cadet y découvrit l'urée en 1773 ; Schéele, trois ans après, y démontra l'existence du phosphate de chaux et de l'acide urique ; c'est à cet acide qu'il attribua la formation de tous les calculs. Cruickshanks reconnut la présence d'une matière sucrée dans l'urine des diabétiques. Bergman prouva que tous les calculs urinaires n'étaient point formés d'acide urique, comme l'avait cru Schéele, mais qu'ils contenaient très-souvent en outre du phosphate de chaux. M. Wollaston, Fourcroy

et M. Vauquelin allèrent plus loin ; ils firent voir : le
premier, qu'on devait mettre au nombre des matériaux
des calculs urinaires, l'oxalate de chaux, le phosphate
ammoniaco-magnésien et l'oxide cistique ; et les deux
autres, qu'on devait y mettre aussi l'urate d'ammoniaque et la silice (1954). Fourcroy et M. Vauquelin firent
en outre l'analyse de l'urine, examinèrent tous ses principes constituans et parvinrent, par un procédé simple
et facile, à en extraire l'urée pure. M. Proust prouva
que l'acide rosacique entrait quelquefois dans sa composition. Enfin, M. Berzelius la soumit à une nouvelle
analyse, d'après laquelle il admet qu'elle contient de
l'acide lactique, du lactate d'ammoniaque et de la
silice.

1939. La couleur de l'urine varie du jaune clair
à l'orangé foncé ; elle est principalement due à l'urée.
Sa saveur est salée et un peu âcre. Elle a une odeur qui
est connue de tout le monde et que certains alimens
font varier : c'est ainsi que les asperges la rendent
désagréable, tandis que la térébenthine, la résine,
les baumes, la rendent analogue à celle de la violette :
dans tous les cas, elle devient fétide et ammoniacale
dans l'espace de quelques jours, en raison des altérations qu'éprouve l'urée. L'urine est quelquefois légèrement filante, ce qui est dû au mucus qui entre dans
sa composition ; elle prend ce caractère, surtout dans
les affections calculeuses, et toutes les fois que la
vessie est irritée par une cause quelconque. Elle rougit
constamment la couleur et le papier de tournesol ;
et constamment aussi sa pesanteur spécifique est un peu
plus grande que celle de l'eau.

L'urine ne possède point toujours ces propriétés au

même degré ; elle en jouit d'autant plus qu'elle est plus concentrée : ainsi, l'urine du matin est plus colorée, plus sapide, plus odorante, plus pesante, plus acide que l'urine de la boisson.

L'urine laisse ordinairement déposer, quelquefois immédiatement après qu'elle est rendue, mais le plus souvent, dans l'espace de quelques heures, un sédiment jaunâtre qui s'attache fortement aux parois des vases, et qui n'est que de l'acide urique, substance que nous savons être plus soluble à chaud qu'à froid, et dont la quantité varie dans le liquide urinaire ; abandonnée à elle-même pendant quelques jours à la température ordinaire, l'urée qu'elle contient se décompose, lui donne une odeur presqu'insupportable, y développe de l'ammoniaque qui en sature l'acide, en précipite tout le phosphate de chaux et en partie le phosphate ammoniaco-magnésien : la quantité d'alcali produite peut être même assez grande, à une certaine époque, pour redissoudre tout l'acide urique qui s'était précipité d'abord ; c'est cet alcali qui pique si fortement les yeux, surtout en été, dans les latrines qui ferment mal ; il se forme en même temps du carbonate et de l'acétate d'ammoniaque.

De semblables phénomènes ont lieu presqu'instantanément lorsqu'on la fait bouillir : ils se produisent, même en partie, au-dessous de la chaleur de l'ébullition, et l'eau, en se dégageant, emporte toujours des matières qui la rendent odorante et susceptible de putréfaction.

Lorsqu'on pousse l'évaporation assez loin et qu'on laisse refroidir la liqueur, il s'en sépare une grande quantité de cristaux colorés par l'urée et appelés autrefois *sel fusible*, *sel natif*, *sel microscomique* de l'urine. Ces cristaux sont un mélange de phosphates de soude et d'ammoniaque, de muriates de soude et d'ammoniaque, de sulfates de potasse et de soude ; en les traitant par l'alcool, on leur enlève presque toute la matière colorante, et on achève de les purifier en les dissolvant dans l'eau et les faisant cristalliser.

Concentrée davantage, l'urine, par un nouveau refroidissement, peut encore donner lieu à une nouvelle cristallisation ; mais alors, en la soumettant une troisième fois à l'action du feu, elle se trouve bientôt réduite en un liquide sirupeux, d'un brun foncé, qui contient beaucoup d'urée, puis en un extrait plus foncé encore qui attire l'humidité de l'air, et qui, calciné, donne beaucoup de carbonate d'ammoniaque et un charbon très-salin, difficile à incinérer en raison de la grande fusibilité des sels qu'il renferme.

L'eau se mêle à l'urine en toutes proportions : il n'en est point de même de l'alcool ; versé en grande quantité dans l'urine, il la trouble et en précipite l'acide urique, les phosphates terreux et peut-être d'autres sels encore.

Les dissolutions de potasse, de soude et d'ammoniaque la troublent aussi sur-le-champ, en saturant l'acide qui en tient dissous les phosphates terreux : l'eau de barite, l'eau de strontiane, l'eau de chaux, opèrent non-seulement la précipitation de ces sels, mais encore celle de l'acide phosphorique, des phosphates de soude et d'ammoniaque. La barite, et peut-être même la strontiane, précipitent en outre l'acide des sulfates de potasse et de soude, en sorte que le précipité produit par ces trois dernières bases est bien plus abondant que celui qui provient des premières.

L'acide oxalique passe pour être le seul acide qui, au bout d'un certain temps, produit un léger nuage dans l'urine ; il s'unit à la chaux du phosphate calcaire et forme un oxalate que les acides faibles ne peuvent point dissoudre. Il serait possible, cependant, que l'acide fluorique fût dans dans le même cas. Si l'urine était concentrée, l'acide nitrique y formerait tout à coup des cristaux de nitrate d'urée, et les autres acides agiraient d'ailleurs sur cette substance, comme nous l'avons dit précédemment (1195).

Presque tous les phénomènes que nous offre l'urine avec les sels, dépendent des phosphates de soude et d'ammoniaque, des muriates des mêmes basés, et des sulfates de potasse et de soude qu'elle renferme : lorsqu'il y a action, ce sont presque toujours de nouveaux sels qui se forment et qui, étant insolubles, se déposent.

Le dépôt occasionné par le nitrate de mercure est rose, et a beaucoup fixé l'attention des anciens.

Enfin le tannin forme un léger précipité dans l'urine, dû sans doute à sa combinaison avec le mucus (*a*).

1940. Mille parties d'urine sont composées, selon M. Berzelius, de :

(*a*) Les Mémoires de Fourcroy et de M. Vauquelin sur l'urine et les calculs se trouvent dans les Annales de Chimie, t. 31 et 32, et dans les Annales du Muséum d'histoire naturelle ; celui de M. Wollaston sur les calculs, est imprimé dans les Transactions philosophiques de 1797 ; et celui de M. Berzelius sur l'analyse de l'urine, dans les Annales de Chimie, t. 89, p. 22.

Eau...........................	933,00
Urée...........................	30,10
Sulfate de potasse.................	3,71
Sulfate de soude..................	3,16
Phosphate de soude................	2,94
Muriate de soude.................	4,45
Phosphate d'ammoniaque............	1,65
Muriate d'ammoniaque.............	1,50

Acide lactique libre..............
Lactate d'ammoniaque.............
Matière animale soluble dans l'alcool,
et qui accompagne ordinairement les lac-
tates......................... } 17,14
Matière animale insoluble dans l'alcool.
Urée qu'on ne peut séparer de la ma-
tière précédente. ....

Phosphates terreux, avec un vestige de chaux...........................	1,00
Acide urique.....................	1,00
Mucus de la vessie................	0,32
Silice...........................	0,03
	1000,00

L'acide lactique, le lactate d'ammoniaque et la silice, ne sont encore admis dans l'urine que par M. Berzelius. C'est à cet acide qu'il attribue la propriété qu'elle a de rougir la teinture de tournesol, et de tenir en dissolution le phosphate de chaux et le phosphate ammoniaco-magnésien; mais la plupart des chimistes pensent qu'elle la doit à de l'acide phosphorique. Cependant rien ne prouve que cela soit, puisqu'il est impossible de retirer de l'acide phosphorique, de l'urine, sans décomposer les phosphates. Pour moi, je suis porté à croire qu'elle la doit en partie au moins à de l'acide acétique, parce que, de quelque manière qu'on la traite, on en retire toujours une certaine quantité de cet acide. A la vérité, elle le produit facilement ; mais n'est-ce pas une raison pour croire qu'elle peut en contenir de tout formé. (Annales de Chimie, t. 59, p. 269).

1941. L'urine n'a d'usage dans les arts que lorsqu'elle est putréfiée : alors on s'en sert quelquefois pour dégraisser la laine, pour dissoudre l'indigo et se procurer du sel ammoniac.

Caractères que présente l'urine dans certaines maladies ou par l'effet de quelques alimens.

1° *Dans la Jaunisse.* — L'urine, pendant la jaunisse, est d'un jaune orangé. Il en est de même de la plupart des autres parties du corps, susceptibles d'être colorées. Cet effet est attribué au passage de la bile dans le sang. Les preuves apportées en faveur de cette opinion laissent trop à désirer pour qu'on puisse l'admettre.

2° *Dans l'Hydropisie générale.* — Alors l'urine est très-chargée de matière albumineuse.

3° *Dans le Rachitis.* — Suivant M. Fourcroy, dans cette maladie où les os se ramollissent, le phosphate de chaux abonde dans l'urine.

4° *Dans la Goutte.* — M. Berthollet a trouvé que l'urine des goutteux contenait moins d'acide que celle des autres personnes, excepté dans le cas de paroxisme.

5° *Dans les Affections hystériques.* — L'urine coule abondamment, et n'est chargée que de très-peu d'urée; aussi est-elle presque sans couleur.

6° *Dans les Fièvres nerveuses.* — L'urine est ardente, rouge, et laisse déposer un sédiment rosacé qui contient beaucoup d'acide rosacique (1814). Celle qu'on rend à la fin des maladies inflammatoires, jouit surtout de ces propriétés.

7ᵃ *Dans la Dyspepsie.* — L'urine se putréfie rapidement et précipite abondamment par le tannin.

8° *Dans le Diabètes sucré.* — Les individus attaqués de la maladie connue sous le nom de diabètes sucré, maladie dont le siége est dans les reins, ont une soif inextinguible. Comme ils prennent une grande quantité de boisson, ils rendent beaucoup d'urine. Leur urine est sucrée; et ce qui n'est pas moins remarquable, c'est qu'elle ne contient pas sensiblement d'urée ni d'acide urique; que les réactifs les plus sensibles y indiquent à peine des traces de phosphate et de sulfate; qu'elle rougit à peine la teinture de tournesol; enfin qu'on n'y trouve, pour ainsi dire, que de l'eau en très-grande quantité, du sucre et du sel marin. Le sucre en fait, tantôt la dix-septième, tantôt la vingtième, et tantôt la trentième partie. Le sel marin y est toujours bien moins abondant. A ces faits, dont la découverte résulte des travaux de Willis, Pool, Dobson, Cawley, Cruickshanks, Frank le fils, Nicolas et Gueudeville, MM. Dupuytren et Thenard (a), il faut ajouter: qu'en ne donnant aux diabétiques que des alimens animalisés, leur urine change assez promptement de nature; que d'abord on y trouve une matière albumineuse dont la quantité va

---

(a) Cruickshanks et MM. Nicolas et Gueudeville sont ceux qui nous ont donné, les premiers, une bonne analyse de ces sortes d'urine.

toujours en croissant pendant quelques jours, et qui paraît être un signe non équivoque de la guérison de la maladie ; qu'ensuite l'albumine disparaît peu à peu ; qu'alors le rein commence à sécréter de l'urée, de l'acide urique, etc., et que l'urine ne tarde point à être semblable à celle d'un individu sain ; que néanmoins le malade, pour prévenir une rechute, doit encore observer long-temps le régime animal, et ne rien prendre enfin de ce qui peut faire reparaître le diabètes. (Ann. de Chimie, t. 44, p. 45 ; et t. 59, p. 41.)

9° *Dans le Diabètes non sucré.* — Outre le diabètes sucré dont nous venons de parler, les médecins en distinguent un autre non moins remarquable, dans lequel les urines sont insipides. Peut-être celui-ci ne diffère-t-il du précédent qu'en ce que l'urine contient du sucre dont la saveur est à peine sensible. Je suis d'autant plus disposé à le croire, que j'ai vu du sucre de diabètes très-doux, et d'autre qui ne l'était presque pas.

10° *Par certains alimens ou par certains corps introduits dans l'estomac.* — Nous avons déjà dit que les asperges rendaient l'urine fétide, tandis que la térébenthine, les résines, les baumes, lui communiquaient une odeur de violettes. Elle prend, avec le camphre, l'odeur propre à ce corps même, et il est plus que probable qu'elle en tient alors une petite quantité en dissolution. Ce qui tend à le prouver, c'est que, en introduisant quelques grains de prussiate de potasse dans l'estomac, bientôt les urines précipitent en bleu. M. Brand, à qui cette observation est due, s'est assuré qu'on ne retrouvait aucun vestige de ce sel dans le sang ; d'où il a conclu que, pour arriver à la vessie, le prussiate de potasse suivait une autre route que celle de la circulation.

Des variétés de l'urine dans les Animaux.

1942. Les urines de cheval, de chameau, de vache, de lapin, de cochon d'Inde, de buffle, et celles de quelques oiseaux, sont les seules qui aient été analysées, ou sur lesquelles on ait quelques notions certaines.

1943. L'urine de cheval, analysée d'abord par Rouelle le cadet, l'a été ensuite par Fourcroy et M. Vauquelin, et enfin par M. Chevreul. Il résulte des recherches de ces trois derniers chimistes, qu'elle est composée : de carbonates de chaux, de magnésie, de soude ; de benzoate de soude ; de sulfate et muriate de potasse ; d'urée ; de mucilage ; d'huile rousse. (Mém. de l'Institut, an 5 ; Ann. de Chimie, t. 67, p. 303.)

Cette huile paraît exister dans les urines de tous les animaux herbivores, et leur donner l'odeur et la couleur qu'elles ont ; elle se vaporise en soumettant l'urine à la distillation.

1944. *Urine de Vache.* — Rouelle est le seul qui ait fait l'analyse de cette urine : il la regarde comme composée d'eau, d'urée, d'une autre matière animale qu'il appelle extractive, de sulfate, muriate, benzoate, carbonate de potasse ; elle contient sans doute aussi des carbonates terreux et de l'huile.

1945. *Urine de chameau.* — C'est aussi à Rouelle que nous devons la première analyse qui ait été faite de l'urine de chameau. Il la croyait, ainsi que l'urine de vache, formée seulement d'eau, d'urée, etc. (1944). M. Chevreul, en l'examinant de nouveau, en a retiré de l'eau en grande quantité, une matière animale coagulable par la chaleur, des carbonates de chaux et de magnésie, de la silice, un atome de sulfate de chaux, un atome d'oxide de fer, du carbonate d'ammoniaque provenant sans doute de l'altération de l'urée, du muriate de potasse, du carbonate de potasse et du sulfate de soude en petite quantité, du sulfate de potasse en grande quantité, de l'acide benzoïque uni sans doute à la potasse, de l'urée, une huile odorante rousse. (Ann. de Chimie, t. 67, p. 302.) (*a*).

1946. *Urine de Lapin.* — Suivant M. Vauquelin, l'urine de lapin est formée d'eau, de carbonates de chaux, de magnésie et de potasse, de sulfate et de muriate de potasse, d'urée très-altérable, de mucilage, de soufre.

Elle contient sans doute aussi une certaine quantité d'huile rousse.

1947. *Urine de Cochon d'Inde.* — L'urine de cochon d'Inde, sur laquelle M. Vauquelin n'a pu faire que quelques essais, en raison de la petite quantité qu'il a pu se procurer, paraît être analogue aux précédentes : on n'y trouve ni phosphates ni acide urique ; elle renferme de l'urée, du carbonate de chaux et des sels à base de potasse.

1948. *Urine de Castor.* — Celle-ci, d'après le même chimiste, est formée d'eau, d'urée, de mucus animal, de benzoate et de sulfate de potasse, de carbonates de chaux et de magnésie, de muriate de potasse ou de soude, peut-être d'acétate de magnésie, d'un peu d'oxide

---

(*a*) M. Chevreul a fait cette analyse dans l'intention de savoir s'il existait de l'acide urique dans l'urine de chameau, et du phosphate de chaux dans celle de tous les herbivores, ainsi que l'avait annoncé M. Brand : ses recherches ne lui en ont pas fait découvrir les plus légères traces.

de fer et d'une matière colorante végétale : elle contient probablement aussi de l'huile. (Ann. de Chimie, t. 82, p. 197.)

1949. *Urine de Lion.* — Cette urine, qui a été analysée par M. Vauquelin, est composée d'eau, d'urée, de mucus animal, de phosphates de soude et d'ammoniaque, de phosphate de chaux en petite quantité, de sulfate de potasse en grande quantité, de muriate d'ammoniaque, d'un atome de sel marin. (Ann. de Chimie, *ibid.*).

1950. *Urine de Tigre.* — M. Vauquelin a trouvé cette urine en tout semblable à celle du lion. (Ann. de Chimie, *ibid.*).

1951. *Urine des Oiseaux.* — Tout ce que nous savons de précis sur l'urine des oiseaux est dû à Fourcroy, à M. Vauquelin et à M. Wollaston. Ce sont les deux premiers de ces chimistes qui ont démontré l'existence de l'acide urique dans ces sortes d'urines ; ils ont trouvé celle d'autruche, dont ils ont particulièrement fait l'analyse, composée d'acide urique, de sulfate de potasse, de sulfate de chaux, de muriate d'ammoniaque, d'une matière animale, d'une substance huileuse, et peut-être d'acide acétique ; l'acide urique en fait à peu près la soixantième partie. Il s'en faut de beaucoup que l'urine humaine en contienne cette quantité.

Il paraît, d'après les recherches de M. Wollaston, que la quantité d'acide urique, dans les urines des oiseaux, varie en raison de la nature des alimens, et qu'elle est bien plus grande lorsque ces alimens sont très-azotés, que lorsqu'ils ne le sont pas, ou qu'ils ne le sont que peu. En effet, les excrémens d'une poule qui ne vivait que d'herbes n'en contenaient que 2 centièmes ; ceux d'une poule vivant libre dans la basse-cour d'une ferme en contenaient davantage ; ceux d'un faisan uniquement nourri d'orge en renfermaient 14 pour 100 ; ceux d'un faucon nourri de chair en étaient presque entièrement formés, et ceux d'un gannet ne vivant que de poisson, en étaient entièrement composés. (Ann. de Chimie , t. 76 , p. 31).

1952. Il résulte de toutes ces observations, 1° que presque toutes les espèces d'urines, analysées jusqu'à ce jour , contiennent de l'urée ; 2° que les urines des herbivores ne contiennent ni acide urique, ni phosphates ; qu'elles renferment des benzoates et des carbonates ; qu'elles sont alcalines, et qu'elles doivent leur odeur et leur couleur à une huile particulière ; 3° que celles de l'homme et des oiseaux sont les seules où il existe de l'acide urique, et qu'on ne trouve de phosphates que dans les urines humaines et celles des mammifères carnivores.

Des Calculs urinaires de l'Homme.

1953. L'on connaît sous le nom de calculs ou de pierres urinaires de l'homme, des concrétions qui se forment dans l'urine humaine, et qu'on rencontre le plus souvent dans la vessie, assez souvent aussi dans les reins, rarement dans les uretères, plus rarement encore dans le canal de l'urètre.

Quelques-uns ne sont pas plus gros que la tête d'une épingle ; d'autres, mais en petit nombre, sont si volumineux qu'ils distendent la vessie ; presque tous ont la forme d'un sphéroïde ou d'un ovoïde quelquefois légèrement applati ; il n'y a que ceux qui se développent

Tome III. 58

dans les reins, les uretères et le canal de l'urètre, qui, se trouvant comprimés, prennent une autre forme. Ceux des reins, surtout lorsqu'ils ne sont point entraînés dans la vessie par l'urine, s'étendent par des branches et des ramifications dans le bassinet, se moulent dans ses divisions, deviennent très-irréguliers, et nous offrent quelque ressemblance avec les madrépores.

Leur couleur et leur densité varient en raison de leur nature : il en est de blanc, de jaune, de jaune-rougeâtre, de gris-cendré, de noirâtre ; ils pèsent spécifiquement de 1,213 à 1,976.

Plusieurs ont une surface lisse et polie ; d'autres en ont une qui est graveleuse ; d'autres sont chargés de petits tubercules ou de pointes. Leur dureté est aussi très-variable : les plus durs sont formés d'oxalate de chaux, et les moins durs de phosphates terreux.

Ils sont sans odeur, à moins qu'on ne les frotte, sans saveur, sans action sur les couleurs bleues : enfin tous sont formés d'un grand nombre de couches superposées, au centre desquelles se trouve un petit noyau.

1954. Les calculs ne sont pas toujours formés d'acide urique, comme le croyait Schéele, ou d'acide urique et de phosphate de chaux, comme le pensait Bergman. Six autres substances peuvent encore en faire partie, ainsi que l'ont prouvé MM. Wollaston, Fourcroy et Vauquelin ; savoir : le phosphate ammoniaco-magnésien, l'oxalate de chaux, l'urate d'ammoniaque, la silice, l'oxide cistique, et une autre matière animale.

Donnons les caractères qui distinguent chacun de ces corps dans les calculs.

1º *Acide urique.* — Jaunâtre ou d'un jaune rou-

geâtre, surtout lorsqu'il est mouillé; donnant, lorsqu'on le scie, une poussière analogue à la sciure de
bois; brûlant sans résidu; ne dégageant point d'ammoniaque avec les dissolutions alcalines; formant,
par la trituration, des composés onctueux avec celles qui
sont concentrées; se dissolvant facilement, même à
froid, dans celles qui sont étendues et en excès; et jouissant alors de la propriété d'en être précipité par les
acides en flocons blancs qui, recueillis sur un filtre,
ne tardent point à apparaître en paillettes brillantes.

2° *Urate d'ammoniaque.* — D'un gris de cendre,
brûlant sans résidu; dégageant une forte odeur d'ammoniaque avec les dissolutions alcalines; et se compor-
tant d'ailleurs comme l'acide urique avec ces dissolutions.

3° *Oxide cistique.* — L'oxide cistique est en cristaux confus, demi-transparent, jaunâtre, sans saveur;
il ne rougit point la teinture de tournesol; il a quelque
analogie, pour l'aspect, avec les calculs formés de
phosphate ammoniaco-magnésien, mais il est beaucoup
plus compacte que ces calculs ne le sont ordinairement.
Distillé à feu nu, il donne du sous-carbonate d'ammoniaque, une huile fétide et pesante, et un charbon noir
spongieux: il est donc formé, comme l'acide urique et
toutes les matières animales, d'hydrogène, d'oxigène,
de carbone et d'azote; mais il paraît contenir moins
d'oxigène que cet acide: d'ailleurs, on l'en distingue
facilement par la fétidité particulière des produits de sa
distillation; ce dernier caractère est si remarquable, qu'il
suffit même, pour reconnaître l'oxide cistique, d'en
chauffer au chalumeau une petite portion.

Outre ces propriétés, l'oxide cistique en présente

encore beaucoup d'autres dont plusieurs sont remarquables.

Il est insoluble dans l'eau, l'alcool, les acides tartarique, citrique et acétique, ainsi que dans le carbonate
neutre d'ammoniaque; mais il se dissout très-bien dans
les acides nitrique, sulfurique, phosphorique, oxalique, et surtout dans l'acide muriatique.

La potasse, la soude, l'ammoniaque, la chaux, et
même les carbonates de potasse et de soude saturés, le
dissolvent aussi très-facilement.

Il est évident, d'après cela, qu'on peut le précipiter
de ses dissolutions acides par le carbonate d'ammoniaque, et de ses dissolutions alcalines par les acides citrique et acétique.

Les diverses combinaisons de l'oxide cistique avec
les acides, sont susceptibles de cristalliser en aiguilles
divergentes, et de se dissoudre facilement dans l'eau,
pourvu toutefois qu'elles n'aient point été altérées par
une trop grande élévation de température.

Il suffit d'une chaleur de 100° pour décomposer celle
qu'il forme avec l'acide muriatique, et volatiliser l'a-
cide.

Les combinaisons de l'oxide cistique avec les alcalis
cristallisent aussi; mais l'auteur n'ayant eu à sa disposition qu'une très-petite quantité de matière, n'a
pu déterminer la forme des cristaux.

Enfin l'acide acétique, versé dans une dissolution
chaude et alcaline de cette substance, a donné lieu à un
précipité cristallin qui s'est formé par degré, à mesure
que le refroidissement de la liqueur s'est opéré. Les
cristaux obtenus étaient des hexagones applatis.

C'est en raison de la propriété qu'a l'oxide cystique

de s'unir aux acides, et parce qu'on le trouve dans la vessie, que M. Wollaston l'a appelé ainsi. (Ann. de Chimie, t. 76, p. 21).

4° *Oxalate de Chaux*. — Gris, et quelquefois d'un brun foncé en raison de la matière animale qui l'accompagne ; toujours disposé en couches ondulées ; présentant extérieurement des tubercules rarement aigus et le plus souvent arrondis et analogues à ceux des mûres ; donnant, lorsqu'on le calcine, un résidu blanc de chaux ou de carbonate de chaux, facile à reconnaître ; savoir : la chaux par sa saveur âcre, et le carbonate de chaux par l'effervescence qu'il produit avec les acides, etc. Ce résidu, lorsqu'il n'est composé que de chaux, équivaut à peu près au tiers du poids du calcul.

5° *Silice*. — Même aspect que l'oxalate de chaux, si ce n'est qu'elle est moins colorée, facile à en distinguer, parce qu'elle ne perd presque rien par la calcination, et que le résidu est insipide, inattaquable par les acides, vitrifiable par les alcalis, etc.

6° *Phosphate ammoniaco - magnésien*. — Blanc, cristallin, demi-transparent, vitrifiable par une chaleur rouge, laissant dégager de l'ammoniaque par la trituration avec les alcalis en liqueur, ne s'y dissolvant point, se dissolvant au contraire dans l'acide sulfurique.

7° *Phosphate de Chaux*. — Blanc, opaque, non cristallisé, non vitrifiable, ne perdant presque rien par la calcination, ne laissant point dégager d'ammoniaque par sa trituration avec les alcalis, insoluble dans ces substances, insoluble aussi dans l'acide sulfurique, formant avec lui un *magma* épais en donnant lieu à un grand dégagement de calorique, soluble dans l'acide nitrique et dans l'acide muriatique.

8º *Matière animale autre que l'Oxide cistique.* — Cette matière n'a point encore été isolée; elle existe dans presque tous les calculs, et particulièrement dans ceux d'oxalate de chaux qu'elle colore en brun et dont elle lie toutes les parties. Ne proviendrait-elle pas du mucus de la vessie, altéré?

1955. Les calculs sont formés, tantôt d'une seule substance, et tantôt de plusieurs, qui, presque toujours, se trouvent superposées de telle sorte que la plus insoluble est au centre : on ne peut donc avoir une idée de leur nature qu'en les sciant. Fourcroy, qui a analysé plus de 600 calculs avec M. Vauquelin, en reconnaît 12 espèces; on doit en admettre une treizième depuis que M. Wollaston nous a prouvé que certains calculs étaient formés d'oxide cistique; il peut en exister beaucoup d'autres : nous allons énencer ces différentes espèces, et le nombre qui s'en est trouvé dans les 600 calculs analysés par les deux chimistes français que nous venons de citer.

1ere *Espèce.* Acide urique, environ un quart.

2º Urate d'ammoniaque, rare.

3º Oxalate de chaux, environ un cinquième.

4º Oxide cistique; très-rare; il n'a encore été trouvé que par M. Wollaston.

5º Acide urique et phosphates terreux en couches distinctes, environ un douzième.

6º Acide urique et phosphates terreux mêlés intimement, environ un quinzième.

7º Urate d'ammoniaque et phosphates en couches distinctes, environ un trentième.

8º Urate d'ammoniaque et phosphates terreux mêlés intimement, environ un quarantième.

9° Phosphates terreux en couches fines ou mêlés intimement, environ un quinzième.

10° Oxalate de chaux et acide urique en couches très-distinctes, environ un trentième.

11° Oxalate de chaux et phosphates terreux en couches distinctes, environ un quinzième.

12° Oxalate de chaux, acide urique ou urate d'ammoniaque et phosphates terreux, environ un soixantième.

13° Silice, acide urique, urate ammoniacal et phosphates terreux, environ un trois-centième. Le phosphate calcaire, le phosphate ammoniaco-magnésien et la silice, n'ont point encore été trouvés isolés (*a*).

1956. Après avoir fait connaître la nature des différens calculs trouvés jusqu'à ce jour, essayons de présenter la théorie de leur formation.

Si l'on introduit dans la vessie un corps étranger, par exemple, un petit caillou, ce corps attirera les substances les moins solubles qui entrent dans la composition de l'urine, de même qu'un cristal attire des particules salines, et il deviendra le centre d'un calcul qui se formera dans un espace de temps plus ou moins considérable : ce qui le prouve, c'est qu'il existe certains calculs qui ont pour noyau, tantôt des épingles à friser, tantôt des curedents, et que toutes les fois qu'une sonde séjourne trop long-temps dans la vessie, elle se

_____

(*a*) M. Pietro Alemani dit avoir trouvé un calcul urinaire formé sur 100 parties de 51 de magnésie, 20 de silice, 11,84 de phosphate de fer, 4 de carbonate de magnésie, 3,16 de substances volatiles. Je doute fort que la matière sur laquelle M. Pietro a opéré fût un véritable calcul. (Ann. de Chimie, t. 65, p. 222).

recouvre d'une croûte terreuse. La question se réduit donc à faire comprendre comment se forme le noyau dans ces organes.

Lorsqu'il est composé d'acide urique, ce qui arrive le plus souvent, sa formation a toujours lieu dans les reins. En effet, c'est dans cet organe que l'urine est sécrétée du sang artériel. Or, il se produit dans quelques circonstances plus d'acide urique que cette liqueur ne peut en dissoudre ; il doit donc s'en déposer une certaine quantité. Tantôt le dépôt reste dans le rein, tantôt il est entraîné dans les uretères, souvent dans la vessie ; et de là les calculs qui ont pour siége ces différentes parties de l'appareil urinaire. Quelquefois aussi il est porté au-dehors sous forme de petits graviers par le canal de l'urètre : il en résulte alors l'affection connue sous le nom de gravelle.

Est-ce également dans le rein que se forment les noyaux composés d'oxalate de chaux, d'urate d'ammoniaque, etc. ? Nous manquons de données pour répondre à cette question : nous remarquerons seulement qu'on rencontre ordinairement dans la vessie les calculs au centre desquels ils se trouvent.

Il est facile toutefois de concevoir la formation de ces divers noyaux.

L'oxalate de chaux, l'urate d'ammoniaque et l'oxide cistique, qui ne sont point des matériaux constans de l'urine, s'y trouvent dans quelques circonstances, puisqu'ils font quelquefois partie des calculs : mais ces trois corps sont insolubles ; ils doivent donc pouvoir se déposer et attirer à eux les matières étrangères.

Le phosphate de chaux et le phosphate ammoniaco-magnésien existent toujours dans l'urine ; ils y sont dissous à la faveur d'un excès d'acide : celui-ci peut être neutralisé par de l'ammoniaque provenant de la décomposition d'une certaine quantité d'urée, ou même par une certaine quantité d'ammoniaque qui se formerait en même temps que l'urine ; et dès-lors il y aurait dépôt de ces deux sels.

Quant à la silice, il suffit, pour en concevoir la présence dans les calculs, d'observer qu'elle est tenue parfois en suspension intime dans l'eau, et que, selon M. Berzelius, elle fait même toujours partie de l'urine.

Enfin il paraît que la matière animale, qu'on trouve en assez grande quantité dans les calculs muraux, et qui existe d'ailleurs dans presque tous les autres, joue aussi un rôle dans leur formation ; il semble qu'elle en lie toutes les parties, et que, sans elle, leur réunion ne se ferait que difficilement.

1957. Tout cela étant conçu, supposons, pour plus de clarté, qu'un noyau d'acide urique soit transporté des reins dans la vessie, et qu'il y séjourne. De quelle nature sera le calcul qui se formera ? Sa nature dépendra de celle du liquide urinaire. Si l'acide urique domine dans ce liquide, ce sera cet acide qui se déposera ; si les phosphates sont au contraire prédominans et s'ils sont à peine retenus par l'excès d'acide, ils se sépareront en partie et viendront couvrir le noyau d'acide. Ce qu'il y a de remarquable dans cette formation, c'est que, comme nous l'avons déjà dit, ce sont toujours les substances les plus insolubles qui se trouvent au centre ; ainsi, dans un calcul qui serait formé de silice, d'oxalate de chaux, d'urate d'ammoniaque, d'acide urique et de phosphates, ces substances seraient disposées en général de telle manière, que la silice serait au centre ; puis viendraient successivement les autres substances dans l'ordre où nous venons de les énoncer (*a*).

1958. Il est difficile, pour ne pas dire impossible, de dissoudre la pierre dans la vessie, pour peu que son volume soit considérable ; mais il est possible d'en prévenir la formation, dans le plus grand nombre de cas. En effet, nous avons vu que la plupart des calculs avaient pour noyau l'acide urique, que ce noyau se formait dans le rein, et qu'il ne se formait que parce que l'urine ne contenait point assez d'eau pour pouvoir le dissoudre. Conséquemment, lorsqu'on est atteint de la gravelle, les diurétiques ou les boissons aqueuses, pris en quantité convenable, peuvent être employés avec succès : c'est ainsi qu'agissent sans doute certaines eaux qui passent pour être lithontriptiques ; telles sont particulièrement les eaux de Contrexeville.

Ces moyens curatifs ne sont pas les seuls que l'on connaisse : Mlle Stephens a indiqué des pilules savonneuses ; Harthley, la potasse ou la soude ; Wilt, l'eau de chaux ; Mascagny et le docteur Styprian Luscius de Leyde, le carbonate de potasse (Ann. de Chimie, t. 70, p. 32) ; M. Brande, la magnésie (Ann. de Chimie, t. 75, p. 204). En faisant usage de ces remèdes, l'urine devient toujours alcaline ; de sorte qu'on pourrait supposer que c'est par l'excès d'alcali que l'acide urique se trouve dissous : mais il paraît, d'après les expériences de M. Brande, que la magnésie agit tout autre-

---

(*a*) L'acide urique étant un peu soluble dans l'eau, on pourrait croire qu'il devrait se déposer après les phosphates, qui, par eux-mêmes, y sont insolubles ; mais ceux-ci sont très-solubles dans l'excès d'acide.

ment ; suivant lui, elle modifie tellement l'action des reins, que, dans la sécrétion de l'urine, il ne se produit presque plus d'acide urique, et que la maladie ne reparaît point. S'il en était ainsi, ce remède serait bien préférable aux autres ; car ceux-ci font seulement disparaître la crise du moment sans influer sur les crises à venir; en un mot, ils détruisent l'effet sans anéantir la cause. Toutefois, il est certain que la magnésie n'a pas toujours une action efficace ; je l'ai vu employer sans aucun succès.

1959. Si le noyau était de l'urate d'ammoniaque, les remèdes précédens pourraient être employés avec le même succès que lorsqu'il est d'acide urique; mais s'il était composé de phosphate de chaux ou de phosphate ammoniaco-magnésien, ils ne conviendraient point, puisqu'au lieu de favoriser la dissolution de ces sels, on en favoriserait au contraire la précipitation; il vaudrait mieux faire usage d'acides faibles. L'on ne connaît point encore de substances au moyen desquelles on puisse s'opposer au dépôt de l'oxalate de chaux, ni de la silice, ni de l'oxide cistique : heureusement que les calculs, qui ont pour noyau ces matières, sont bien moins nombreux que ceux dont le noyau est l'acide urique.

Des Concrétions urinaires des Animaux.

1960. Les urines des animaux ne contenant que très-peu de matières insolubles par elles-mêmes, ou susceptibles de se déposer, les concrétions qui peuvent s'y former doivent être moins variées que les calculs urinaires de l'homme. Il paraît que celles qui se produisent dans la vessie des herbivores sont presque toujours composées de carbonate de chaux, dont les par-

ticules sont à peine unies, tandis que celles des carnivores ne renferment que du phosphate de chaux ou de
l'oxalate de chaux : du moins, tels sont les résultats que
Fourcroy et M. Vauquelin ont obtenus.

Des Concrétions intestinales.

1961. Il se forme quelquefois, dans les intestins et
dans l'estomac des animaux, des concrétions dont la
nature est très-variable, et auxquelles on donne le nom
de bézoards. Ces concrétions ont été principalement
analysées par Fourcroy et M. Vauquelin. Ils en distinguent sept espèces (4e vol. du Muséum d'histoire
naturelle, p. 329).

La première est composée de phosphate ammoniaco-
magnésien et d'un peu de matière animale. Quelquefois
elle présente çà et là des fibres végétales. Sa couleur est
d'un gris-brun ; sa compacité assez grande ; sa texture
rayonnée ; son poids, ordinairement de plus de 6 kilogrammes ; sa forme sphéroïdale, quand l'intestin ne renferme qu'un individu, et triangulaire, en raison des
frottemens produits, quand il en renferme plusieurs. C'est dans les animaux herbivores, et particulièrement dans les chevaux, qu'on rencontre ces sortes
de calculs. Le phosphate de magnésie provient des alimens dont ces animaux se nourrissent. L'ammoniaque
sans doute est un produit de la digestion.

La deuxième espèce n'est formée que de phosphate
de magnésie et d'un peu de matière animale ; elle est
demi-transparente, jaunâtre, en couches concentriques, bien moins fréquente que la première, et plus
rare aussi que la troisième.

La troisième est un phosphate de chaux légèrement
acide, contenant quelquefois un peu de phosphate de

magnésie. Celle-ci est formée de couches concentriques très-fragiles et qui se séparent facilement les unes des autres : elle est blanche, légèrement soluble dans l'eau, et susceptible de rougir le tournesol d'une manière sensible.

La quatrième ne paraît être autre chose que des grumeaux de matière jaune de la bile, adhérens les uns aux autres.

La cinquième est fusible, très-combustible, décomposable par le feu, et plus ou moins analogue aux matières résineuses. Les couches dont elle est formée sont lisses, polies, douces au toucher et très-cassantes. C'est à cette espèce qu'appartiennent les bézoards orientaux auxquels on attachait tant de prix autrefois, en raison des vertus médicales dont on les supposait doués. Elle a souvent pour noyau des coques d'un fruit gros, au plus, comme une noisette. Elle nous vient d'Asie ou d'Afrique. On suppose qu'elle est due à des résines séparées des végétaux qui servent d'alimens aux animaux dans les intestins desquels elle se trouve. Ces animaux sont presque toujours inconnus.

La sixième espèce provient évidemment du *boletus igniarius*, dont les débris encore très-distincts sont liés par un suc animal. Cette espèce, formée, comme presque toutes les précédentes, de couches concentriques, est très-légère et quelquefois recouverte d'une croûte de phosphate ammoniaco-magnésien.

La septième est composée de poils que les animaux avalent quelquefois et qui s'agglutinent ; elle est jaunâtre : on la désigne ordinairement par le nom d'*égagropile.*

. *Des Concrétions arthritiques.*

1962. Les personnes sujettes depuis long-temps à la goutte nous offrent parfois, dans leurs articulations, des dépôts mous et friables qui ressemblent à de la craie. Ce n'est que depuis 1797 que nous en connaissons la nature : alors M. Wollaston les soumit à l'analyse, et trouva qu'ils étaient formés d'acide urique et de soude.

De la Matière cérébrale.

1963. La matière cérébrale est une pulpe en partie blanche et en partie grise, qui se trouve contenue dans la boîte osseuse du crâne, et qui donne naissance à la moelle épinière ainsi qu'à tous les nerfs : elle est d'autant plus abondante dans les animaux, qu'ils ont plus d'intelligence. C'est une des matières du règne animal qui se putréfie le plus facilement, car il est difficile de la conserver fraîche en été pendant 24 heures : c'est aussi l'une de celles dont l'incinération est la plus longue.

• M. Vauquelin, qui a analysé la matière cérébrale de l'homme, l'a trouvée formée : de 80,00 d'eau ; 4,53 de matière grasse blanche ; 0,70 de matière grasse rouge ; 1,12 d'osmazôme ; 7,00 d'albumine ; 1,50 de phosphore uni aux matières grasses, blanche et rouge ; de 5,15 de soufre et de différens sels, entr'autres de phosphate acide de potasse, de phosphates de chaux et de magnésie. (Ann. de Chimie, t. 81, p. 65).

De toutes ces substances, il n'en est que deux dont nous ne connaissons pas les propriétés : l'une est la matière grasse blanche, et l'autre la matière grasse rouge.

La matière grasse blanche est concrète, mais molle

et poisseuse ; l'aspect en est satiné et brillant ; elle tache
les papiers à la manière des huiles ; elle est soluble à
chaud dans l'alcool ; elle ne s'y dissout pas sensiblement
à froid ; elle ne se dissout pas non plus dans une solution
de potasse caustique ; elle ne rougit point la teinture de
tournesol ; mais si on la calcine, elle acquiert bientôt
cette propriété à un très-haut degré, et l'acide qui se
forme est de l'acide phosphorique ; si, au lieu de la
calciner seule, on la calcine avec la potasse ou le nitrate de potasse, on obtient alors du phosphate de
potasse.

La matière grasse rouge jouit, comme la matière
grasse blanche, de la singulière propriété de donner
naissance à de l'acide phosphorique par la calcination.
Elle est un peu plus soluble à chaud et à froid dans
l'alcool que dans la matière grasse blanche. Elle diffère
surtout de la matière grasse blanche, par moins de consistance et par une odeur analogue à celle de la matière cérébrale, mais bien plus forte ; de sorte qu'il est probable
que c'est par elle que la matière cérébrale est odorante.
Toutefois ces différences sont très-faibles : aussi M. Vauquelin n'assure-t-il pas qu'on doive considérer ces deux
matières grasses comme essentiellement distinctes l'une
de l'autre. On les obtient comme il suit : on fait bouillir
à plusieurs reprises de l'alcool sur la matière cérébrale ;
on filtre à chaque fois ; on réunit les liqueurs et on les
laisse refroidir ; il s'en dépose une matière plus ou
moins lamelleuse, c'est la matière grasse blanche. Eva-
porant ensuite jusqu'en consistance de bouillie, la liqueur alcoolique qui contient la matière grasse rouge
et l'osmazôme, et mettant cette bouillie en contact avec
l'alcool à froid, l'osmazôme se dissout toute entière,

tandis qu'il ne se dissout presque pas de matière grasse rouge.

A quel état le phosphore est-il dans ces deux matières ? Il n'y est probablement, ni à l'état d'acide, ni à l'état de phosphate, puisque ces matières ne rougissent point la teinture de tournesol; qu'en les traitant par une dissolution chaude de potasse, il ne se forme point de phosphate et ne se dégage point d'ammoniaque, et qu'on ne peut y démontrer la présence d'aucun sel. Il faut donc qu'il y soit, comme dans la laitance de carpe, uni au principe même de ces matières, et considéré comme l'un d'eux.

C'est ce corps qui rend la matière cérébrale si difficile à incinérer : en s'acidifiant, il recouvre de toutes parts les molécules combustibles et les protège contre l'action de l'air : aussi favorise-t-on singulièrement l'incinération en lavant de temps en temps le charbon.

De la Peau.

1964. La peau est composée de trois parties appliquées les unes sur les autres : de l'épiderme ou cuticule, du tissu réticulaire et du derme ou vraie peau. Celle-ci est placée immédiatement sur la chair : au-dessus d'elle se trouve la seconde, et la première est extérieure.

1965. *Épiderme.* — L'épiderme est une membrane mince, blanche, élastique, sèche, transparente, écailleuse, beaucoup plus distincte dans l'homme que dans la plupart des autres animaux. Il se sépare assez facilement du reste de la peau par la macération dans l'eau chaude. Soumis à la distillation, il donne beaucoup de sous-carbonate d'ammoniaque; il est insoluble même dans l'eau bouillante ; il l'est également dans l'alcool. Les acides sulfurique et muriatique, étendus, l'attaquent à peine ; la potasse et la soude le dissolvent complétement.

1966. *Tissu réticulaire.* — Ce tissu, siége des papilles nerveuses destinées à la perception du tact, est si fin, qu'il est impossible de le séparer, et que plusieurs anatomistes en ont nié l'existence : c'est dans ce tissu que paraît résider la matière colorante de la peau des nègres.

1967. *Derme*, ou *Peau proprement dite.* — Le derme est une membrane épaisse, dure, assez dense, composée de fibres entrelacées et disposées comme les poils d'un feutre. Chauffé dans une cornue, il se fond, se boursouffle, se décompose, et donne de l'huile très-fétide, du sous-carbonate d'ammoniaque, etc. Mis en contact avec les acides étendus d'eau, à la température ordinaire, il se ramollit, se gonfle, devient presque transparent, et se dissout en partie : il se comporte de la même manière avec les dissolutions alcalines ; il éprouve aussi, jusqu'à un certain point, de semblables phénomènes par son séjour dans l'eau froide. L'eau bouillante, après l'avoir gonflé, finit par le dissoudre en grande partie : en se refroidissant, la liqueur se prend en gelée. C'est même en traitant ainsi les rognures de peaux qu'on prépare une grande quantité de colle-forte pour le besoin des arts (1789).

Cette colle nous paraît être un produit de l'action de l'eau sur le derme, car celui-ci est absolument insoluble dans l'eau froide, et n'est même complétement attaqué par l'eau bouillante que dans un espace de temps assez considérable. L'alcool, l'éther, les

huiles, ne sont point susceptibles d'en opérer la dissolution.

1968. *Du Tannage.* — Le tannage est une opération par laquelle on combine le tannin avec la peau
proprement dite. La peau tannée prend le nom de cuir.
L'art de tanner les peaux peut être divisé en quatre
parties.

La première a pour objet de les écorner et de les
laver.

La deuxième consiste à les débourrer, ou bien à enlever le poil qui les recouvre. A cet effet on les plonge, à
la température ordinaire, dans une dissolution très-faible
d'alcali ou d'acide, pendant un certain nombre de jours;
elles se gonflent, se distendent, et leurs pores s'ouvrent de
manière qu'on peut en arracher facilement tout le poil.
Lorsqu'on se sert de liqueur alcaline, c'est la chaux
qu'on emploie; lorsqu'on se sert de liqueur acide, on
fait usage quelquefois d'eau aigrie par un mélange de
farine d'orge et de levure; d'autres fois de jusée, c'est-
à-dire, d'eau aigrie par son contact avec la tannée ou
le tan usé (*a*); quelquefois enfin de jusée aiguisée d'a-
cide sulfurique. Certains tanneurs opèrent encore le
débourrement en plaçant les peaux les unes sur les
autres, et les exposant à une température de 30 à 35°;
bientôt il s'établit une fermentation qui produit sur la
peau le même effet que les alcalis et les acides : cette
manière de débourrer est connue sous le nom de pro-

_____

(*a*). On appelle tannée, le tan dont on s'est déjà servi pour tanner les peaux, et qui est par conséquent privé de tannin. En le mettant en contact avec l'eau, celle-ci finit par s'acidifier. L'acide qui
se forme est probablement de l'acide acétique.

cédé à l'*échauffe*. Dans tous les cas, l'on met ensuite les peaux sur le chevalet, où, à l'aide d'un couteau rond qui ne coupe ni du milieu ni des talons, on enlève non-seulement le poil, mais encore l'épiderme. La séparation de l'épiderme est nécessaire; car ce corps ne se combinant point avec le tannin empêcherait celui-ci de pénétrer du côté du poil.

3° Lorsque le poil est enlevé, l'on plonge les peaux dans une eau courante pour les ramollir; puis on les écharne et on les étire, ce qui se fait en enlevant la chair avec la faux, les plongeant de nouveau dans l'eau, mais seulement pendant quelques heures, et les pressant fortement avec le couteau rond. Cette dernière manipulation a encore pour but de séparer les restes d'épiderme, et de faire sortir, lorsqu'on s'est servi de chaux, la portion de cet alcali qui a pu pénétrer dans le tissu de la peau.

4° Les peaux destinées à former des *cuirs à œuvre*, telles que celles de veau pour empeigne, celles de vache pour baudrier, doivent être tannées immédiatement après avoir subi toutes les préparations dont nous venons de parler; mais celles que l'on destine à former des semelles et autres cuirs forts, doivent en subir encore une autre que l'on appelle *gonflement*. Celle-ci s'opère en plongeant les peaux dans des dissolutions faibles d'alcali ou d'acide, de même que pour le débourrement; par ce moyen, on ouvre davantage les pores de la peau; elle devient plus épaisse, demi-transparente, et susceptible de recevoir une plus grande quantité de tannin.

5° Au gonflement succède le *passement*, qui s'exécute en tenant les peaux pendant quelque temps dans une eau où l'on a mis quelques écorces.

6° Enfin l'on procède au tannage. C'est au moyen d'écorce réduite en poudre, et qui, sous cette forme, prend le nom de *tan*, qu'on fait cette dernière opération : l'écorce que l'on emploie le plus souvent est celle de chêne.

L'opération se fait ordinairement dans des cuves rondes ou carrées, qui prennent le nom de fosses, et qui peuvent être construites en bois ou en maçonnerie ; leurs bords sont à fleur de terre. Pour les cuirs forts, l'on établit d'abord au fond de la cuve une couche de 16 centimètres de tan qui a déjà servi ; l'on recouvre cette couche d'une autre de 27 millimètres de tan neuf. Sur celle-ci, l'on étend une peau ; sur cette peau, l'on forme une seconde couche de tan neuf, et ainsi de suite jusqu'à ce que la fosse soit pleine ; puis on recouvre le tout de 16 centimètres de tannée ou tan usé que l'on foule aux pieds, et l'on fait couler peu à peu de l'eau dans la fosse par un conduit en bois, qui se rend jusqu'à la partie inférieure. Peu à peu le tannin pénètre dans les peaux et s'y unit. Lorsqu'on juge que le tan ne contient plus de principe astringent, ce qui a lieu au bout de deux à trois mois, on le renouvelle en vidant la fosse et la remplissant de nouveau ; mais comme cette nouvelle quantité de tan n'est point encore suffisante, il faut la renouveler elle-même au bout de trois à quatre mois ; et celle-ci exigeant plus de temps pour se dépouiller de tannin que la seconde, et à plus forte raison que la première, il s'ensuit que les peaux restent en fosse au moins un an. On pourrait éviter de renouveler le tan, en l'arrosant avec de l'eau

chargée de tannin, lorsqu'il serait épuisé de ce principe : de cette manière, on rendrait l'opération beaucoup plus prompte.

Le procédé de tannage que nous venons d'exposer
n'est pas le seul qui soit suivi. Il en est deux autres qui
sont pratiqués, l'un depuis long-temps, et l'autre depuis une vingtaine d'années. Le premier consiste à
coudre les peaux comme des sacs, à les remplir de tan et
d'eau, à fermer les sacs et à les coucher dans des fosses
pleines d'eau de tan. Deux mois suffisent pour cette
sorte de tannage, qu'on appelle tannage au *sippage*,
ou apprêt à la danoise. Le second a été suivi en grand,
pour la première fois, par M. Séguin : dans ce procédé, on commence par mettre les peaux en contact
avec des eaux chargées d'une très-petite quantité de
tannin, et on les en retire au bout de quelques jours
pour les plonger dans d'autres qui en sont de plus en
plus chargées; après quoi on les met en fosse pendant
six semaines.

Des Tissus cellulaire, membraneux, tendineux,
aponévrotique, ligamenteux.

1969. Ces différens tissus n'ont été examinés chimi-
quement que d'une manière très-superficielle. Tout ce
qu'on en sait de général et de positif, c'est qu'ils contiennent de l'azote, et qu'en les faisant bouillir dans
l'eau, ils se convertissent en tout, ou au moins en
partie, en gélatine; propriétés par lesquelles ils se rapprochent de la peau proprement dite.

1970. *Tissu cellulaire.* — Le tissu cellulaire sur-
passe en finesse la gaze la plus légère : c'est lui qui lie
les unes aux autres les fibres musculaires, etc., et que

l'on aperçoit sous forme de lamelles transparentes, lorsqu'on vient à les écarter. Sa transformation en gélatine s'opère facilement.

1971. *Membranes.* — L'on désigne, par le nom de membrane ou tissu membraneux, des parties blanches, minces, transparentes ou opaques, dont l'aspect n'est point argenté, qui enferment ou recouvrent des viscères, et qui sont destinées à contenir des liquides, à séparer les différentes parties du corps, etc. Nous citerons, comme exemple, la plèvre et le péricarde dans la poitrine ; le péritoine dans l'abdomen ; la dure-mère ; la pie mère, l'arachnoïde dans le crâne ; le périoste autour des os. On en distingue trois classes : les muqueuses, les séreuses et les fibreuses. Toutes se dissolvent presqu'entièrement dans l'eau bouillante ; toutefois celles qui sont fibreuses résistent pendant très-long-temps à l'action de ce liquide.

1972. *Tendons.* — Ce sont des espèces de cordons brillans, nacrés, tenaces, denses, susceptibles de porter un poids considérable sans se rompre ; formés de fibres qui s'attachent d'une part à celle des muscles, et de l'autre au périoste. Traités par l'eau bouillante, ils finissent par se disoudre entièrement.

1973. *Aponévroses.* — Les aponévroses sont des variétés des tendons. Au lieu d'être, comme ceux-ci, sous forme de cordons, elles sont sous forme de membranes ; elles enveloppent souvent les muscles, et sont faciles à reconnaître par leur aspect satiné.

1974. *Ligamens.* — Les ligamens sont formés de fibres très-fortes, très-denses et très-élastiques, qui joignent ensemble les os dans les différentes articulations. Ils résistent beaucoup plus à l'action de l'eau que les tissus précédens : cependant ils s'y dissolvent en partie et lui donnent la propriété de se prendre en gelée par le refroidissement.

Du Tissu glanduleux.

1975. Nous avons encore moins de notions sur le tissu glanduleux que sur ceux que nous venons d'examiner. Fourcroy prétend que celui des glandes conglobées ou lymphatiques se convertit en gélatine par l'action de l'eau bouillante. Quant au tissu des glandes conglomérées, telles que la rate, les reins, le foie, il varie de même que leur structure et leurs usages.

Du Tissu musculaire ou des Muscles.

1976. Les muscles, organes qui, par leur contraction toujours soumise à la volonté, donnent aux animaux la faculté de se mouvoir, constituent ce que l'on désigne sous le nom de chair dans le langage ordinaire. Indépendamment de vaisseaux sanguins, de vaisseaux lymphatiques, de nerfs, on y trouve encore plusieurs autres substances étrangères : des aponévroses qui les enveloppent, du tissu cellulaire qui en lie les fibres les unes aux autres, du tissu adipeux, des tendons qui les terminent et les attachent aux os, de la matière extractive, une petite quantité d'acide libre, qui, selon M. Berzelius, est l'acide lactique, et des sels de diverse nature.

S'il était possible de les séparer de toutes ces parties, ils ne nous offriraient plus qu'une matière blanche, insipide, sous forme de longs filamens, insoluble dans

l'eau, et qui jouirait, en un mot, de toutes les propriétés de la fibrine : c'est donc cette matière qui en
fait la base.

1977. Il sera facile, d'après cela, de comprendre
l'action de l'eau froide et de l'eau bouillante sur la
chair musculaire. L'eau froide, même par une longue
macération, ne devra dissoudre que l'albumine des vaisseaux sanguins et lymphatiques, la matière extractive,
l'acide et différens sels : quant à l'eau bouillante, elle
coagulera en grande partie l'albumine, fondra la graisse
qui se rassemblera à la surface du liquide, et dissoudra
la matière extractive, les mêmes sels que l'eau froide,
et une partie des tissus aponévrotique, cellulaire et
tendineux, qu'elle convertira en gélatine : aussi ne
trouve-t-on dans le meilleur bouillon que ces différentes substances. C'est à la matière extractive qu'il
doit sa saveur agréable. Toutefois la gélatine, après
l'eau, en fait la majeure partie, et c'est elle qui le rend
susceptible de s'aigrir si promptement en été.

1978. M. d'Arcet, qui est parvenu à extraire à bas
prix 30 pour 100 de gélatine pure des os, vient de présenter une série d'observations dignes de la plus grande
attention sur l'emploi qu'on peut en faire dans la préparation du bouillon. Nous citerons les principales. On
sait que 100 kilogrammes de viande contiennent, terme
moyen, 80 kilogrammes de chair, 20 kilogrammes d'os,
et qu'ils donnent dans les hospices 400 bouillons d'un
demi-litre chacun, et 50 kilogrammes de bouilli. Or,
l'expérience prouve que l'on fait la même quantité de
bons bouillons avec 25 kilogrammes de viande et 3 kilogrammes de gélatine sèche : il doit donc y avoir un
grand avantage à s'en servir. A la vérité, l'on obtiendra

37 kilogrammes et demi de bouilli en moins ; mais l'on aura en plus, moyennant 3 kilogrammes de gélatine, dont le prix est de 15 francs, 75 kilogrammes de viande, lesquels peuvent fournir 50 kilogrammes de rôti. (Annales de Chimie, t. 92, p. 300).

Quelques personnes, ayant élevé des doutes sur les qualités nutritives de la gélatine, M. d'Arcet a prié la Société de l'Ecole de Médecine de vouloir bien charger plusieurs de ses membres de faire à cet égard toutes les expériences qu'ils jugeraient convenables. Ces expériences ont été faites à l'hospice de Clinique interne de la Faculté, et continuées sous les yeux des commissaires pendant trois mois. Les commissaires rapportent : « que l'on a préparé le bouillon avec le quart de la « viande qu'on employait ordinairement, que l'on a « remplacé par de la gélatine et des légumes les trois « autres quarts qui ont été donnés en rôti, et que les « malades, les convalescens, et même les gens de ser- « vice, n'ont pas aperçu de différence entre ce bouillon « et celui qu'on leur donnait précédemment ; qu'ils « ont été aussi abondamment nourris et très-satisfaits « d'avoir du rôti au lieu de bouilli. » (Ann. de Chimie, t. 92, p. 300).

En mêlant la gélatine avec une certaine quantité de jus de viande et de racines, M. d'Arcet est aussi parvenu à préparer des tablettes de bouillon meilleures que toutes celles qui ont été faites jusqu'ici. (*Voyez* les divers usages de la gélatine retirée des os, article *Os* (1982).

Des Cheveux, des Poils, de la Laine, des Ongles, de la Corne.

1979. *Cheveux.* — C'est à M. Vauquelin que nous sommes redevables de tout ce que nous savons sur les cheveux. Il résulte de ses expériences (Annales de Chimie , t. 52) :

1° Que les cheveux noirs sont formés de neuf substances différentes ; savoir : d'une matière animale semblable au mucus, qui en fait la plus grande partie ; d'une petite quantité d'huile blanche concrète, et d'une autre d'un noir-verdâtre, épaisse comme le bitume ; d'un peu de phosphate de chaux, de carbonate de chaux, d'oxide de manganèse et de fer oxidé ou sulfuré ; d'une quantité notable de silice et d'une quantité plus considérable de soufre.

2° Que les cheveux rouges ne diffèrent des cheveux noirs qu'en ce qu'ils contiennent de l'huile rouge au lieu d'huile d'un noir-verdâtre, et moins de fer et de manganèse.

3° Que ceux qui sont blancs renferment un peu de phosphate de magnésie, et contiennent d'ailleurs les mêmes substances que ceux qui sont noirs ou rouges, moins l'huile colorée.

4° Que les noirs doivent leur couleur à l'huile noire et probablement au fer sulfuré ; les rouges, à l'huile rouge, et les blancs, à ce qu'ils ne contiennent ni huile colorée, ni fer sulfuré.

Soumis à la distillation, les cheveux se décomposent, donnent de l'huile, du carbonate d'ammoniaque, etc., et 0,28 à 0,30 de charbon. L'air ne les altère point. Il n'est aucune substance animale qui résiste autant qu'eux à la décomposition putride. Ils ne se dissolvent dans l'eau qu'à un certain nombre de degrés au-dessus de 100 : aussi n'en peut-on opérer la dissolution dans ce liquide qu'au moyen du digesteur de Papin. Toutefois il ne faut pas trop élever la température; car le mucus, qui constitue la majeure partie des cheveux, loin de se dissoudre, se décomposerait et se transformerait en acide carbonique, en carbonate d'ammoniaque, etc. Dans tous les cas, il se dégage une certaine quantité de gaz hydrogène sulfuré; il s'en dégage d'autant plus, que la température est plus élevée; ce qui semble annoncer qu'il est dû à un commencement de décomposition.

L'eau chargée d'une petite quantité de potasse caustique, par exemple, de 4 centièmes, dissout bien mieux les cheveux que l'eau pure. Lorsqu'on traite ainsi les cheveux noirs et les cheveux rouges, il se dégage, pendant la dissolution, de l'hydro-sulfure d'ammoniaque, qui provient sans doute de ce qu'une petite portion de la matière se décompose; et l'on obtient; savoir : avec les cheveux noirs, un résidu noir formé d'huile épaisse, de fer et de soufre; et avec les cheveux rouges, un résidu composé d'huile jaune, de soufre et d'un atôme de fer.

Les acides agissent diversement sur les cheveux. L'acide sulfurique et l'acide muriatique, étendus d'eau, après s'être colorés en rose, les dissolvent. L'acide nitrique les jaunit d'abord; il les dissout ensuite à l'aide d'une douce chaleur, en isole l'huile, et les décompose complétement : de cette décomposition résultent de l'acide oxalique, de l'acide sulfurique, en raison du soufre que contiennent les cheveux, de la matière amère, etc. (1772). Le premier effet du gaz muriatique oxigéné est de les blanchir ; bientôt après il les ramollit, et les réduit en pâte visqueuse et transparente comme de la térébenthine.

L'alcool bouillant nous offre aussi des phénomènes remarquables dans son action sur les cheveux : il en dissout les matières huileuses : celle qui est blanche se dépose, par le refroidissement de la dissolution, sous forme de petites lames brillantes ; celle qui est noire ne s'en sépare que par l'évaporation ; il en est de même de celle qui est rouge. On remarque qu'en traitant ainsi les cheveux rouges, ils deviennent bruns ou châtains foncés.

Enfin, mis en contact avec les cheveux rouges, châtains et blancs, les sels de mercure, de plomb, de bismuth, ou leurs oxides, les font passer au noir ou au violet foncé : alors il se forme sans doute un sulfure métallique. Lorsqu'on veut faire usage des sels, il faut les étendre d'une grande quantité d'eau ; lorsqu'on veut se servir des oxides, il faut les employer très-divisés et récemment précipités. J'ai quelquefois vu la recette suivante réussir aussi-bien : L'on prend une partie de litharge réduite en poudre très-fine, une demi-partie de chaux éteinte et une partie de craie ; après avoir mêlé ces trois substances intimement, on délaie le mélange dans l'eau, de manière à lui donner la consistance d'une bouillie épaisse ; on applique une petite couche de cette bouillie sur du papier, et l'on s'en sert pour mettre les cheveux en papillote à la manière ordinaire : au bout de quatre heures, l'effet est produit ; on ôte les papillottes, et l'on enlève le mélange avec un peigne et de l'eau.

1980. *Ongles, Cornes, Epiderme, Laine et Poils en*

général. — Toutes ces substances sont formées, suivant M. Vauquelin, d'une grande quantité de mucus, semblable à celui qui entre dans la composition des cheveux, et d'une petite quantité d'huile à laquelle elles doivent leur souplesse et leur élasticité. (Ann. de Chimie, t. 58, p. 52).

Tissu cartilagineux.

1981. Ce tissu, qui est solide, blanc, demi-transparent, laiteux comme l'opale, facile à couper, compressible, élastique, placé ordinairement aux extrémités articulaires des os, n'a été que peu examiné. Il est probable qu'il est formé, comme les tissus précédens, d'une matière animale analogue au mucus, d'un peu d'huile et de quelques matières salines. Ce qui nous autorise à le croire, c'est que telle est la composition des os cartilagineux du *squalus maximus*, d'après M. Chevreul, et probablement de tous les os cartilagineux des poissons. (Bulletin de la Société philomatique, 1811, p. 318).

Du Tissu osseux.

1982. *Composition.* — Les os, séparés de leur cartilage, de leur périoste, de la moelle qui existe au centre de ceux qui sont longs, de la matière mollasse et rougeâtre qu'on appelle *diploé*, et qu'on trouve entre les deux tables qui constituent les os plats, de toutes les parties, en un mot, qui leur sont étrangères, doivent être considérés, en général, comme un tissu cellulaire fort épais dont les cavités contiennent beaucoup de sous-phosphate de chaux, beaucoup moins de sous-carbonate calcaire, très-peu de phosphate de magnésie,

quelques traces d'alumine, de silice, d'oxide de fer et
d'oxide de manganèse (*a*).

1983. *Historique.* — La découverte du phosphate
de chaux dans les os date de 1771 ; elle est due à Schéele
et à Gahn. Celle du phosphate de magnésie, de l'alumine, de la silice, de l'oxide de fer et de l'oxide de
manganèse, appartient à Fourcroy et à M. Vauquelin ;
ils la firent de 1800 à 1807. On ne sait pas précisément
à quelle époque fut faite celle du carbonate calcaire ;
quant à celle de la matière animale, elle remonte aux
temps les plus reculés.

1984. *Propriétés.* — Les os sont solides, blancs,
insipides, inodores, d'une contexture lamelleuse, duc-
tiles jusqu'à un certain point, plus durs et plus denses
que toutes les autres parties de l'économie animale.
Leur forme varie singulièrement, détermine celle du
squelette, et par conséquent de l'animal même.

Calcinés dans une cornue, ils se décomposent sans
se déformer, noircissent, perdent à peu près les trois
septièmes de leur poids, deviennent cassans, et fournissent tous les produits provenant de la distillation
des matières animales. Chauffés dans des vaisseaux ouverts, ils s'enflamment, noircissent d'abord comme
dans des vases fermés, perdent un peu plus de leur
poids que dans ces sortes de vases, et se transforment
enfin en une substance blanche et si friable, qu'il suffit

(*a*) M. Morichini et M. Berzelius admettent aussi un peu de fluate
de chaux dans les os : cependant Fourcroy et M. Vauquelin n'ont
pu découvrir la moindre trace de ce sel dans ces organes ; ils ne
l'ont trouvé d'une manière sensible que dans les os fossiles où
M. Morichini en a annoncé, le premier, la présence.

de la presser entre les mains pour l'écraser. Cette substance était considérée, par les anciens chimistes, comme une terre particulière qu'ils appelaient *terre des os;* elle est évidemment formée, d'après ce que nous avons dit précédemment, de phosphates de chaux et de magnésie, de carbonate de chaux, d'alumine, de silice, d'oxide de fer et de magnésie. Exposés à l'air, à la température ordinaire, ou enfouis dans la terre, ils finissent par se déliter, s'exfolier et tomber en poussière (*a*).

Lorsqu'on les traite par l'eau bouillante, sous la pression de 0m.,76, on ne dissout qu'une portion de leur matière animale, à moins qu'ils ne soient rapés et que l'ébullition ne soit soutenue pendant long-temps; mais, lorsque l'expérience se fait dans la marmite de Papin, cette matière se dissout complétement, et les os deviennent aussi friables que par la calcination; ils sont même réduits en une sorte de bouillie. Mis en contact avec les acides, étendus d'eau, surtout avec ceux qui dissolvent facilement le phosphate de chaux, le phosphate de magnésie, le carbonate de chaux, les os se ramollissent et deviennent peu à peu, quelle que soit leur grosseur, demi-transparens et aussi flexibles que le jonc; ils ne sont plus alors composés que de tissu cellulaire. C'est en les faisant digérer dans l'acide muriatique faible, pendant sept à huit jours, renouvelant l'acide au besoin, dans cet intervalle, les plongeant

_____

(*a*) On a trouvé, dans un tombeau de l'église de Sainte-Geneviève, des os qui pouvaient avoir 700 ans, et qui étaient devenus acides et de couleur pourpre. L'acide qu'ils contenaient était l'acide phosphorique; il était uni au phosphate de chaux. (Fourcroy et M. Vauquelin, Annales de Chimie, t. 54).

ensuite quelques instans dans l'eau bouillante, puis les essuyant et les exposant à un courant d'eau froide et vive, que M. d'Arcet en extrait la matière animale pure, qu'il convertit en colle à la manière ordinaire.

1985. *Proportions des principes constituans.* — La proportion des principes constituans des os n'est point précisément la même dans les divers animaux ; elle est surtout très-variable dans le même individu aux diverses époques de la vie : lorsqu'il est jeune, la substance cellulaire est prépondérante ; lorsqu'il est avancé en âge, c'est au contraire le phosphate de chaux qui prédomine : aussi les os commencent-ils par ressembler à une sorte de cartilage, deviennent-ils ensuite fermes, solides, et finissent-ils par être, pour ainsi dire, cassans.

On peut conclure des différentes recherches de Fourcroy et M. Vauquelin, que les os de bœuf sont composés d'environ : 50 de tissu cellulaire ; 37 de phosphate de chaux ; 10 de carbonate de chaux ; 1,3 de phosphate de magnésie ; de traces d'alumine, de silice, d'oxide de fer, d'oxide de manganèse, et qu'il paraît que telle est aussi, à peu de chose près, la composition des os de la plupart des autres animaux parvenus à l'âge adulte.

Nous citerons textuellement, d'abord, le procédé que Fourcroy et M. Vauquelin ont indiqué pour séparer la magnésie, l'alumine, la silice, l'oxide de fer et l'oxide de manganèse des os. Nous dirons ensuite comment on peut déterminer la quantité de matière animale, de phosphate de chaux, de phosphate de magnésie et de carbonate de chaux qui s'y trouvent contenus.

« 1° On décompose les os calcinés et mis en poudre, « par une quantité égale d'acide sulfurique concentré.

« 2° On délaie le premier mélange dans 12 parties « d'eau distillée, on jette le tout sur une toile, on « laisse égoutter le sulfate de chaux, et on le presse « fortement.

« 3° On passe la liqueur au papier, et on la préci- « pite par l'ammoniaque ; on la filtre une seconde « fois, on lave le précipité, et on met la liqueur à « part.

« 4° On traite le précipité, encore humide, par « l'acide sulfurique, dont on a soin de mettre un léger « excès ; on filtre de nouveau ; on lave le précipité ; on « réunit la liqueur avec la première (n° 3) ; enfin, on « recommence cette opération jusqu'à ce que le préci- « pité, formé par l'ammoniaque, se dissolve entière- « ment dans l'acide sulfurique, ce qui annonce qu'il ne « contient plus de chaux en quantité sensible.

« Par cette suite d'opérations, on convertit toute « la chaux des os en sulfate de chaux, qui, étant peu « soluble, se sépare de la liqueur où se trouve l'acide « phosphorique avec les sulfates de magnésie, de fer, « de manganèse et d'alumine.

« 5° Ces matières, séparées de l'acide sulfurique « par l'ammoniaque, doivent être traitées avec de la « potasse caustique qui s'empare des acides sulfurique « et phosphorique, dégage l'ammoniaque et dissout « l'alumine.

« 6° On précipite l'alumine de la dissolution alca- « line, au moyen du muriate d'ammoniaque ; on la « lave, et on s'assure, par les moyens connus, si c'est « véritablement de l'alumine.

« 7° On fait sécher la magnésie, le fer et le manga-
« nèse, dont on a séparé l'acide phosphorique et l'alu-
« mine par la potasse (*a*) ; on les fait calciner pendant
« long-temps dans un creuset de platine, et on verse
« dessus de l'acide sulfurique étendu d'eau, jusqu'à ce
« qu'il y en ait un léger excès.

« Celui-ci dissout la magnésie et une portion de fer,
« mais ne touche pas au manganèse.

« 8° On fait évaporer la dissolution de magnésie
« tenant du fer ; on la calcine fortement ; le fer se sé-
« pare, et la magnésie, au contraire, reste unie à l'a-
« cide sulfurique : on dissout dans l'eau, et on obtient
« le fer à l'état d'oxide rouge ; on précipite par le car-
« bonate de potasse, et on s'assure qu'elle est pure par
« les moyens connus.

« 9° On réunit le fer de l'opération précédente avec
« le manganèse de l'expérience 7 ; on les dissout l'un
« et l'autre dans l'acide muriatique mis en excès ; on
« étend la dissolution d'eau, et on y ajoute du carbo-
« nate de potasse, jusqu'à ce que l'on voie des flo-
« cons rouges se séparer, et la liqueur devenir claire
« et sans couleur.

« Ces flocons appartiennent à l'oxide de fer ; on
« filtre pour les séparer ; on fait bouillir la liqueur dans
« un matras. Au bout d'un certain temps, le manga-
« nèse se précipite sous la forme d'une poudre blan-
« che ; et lorsque la liqueur ne précipite plus rien,

(*a*) Fourcroy et M. Vauquelin supposent que le fer et le manganèse sont à l'état de phosphate dans les os ; il serait possible
qu'ils n'y fussent simplement qu'à l'état d'oxide.

« et que la potasse n'y produit plus aucun effet, on
« filtre, et on a le manganèse, qui devient noir par la
« calcination.

« Voilà donc l'alumine, la magnésie, le fer et le
« manganèse séparés par les moyens que nous venons
« de décrire; il ne nous reste plus qu'à trouver la
« silice.

« 10° Pour cela, on fait évaporer la liqueur qui
« contient le phosphate et le sulfate d'ammoniaque
« des expériences 3, 4, etc.; à mesure qu'elle se con-
« centre, il s'y forme des flocons noirs assez volumi-
« neux, qu'on sépare de temps en temps par la filtra-
« tion; et lorsque le sel est bien sec, on le dissout dans
« l'eau, et l'on obtient encore un peu de la matière
« noire.

« 11° On lave ces flocons, on les calcine dans un
« creuset de platine, et on obtient ainsi une poudre
« blanche qui a toutes les propriétés de la silice.

« Pendant ces opérations, l'ammoniaque se dégage
« pour la plus grande partie, ainsi que l'acide sulfu-
« rique à l'état de sulfate d'ammoniaque : l'acide phos-
« phorique est alors assez pur; cependant la potasse
« caustique en dégage encore un peu d'ammoniaque.

12° C'est en calcinant jusqu'au blanc les os bien
desséchés, et les pesant avant et après la calcination,
que l'on détermine la quantité de matière animale
qu'ils contiennent : il est nécessaire, toutefois, de
ménager le feu pour ne pas décomposer le carbonate
calcaire.

13° Les os étant calcinés, si on les met en contact, à la température ordinaire, avec le vinaigre
distillé, on ne décomposera et on ne dissoudra que

le carbonate de chaux; de sorte qu'en filtrant la dissolution, lavant le résidu, et versant du sous-carbonate de potasse dans les liqueurs réunies, on reformera et on précipitera tout le carbonate calcaire. Dans le cas où le vinaigre aurait dissous un peu de phosphate, il suffirait d'ajouter d'abord un peu d'ammoniaque à la dissolution pour séparer ce sel.

14° Pour obtenir le phosphate calcaire, il faudra dissoudre dans l'acide nitrique faible les os calcinés et déjà traités par l'acide acétique, filtrer la liqueur et y verser de l'ammoniaque qui précipitera ce sel, du phosphate ammoniaco-magnésien en gelée et de l'alumine; faire chauffer le précipité avec une dissolution de potasse caustique et non carbonatée, qui s'emparera de l'alumine et de tout l'acide phosphorique du phosphate ammoniaco-magnésien; filtrer de nouveau et redissoudre la masse gélatineuse restante dans l'acide nitrique ou muriatique. Alors, en ajoutant une quantité suffisante d'ammoniaque à la nouvelle dissolution, on précipitera seulement le phosphate de chaux (a).

La formation du phosphate ammoniaco-magnésien dans cette expérience, jointe à ce que l'acide acétique n'enlève que de la chaux aux os calcinés, prouve que la magnésie est véritablement unie à l'acide phosphorique dans la substance osseuse; et l'on juge de la quantité de phosphate magnésien par la quantité de base obtenue.

1986. *Usages.* — Les os sont employés dans un

(a) Cependant il y a aussi du phosphate de chaux décomposé, mais très-peu.

assez grand nombre de circonstances. On en extrait le phosphore, et on peut également en extraire l'acide phosphorique. C'est en les calcinant, les pulvérisant, les lavant et les moulant, qu'on prépare les coupelles. Calcinés et bien broyés, on s'en sert aussi pour faire des trochisques. Concassés ou divisés, ils forment un excellent engrais, qui toutefois ne devient fertile que la deuxième ou la troisième année. En traitant les pieds de bœuf par l'eau bouillante, on en retire une huile recherchée pour le graissage des mécaniques et les fritures (1859). Dépouillés de leur partie terreuse par les acides, et réduits à leur tissu cellulaire, ils peuvent entrer dans la composition du bouillon et des tablettes de bouillon, et l'on peut les employer pour faire de la colle propre non-seulement aux usages de la colle ordinaire, mais encore à ceux de la colle de poisson, par conséquent à la préparation des gelées, des crêmes, des blancs-mangers, au collage des vins, du café, etc. L'huile animale de Dippel, que l'on ordonnait autrefois en médecine, n'est autre chose que de l'huile qui provient des os de cornes de cerf, décomposés par le feu. Enfin, c'est en distillant les os mêlés à toutes sortes de chiffons de laine, et traitant convenablement le produit de la distillation, que l'on prépare le sel ammoniac en France.

1987. On introduit les os et les vieux chiffons de laine dans des tuyaux de fonte, disposés horizontalement dans des fourneaux à réverbère. L'une des extrémités de ces tuyaux, qui peut être ouverte et fermée à volonté, est destinée à l'introduction des matières : c'est par l'autre que se dégagent les produits. A cet effet, on y adapte un tube très-large et courbé qui va se rendre dans un tonneau, lequel, par des tubes inter-médiaires, communique avec plusieurs autres ton-neaux : l'appareil se termine par un tube droit qui porte les gaz hors de l'atelier ; il serait mieux de les ramener dans le fourneau pour les brûler. Les produits, dont on facilite la condensation en refroidissant les tuyaux de communication, consistent en eau, en huile, en une petite quantité d'acétate et de prussiate d'am-moniaque, et en une grande quantité de sous-carbonate ammoniacal. Lorsqu'ils sont retirés des tuyaux, on les met en contact avec du sulfate de chaux réduit en poudre, et même on les filtre à travers une couche de ce sel. Le carbonate d'ammoniaque et le sulfate calcaire se décomposent réciproquement ; il se forme du sulfate d'ammoniaque soluble et du carbonate de chaux inso-luble. Alors on verse dans la liqueur un excès de sel marin, on la concentre, et, par des évaporations et re-froidissemens successifs, on en retire du muriate d'am-moniaque et du sulfate de soude, faciles à purifier par la cristallisation. Lorsque le sel ammoniac est purifié et séché, on procède à sa sublimation comme nous l'avons dit (984), et on le verse dans le commerce.

De la nature des dents.

1988. Les dents sont les os les plus durs de l'écono-mie animale : aussi contiennent-elles plus de phos-phate et moins de tissu cellulaire que les os proprement dits. M. Pepys, qui en a fait l'analyse, a trouvé qu'elles étaient composées ; savoir :

	Dents des Adultes.	Premières dents des Enfans.	Racines des Dents.	Email des Dents.
Phosphate de chaux	64	62	58	78
Carbonate de chaux	6	6	4	6
Tissu cellulaire	20	20	28	»
Perte et eau	10	12	10	16

Si M. Pepys n'a point trouvé de tissu cellulaire dans l'émail, c'est sans doute parce qu'il a cherché à isoler ce tissu par l'acide nitrique, qui a la propriété de le dissoudre. En effet, l'émail fournit à la distillation une certaine quantité de carbonate d'ammoniaque, etc. Il est probable aussi que l'émail et toute la partie osseuse des dents renferment du phosphate de magnésie et peut-être les autres matières qui entrent dans la composition des os.

M. Morichini ayant découvert, en 1812, le fluate de chaux dans l'ivoire ou les dents fossiles d'éléphant, découverte constatée par Klaproth, Fourcroy et M. Vauquelin, fit bientôt ensuite des expériences pour savoir si ce sel faisait partie de l'ivoire non fossile, et, en général, des dents fraîches des animaux. Suivant lui, il existe dans ces substances, et surtout dans l'émail des dents. Telle est aussi l'opinion de M. Berzelius; mais MM. Wollaston, Brande, Fourcroy et M. Vauquelin, pensent le contraire ; ils n'ont jamais pu retirer des dents fraîches la moindre trace d'acide fluorique.

Des différentes parties susceptibles de s'ossifier.

1989. *Concrétions pinéales.* — La glande pinéale, dont on ignore les usages, contient presque toujours deux ou trois graviers si petits, qu'on ne peut les découvrir, pour ainsi dire, qu'en écrasant cette glande entre les doigts. Suivant Fourcroy, ces concrétions contiennent environ le tiers de leur poids de phosphate de chaux.

1990. *Concrétions salivaires, pancréatiques, etc. —* On sait aussi, d'après Fourcroy et M. Wollaston, que les concrétions qui se forment quelquefois dans les glandes salivaires doivent leur ossification au phosphate de chaux. Il en est de même des concrétions pancréatiques. Telle est encore la composition des concrétions qu'on trouve dans les poumons de personnes menacées de consomption : quelquefois cependant ces dernières concrétions contiennent une assez grande quantité de carbonate de chaux ; M. Crumpton en a même analysé une qui était formée de 82 de carbonate de chaux et de 18 de matière animale et d'eau.

1991. M. Dupuytren m'ayant remis un assez grand nombre de matières ossifiées, je me suis également convaincu que toutes ces matières devaient principalement leur dureté au phosphate de chaux. Je les citerai toutes, mais en indiquant seulement le poids du résidu provenant de leur calcination jusqu'au rouge.

	Poids du résidu.
Kiste osseux de la glande thyroïde..........	0,04
Kiste osseux de la même glande.............	0,65
Kiste osseux de la même glande.............	0,34
Plèvre ossifiée.............................	0,14
Ossification trouvée dans l'aorte...........	0,52
Ovaire de femme ossifié....................	0,55
Glande mésentérique ossifiée...............	0,73
Glande thyroïde ossifiée...................	0,66
Concrétion trouvée à la surface convexe du	

foie dans un kiste recouvert par la périto-
néale... 0,63
Concrétion osseuse trouvée au-dessus du ventricule latéral droit dans la substance cérébrale d'une femme de trente ans......... 0,66

De quelques autres matières particulières à certaines classes d'animaux.

1992. Après avoir examiné les matières liquides,
molles et solides, les plus répandues dans l'économie
animale, nous devons du moins indiquer, autant que
possible, la source et la nature de celles qui sont particulières à quelques animaux, et qui sont remarquables
par leurs propriétés ou par leur emploi dans les arts et
l'économie domestique. Ces matières sont : dans la
classe des mammifères, le musc, la civette, le castoréum, l'ivoire, le bois ou la corne de cerf; dans les oiseaux, les œufs; dans les poissons, la laitance, les os;
dans les mollusques, l'encre et les os de la seiche, les
coquilles, la perle et la nacre de perle; dans les crus-
tacés, la croûte qui les enveloppe; dans les insectes et
les vers, les cantharides, le miel et la cire, la cochenille, la soie; dans les zoophytes, le corail, la cora-
line, le madrépore, l'éponge.

1993. *Musc.* — Le musc est une matière extrêmement odorante, amère, sous forme de grumeaux, renfermée dans une bourse que porte le chevrotin, animal
qui ressemble au chevreuil, et qui habite le Thibet et
la Grande - Tartarie : cette bourse est située vers le
nombril. Il est rare que l'on trouve du musc pur dans le
commerce; il ne s'y rencontre presque jamais que mêlé
à des graisses ou des résines. Tout ce qu'on sait de ses

propriétés, c'est qu'il est très-inflammable, en partie
soluble dans l'eau et dans l'alcool, et qu'à la dose d'un
seul grain il est susceptible de répandre une forte
odeur, dans un grand espace, pendant plusieurs années.

1994. *Civette.* — Substance ayant quelqu'analogie
avec le musc, d'un jaune pâle, d'une saveur un peu
âcre, d'une consistance analogue à celle du miel, d'une
odeur aromatiqne et très-forte. Cette substance provient
de deux petits quadrupèdes du genre *viverra*, vivant
l'un en Afrique, l'autre dans l'Arabie et les Indes : elle se
trouve contenue dans une vésicule située près de l'*a-
nus.* On ne l'emploie que dans la parfumerie.

1995. *Castoréum.* — Corps analogue à la civette et
au musc. Sa consistance est celle du miel très-épais ; sa
saveur amère, âcre, nauséabonde ; son odeur forte et
très-volatile : c'est pourquoi il suffit de le dessécher
pour le rendre inodore. Il passe pour être formé d'une
résine, d'un corps gras, d'huile volatile, d'une matière
extractive et de sels. On le trouve dans deux poches
membraneuses situées dans les aînes du castor. Il n'est
employé qu'en médecine.

1996. *Ivoire.* — L'ivoire est une substance osseuse
qui constitue les dents connues sous le nom de défenses
de l'éléphant. Il est de même nature que les os proprement dits. Les tabletiers en font usage pour la préparation de divers objets. On s'en sert aussi pour obtenir un
noir très-beau, très-fin et très-recherché. A cet effet,
on le calcine jusqu'à un certain point.

1997. *Bois ou Corne de Cerf.* — Les cornes de cerf
ne diffèrent en rien des os. Lorsqu'on les divise et qu'on
les traite par l'eau bouillante, on en extrait une gelée
que l'on ordonnait autrefois en médecine. C'était aussi

en distillant la corne de cerf qu'on préparait l'huile animale de Dippel, huile qu'on ne parvient à rendre blanche qu'en lui faisant subir plusieurs rectifications et qu'en ne recueillant que les premières portions.

1998. *OEufs.* — Les œufs sont composés d'une coquille solide, d'une membrane mince adhérente intérieurement à la coquille, de blanc, de jaune, de ligamens appelés glaires et de cicatricule.

La coquille est formée, suivant M. Vauquelin : de matière animale, d'une grande quantité de carbonate de chaux, et d'une petite quantité de phosphate calcaire, de carbonate de magnésie, d'oxide de fer et de soufre. (Ann. de Chimie, t. 81, p. 304).

Le blanc est analogue au serum du sang.

La membrane mince paraît être albumineuse.

Le jaune n'a point encore été soumis à une analyse exacte : on sait qu'en le chauffant il devient très-dur, et qu'en le comprimant ensuite, il en suinte une certaine quantité d'huile.

Les ligamens et la cicatricule n'ont été jusqu'ici l'objet d'aucune recherche.

1999. *Laite des Poissons et en particulier de la Carpe.* — La laite de carpe est d'une nature toute particulière ; elle n'est pas seulement formée d'hydrogène, de carbone, d'oxigène et d'azote, comme les autres substances animales, elle contient en outre du phosphore, ainsi que l'ont démontré Fourcroy et M. Vauquelin. En effet, 1° elle ne rougit point la teinture de tournesol ; 2° lorsqu'on la calcine fortement dans une cornue de grès, l'on obtient de l'huile, du carbonate d'ammoniaque, etc., et une quantité très-notable de phosphore ; 3° lorsque la calcination se fait à un feu modéré, le charbon qui en résulte ne s'incinère qu'avec difficulté. Il devient très-acide pendant l'incinération, et l'acide produit est l'acide phosphorique. A la vérité, la laite contient des phosphates à bases de potasse, de soude, de chaux et de magnésie, mais elle n'en contient point d'autres ; elle ne contient point surtout de phosphate d'ammoniaque ; et aucun de ceux qui entrent dans sa composition n'est susceptible de produire les phénomènes observés. Donc le phosphore doit être considéré comme l'un des principes de cette substance. (Ann. de Chimie, t. 64, p. 5).

2000. *Os de Poisson.* — Parmi les poissons, il en est dont les os sont cartilagineux. Ces sortes d'os sont très-différens des os ordinaires ; ils ne sont, pour ainsi dire, formés que de l'espèce de matière mucilagineuse trouvée dans les cheveux, les cornes, les ongles (1979).

2001. *Os de Seiche.* — Corps épais, solide, friable, ovale, rempli de cellules, formé en grande partie de matière animale et de carbonate de chaux, situé vers le dos de la seiche commune ; il entre dans la composition des poudres dentifrices , et on le suspend, sous le nom de biscuit de mer , dans les cages des petits oiseaux qui le becquetent de temps en temps.

2002. *Encre de Seiche.* — Liqueur noire, produite dans les seiches par un appareil glanduleux , et contenu dans un réservoir particulier. L'animal qui la fournit s'en sert pour se dérober aux dangers dont il se croit menacé ; lorsqu'il est poursuivi, il en répand une certaine quantité et trouble ainsi toute l'eau qui l'environne. Quelques personnes ont prétendu que c'était avec cette encre qu'on préparait l'encre de la

Chine ; mais on sait que celle-ci a pour base le noir de fumée très-divisé.

2003. *Coquilles.* — Nous désignons par ce nom toutes les enveloppes osseuses des diverses espèces de coquillages. Les unes ont une contexture compacte, presque semblables à celle de la porcelaine, tandis que les autres sont formées de couches constituant la nacre de perle et recouvertes d'un fort épiderme. A la première classe appartiennent les différentes espèces de *voluta* ; et dans la seconde se trouve la *moule d'eau douce*, etc. Toutes, suivant M. Hatchett, sont composées de matière animale et de carbonate de chaux : seulement, celles qui sont compactes contiennent beaucoup plus de carbonate que les autres. Mais ces résultats ne s'accordent pas avec ceux que M. Vauquelin a obtenus en analysant les coquilles d'huîtres ; il a trouvé dans ces espèces de coquilles non-seulement de la matière animale et du carbonate de chaux, mais encore un peu de phosphate calcaire, de carbonate de magnésie et d'oxide de fer. (Annales de Chimie, t. 81 , p. 309).

2004. *Perles.* — Elles se trouvent dans les mêmes coquilles que la nacre, et sont comme celles-ci de la même nature que les coquilles dont elles font partie. On est parvenu à les imiter si bien, que l'œil distingue difficilement celles qui sont artificielles de celles qui sont naturelles.

2005. *Cantharides.* — Les cantharides ont été l'objet d'un grand nombre de recherches, parmi lesquelles on doit distinguer celles de Thouvenel, celles de M. Beaupoil et surtout celles de M. Robiquet. En effet, c'est ce dernier chimiste qui est parvenu, le premier, à en extraire la matière vésicante pure, et qui de plus a démontré dans ces insectes l'existence d'une huile verte, de deux autres matières, l'une jaune et l'autre noire, de l'acide acétique, de l'acide urique, du phosphate de magnésie. Exposons en peu de mots les procédés qu'il a suivis pour cela.

1° L'on fait bouillir dans l'eau, à plusieurs reprises, les cantharides légèrement contusées ; traitant ensuite le résidu par l'alcool, et exposant la liqueur à l'air libre, l'huile s'en sépare : elle est verte, fluide et nullement vésicante.

2° La dissolution aqueuse étant évaporée en extrait mou, on traite celui-ci par l'alcool de même que le résidu précédent : on obtient ainsi un nouveau résidu qui est la matière noire et une nouvelle dissolution alcoolique.

3° Après avoir vaporisé l'alcool de cette nouvelle dissolution, on met la matière restante en contact avec de l'éther dans un flacon qu'on bouche et qu'on agite. Peu à peu l'éther se colore en jaune ; on le décante, et le mettant dans une capsule, il laisse bientôt déposer de petites lames micacées, salies par des gouttelettes d'un liquide jaunâtre que l'on enlève par l'alcool froid. Ces lames desséchées sont insolubles dans l'eau, solubles dans l'huile et solubles dans l'alcool bouillant dont elles se précipitent pures par refroidissement sous forme cristalline ; elles constituent la matière vésicante proprement dite : aussi lorsqu'on en dissout un atome dans 2 à 3 gouttes d'huile d'amandes douces, celle-ci agit-elle promptement sur la peau, tandis que l'huile verte, la matière noire et la matière jaune purifiée ne l'attaquent en aucune manière.

4° Pour obtenir l'acide urique, il suffit de faire bouillir les cantharides fraîches dans l'eau et de concentrer la liqueur; l'acide ne tarde point à se précipiter et à former un dépôt dont l'aspect est terreux : ce qu'il y a de remarquable, c'est que les cantharides anciennes n'en contiennent pas sensiblement. Quoi qu'il en soit, en versant de l'ammoniaque dans l'eau mère, il se produit un nouveau dépôt dû au phosphate de magnésie en combinaison avec du phosphate ammoniaco-magnésien.

5° Enfin, pour isoler l'acide acétique, il faut infuser des cantharides fraîches dans de l'éther, filtrer la liqueur, la concentrer en l'exposant à l'air, et la distiller : il se vaporisera un liquide qui jouira de toutes les propriétés qui caractérisent cet acide.

Outre tous ces principes, les cantharides contiennent une certaine quantité d'albumine, une matière animale insoluble dans l'eau et dans l'alcool, du phosphate de chaux, et sans doute plusieurs autres sels.

2006. *Miel, Cire, Cochenille, Résine - Laque, Soie.* (*Voyez* les n°s 1444, 1563, 1637, 1528, 1621).

2007. *Enveloppe osseuse des Crabes, des Homards, etc.* — Toutes ces enveloppes, d'après l'analyse de MM. Hatchett et Mérat-Guillot, sont formées d'une grande quantité de carbonate de chaux, d'une moindre quantité de matière animale, et d'une quantité moindre encore de phosphate calcaire.

2008. *Zoophytes.* — M. Hatchett partage les zoophytes en 4 classes, en raison de leur nature. Dans la première, il place ceux qui sont formés d'une grande quantité de carbonate de chaux et d'une très-petite quantité de matière animale : tels sont les *madrepora muricata, labyrinthica* ; les *mille-pora, cœrulea, alcicornis.* La seconde renferme ceux qui contiennent

une assez grande quantité de matière animale , et qui
d'ailleurs ne contiennent que du carbonate de chaux : à
cette seconde classe appartiennent le *madrepora fascicularis;* les *mille pora cellulosa , fascicularis , truncata.*
La troisième comprend ceux où la matière animale est
assez abondante , mais qui renferment en outre beaucoup de carbonate de chaux et un peu de phosphate
de chaux : nous citerons , comme exemple , le *madrepora polymorpha,* l'*iris ochracea,* le *coralina opuntia,*
le *gorgonia nobilis,* ou corail rouge. Enfin la quatrième se compose de ceux qui ne contiennent pour
ainsi dire que de la matière animale : telle est l'éponge,
dans laquelle M. Hatchett admet de la gélatine et
une substance mince membraneuse, jouissant des propriétés de l'albumine coagulée.

De la Fermentation putride.

2009. Les matières animales sont susceptibles de se
putréfier bien plus facilement encore que les matières
végétales. En effet, lorsqu'elles sont humides et abandonnées à elles-mêmes, à la température de l'atmosphère (1746), bientôt leurs principes se séparent, se
combinent dans un autre ordre, et donnent lieu à beaucoup de produits, parmi lesquels on doit compter
l'eau, le gaz carbonique, l'acide acétique, l'ammoniaque, l'hydrogène carboné. Plusieurs de ces produits,
en se dégageant, emportent une portion de la matière
même à demi-décomposée; ils répandent une odeur si
fétide, qu'il est difficile de la supporter; et de là sans
doute les miasmes ou germes putrides, que l'on détruit
tout à coup en répandant dans l'air une quantité convenable de gaz muriatique oxigéné. Quand la matière

animale a le contact de l'air, elle finit par se dissiper toute entière ; mais quand elle est enfouie dans la terre ou plongée dans l'eau, et que d'ailleurs elle constitue l'une des parties musculaires d'un cadavre, elle ne laisse point dégager tous ses principes ; elle se transforme en un composé gras mêlé seulement d'un peu de tissu cellulaire (1858). Cette transformation, en été, s'opère au sein de l'eau dans l'espace de six semaines à deux mois ; elle se fait bien plus lentement dans la terre, surtout dans celle qui est peu humide : aussi certains cadavres ne sont-ils point entièrement convertis en gras au bout d'un an, et même de dix-huit mois.

L'on pense généralement que la graisse qui se forme alors provient en grande partie de la décomposition de la fibre musculaire. Mais M. Chevreul, dans un Mémoire lu récemment à l'Institut, révoque en doute cette opinion. Observant que le gras des cadavres est un composé semblable à celui que l'on forme en traitant la graisse par les alcalis, il est porté à croire que ce composé ne provient que de l'action de l'ammoniaque produite par la décomposition de la fibrine, de l'albumine, etc., sur la graisse toute formée. Cette théorie n'offrirait certainement aucun doute, s'il était prouvé que la fibrine pure ne passe point au gras, et que la quantité de graisse contenue dans les cadavres correspond à la quantité de gras qu'ils sont susceptibles de fournir.

Des Fumigations.

2010. Les exhalaisons produites par des matières animales en putréfaction et même par les individus attaqués de certaines maladies, sont toujours plus ou

moins dangereuses à respirer. Pendant long-temps l'on
a cherché vainement les moyens de les détruire. Enfin
M. Guyton nous en a fait connaître un qui ne laisse
rien à désirer. Il consiste à répandre, dans le lieu où
se forment ces exhalaisons, une certaine quantité de
gaz muriatique oxigéné. S'agit-il de purifier l'air d'un
amphithéâtre de dissection, l'on met dans une terrine
un mélange de 250 grammes de sel marin et de 70 gr.
d'oxide de manganèse ; l'on verse dessus 125 grammes
d'acide sulfurique que l'on étend auparavant de 125
grammes d'eau ; l'on place la terrine sur quelques
charbons incandescens, et l'on ferme l'amphithéâtre.
Au bout de 24 heures, et même de 12 heures, la fumigation est terminée : alors on ouvre les portes et les
fenêtres, on emporte la terrine, et bientôt on ne sent
ni l'odeur cadavéreuse, ni celle de l'acide. Le procédé
doit être modifié, lorsqu'on veut purifier l'air de salles
remplies de malades : il faut éviter de répandre une
trop grande quantité d'acide. Pour cela, l'on introduit
seulement 50 à 60 grammes de sel marin avec les
quantités convenables d'oxide de manganèse et d'acide
sulfurique étendu d'eau dans une fiole que l'on chauffe
légèrement ; l'on fait le tour de la salle en tenant la
fiole à la main, puis l'on se retire. Si, au bout de
quelques minutes, l'air de la salle conserve une très-
légère odeur d'acide, c'est une preuve qu'une seule
fumigation est suffisante ; si l'acide au contraire disparaît tout entier, il faudra répéter l'opération, etc.
D'ailleurs l'acide agit dans ce cas, comme nous l'avons
exposé en parlant en général de l'action de l'acide muriatique oxigéné sur les substances végétales (1284).

De la pétrification des Substances végétales et animales.

2011. Lorsque les végétaux et les animaux sont enfouis dans la terre, et qu'ils sont en contact avec de l'eau qui se renouvelle peu à peu, celle-ci, à mesure qu'ils se décomposent, les traverse et y dépose les matières terreuses qu'elle contient, de telle sorte que ces matières prennent complétement la forme des fibres végétales et animales. On dit alors que ces corps sont pétrifiés.

De l'art de conserver les Cadavres.

2012. Nous ne décrirons point les procédés que l'on suit ordinairement pour embaumer les cadavres; nous ne parlerons que de celui qui a été employé pour la première fois par le docteur Chaussier pour les conserver. Ce procédé consiste à mettre le cadavre bien vidé et lavé, dans une eau qu'on tient toujours saturée de sublimé corrosif. Ce sel se combine peu à peu avec les chairs, les affermit, les rend imputrescibles et inattaquables par les insectes, les vers. J'ai vu une tête ainsi préparée qui a été exposée, tantôt au soleil, tantôt à la pluie, pendant un grand nombre d'années, sans avoir subi la moindre altération : elle était peu déformée et très-reconnaissable, quoique les chairs fussent devenues presqu'aussi dures que le bois.

ADDITIONS.

∿∿∿∿∿∿∿∿∿∿

2013. En traitant de l'alcool, nous avons oublié de faire connaître les deux poudres fulminantes suivantes.

2014. *Poudre fulminante de Mercure.* — Cette poudre, découverte par M. Howard, s'obtient en dissolvant une partie de mercure dans 7 parties et demie d'acide nitrique à 30°de l'aréomètre de Beaumé, ajoutant 11 parties d'alcool à la dissolution, faisant bouillir cette dissolution pendant 2 à 3 minutes, et l'ôtant de dessus le feu. La poudre se précipite peu à peu par le refroidissement, sous forme d'aiguilles légèrement applaties ; elle est d'un blanc-gris ; elle détonne fortement par le choc ; projetée sur des charbons incandescens, elle brûle avec une flamme d'un bleu tendre, accompagnée d'une légère explosion ; mise en contact avec l'acide muriatique, il se forme bientôt du proto-muriate de mercure qui se dépose, et du muriate d'ammoniaque et de deutoxide de mercure qui reste en dissolution. Suivant M. Howard, elle est formée : de 21,28 d'acide oxalique ; de 64,72 de mercure ; et de 14,00 de gaz nitreux éthéré et de gaz oxigène uni au métal. M. Berthollet met l'ammoniaque au nombre de ses principes constituans, et pense qu'elle résulte de la combinaison de cet alcali avec l'oxide de mercure et une matière végétale particulière produite par la décomposition de l'alcool. Telle est réellement sa composition, lorsqu'elle a été bien préparée ; mais elle est toute autre, lorsqu'on ne suit point exactement le procédé que nous venons de décrire. En effet, si d'une part on chauffe seulement quelques instans la liqueur, sans la porter à l'ébullition, et si de l'autre on soutient au contraire l'ébullition pendant une demi-heure, il en résultera des produits différens : dans le premier cas, le précipité cristallin qui se formera sera composé d'acide nitrique, d'oxide de mercure, d'un peu de matière végétale, et ne deviendra fulminant que par la chaleur ; dans le second, il sera de couleur jaune, pulvérulent, il ne fulminera ni par le choc, ni par la chaleur, et ses principes constituans seront l'oxide de mercure, l'acide oxalique et très-peu de matière végétale.

La détonnation qu'éprouve la première poudre par le choc, dépend évidemment de la réaction de ses principes, réaction d'où résultent subitement du gaz carbonique, du gaz azote, de la vapeur d'eau et de la vapeur mercurielle. 13e cahier du Journal de l'Ecole polytechnique, 315).

2015. *Poudre fulminante d'argent.* — Lorsqu'on traite l'argent par l'acide nitrique et l'alcool, comme l'on vient de traiter le mercure, il en résulte une poudre plus fulminante encore que la poudre mercurielle. MM. Descotils, Cruicksanks, Brugnatelli en ont décrit la préparation : je ne sais à qui la découverte en est due. M. Cruicksanks emploie 40 parties d'argent, 60 parties d'acide nitrique concentré étendu de son poids d'eau, et 60 parties d'alcool ; il obtient par ce moyen 60 parties de poudre. Quant à M. Brugnatelli, il verse, sur 5 grammes de nitrate d'argent fondu et pulvérisé, 30 grammes d'alcool et 30 grammes d'acide nitreux concentré : bientôt le mélange s'échauffe de lui-même jusqu'au point d'entrer en ébullition ; il devient laiteux, se remplit de flocons blancs. Quand tout le nitrate d'argent a pris cette forme, et que le liquide a acquis quelque consistance, on y verse de l'eau distillée ; alors l'ébullition cesse et la poudre se précipite. Ce procédé en fournit un peu plus de la moitié du poids du nitrate employé. Cette poudre détonne subitement par la pression ou le frottement, par la chaleur rouge, et par l'action de l'acide sulfurique. Un seul décigramme suffit pour produire une violente explosion : aussi est-il dangereux d'en préparer plusieurs grammes à la fois et de les conserver. C'est avec cette poudre qu'on fait les cartes et les bonbons fulminans. Sa composition est sans doute analogue à celle de la poudre mercurielle.

Voyez, pour les autres additions, le tome quatrième.

Fin du Tome troisième.

TABLE
DES MATIÈRES.

SECTION II.

SECTION III.

CHAPITRE CINQUIÈME.

SECONDE PARTIE.

LIVRE II.

SECTION III.

SECTION IV.

FIN DE LA TABLE DU TOME TROISIÈME.

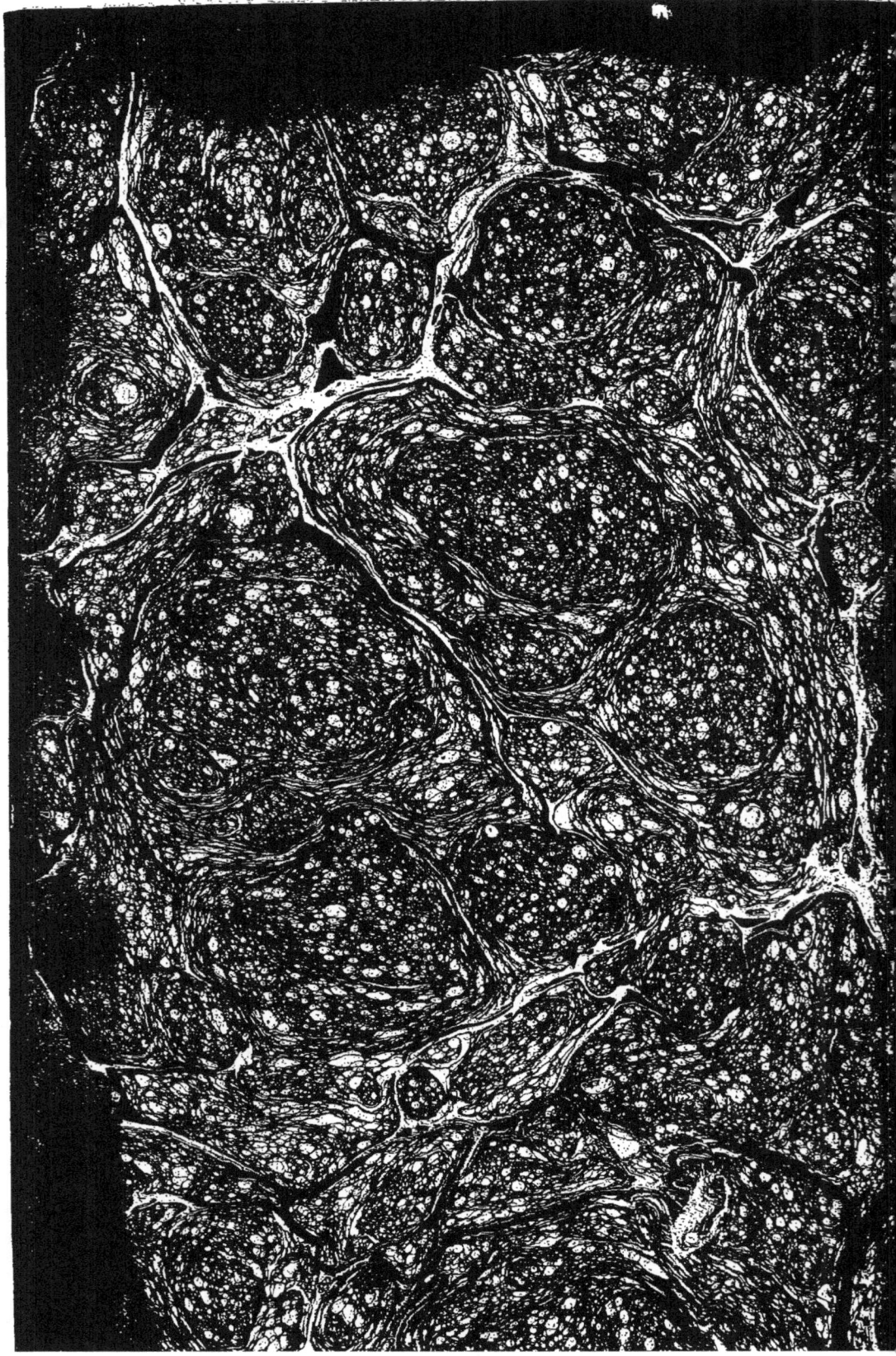

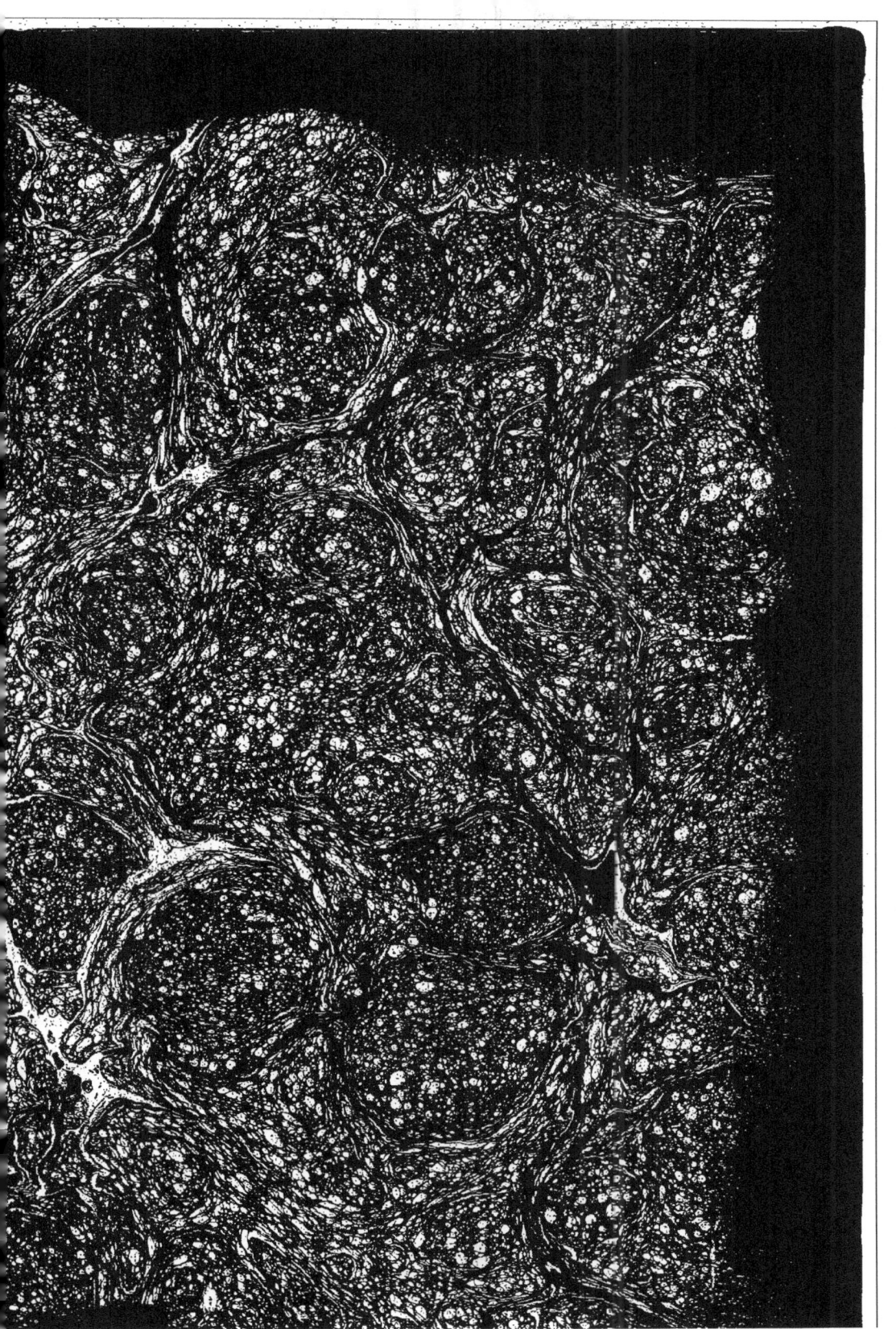